基于模型与感知的油菜生产信息化技术研究与应用

Research and Its Applications of Model- and Perception-based Informatizational Technology for Rapeseed Production

曹宏鑫 主编

中国农业出版社
北 京

编　委　会

序

中国食用植物油与植物蛋白需求大于供给。食用植物油自给率不足40%，而菜油消费量占食用植物油总量的一半以上；中国也是植物蛋白严重短缺国，每年进口的食用和饲料蛋白总量多达1 000万t。随着畜牧业快速发展，缺口还会进一步拉大。因此，保持油菜生产的稳定和可持续增长，对保障中国食油和植物蛋白供给、促进农民增收和农业增效具有十分重要的意义。

油菜及长江流域油菜产业带备受关注，列入2019年中央1号文件。油菜是我国第一大油料作物，长江流域油菜产业带是我国乃至世界上最大的油菜种植带之一，占全国油菜种植总面积的85%。

针对油菜生产管理缺乏信息化配套技术问题，作者持续开展了基于模型与感知的油菜生产信息化技术研究，并应用于长江流域油菜生产，体现了精准、定量、动态、优化理念，丰富和完善了我国油菜现代栽培生产技术。

本书是基于作者近20年来对油菜模型、油菜感知、油菜生产管理决策等的研究应用资料撰写而成。主要包括油菜模型、油菜生长、营养及病虫害感知等的国内外研究进展，油菜生长模型、油菜栽培优化模型、油菜形态模型、油菜主要气象灾害模型、油菜生长、环境感知与病虫害无人化防控、基于模型与感知的油菜栽培模拟优化决策等研究介绍，以及油菜生产信息化技术应用分享。

信息感知与模型是智慧农业的核心技术。本书的主要特色就是基于模型与感知的油菜生产信息化技术，以优化油菜目标栽培技术方案、实时生长诊断与调控及油菜新品种气候适应性分析为核心，既有油菜模型、油菜感知、油菜生产管理决策等方面的理论研究，又有以此为基础形成的油菜生产信息化技术应用实践，是智慧农业技术在油菜生产中的具体体现和运用。

本书是一部系统研究油菜生产信息化技术并应用于生产实践的科学专著，对于从事油菜科研、教学、生产与经营的专家、学者、技术和管理人员，具有很强的理论和实践指导作用，对于在校研究生也具有很好的参考价值。

中国工程院院士 赵春江

2019年4月

前言

据预测2030年我国人口将达16亿，采取切实有效措施增加脂质和蛋白质有效供给是解决我国16亿人口在2030年的食物需求、保持基本营养平衡的最优先发展领域，发展油料作物生产是增加脂质和蛋白质有效供给的关键。

油菜是世界上最重要的油料作物之一，近10年常年种植面积2 300万～3 300万 hm^2，总产量5 000万～6 000万t。2017年我国油菜种植面积665.3万 hm^2，总产量1 327.4万t。目前，我国食用植物油自给率不足40%，而菜油消费量占食用植物油总量的一半以上。国内外营养学研究结果表明，双低菜籽油具有降低人体内总胆固醇、抗血小板凝集、预防缺血性中风、抗脂质过氧化、提高胰岛素敏感性和耐糖性、防治神经紊乱、促进婴幼儿大脑发育、预防老年认知和脑功能障碍、降低纤维蛋白原、保护肌肉、降低致癌风险等营养功能，是国际营养组织推荐的最健康大宗食用植物油之一。可见，油菜生产与国家食物安全息息相关。另一方面，我国也是植物蛋白严重短缺国，每年进口食用和饲料蛋白总量多达1 000万t。今后，随着畜牧业快速发展，缺口还会进一步拉大。在长江流域，油菜是开春后第一季收获的"现金"作物，从事油菜生产的农民约达3亿人。种植油菜不仅能种地养地、培肥地力、促进后季作物生长，还可为潜在生物质能源提供原材料。国际对生物柴油的需求量不断增大，可能将进一步刺激油菜籽生产。因此，保持油菜生产的稳定和可持续增长，对保障我国食油和植物蛋白供给、促进农民增收和农业增效具有十分重要的意义。

在油菜生产提质增效的诸多措施中，栽培技术、良种、肥料、水利、农药、机械均占有一定贡献份额，但栽培技术在其中占有十分特殊和重要的地位，因为良种、肥料、水利等其他技术成果的应用，都是在栽培技术的统筹调控下进行并发挥作用。油菜生产信息化技术是以栽培技术为主的现代生产技术体系，它以模型和感知为主要方法，体现了精准、定量、动态、优化理念。

智慧农业已成为信息农业发展的新阶段，它包括信息感知、信息传输、信息处理和控制三大技术体系。农业模型是信息处理和控制的定量化核心技术之一。

基于模型与感知的油菜生产信息化技术是基于作者近20年来对油菜模型、油菜感知、油菜生产管理决策等的研究应用资料撰写而成。

本书中的油菜模型是继在高亮之、金之庆先生带领下创立水稻（RCSODS）、小麦（WCSODS）等作物模型基础上，作者持续攻关，使之延伸到油料作物及功能-结构油菜模型，并与油菜感知融合形成油菜生产信息化技术。

本书共分绪论、研究和应用三篇共九章，各章内容及编著者如下：第一章绪论（曹宏鑫、张保军、汤亮、张伟欣、刘永霞、刘岩、张智优、陈昱利、刘铁梅），第二章油菜生长模型（曹宏鑫、张春雷、汪宝卿），第三章油菜栽培优化模型（曹宏鑫、张春雷），第四章油菜形态模型（张文宇、岳延滨、张伟欣、冯春焕），第五章油菜主要气象灾害模型中油菜渍害模型（曹宏鑫、杨太明、陆建飞、宋楚崴、葛思俊、张迁、万倩）、油菜干旱模型（葛道阔），第六章油菜生长感知（孙金英、陈魏涛、张玲玲、潘月、韩旭杰、吴菲、丁昊迪），第七章油菜环境感知与病虫害无人化防控（杨余旺、夏吉安、傅坤亚、沙依然·外力、唐普传），第八章基于模型与感知的油菜栽培模拟优化决策（曹宏鑫、张文宇、刘士忠），第九章油菜生产信息化技术应用（曹宏鑫、张春雷、王洁、任海建、刘洪进、吴茂平、葛启福、李宁、熊文、汤天泽、曹静、宣守丽、梁万杰、吴茜、孙传亮等）。

本书的主要特色是基于模型与感知的油菜生产信息化技术以优化目标栽培方案技术、实时生长诊断与调控技术及油菜新品种气候适应性分析技术为核心，既有关于油菜模型、油菜感知、油菜生产管理决策等的理论研究，又有以此形成的油菜生产信息化技术的应用实践，是智慧农业在油菜生产中的具体体现和运用。

本书是一部系统研究油菜生产信息化技术并应用于生产实践的科学专著，对于从事油菜科研、教学、生产与经营的专家、学者、技术和管理人员具有很强的理论和实践指导作用。

本书于2017年着手编撰，虽经几次反复讨论、修改，仍难免存在一些不妥之处，敬请读者批评指正。

编著者

2019年3月

目 录

应　用　篇

第一章　绪　　论

据预测2030年中国人口将达15亿，采取切实有效措施增加脂质和蛋白质有效供给是解决中国15亿人口在2030年的食物需求、保持基本营养平衡的最优先发展领域，发展油料作物生产是增加脂质和蛋白质有效供给的关键[1]。油菜是世界上最重要的油料作物之一，近十年常年种植面积2 300万～3 300万hm^2，总产量5 000万～6 000万t[2]。中国油菜常年种植面积500万～800万hm^2，总产量1 000万～1 300万t[3]，分别约占近年世界油菜常年种植面积与总产量的1/3和1/5，是仅次于稻、麦、玉米和大豆的第五大作物。目前，中国食用植物油自给率不足40%，而菜油消费量占食用植物油总量的一半以上，可见，油菜生产与国家食物安全息息相关。另一方面，中国也是植物蛋白严重短缺国，每年进口的食用和饲料蛋白总量多达1 000万t。今后，随着畜牧业快速发展，缺口还会进一步拉大。在长江流域，油菜是开春后第一季收获的“现金”作物，从事油菜生产的农民约达3亿人。种植油菜不仅能种地养地、培肥地力、促进后季作物生长，还可为潜在生物质能源提供原材料。国际对生物柴油的需求量不断增大，可能将进一步刺激油菜籽生产。因此，保持油菜生产的稳定和可持续增长，对保障中国食油和植物蛋白供给，促进农民增收和农业增效具有十分重要的意义。

世界范围的现代农业经历了农业机械化、化学化、水利化和电气化发展历程，同时，生物工程、新材料、新能源、海洋技术、信息和空间技术等高新技术在农业中得到较广泛应用，出现了持续农业（包括有机农业、生态农业和超石油农业）及信息农业等形态，它们不仅有可能大幅度提高土地的单位面积产量和畜禽的产品率，从而将极大地提高农业劳动生产率和降低各项农业消耗，而且将导致农业生产布局的重大变革[1-2]。我国信息农业的研究与发展经历了电脑农业、智能农业、精确（准）农业、数字农业等阶段，特别是农业物联网、农业云、农业大数据、农业人工智能及5G等的兴起，又促使其迈向智慧农业阶段。我国农业正处在由传统农业向现代农业的转型期，传统农业中，获取农田信息的方式有限，主要是通过人工测量，获取过程需要消耗大量的人力，严重阻碍了发展现代化精准农业。在适度规模经营的现代农业发展中，作物生产信息化是作物高产、优质、高效、生态与安全生产的客观需求，有着广阔的市场前景。

油菜是我国最重要油料作物和劳动密集型产业，因品种、环境与技术差异未精确化、机械化程度低等导致其种植水平、产量和效益低下问题突出，亟需揭示油菜生产信息化与精确管理定量规律，创新监测和决策技术，而油菜生长及形态规律与稻麦等作物明显不同。为此，以油菜模型与感知技术为核心开展油菜生产信息化技术研究与应用具有重要现实和时代意义。

基于模型与感知的油菜生产信息化技术包括油菜生长模型、油菜形态模型、基于模型的油菜生产管理决策支持系统、油菜长势及灾害快速无损监测、油菜病虫害快速识别与无人化防控，以及基于感知与生长模型融合的油菜作物肥、水、病虫管理决策等方面，其中，作物模型是基础和核心。

作物模拟技术在自创立以来 40 多年发展中[4-6]，从少数国家到多国，从少数作物到数十种农业植物，从作物生长模拟到作物形态模拟以及功能-结构植物模型（functional structural plant models，FSPMs），特别是 20 世纪末以来，作物生长模型研究逐渐形成农业技术转移决策支持系统（decision support system for agrotechnology transfer，DSSAT）、de Wit 学院（School of de Wit）、农业生产系统研究单位（agricultural production systems research unit，APSRU）以及中国四大研究组[6]，而 FSPMs 研究则形成了 L-studio 和 GreenLab 两大研究阵营[7-8]，在研究内容、特点、方法等方面呈现出新的发展趋势。我国作物模型研究虽起步较晚[9]，但也已取得长足发展并得到不同程度应用[10-16]。

以下主要从油菜生长模型、油菜形态结构模型及可视化、油菜长势快速无损监测、油菜植株氮素养分快速诊断、油菜病虫害快速识别与无人化防控以及基于感知与生长模型融合的油菜作物肥、水、病虫管理决策 6 个方面介绍国内外研究进展。

一、油菜生长模型

关于油菜生长模型的研究，国内外已有大量报道。国际上，油菜生长模型研究通常分为 2 个阶段：第一阶段（20 世纪 70—80 年代）以经验模型为主；第二阶段（20 世纪 90 年代以来）以机理模型为主[17]。在后一阶段，油菜生长模拟受到广泛关注。较早的机理性油菜生长模型是由 Vardon 于 1994 年建立的 CECOL 模型，它是以 CERES（crop-environment resource synthesis）为基础，进而将描述植物生长和发育以及土壤水分和氮素的两类模型相集成的结果[18]。此后，机理性油菜生长模型研究越来越受到重视。

在油菜作物生长发育模型方面，国内外已有利用现有油菜生长模型模拟油菜生育期、光合作用、叶面积增长和干物质分配等主要生长和产量形成过程的研究。1994 年，Vardon 等建立的 CECOL 模型[18]不仅描述了油菜的生长和发育，而且将其与土壤水分和氮素模型集成，使模型研究达到了第二（光温加水分限制）和第三层次（光温加氮素限制）水平。2010 年，Saseendran 等[19]利用根区水质模型 RZWQM2（root zone water quality model）和农业技术转移决策支持系统 DSSAT4.0 中的 CROPGRO-Faba bean 模块模拟了春油菜生长发育，CROPGRO 是基于植物、土壤、管理和气象输入，能预测作物动态生长和产量构成的机理性模型。2013 年，Deligios 等[20]利用 DSSAT 农作制度模型（DSSAT cropping system model，CSM-CROPGRO）模拟了地中海环境下油菜发育期、生长及分配过程，且有较高预测精度。2003 年，刘洪等[21]在借鉴 WCSODS 小麦"钟模型"与 CERES-Wheat 春化模型的基础上，建立了油菜发育动态模拟模型。2004 年，刘铁梅等[22]、胡立勇等[23]建立了基于油菜春化作用和光周期效应的油菜发育期模拟模型。2006 年，曹宏鑫等[24]借鉴 R/WCSODS 思路，建立了油菜生长发育模拟模型，包括油菜发育期、叶龄、干物质、叶面积及分枝数动态模型。其中，油菜发育期和叶龄模型以温、光为主要驱动因子，油菜群体动态模拟模型初步考虑了绿色茎和角果的光合。汤亮等[25]基于油菜生理生态过程理论构建了油菜生育期模拟模型，具有较好的解释性和广适性，为建立油菜同化物分配、器官建成及产量形成等模型奠定了基础。这些研究的建模方法和考虑的角度既有相同之处，也存在一些区别。如，刘铁梅等[22]和汤亮等[25]分别于 2004 年与 2008 年提出以油菜生理发育时间为尺度，并且都通过引入特定的遗传参数确定不同油菜品种达到特定发育阶段的生理发育时间，但与前者相比，后者未将春化作用考虑在现蕾期内，只考虑了光周期效应对油菜发育的影响。刘洪等[21]和曹宏鑫等[24]分别于 2003 年与 2006 年借鉴 WCSODS 的原理，构建了油菜发育动态模拟模型，并参考小麦"钟模型"建立的油菜春化模型，不同之处是后者同时考虑了冬性、半冬性及春性品种，更为全面。上述模型都是在其他作物模拟模型基础上建立的，因此，它们之间会有相似的算法和结构，甚至参数表达。

在油菜干物质积累分配模型方面，分配系数法是目前国内外建立油菜干物质分配模型的常用方法。如 1995 年，Petersen 等[26]建立的 DAR95 模型中，利用分配系数法构建了干物质分配模型，该模型较好体现了干物质分配到植株各器官甚至包括籽粒的过程。2002 年，廖桂平等[27]采用 Logistic 曲线研究了冬油菜干物质积累、分配与转移特性。结果表明，晚播油菜干物质冬前优先分配给叶，角果发育成熟期优先分配给角果并主要给籽粒，且收获指数较大，但其总干物质积累低，因而经济产量低。早播油菜前期具有较大干物质积累优势，后期具有较高表观输出率和较大日积累量，这种表现主要受播种期影响，基因型差异较小，可见，播期对油菜干物质的积累分配也有影响，为油菜的栽培管理提供理论依据。2005年，刘铁梅等[28]建立的油菜不同器官干物质分配动态模拟模型，具有较好的解释性和预测性。与以往研究相比[29]，该模型首次构建了油菜地上部、绿叶、茎、角果分配指数与生理发育时间之间的动态关系模型。2007年，汤亮等[30]通过分析品种和氮肥两因素对油菜干物质分配规律的影响，建立了油菜地上部各器官干物质分配和产量形成模型，该模型采用分配系数方法，主要考虑氮肥因子对油菜干物质分配的影响，对今后工作有一定借鉴意义，如果能将其他环境因子（光、温、水、土壤和氮肥等）考虑在内，所建模型会更具有普适性。2008年，汪宝卿等[31]根据油菜生理生态学原理，建立了油菜群体干物质积累和叶面积指数动态模型。干物质积累与分配是决定油菜产量高低的关键因素之一，国内外学者从不同角度采用不同建模方法研究了油菜干物质积累与分配规律，可为油菜高产栽培提供更多理论支持。

在油菜水分平衡、氮素平衡、器官建成模型等方面，国内外的研究工作较少。较有代表性的是DAR95、EPR95和APSIM-Canola模型。1995年Petersen等[32]利用DAISY开发了DAR95（DAISY-Rape），DAISY是基于土壤-植被-大气系统模拟作物产量、土壤水分和氮素动态的模型，DAR95是一个评价油菜生长发育的模型，以日为单位，以积温决定发育阶段，包含一些环境要素（水文、土温等）、光合产物分配和干物质生产等多个子功能模块，同时还能考虑降雪对冬油菜植株水分吸收和根系生长的影响，并能模拟土体中碳氮比变化。同年，Kiniry等[33]在EPIC模型的基础上构建了油菜生长模型EPR95（EPIC-Rape），它可适用于不同环境和作物，并能实时模拟作物相关生理过程，EPIC是基于土壤侵蚀、以天为时间单位的模型，它综合考虑了天气和土壤各要素甚至包括农田管理对作物生长的影响。所以，EPR95还可实现油菜多年生长对地力影响，以及土壤侵蚀和土壤生产力在特殊环境条件下对生产管理影响的模拟。EPIC模型还能与GIS（地理信息系统）整合，极大提高模型精度。但EPIC模型在适用性上有一定限制，它虽然应用方便，但在不同条件下利用有效积温法预测油菜发育阶段效果不佳。2002年，Robertson等把APSIM应用于油菜，形成了油菜生长发育模拟模型APSIM-Canola[34]。APSIM由作物和影响作物生长的环境因素（如气候、土壤、水分、养分等）共同组成，其主要特点是模拟气候与土壤管理对作物、种植制度和土壤资源的影响。可应用于特定环境和作物。APSIM-Canola模型参数可描述物候期、叶面积发展、干物质生产和损耗、氮素的需求、摄取和再转移以及根系的生长和水分的吸收。

在油菜管理模型等方面，国内的研究工作更有特色。为了建立油菜栽培模拟优化决策系统，调控其生长发育，最终实现油菜的高产优质，李旭荣[35]于

2010年分析了数字油菜研究的现状和存在的问题，指出了数字油菜研究难点，并提出了一种油菜数字化系统通用模型。Cao等[36-38]借鉴R/WCSODS思路，于2005年建立油菜最适叶面积指数动态、最适茎与分枝数动态模拟模型，并与生长模型和专家知识结合，形成了油菜栽培模拟优化决策系统Rape-CSODS。这两者都有助于对油菜生理生态机制的研究，并且能够较好地预测不同栽培条件油菜适宜产量。同时，Rape-CSODS不仅可以为农民及技术人员提供决策支持，还能够对油菜进行最优化管理，并已在我国长江流域油菜生产中进行了应用，取得了较好效果。于少雄等[39]将油菜生长模拟模型和管理知识模型耦合，建立了基于模型和WebGIS的网络化数字油作系统，并以江苏省部分县市为案例区，对系统进行了测试和应用。

在油菜作物生长的气候变化响应模拟方面，由于机理性作物生长模型可集成和综合作物基因型和环境以及土壤控制对作物生长和发育的影响，因此，利用机理性油菜生长模型研究油菜作物生长的气候变化响应成为重要方法之一[40]。例如，1995年，Kiniry等[33]利用EPIC中的通用作物生长子模型模拟了加拿大气候条件下的油菜产量。Qaderi等[41]研究了人工控制条件下油菜对3种气候变化成分（温度、CO_2浓度及干旱）的生长和生理响应。2010年，Saseendran等[19]将CROPGRO模型与RZWQM2（Root Zone Water Quality Model）和DSSAT 4.0（Decision Support System for Agrotechnology Transfer）结合，模拟了不同农业气候条件的油菜生长和产量。2012年，Ma等[42]将作物发育期模型与大尺度生态系统模型集成，对不同时空尺度油菜发育期进行了模拟研究，揭示了油菜发育期对气候变化的响应机理。国内关于油菜作物生长的气候变化响应模拟研究鲜有报道，仅有少量将统计方法或数学模型应用于气候生态条件以及气候条件对油菜产量及其构成因素的影响、油菜生产力气候成因分析等。例如，2012年，孙玉莲等[43]采用数理统计和多元回归方法，主要分析了甘肃临夏地区油菜气候生态条件以及气候条件对油菜产量及其构成因素的影响。陈晓艺等[44]将江苏省农业科学院研发的油菜发育期预报模型应用于安徽省油菜主要发育期预报业务化模型研究。

在渍害对油菜生长及产量的影响研究方面，林贤青等[45]利用作物控水种植槽研究了渍害对油菜的生理影响，结果表明，渍害时油菜叶片乙烯释放量增加，根系活力下降，植株氮积累降低，叶片丙二醛含量升高，植株表现早衰。Zhou等[46]研究了冬油菜不同阶段渍害对产量及生理特性的影响，结果显示，与对照相比，出苗及现蕾阶段渍害显著降低株高、茎粗、单株一次分枝数、单株角数及角粒数，产量分别减少21.3%和12.5%。Boem等[47-48]分析了冬、春渍害对油菜生长、种子化学组分及产量的影响，认为冬渍害因单株分枝数、角果数及角粒数下降而减少了单株粒数，春渍害使单粒重和种子含油量下降。

由于温度是渍害的重要因素，因此，冬渍害的产量下降大于春渍害的。随后，还研究了土壤盐分增高伴随渍害对油菜产量的影响。Leul 等[49]探讨了利用烯效唑减缓冬油菜渍害的原理，认为烯效唑改善了抽薹阶段植株生长，提高了单株角数和角粒数，增加了产量。刘洪等[50]在建立油菜生长模型（RAMOD）的基础上，分析了降水量、降水日数和日照时数等气象因子与油菜产量的关系，构建了油菜渍害影响模块，以之与 RAMOD 嵌套，对江淮地区油菜渍害发生进行了试预报。Cheng 等[51]在渍害条件下探索了油菜萌发性状的配合力与遗传效应。Parsinejad 等[52]在积雪条件下评价了改进的 DRAINMOD 模型预测地下水位波动及稻茬油菜产量的效果。宗梅等[53]以中乐油 2 号和蓉油 11 号油菜为材料，通过盆栽试验研究了渍害胁迫及恢复进程中油菜幼苗叶片光系统Ⅱ（PSⅡ）光化学特性的变化，表明当渍害胁迫超出了油菜机体自我调节阈值时，油菜叶片部分光合机构发生不可逆破坏，最终影响油菜正常生长。宋丰萍等[54]研究了渍水时间对油菜生长及产量的影响，结果表明，渍水影响油菜各生育期根系发育、地上部生长及最终产量形成，并存在品种间差异；苗期渍水导致叶片叶绿素含量下降、丙二醛及脯氨酸含量增加，其变化过程在指标间存在差异。陈晓艺等[55]基于江苏省农业科学院研发的油菜发育期预报模型，利用安徽省 1982—2005 年甘蓝型油菜发育期和相应气象资料，运用数理统计方法，建立了安徽省油菜主要发育期区域预报模型；并依据天气预报预测油菜开花期和成熟期。张建军等[56]采用模糊数学方法，结合已有研究成果和油菜生理特征，建立了安徽省区域油菜气候适宜度评价模型并进行了验证。何激光等[57]采用盆栽试验，通过油菜不同生育期渍水处理，研究了渍水对油菜光合作用、生理特性、产量及含油量的影响。总之，已有研究主要涉及油菜渍害生理、渍害预报、发育期区域预报及油菜气候适宜度评价模型等方面。

二、油菜形态结构模型及可视化

关于油菜形态结构模型及可视化可分为地上部和根系两部分。在油菜地上部形态结构模型方面，油菜功能-结构植物模型研究已成为国际新趋势，其核心是将油菜生长模型的功能与油菜形态模型的结构紧密结合，使油菜形态能响应品种与环境条件差异。例如，2007 年，Groer 等[58]、Müller 等[59]以油菜为对象，将生长模型 LEAFC3-N 与 FSPMs（functional structural plant models）结合，建立了油菜功能-结构植物模型，该模型可根据输入的气候参数计算每张叶片碳同化，使形态结构模型可响应环境变化，但这种响应以叶面积为纽带。我国有关油菜形态结构模型的研究报道较少，2010 年，岳延滨[60]将油菜各器官的形态生长发育过程与主要环境影响因子的关系量化，建立了基于生长度日的油菜主茎和分枝各器官形态结构模型。2013 年，张伟欣[61]根据油菜植株各器官形态生长过程与生物量之间的定量关系，构建了基于生物量的油菜越冬前植株地上部、分枝各器官形态结构模型。通过生物量可将油菜生长模型与油菜形态模型有机结合，从而为油菜功能结构模型建立奠定基础。Cao 等[62]为了量化油菜植株叶片几何形态参数与叶片生物量的关系，建立了基于生物量的油菜叶片几何参数模型。该模型的提出对油菜植株其他器官的形态模型建立具有一定借鉴意义。

虚拟植物研究也是功能-结构植物模型的重要内容，已成为国内外研究的热点，对作物形态结构模拟和可视化研究有很大贡献，同时对虚拟现实、计算机仿真等学科也具有重要意义。虚拟作物是指通过虚拟现实技术将作物科学研究结果以三维显示等方式把作物的形态结构、生长发育过程更直观地模拟出来。按照研究对象不同，虚拟作物主要区分为两大类：一类着重于生理生态机制模拟；另一类偏重于作物几何形态造型。Ivanov 等[63]与 Andrieuay 等[64]对油菜冠层进行了 3D 可视化，通过从任意角度观察油菜冠层结构，对其特征作出分析，但未做到对作物群体结构变化的动态监测。2007 年，高恩婷[65]、欧中斌[66]分别采用基于参数 L-系统，以油菜花朵和花序为对象，建立了油菜花朵、花序的生长可视化模型。2010 年，岳延滨等[67-68]也分别以油菜花朵和角果为研究对象，建立了油菜花柄、花蕾和角果的几何参数模型。在此基础上，进一步探讨了油菜生殖器官各组件的三维建模技术，建立了基于组件形态特征参数的生殖器官的几何模型，然后，基于 OpenGL 图形库，绘制了油菜花朵各组件和角果的三维形态，并进行了光照和颜色处理，最终实现了油菜花朵动态开放过程的模拟以及角果个体-群体 2 个层次的形态可视化，为构建可视化油菜生长系统奠定了技术基础。2011 年，赵丽丽等[69-70]也提出了基于形态特征参数的油菜花序三维形态数学模型以及交互式设计方法。通过对油菜花序形态结构的观测分析，分别创建了花瓣、花萼、花序轴、花轴、雄蕊和雌蕊等的几何模型，该模型可以精确地重构油菜花序的三维形态，按照油菜花序结构的发展规律，实现油菜花序生长可视化模拟，并提取具有明确农学意义的几何模型参数。同时，通过对幼苗期油菜形态结构和生长过程的观测分析，提出了基于形态结构特征参数的幼苗期油菜三维形态数学模型及其可视化方法，旨在为油菜形态模型研究提供参考。随着精确农业的发展，对作物模拟模型的精度要求越来越高，2005 年，袁道军[71]利用计算机视觉技术，对油菜苗期的生长进行信息提取和监测，并动态、实时地反映作物长相长势。2009 年，Jullien 等[72]运用 GreenLab 建立了基于“源-库”关系的油菜分枝与花扩展模型，但尚未涉及油菜植株的其他器官。目前，国内外一些学者基于 L-系统，对主要作物的生长可视化仿真进行了研究，并取得重要研究进展[73]。但有关油菜生长可视化仿真的研究仍处于起步阶段。

在油菜地下部形态结构模型方面，由于根系是作物与土壤相互作用的纽带，是油菜植株吸收养分和水分的重要器官，是很多物质同化、转化或合成的场所，在油菜生长发育过程中起着极其重要的作用，其生长状况直接影响到油菜的品质与产量。但是根系相对于地上部来说，其研究方法大多对根系有一定破坏性，因此，研究根系的相关文献较地上部甚少[74]。然而由于根系的重要性，国内外对根系形态模型的研究已不断深入，有利于推动整株形态模型及可视化和数字化研究。核磁共振成像技术（maynetic resonance imaging，MRI）最广为人知的应用是医学临床，另外，在物理学、化学、生物学、地质学等各学科也有非常广泛的应用。2013 年，王南飞[75]以玉米根系为研究对象，将 MRI 技术作为一种无损检测方法，结合可视化工具包技术（visualization tool kit technology，VTK）对玉米根系形态三维重建及可视化进行研究。该方法能够有效实现作物根系形态的虚拟重现，且可视化效果良好。今后可以将此方法应用于油菜根系形态模型研究方面。

三、油菜长势快速无损监测

（一）作物生长感知技术

国内外研究主要集中在计算机视觉技术，高光谱、多光谱图像技术应用于作物生长感知等方面。

1. 关于计算机视觉技术感知作物生长

早期的应用主要是鉴别种子。进入 20 世纪 80 年代，研究对象及应用领域逐步扩大，图像处理从单纯的视觉模拟发展到取代、解释人的视觉信息，以及加速视觉信息采集等方面。另外，随着传感器技术发展以及人们对农业物料特性认识的深入，出现了红外、近红外图像处理应用研究，使图像处理从单纯的外观视觉，向识别物料形状、组成、成分分布等内部特性方向发展；同时，计算机图像处理在农业工程中的研究向实用化方向前进了一大步，从初始的作物图像特征提取与分析研究转化为以图像处理系统为主导部件的检测分级机械、环境控制系统、动植物生长监测系统等应用系统的研究，并且开始了机器视觉及机器人方面的应用探索。至今已形成了分别侧重于视觉模拟、微观图像、宏观分析、热成像、内部图像、机器视觉等多种技术形式，以及各具特色的应用系统。我国对计算机视觉在农业工程中的应用研究起步较晚，主要集中在作物病害诊断、农产品品质检测、作物生长状态监测等方面。与国外相比尚有较大差距。还需进一步在深度、广度及实践方面作出努力。

利用计算机视觉技术对植物生长进行监测具有无损、快速、实时等特点，它不仅可检测植物叶面积、叶周长、茎秆直径、叶柄夹角等外部生长参数，还可根据果实表面颜色及果实大小判别其成熟度，以及作物缺水缺肥等情况[76]。

在作物营养状态监测方面，作物的营养状态及生长状况可通过叶片状态及表面颜色反映。计算机视觉技术比人眼视觉能更早发现作物由于营养不足所表现的细微变化，为及时进行作物营养补充提供可靠依据。相关研究认为，植物缺水会导致根部供水与叶片水量蒸发的不平衡，叶片会枯萎下垂，因而叶尖的运动状态可作为反映植株需水情况的指标[75]。他们研究还表明正在生长的叶片由于生长规律的原因其叶尖状态会上下波动，不适合作为监测对象。为此，选择了叶片完全长成型的番茄叶子，利用机器视觉技术对其生长情况进行监测。结果表明，叶尖运动与缺水情况、叶片水压与 CO_2 吸收率几乎呈线性相关，这可以作为灌溉系统的控制信息。另外，利用计算视觉可连续监视叶尖状态，能灵敏地检测叶尖状态的细微变化。因而，它可以比人眼视觉更早地发现作物缺水情况，及时输出灌溉控制信号，使作物在缺水而未受到伤害时及时补充水分。Ahmad 等[76]利用 3 种图像的彩色模型 RGB（red，green，blue）、HIS. rgb（规一化 RGB）、（hue，intensity，saturation）评价玉米由于缺水和缺氮对叶片造成的色彩特征变化。研究表明，3 种模型中 HSI 模型能更清晰地表征玉米叶片的颜色变化。其中，I 值能够有效地同时识别叶片在 3 种不同水分（低、中、高）和 3 种不同的氮水平（低、中、高）下的颜色变化。而 b 值可以识别叶片在 3 种不同氮水平（低、中、高）下的颜色变化，此外，将 HSI 模型用于颜色评价和图像处理较有效。Ling 等[77]在温室条件下对生菜在幼苗阶段进行连续监测，认为叶冠投影面积的变化可反映植物缺肥情况。Kacira 等[78]研究认为作物缺水时，叶片会下垂，作物顶视投影面积（top projected plant canopy area，TPCA）减少，因此，利用图像技术连续测量作物 TPCA 可以监测作物水分状况，并以此为依据向灌溉系统输出控制信号。植物叶片温度由于受光合作用效率、CO_2 浓度、蒸腾作用等影响，它是反映作物生长状态的一项重要指标。叶温的测量精度取决于传感器视场范围（field of view，FOV）对目标区域的覆盖程度；若叶片面积超出视场范围则只能测量叶片部分数据，反之，则会引入背景噪声。在 Kacira 等[78]的测量系统中，红外热电偶视场范围的测量方法如下：将传感器垂直固定，在其下方放置一平面白板，把传感器垂线与平面的交点设为平板中点，然后把 LED 点光源沿某个方向向平板中心移动，同时观察传感器的输出，当传感器输出有突变时记录 LED 的位置，这样，利用同样的方法在各个方向所记录的 LED 位置所构成的圆即为传感器的 FOV。由于对视场范围的手工调整费时费力，Kim 等[79]利用计算机视觉系统对测定叶温的红外热电偶进行准确定位。对获取的叶片图像经计算机图像分析，视觉系统自动调整相机焦距以充分利用其动态范围，之后，对叶片图像进行处理后计算其最大的内切圆，并以此为依据对传感器位置进行调整，以获得测量叶温的最佳视场范围。

国内李长缨等[80]通过对2组无土栽培的黄瓜幼苗叶冠投影面积的连续监测，认为叶冠投影面积的变化趋势可较好反映植物缺肥情况，由于叶冠投影面积的计算易受外界条件干扰（如风速）限制了该方法的应用。毛罕平等[81]提取了叶片颜色和纹理的12个特征，利用遗传算法对提取的众多缺素特征进行优化组合，将二叉树分类法和模糊K-近邻法相结合对番茄缺素进行了识别测试，结果表明，对不易肉眼判别的番茄缺氮和缺钾初期叶片的识别准确率在85%以上。

2. 高光谱、多光谱图像技术感知作物生长

国外较早开展了作物生长动态的光谱监测研究[82-87]，20世纪80—90年代已有较快发展[88-96]，主要集中在小麦等作物的农学参数LAI、叶绿素、地上部生物量等的监测、机理以及模型研究。多是利用可见光-近红外、高光谱波段反射率，经正规化差、比值植被指数、垂直植被指数、红边位置等转换，通过相关分析建立回归方程。21世纪初以来，除作物的农学参数光谱监测外，以稻、麦、玉米等作物的营养以及理化指标光谱监测为主，涉及光化学反射指数（PRI）、RNIR/RRed值、归一化色素总量/叶绿素比值指数（NPCI）、水分指数R_{970}/R_{900}等，采用相关、回归、偏最小二乘法（partial least squares，PLS）等方法，研究了叶、茎秆和穗含氮量、氮磷营养诊断、叶片含水量、叶片气孔导度等的光谱响应机理及估测模型[97-110]。

我国关于作物生长动态的光谱监测研究起步较迟，但自20世纪90年代末以来发展迅速。在农学参数（LAI，叶片干、鲜质量，叶向值等）的光谱监测方面[111-122]，以稻、麦、棉、玉米、大豆等作物为主，采用了相关、回归、微分、聚类分析等方法，在一阶微分光谱R′、红边位置REP、绿光波段代替红光波段构成的NDVI（GNDVI）、绿光与蓝光波段的和代替红光波段构成的NDVI（GBNDVI）、蓝边内一阶微分总和（SDb）与红边内一阶微分总和（SDr）构成的比值植被指数、深度参数（Dc）等二次转换的基础上，揭示光谱监测机理，构建估测模型。在作物营养以及理化指标（植株氮素营养、叶绿素、水分状况、气孔开闭特征、净光合速率、品质及化学组分）等的光谱估测方面[123-138]，主要集中在稻、麦、棉、玉米等作物上。在统计方法和光谱参数上，还增加了后向传输神经网络（back propagation neural network，BPNN）和广义神经网络（generalized regression neural network，GRNN）等方法的利用。

（二）作物生长感知装备

2007年，曹宏鑫等[139]研发了集成核心芯片、传感器、通讯网络等硬件，支持嵌入式数据库与决策支持系统的手持式便携设备。使用该设备可获取植物叶面积、冠层温湿度等信息，进而利用作物模型系统进行生产决策，也可利用农业科研与试验记载标准数据库记载与处理试验数据。与传统方法比较，终端对叶面积测量的相对误差 0.8%～9.5%；测量精度相对误差 1.3%～2.1%。倪军等[140]研发了一种基于多光谱传感器的便携式作物生长监测诊断仪。该仪器由多光谱传感器系统、处理器系统及附属机构组成，能实时无损地获取作物叶层氮含量、叶层氮积累量、叶面积指数、生物量等主要生长指标。杨建宁等[141]开展了便携式作物生长监测诊断仪性能试验，结果表明，多光谱传感器具有较高的线性度与精度，线性决定系数均达到了 0.95 以上；传感器的重复性与稳定性好。

近年来，GPS 技术、传感器技术、多传感器信息融合技术、无线通讯技术等现代信息技术的发展使田间信息的实时快速采集成为可能。开发集多传感器为一体，能够同时测量多参数的多功能仪器设备，并运用多传感器信息融合技术，以提高测量精度，扩展探测范围，提高测量的可靠性是今后田间信息采集设备研究的一个发展方向；计算机视觉技术和近、中距离红外分析技术，尤其是最近几年发展起来的高光谱遥感技术，为进行土壤和作物养分变化、水分胁迫和病虫害等农田信息的监测提供了快速、无损测量的新手段，围绕这些技术开发低成本的快速、无损测量的监测仪器，也将是今后田间信息采集设备研究的一个发展方向。精细农业的发展时间短，也存在许多技术难题，如何快速有效地采集和描述影响作物生长功能的空间变量信息，是精细农业实践的重要基础。田间信息大致可以分为土壤属性信息、位置信息、作物生长信息、农田周围环境信息和作物产量信息等，具有量大、多维、动态、不确定、不完整、稀疏性、时空变异性强等特点。传统实验室分析方法很难适应精细农业信息采集的要求。目前，田间信息快速采集技术的研究仍然比较落后，已经成为国际上众多单位研究的重要课题。

（三）作物生长感知物联网技术

有关农业环境的监测研究较多，有关作物生长的监测研究较少[142]。设施农业要实现对环境和生物信息监控，必须能收集分布于设施农业区域的传感器数据，然后进行分析，制定控制策略，这依赖于稳定可靠的传感器网络。传统的传输方式主要依靠各种协议和介质支持下的有线传输。有线数据传输网络存在的问题就是布线复杂，成本高，维护困难。随着无线传感器网络兴起，传统的有线数据传输网络将被取代。无线数据传输技术包括短距离无线数据传输和远距离无线数据传输。目前，短距离无线数据传输技术已经成为无线数据传输技术的一个重要分支但也存在设备成本高、体积大和能源消耗较大等问题，对于具有小范围、突发性、低成本、低功耗特点的数据传输需求显得不可行。因此应用短距离无线数据传输技术，降低温室布线复杂性和成本，对温室的发展具有重要意义。在这方面徐玲等[143]开展了小麦苗情数字化远程监控研究。夏春华等[144]对改进简化的 ZigBee 无线协议在农业物联网中的应用进行了研究和测试。

（四）油菜生长感知

遥感技术初创于 20 世纪 60 年代中期[145-146]，基于地面遥感的地物反射光谱是其主要内容之一。作物生长动态冠层光谱响应已成为快速无损数据采集的重要手段，主要包括农学参数、作物营养以及理化指标等的估测。

国外较早开展了作物生长动态的光谱监测研究，20 世纪 80—90 年代已有较快发展，在农学参数方面主要集中在油菜等作物的 LAI、叶绿素、地上部生物量等的监测及机理研究。在作物营养以及理化指标光谱监测方面，以稻、麦、玉米等作物为主。我国关于作物生长动态的光谱监测研究起步较迟，但自 20 世纪 90 年代末以来发展迅速。在农学参数（作物生长、作物营养以及理化指标等）的光谱监测方面，也以稻、麦、棉、玉米等作物为主。

国内外关于油菜生长动态的光谱监测研究较少。20 世纪 90 年代末以来，国外利用光谱技术开展了油菜器官理化指标的快速无损估测。如 Velasco 等[147]利用近红外反射光谱，采用二次导数转换、正规变量转换以及去趋势离散校正方法，研究了快速无损估测油菜籽芥酸含量的机理。Liu 等[148]利用可见/近红外反射光谱，采用 SG（savitzky-golay）平滑、正规变量转换以及一次和二次导数转换，比较分析了 PLS 法、后向传输神经网络（back propagation neural network，BPNN）及最小二乘-支持向量机回归（least squares-support vector machine regression，LS-SVR）模型估测油菜叶片乙酰乳酸合成酶和蛋白质含量的效果。21 世纪初以来，国内开展了基于光谱的油菜生长动态监测研究。黄敬峰等[149]较早利用油菜冠层光谱反射率数据提取红边参数，分析其变化规律及油菜叶面积指数与红边参数的相关性，建立了不同时期油菜叶面积指数估算模型。鞠昌华等[150]运用导数光谱分析技术，研究了不同品种和氮肥水平下油菜 LAI 及角果皮面积指数（pod area index，PAI）与冠层导数光谱及其衍生参数的定量关系。王渊等[151]研究表明油菜叶、茎和荚果干重与光谱植被指数（RVI 和 NDVI）相关显著，且 RVI 较 NDVI 更好。孙金英[152]利用不同波段光谱反射率组合的植被指数，分析了不同品种、供氮水平下油菜生长指标（LAI、PAI、生物量）的变化规律及其与光谱植被指数的相关性，并建立了光谱植被指数对油菜生长指标的估算模型。冯雷等[153]通过分析不同养分水平油菜生长过程的光谱反射特征，提出用包含绿、红和近红外三波段通道的电荷耦合器件（charge-coupled device，CCD）成像技术非破坏性检测植物叶片氮素营养的方法。张雪红等[154-155]分析了不同品种、生育期和供氮水平油菜冠层光谱特征，利用油菜主要生育期不同氮处理的鲜叶片反射光谱及全氮含量数据，对鲜叶片可见光波段反射光谱进行包络线消除处理，以及吸收特征与叶片全氮含量的统计分析。王渊等[156]认为光谱反射率的转化形式R的一阶微分为预测油菜氮素含量的最佳形式。孙金英[152]利用不同波段光谱反射率组合植被指数，分析了不同品种、供氮水平下油菜叶片含氮量与冠层光谱植被指数间相关性，并建立了基于光谱植被指数的油菜叶片含氮量估算模型。张晓东等[157-158]研究了利用光谱定量分析油菜植株全氮的方法、油菜氮素光谱定量分析中水分胁迫与光照影响及修正，采用逐步回归法选择氮素的光谱特征波长。通过变量主成分分析（principal component analysis，PCA）克服了光谱变量间多重共线性的影响；应用 SVR 方法建立油菜氮素的定量模型，提高了模型拟合优度。方慧等[159]研究了不同氮肥水平油菜叶片的光谱特性，采用逐步回归分析方法建立了油菜叶片叶绿素含量与红边位置和绿峰位置之间的定量分析模型。裘正军等[160]分析了油菜叶片的光谱特性，建立了油菜叶片光谱反射率与 SPAD 值之间的定量分析模型。姚建松等[161]研究了基于可见-近红外光谱技术的油菜叶片叶绿素含量无损检测。吴建国等[162]应用近红外反射光谱整粒测定小样品油菜籽含油量，认为以标准正态变量转换、标准正态变量转换＋趋势变换法、标准乘性散射校正和逆向乘性散射校正的效果最好。孙金英等[163]利用各波段光谱反射率组合的植被指数，分析了油菜叶片气孔导度的变化规律及其与光谱植被指数的相关性，建立了光谱植被指数对叶片气孔导度的估算模型。张锦芳等[164]应用近红外光谱分析技术（near-infrared spectroscopy，NlRS）测试了 46 个四川生态区稳定甘蓝型油菜品系籽粒芥酸、硫苷和粗脂肪含量。2011 年，张晓东等[157]利用高光谱遥感技术建立干旱胁迫条件下油菜含水率估算模型。

四、油菜植株氮素养分快速诊断

（一）油菜植株外观诊断

1. 症状诊断

症状诊断是指植株缺少某种元素而表现出异于植株正常生长特定症状，根据这种症状对植株缺少某种元素进行诊断。目前，这种诊断方法已经运用的十分普及。当油菜植株缺氮时，植株体内蛋白质、各类酶合成受到阻碍，造成光合器官光合作用变弱，分支减少，叶片变小，抗旱及抗害能力降低，单株角果数、果粒数及粒重下降，植株提前成熟，品质和产量降低[165]；植株吸收氮素过多，生长茂盛，贪青晚熟，田间下层光线减少，茎秆木质化水平低，茎秆细软，易倒伏。症状诊断在油菜植株缺少2种或者2种以上营养元素表现出相似的症状，相对缺少一种营养元素而言易产生混淆，造成对油菜植株的营养状况做出错误的判断，且植株表现缺少某种营养元素症状时，表明已经严重影响到植株的正常生长，再采取补救措施可能已滞后了[166-167]。因此，症状诊断在实际生产中存在一定延时性，在实际应用中具有局限性，在指导生产中意义并不大。

2. 植株长势诊断

20世纪60年代，依据植株生长状况，植株不同生育时期生长发育状况的诊断方法在我国大面积推行，普遍反应良好，植株长势诊断是由农户丰富的生产和实践经验总结出来的，后来经杨邦杰等[168]发展，促进了作物长势理论的进一步完善，即根据植株长势长相可诊断作物不同生育时期的氮素养分丰缺状况。油菜缺氮时新叶发育缓慢，茎秆柔而弱，株型松散，花期短，角果数少而小[169]，该方法能在一定程度判断植株氮素养分状况，由于我国油菜产业经过3次革命性飞跃[170]，油菜品种不断更新换代，其植株长势也在不断变化，造成该诊断方法的生产应用有一定局限性。

3. 植株叶色诊断

在许多农田植株缺乏氮元素的时候，叶片会表显示一些显而易见的症状，我国农民在这方面积累了丰富经验。300多年前的“沈氏农书”就有通过观察水稻叶片颜色来判断是否需要追施孕穗肥的记录。20世纪50年代冯伟等[171]根据大量生产实践，归纳了水稻作物叶片颜色“三黄三黑”变化，总结“肥田黄透再施，瘦田见黄既施，通常田不黄不施”水稻施肥管理措施。油菜叶片缺氮时叶色变淡呈黄绿色，叶脉出现淡红色，茎下部叶缘有的变红，大量缺氮时使叶缘呈枯焦状，部分扩大而使叶片脱落[171]，由于这种方法缺乏叶色深浅对比标准，在生产中难以推广应用。到了20世纪70、80年代，日本和我国的农业研究人员，根据不同氮素水平下植株叶片颜色，研究和开发出叶色票和叶色卡[172-173]，设置叶色等级评定标准，根据评定标准来判断植株氮素丰缺状况。叶色诊断相较于其他氮素诊断方法总体上是简单、快捷，在实际叶色诊断不能具体分析到叶片颜色变化是植株氮素含量变化诱发的还是其他原因诱发的[174]，同时叶色诊断还受品种、植株密度以及土壤营养状况、人为主观判断等因素影响，制约了其在生产上的应用。由于叶色诊断不能对植株氮素营养状况定量化，在大田施肥管理中难以实现施肥精量化。

（二）油菜氮素养分化学诊断

土壤有效氮供应、作物对氮素营养需求和作物对氮素养分吸收能力可以通过作物体内氮素养分状况综合反映。通过实验室化学分析，测定不同植株营养器官含氮量，确定不同植株营养器官氮素含量临界值[175]。通过与临界含氮量相比较判断植株器官含氮量丰缺程度。根据判定结果，制定相应施肥决策，这种方法已在美、德、英、法等成功应用[176]。根据氮素在植株体内存在的状态，植株化学诊断主要有植株全氮诊断、硝酸盐快速诊断、土壤诊断等。

1. 植株全氮诊断

植株全氮诊断在作物化学诊断分析中是研究和应用比较成熟的化学诊断方法，经过科研工作人员多年研究，很多作物的不同生育期和不同部位器官临界氮含量值已基本清楚。植株全氮对作物氮素营养状况有很好的反应[177]，在一定范围内，作物产量与植株全氮含量随植株含氮量的增加而增加[178]，是一个对作物氮素营养状况反映很好的诊断指标。植物全氮诊断方法主要有凯氏定氮法、靛蓝比色法、半微量凯氏法、氢氟酸修正凯氏法、高锰酸钾-还原性铁修正凯氏法，前2种方法比较分析发现靛蓝比色法比凯氏消煮法快捷，但所测结果差异并不显著[179]。由于植株全氮分析操作繁琐，工作量大，只能在实验室进行，在推广应用中有一定难度。

2. 植株硝酸盐快速诊断

硝态氮是以储备状态存于植物体内的非代谢物质，是进入植株体内的主要氮形式，当植株轻微缺氮时，硝态氮变化比全氮库敏感，先于全氮库发生明显变化。对作物供氮量多时，硝态氮比全氮增加幅度大。当作物供氮量发生变化时，植株体内硝态氮含量变化幅度远大于植株全氮含量的变化，能灵敏和简便地反映作物对氮的需求，所以可用硝态氮来代替全氮含量作为估计植株氮素营养状况的诊断指标，在作物生长早期可较准确地确定氮素供应状况并对作物生产进行施肥管理指导[180]。目前，此法已经成功运用于棉花[181]、冬小麦[182]、玉米[183]等。

李银水等[184]通过反射仪法测油菜植株硝酸盐含量，在一定范围内，认为植株硝酸盐含量与油菜产量之间呈正相关关系，油菜产量随硝酸盐含量的增加而增加，植株硝酸盐含量可以反映油菜植株氮素养分状况。刘代平等[185]研究表明在施氮与不施氮时，不同油菜品种茎叶硝酸盐累积量与油菜氮效率密切相关。韩德昌等[186]也报道了油菜硝酸盐累积量随施氮量增加而增加的趋势。朱飞飞等[187]研究表明在供氮量充足条件下，油菜苗期叶柄硝态氮含量在一定程度上能反映收获期产量与生物量的变化。吕世华等[188]利用二苯胺法和反射仪法诊断油菜氮营养，发现油菜氮营养诊断最佳部位为叶柄基部组织，苗期和蕾薹期均是诊断油菜氮营养的最佳时期。二苯胺法和反射仪法均可以快速、准确地诊断油菜氮素营养，但二苯胺法适用含氮水平较低植株，反射仪法费用较高，其应用受到一定限制。

3. 土壤化学诊断

土壤诊断是通过测定土壤含氮量，根据生产状况分析其可被植株吸收程度，间接反映油菜生产所需氮含量状况。目前比较常用的方法是土壤无机氮测试（Nmin）方法，在施底肥前取土样（采样深度依作物可吸收的深度而定，如（0～30 cm、0～60 cm、0～90 cm），分析土壤无机氮（硝态氮＋铵态氮）含量[176]，根据作物需氮量＝目标产量需氮量－初始土壤含氮量（Nmin 方法测得），确定施氮量[189]。作物生长过程中氮素被土壤矿化而不能被植株吸收，Dobermann 等[189]和 Cissé 等[190]对 Nmin 方法进行相应改进，建立对作物施肥进行指导的“KNS”系统。我国 20 世纪 80 年代在这方面也进行了研究，并应用于小麦、玉米的氮肥推荐，研究发现测量小麦 0～80 cm 土层无机氮含量，测量玉米 0～100 cm 土层无机氮含量，NO_3^-－N 土壤供氮能力最佳[176,191]，土壤供氮不足的地方，可以通过追肥对氮素不足进行相应的补充。陈新平等[192]近年来通过田间大量试验，建立了利用土壤无机氮测试技术进行冬小麦氮肥推荐的方法。连楚楚等[193]通过分析油菜地高、中、低肥区当季吸收氮占土壤总有效氮的百分比、对氮素化肥的依存率，提出了促进油菜大面积平衡增产关键措施，应重视增加中、低产土壤氮肥投入。姜丽娜等[194]通过分析浙江省油菜多点试验数据，建立了氮肥效应、经济施氮量和土壤有机质、土壤全氮之间的函数模型，完善了浙江省油菜测土施氮指标体系，为油菜栽培高产和高效提供营养保障。目前，在油菜生产过程中，根据土壤氮素供应情况，确定氮肥施用，实现了产量提高与氮肥节约，由于土壤氮素测定过程中，操作费时，测定繁琐，需时较长，不便于大范围推广。

（三）油菜氮素养分的现代无损测定诊断技术

无损测定技术（non-destructive measurement）是指在不破坏植物组织结构的基础上，利用各种手段对作物生长、营养状况进行监测。应用这种方法可以快速、无损、准确地监测植株生长的氮素养分状况，并提供追肥所需的信息。目前，主要通过叶绿素仪分析、数字图像以及光谱氮素诊断等现代无损诊断技术对作物生长过程中的氮素营养进行诊断。

1. 叶绿素仪分析技术

在农作物的生长过程中，植株含氮量可以显著影响植株叶绿素含量，它们之间具有相似的变化趋势，所以可通过监测叶绿素的含量测定植株氮素含量。

日本 MINOLTA 公司于 20 世纪 80 年代利用对叶绿素较敏感波段 550 nm 和 675 nm 附近的反射率比值，设计和制造了叶绿素仪（chlorphyll meter）[195-196]，进行田间作物氮素诊断及施肥推荐。目前，较常用型号为 SPAD－502。大量试验结果发现，大多 SPAD 读数和植株全氮或叶片全氮之间有显著的相关性[197-198]。裘正军等[199]研究表明不同施氮量油菜在不同生育时期叶片的SPAD值变化规律不同，SPAD值与施肥量之间存在较高相关性。朱哲燕等[200]对油菜叶片叶绿素与氮含量关系进行了分析，建立了油菜叶片SPAD值和N含量之间数学模型，并对模型进行检验分析，其精确度达显著水平。周晓冬等[201]通过研究甘蓝型油菜开花期叶片SPAD值、叶绿素含量与氮素含量相互关系，油菜在开花期所测SPAD值与叶片含氮量呈显著的线性正相关，并建立相应数学模型，说明可用SPAD值间接表示作物叶绿素含量和N含量。李银水等[184]通过对油菜3种氮素营养诊断方法适宜性比较，结果表明，叶片SPAD值可很好地反映油菜苗期氮素营养状况，叶片SPAD值与油菜产量和氮肥用量间相关性较好，可以作为油菜氮素营养快速诊断方法。叶绿素仪体积小，重量轻，测定方法简单，由于它得到的作物氮肥含量是从测试样本的有限点得到的，对于整块田间，氮含量结果只能做粗略估算。为准确利用叶绿素值估测作物氮素含量，还需要对多获取数据的计算方法进行改进，并在实验室做相关分析，这就失去了利用叶绿素仪估测作物氮素营养状况的快速、简便和不损伤植株生长的特性，因此，在特定条件下依然可用于油菜快速诊断，如室内盆栽试验。

2. 数字图像诊断技术

油菜在不同营养状况下表现不同的茎叶颜色和形态，是表征作物长势的重要信息，植株对绿光波段的反射特性随植株含氮量变化而变化，叶片对红光和蓝光吸收最多，对绿光吸收最少，用数码相机或扫描仪采集叶片数字图像可反映叶片对可见光的吸收和反射情况。综合利用图像处理技术如数字图像处理、模式识别、景物分析和图像理解等，获取与作物氮素状况相关的数字信息，通过相关数据处理，对作物氮素状况进行诊断。

张元等[202]利用多光谱视觉技术获取油菜叶片图像颜色特征并预测叶片氮含量，结果表明，用G/R－G/B建立的回归模型能较准确地预测油菜叶片氮含量。张晓东等[203]利用不同生育期油菜氮素的图像特征，建立了基于多光谱组合图像特征的油菜氮素预测模型，实现了对不同生育时期油菜氮素的定量估算。冯雷等[204]用CCD多光谱成像技术提取油菜叶面图像特征信息，建立了图像灰度和反射率关系的经验线性标定模型，分析得到的油菜植被指数与叶绿素仪数值有很好的相关性，进而估测油菜作物氮素营养。袁道军等[205]在大田条件下利用数码相机构建计算机视觉系统，对油菜叶片图像进行获取、分割。通过逐步回归分析，建立油菜全氮含量最优回归模型，达到极显著水平。张筱蕾等[206]利用高光谱成像技术获取油菜生育期叶片高光谱图像数据，建立叶片光谱特征与叶片氮含量的定量关系模型。通过模型预测每个像素点对应的氮含量预测值，绘制出油菜在3个不同生长期的叶片氮素分布图，通过比较同一叶片或不同叶片氮素水平的差异性快速确定油菜营养状况、优化施肥管理措施。计算机数字图像处理技术能获取人类视觉上不能获取的信息，可以回避传统方法人类认识差异和视觉疲劳带来的影响，这样可以节约劳动成本，在降低人类主观判断方面有很大的应用前景，可以代替外观诊断。

3. 光谱氮素诊断技术

当作物缺氮时会引起叶片颜色、厚度以及形态结构等发生一系列变化，随之引起光谱的吸收、反射和透射特性变化[207]，通过植物光谱反射特性变化实时监测和快速诊断植物的氮素营养状况成为可能[208]。20 世纪 70 年代以来，就植物氮素光谱诊断方面，许多科学家进行了深入研究。首先探讨在不同的不同氮素水平条件下，敏感波段及其反射率的变化。结果表明，大量植物在缺少氮元素时，植物的叶片和植物冠层水平可见光波段反射率都会有所增加[209-211]，在 530～560 nm 波段区域内，氮元素含量的变化最为显著[212-213]。张晓东等[214]研究表明油菜在 390～430 nm、540～570 nm 区间有较明显反射峰，反射率与氮含量呈现负相关，在 700 nm 附近红边位置，光谱反射率与植株全氮含量有较高的相关性。王渊等[156]研究认为在不同氮素水平条件下，油菜叶片和冠层光谱的反射率特征不同，尤其显著在可见光和近红外波段处，呈现不同反射峰（550 nm）和吸收谷（1 000 nm）。王福民等[208]研究 4 个品种在供氮有差别时，油菜冠层光谱变化规律，在近红外波段和可见光波段区域内，随着供氮水平的提高，前者光谱反射率显著升高，后者反射率却降低。张雪红等[154]研究了在不同施氮条件，油菜冠层反射光谱的相应特征表现。认为随着施氮程度的提高，在可见光波段处反射率值变大，而在近红外波段处则呈反射率值变小，通过这种光谱测量以及变量的分析，可判断不同的氮素营养程度。

明确植株的氮元素敏感波段后，许多研究人员通过光谱反射率或其衍生关系，建立一种预估农作物氮元素含量的模型。Shibuyama 等[212]通过大量试验计算表明，R_{620}和R_{760}及R_{400}、R_{620}和R_{880}的线性组合与单位土地面积水稻叶片氮元素含量有很好的线性回归关系。Thomas 等[209]研究表明，运用 550 nm 和 660 nm 2 个波段建立的线性组合能定量估算甜椒氮元素水平，精确度能达到 90%。Fernandez 等[210]也报道用 660 nm（红光）和 545 nm（绿光）波段的线性组合可估算小麦氮元素水平，与施氮肥水平没有关系。Tarpley 等[215]研究了棉花叶片氮素水平与 190 个光谱比值指数的关系，基于研究结果估算精确度和准确度并作出分析，经研究可以看出，用红边位置与短波近红外波段比值预测的精确度很高。我国学者在植物含氮量与光谱反射率或其衍生量相关方面也做了很多研究，薛利红等[216]通过试验可以看出，660 nm 红波段与460 nm蓝波段的组合成为冬小麦叶片含氮量关系最好的指数；与叶片氮累积量关系较好的光谱指数为 1 220 nm（中红外波段）与 660 nm（红光波段）的组合。刘宏斌等[217]研究表明冬小麦氮元素营养程度可以运用红光波段和近红外波段植被指数 RVI 表示。朱艳等[218]研究表明水稻和小麦叶片氮累积量 RVI（870，660 nm）和 RVI（810，660 nm）的相关性均是较佳的共性光谱参数。李立平等[219]认为 NDVI 和 Red/NIR 可估计小麦地上部分氮元素累积量。王磊等[220]研究表明宽波段光谱比值指数（RNIR/Red）与归一化植被指数（R((NIR-Red)/(NIR+Red)))、与不同植物氮素含量的相关关系随生育期有明显的变化规律。王渊等[156]认为油菜反射光谱 5 波段（401 nm、451 nm、549 nm、1 321 nm 和 2 245 nm）的一阶微分是估算油菜氮含量的最佳标准，用短波红外光波段能很好估算氮的程度。这些研究结果表明植物含氮量与光谱反射率或其衍生指数存在定量关系，可以利用光谱对植株进行氮素诊断。

由于遥感技术快速拓展，高光谱遥感利用其自身超多波谱段（几十、上百个）、光谱分辨率高（3～20 nm）等优势，使其可考察和测量植物的精细光谱信息（尤其是植被许多生化组分的吸收光谱信息），反演生化组分的量，能很好地观察植物的成长状况。张雪红等[154]研究表明油菜高光谱一阶导数随施氮程度的添加，向长波方向移动“双峰”现象则愈明显。不同供氮程度条件下，大部分红边面积与红边幅值在全部的生育期呈现出随着供氮程度增加而上升的趋势。牛铮等[221]用 2 120 nm 和 1 120 nm 处反射率一阶导数的线性回归方程可估算鲜叶片氮元素含量，测量结果与被估算测量（约定）真值的一致程度在 80%以上。

基于植株含氮量和光谱反射率或其衍生指数的相关性，建立模型可用来预估植被氮元素水平，对植被田间施肥管理进行指导，提高氮肥利用率。这方面已有大量研究，有些成果已经成功应用于生产。1990 年中，美国 Oklahoma 州大学研究地面主动遥感高光谱仪器 GreenSeeker 光谱仪，它可以经过检测 NDVI 数据，细致地观察农作物的生长状况，从而解决氮素实时诊断，确定最佳的施肥方法。该仪器已成功应用于研究氮素利用率和精准农业，并取得良好效果[222]。陈青春等[223]利用水稻拔节期 DVI 指数大致推算植被氮元素累积量，并建立了追氮调控模型对穗肥施用量作了较为准确的估计，过去农民传统施肥与现代相比，氮元素的施肥量，可根据反射光谱的水稻氮肥追施调节、控制，这项技术对利用估算作物氮积累量和土地供氮量对氮肥追施量提供了很好的方法。王磊等[220]选择 RNIR/Red 与叶片氮含量建立估测模型，经过回归分析和验证，所建立的模型对玉米叶片氮素含量在玉米生育前期和生育后期估测具有较高的可靠性和稳定性，可进行玉米不同生育时期不同发育阶段的氮素营养诊断。王渊等[156]研究表明基于冠层光谱建立的氮素含量逐步回归模型较基于叶片光谱的有更高相关性，最终确定的油菜氮素含量光谱反射率估算模型，拟合结果有较佳的试验结果，利用该模型可预测油菜氮素水平和氮素营养的监测诊断。虽然目前国内利用光谱技术在作物生长与营养信息监测方面的研究越来越多，由于受到光谱分辨率、模型精度、光谱仪器价格昂贵等限制，能完全形成产品，大规模地实现农田生产实践却比较少，但光谱营养元素诊断有很好的应用前景。

（四）氮素营养诊断技术在油菜上的应用展望

通过对油菜氮素养分诊断方法进行比较分析表明，观察植株外观简单快速，但误差比较大，每个人观察的角度不同，导致观察结果不同，经验性强，确诊困难，其滞后性导致油菜产量受损；化学诊断结果精确，可作为施肥指导，但进行破坏性取样，实验室操作复杂，对试验人员操作要求较高，需消耗许多人力、财力、物力，且预期效果较差，大规模的生产受到限制；无损诊断克服其他诊断方法的缺点，可迅速、准确诊断田间作物氮营养状况，及时提供追肥所需信息，具有很好发展前景。由于受到光谱分辨率、模型精度、作物种类、植物光谱监测所需仪器价格昂贵等限制，无损诊断技术真正大范围应用到油菜生产实践上还很少。伴随我国农业信息化和现代化进程的推进，信息技术的日渐成熟，氮素无损诊断技术正由定性或半定量向精确定量方向发展，由实验室手工操作向智能化测试方向发展，由对植株个体单元监测向群体面源监测，进而指导合理施氮和氮素调控，能很好地防止无目的添加肥料，以达到提高氮肥利用效率的目标。目前，由于航空卫星或飞机上搭载近红外光谱遥感器的光谱分辨率较低，使高空遥感监测模型预测精度较低，无法实现对大面积作物营养状况进行精确诊断，这就要求将空间遥感信息和精确度比较高的地面光谱监测模型联系在一起，创建精度较高的预测植物生长状况及氮素水平状况遥感监测模型。将地空遥感数据信息很好地结合在一起，对根据多源信息能随时监控植物氮素含量状况提供一个很好的平台，很大程度上引导农户对农作物进行有效的氮素管理和精确施肥。将地空遥感数据信息有机融合，有助于建立基于多源信息实时监测作物氮素营养状况平台，指导大尺度作物高效氮素管理和精确施肥。预测未来作物营养无损诊断技术将借助以微电子学为基础的计算机技术和电信技术的结合等现代信息技术，实现作物营养诊断数字化和自动化，最终达到作物营养诊断的信息化和现代化。

五、作物病虫害快速识别与无人化防控

（一）作物病虫害快速识别

病害作物大部分病症都能体现在其叶片上，由叶片内部结构的改变，到肉眼可见的叶片颜色、形状、厚度、纹理等变化，使其外表表现出不正常状态，

如变色、坏死、萎蔫、糜烂、畸形，以及出现病斑、菌丝、孢子等。这就为基于视觉成像光谱的作物病害进行无损检测及诊断提供了可能。

在基于视觉成像光谱的病虫害识别方面，国际多数研究都是基于高空遥感影像对大面积作物（如甜菜、油菜等）的病虫害发生进行监测分析。如 Hillnhütter 等[224]从机载成像光谱仪（芬兰 AISA 和澳大利亚 HyMap）中获得甜菜病叶光谱影像数据，进行光谱角度制图（spectral angle mapping，SAM），病害分类准确度达 72%和 64%，结果表明，遥感结合地理信息系统技术（geographic information system，GIS）可以有效检测和反映甜菜胞囊线虫病和冠层纹枯病和根腐病引起的症状。Zhang 等[225]通过对图像进行最小噪声分离变换（minimum noise fraction transformation，MNFT）和 SAM 等，从航空图像中获得了番茄晚疫病相关信息。Bhattacharya 等[226]基于卫星获得的红外、近红外、短波红外波段以及地表温度数据，评估了芥末腐病暴发、持续等各阶段的病情指数。Apan 等[227]研究表明，甘蔗的屈恩柄锈菌病（*Puccinia kuehnii*）可通过高光谱遥感影像进行较好地监测。Jonas 等[228]基于 Quickbird 影像，通过 SAM 和混合调谐滤波算法（mixture tuned matched filtering algorithm）对小麦白粉病和条锈病进行了识别。Delwiche 等[229]采用逐步判别分析（step discrimination）和机器视觉图像处理对小麦赤霉病进行了区分和识别。Cherlet 等[230]将遥感反演气象信息、植被指数与其他地面观测数据结合，在蝗虫侵害区进行生态条件监测，能作为沙漠蝗虫生境监测和预报的重要支撑。目前，国际基于视觉成像光谱的病虫害识别研究多为宏观大面积方向，主要通过卫星航空航天遥感影像进行分析处理，国内病虫害成像光谱研究多集中于小群体或个体间的特征差异，主要通过计算机视觉技术近距离小范围的研究。基于卫星遥感的研究需要大量精确的数据，卫星分辨率越高，能获取的信息越多，也越准确。当前我国民用级别的遥感卫星中，“资源三号”的分辨率最高，可达到 2.5 m，但仍无法与国外达 1 m 分辨率的商业遥感卫星相比（如 IKONOS，QuickBird）。国内基于视觉成像光谱的病虫害识别研究始于 21 世纪初，涉及棉花、玉米、油菜、番茄、森林等。

在基于非成像光谱的病虫害遥感识别方面，这一类型的光谱数据，主要是通过数据挖掘，如统计判别、关联分析、回归模型等建立光谱特征与病虫害类型、病情程度之间的关系，从而实现对相应病虫害的识别和预测。国际上，基于非成像光谱的病虫害识别研究涉及的作物种类较多，除了主要粮食作物外，对于大豆、甘蔗等经济作物的研究亦有不少。Prabhakar 等[231]在研究豇豆黄花叶病时，将 R_{571}/R_{721} 和 R_{705}/R_{593} 的反射率比值多元线性回归（multivariate linear regression，MLR）后，其病害预测模型优于 R_{571} 和 R_{705} 单波段的模型，植株病害类别识别率为 68.75%。Zhang 等[232]通过对冬小麦白粉病的严重程度与光谱特征进行回归分析，发现偏最小二乘回归（partial least squares regression，PLSR）模型的预测优于 MLR 模型。Graeff 等[233]采用方差分析、相关分析和回归分析研究了小麦条锈病和全蚀病病情程度与光谱特征之间的关系，并筛选出了敏感波段。Grisham 等[234]用高光谱遥感技术监测甘蔗黄叶病（sugarcane yellow leaf virus，SCYLV），使用 Resubstitution 推导出的判别函数结合数据预测样品区的染病，准确率达 80%，在交叉验证区达 70%。Liu 等[235]发现应用学习向量量化神经网络（learning vector quantization，LVQ）和 PCA 可以鉴别水稻穗的真菌感染严重程度，其中一阶导数光谱（first derivative reflectance，FDR）和二阶导数光谱（second derivative reflectance，SDR）区分精度及相应的 kappa 系数较高，SDR 最好，能做到完全区分。Adams 等[236]利用二阶高光谱导数构建了大豆黄萎病的发黄指数作为其病情评价指标。Malthus 等[237]对大豆受蚕豆斑点葡萄孢感染后的反射光谱进行研究，发现其一阶导数的反射率比原始的要高，可应用于监测病虫害发生情况，但无法识别其严重程度。在国内，对于一些方便数据采集的常见粮食作物（如水稻、油菜等）以及园艺作物（如黄瓜）的研究较多，并取得了较大进展。如任东等[238]应用支持向量机模型（support vector machine，SVM）分类方法诊断黄瓜的霜霉病、白粉病和角斑病，识别率超过 90%，该结果接近于人类病理专家的诊断精度，可用于黄瓜相关病害的诊断。王海光等[239]将 SVM 应用于判别分析小麦条锈病病叶的严重程度，1∶1 随机划分样品集，校正区样品用于建立模型，预测区样品用于严重程度预测，总体正确识别率达 97%。李波等[240]采用概率神经网络（probabilistic neural network，PNN）和主成分分析技术（principal component analysis，PCA）相结合识别水稻干尖线虫病和稻纵卷叶螟，高达 95.65%的精度可以实现对多种水稻病虫害进行快速、精确地分类识别。冯雷等[241]用连续投影算法（successive projections algorithm，SPA）和最小二乘支持向量机（LS-SVM）处理大豆豆荚的光谱数据，检测大豆豆荚炭疽病的准确率较高。冯洁等[242]发现用反向传播（back propagation，BP）人工神经网络和距离分类器有效组合来识别不同病害类型的黄瓜叶面反射率，能够充分发挥各自的特性，其分类性能强于单个分类器，能实现对园艺作物病害快速、准确、实时的无损检测。吴迪等[243]利用 PCA 对番茄叶片灰霉病光谱数据进行降维，结合 BP 神经网络建立的病害检测模型，其相关系数最高可达 0.930。蒋金豹等[244]通过对小麦冠层的研究，指出红边核心区（725～735 nm）和绿边核心区（520～530 nm）内的一阶微分总和（SDr′）∶（SDg′）可用于识别小麦的早期病害症状，与病情指数（DI）间的相关系数达到 0.921。从国内外的各种研究成果中不难发现，非成像光谱的数据处理方法多样，同时很多研究都运用了导数变换，这是高光谱变换形式里最常用的方式，通过导数变换可以达到减弱或消除背景及大气散射的效果，同时能提高不同吸收特征的对比度，进而提高应用高光谱技术实施农作物病虫害监测的精度。在实际分析处理过程中，由于光谱数据的离散性，导数变换一般是用差分方法进行近似计算[245]。

在应用于作物病虫害监测的相关植被指数方面，大部分病害作物的原始光谱与健康植株的已经有所区别，但区分并不明显，加之土壤、大气等环境因子对反射率的影响，会干扰探索病虫害作物光谱数据中的相关规律。为了能更好地找到数据间的相关性，突出植被信息，使植物光谱数据具有一定的生物或理化意义，常将原始光谱数据以各种植被指数的形式进行数据分析。

国际研究也表明，作物生长状况与各种植被指数间有一定的关系。Huang等[246]找出了小麦条锈病病情指数（DI）与光化学植被指数（PRI）之间的关系：DI（%）=－721.22（PRI）+2.40（$-0.14 \leqslant PRI \leqslant 0.02$；$r=0.91$）。Prabhakar等[247]分别分析了印度南部地区3个不同感染叶蝉病害区域棉花的光谱数据，处理得到R_{691}/R_{751}、$(R_{1124}-R_{691})/(R_{1124}+R_{691})$、$(R_{761}-R_{691})/(R_{550}-R_{715})$等光谱指数，探索到6个敏感波段，随后进行回归分析并指出光谱指数$(R_{1124}-R_{691})/(R_{1124}+R_{691})$、$(R_{761}-R_{691})/(R_{550}-R_{715})$能较好地监测棉花叶蝉病害感染情况。Reddy等[248]研究了玉米、花生和大豆的NDVI，表明其与叶绿素含量正相关，可反映出作物受胁迫引起的色素变化。Naidu等[249]尝试利用红边植被胁迫指数（RVSI），调节型叶绿素吸收比率指数（MCARI），可见光大气阻尼指数（VARI）及水分指数（WI）对葡萄病害进行识别，且识别效果达到极显著水平。Nicolas[250]分析表明，对于光学及热红外波段，冬小麦白粉病的严重程度越大，小麦冠层的温度也随之升高，而NDVI却减小，相对指数与小麦冠层受感染叶片比例的相关性要高于绝对指数。国内许多学者通过植被指数找到了作物病虫害与其反射光谱之间的相关规律。黄木易等[251]对冬小麦的630～687 nm、740～890 nm、976～1 350 nm 3个敏感波段进行组合，与DI作回归分析，建立了多波段下组合诊断模式的定量模型：$DI=-143.11 \times NDVI$（976 nm与680 nm下的归一化植被指数）+165.41（$r=-0.87^{**}$）等。竞霞等[252]利用PLS算法和高分辨率卫星影像对棉花黄萎病病情严重程度进行了遥感监测，表明增强植被指数（EVI）、归一化植被指数（NDVI）、重归一化植被指数（RDVI）、全球环境监测指数（GEMI）、修改型土壤调整植被指数（MSAVI）、差值植被指数（DVI）为棉花黄萎病病情严重度遥感估测的敏感因子，能够有效估测棉花黄萎病病情严重程度，对实现大范围农作物病虫害的遥感监测具有重要的参考价值。亓兴兰等[253]利用单时相遥感数据，以绿度植被指数（GVI）、土壤调节植被指数（SAVI）等植被指数作为光谱监测指标，提取马尾松毛虫虫害信息，其总精度为 70.75%。冯炼等[254]基于 HJ 卫星 CCD（charge-coupled device）数据对冬小麦病虫害面积进行监测分析，结果显示三角植被指数（TVI）模型与地面实测结果基本一致，精度达 76.47%，能够满足农作物病虫害面积遥感监测要求。傅坤亚[255]以油菜病害（白斑病）为研究对象，通过不同时期田间小区自然发病时油菜病害与健康叶片光谱采集、光谱特征及其与病情指数和农学参数（叶片含水率、含 N 量、叶绿素 SPAD 值、颜色值等）间关系分析，筛选可应用于田间识别的敏感波段或植被指数，进而探索基于光谱定量反演病情指数的方法。此外，还有转换叶绿素吸收指数（TCARI）、优化土壤调节植被指数（OSAVI）[256]、结构不敏感植被指数（SIPI）[257]、氮反射指数（NRI）、植被衰老指数（PSRI）、归一化色素比率指数（NPCI）[258]、可见光大气阻抗植被指数（VARI）[259]等许多植被指数，这些植被指数在不同程度上能反映作物病虫害的发生情况和严重程度，因此，未来构建作物病虫害遥感监测模型可通过这些植被指数进行探索。

（二）作物病虫害无人化防控

近年来，关于无人机（UAV）喷雾设备的研究在日本、美国等发达国家得到快速发展。1990 年，日本山叶公司率先推出世界第一架无人机，主要用于撒布农药。从 20 世纪 90 年代起将遥控直升机用于大田作物、果树和蔬菜的病虫害防治，从而实现合理施肥和农作物品质管理，还可判断作物（主要是水稻）的生长状态。据 2006 年统计资料显示[260]，日本水稻种植面积近 169.2 万 hm^2，且经营规模相对较小，常规的地面装备难以适应，而无人机因其尺寸小、操控灵活、喷洒效果好等优点，在日本进行农业生产已成为发展趋势之一。目前，美国已开展了 UAV 航空喷洒方面的研究[261]。我国由于缺乏先进的 UAV 喷洒技术和控制装置，使国内 UAV 喷洒的应用水平与农业的发展需要不相适应，与国外相比差距较大，从而导致国内利用 UAV 进行农林作物喷雾一直是个空白。2013 年，Cao 等[262]以无人机为平台开展了基于光谱的园艺作物病害智能识别与精确防控研究。

六、基于感知与生长模型融合的油菜作物肥、水、病虫管理决策

随着无线传感器网络的兴起，传统的有线数据传输网络将被取代。无线数据传输技术包括短距离无线数据传输和远距离无线数据传输。目前，短距离无线数据传输技术已经成为无线数据传输技术的一个重要分支。传统的无线数据传输技术存在设备成本高、体积大和能源消耗较大等问题，对于具有小范围、

突发性、低成本、低功耗特点的数据传输需求显得不可行。应用短距离无线数据传输技术，降低温室布线复杂性和成本，对温室的发展具有重要意义。2002年英特尔公司率先在俄勒冈州建立了第一个无线葡萄园。传感器节点被分布在葡萄园的每个角落，每隔一分钟检测一次土壤温度、湿度或该区域的有害物的数量以确保葡萄可以健康生长，进而获得大丰收。在温室环境里单个温室即可成为无线传感器网络一个测量控制区，采用降水量、温度、空气湿度和气压、光照强度、CO_2 浓度等来获得作物生长的最佳条件，同时将生物信息获取方法应用于无线传感器节点，为温室精细调控提供科学依据。如基于视觉技术探测生物信息，利用多光谱反射原理探测植物生长状况等。最终使温室中传感器、执行机构标准化、数据化，利用网关实现控制装置的网络化，从而达到现场安装组网方便、增加作物产量、改善品质、调节生长周期、提高经济效益的目的。徐玲等[143]开展了油菜苗情数字化远程监控研究。夏春华等[263]对改进简化的 ZigBee 无线协议在农业物联网中的应用进行了研究和测试。

综上所述，本书是在前人研究基础上，按照作物生理生态学理论，从作物生产的机理出发，根据油菜作物生理生态学理论和农业系统学思想等进行油菜生长模型、基于模型的油菜生产管理决策支持系统、形态结构模型与可视化、油菜产量渍害影响预测、便携式信息终端、WEB、油菜生长动态及产量高光谱响应模型、基于无人机的油菜病虫害光谱识别与精确防控、基于感知和大数据技术建立油菜肥、水、病虫管理决策模型等研究，进而形成油菜生产信息化技术，并在我国油菜主产区示范应用，为油菜高产、优质、高效、生态与安全生产提供技术支撑，着力解决油菜怎么种问题。

本书分绪论、研究篇和应用篇三大版块共九章，其中，研究篇包括油菜模型、油菜感知和油菜生产管理决策三部分，油菜模型部分包括油菜生长模型、油菜栽培优化模型、油菜形态模型和油菜气象灾害模型四章内容，油菜感知部分包括油菜生长感知、油菜环境感知两章内容。

参考文献

[1] 王汉中.2030 年我国对油料作物需求的预测与对策.中国油料作物学报，1998，20 (2)：87-90.

[2] 期货日报网.世界油菜籽生产状况.2013-02-22. http://www.qhrb.com.cn/Article/Show148528-146.html.

[3] 国家统计局.国家数据.2013-02-12. http://data.stats.gov.cn/workspace/index;jsessionid=E4CDD852A8DE053847EA0B18C4B867AD? m=hgnd.

[4] de Wit C T. Photosynthesis of leaf canopies//*Agricultural Reseach Report*. Wageningen: Pudocuer，1965.

[5] Duncan W G, Loomis R S, Williams W A, et al. A model for simulating photosynthesis in plant communities. Hilgardia, 1967, 38: 181-205.

[6] Jones J W, Keating B A, Porter C H. Approaches to modular model development. Agricultural Systems, 2001, 70: 421-443.

[7] Prusinkiewicz P. A look at the visual modeling of plant using L-systems. Agronomie, 1990, 19: 211-224.

[8] Guo Y, Ma Y T, Zhan Z G, et al. Parameter optimization and field validation of the functional-structural model GREENLAB for maize. Annals of Botany, 2006, 97: 217-230.

[9] Gao L Z. ALFAMOD: An agroclimatological computer model of alfalfa production. Jiangsu Journal of Agricultural Sciences, 1985 (2): 1-6.

[10] Gao L Z, Jin Z Q, Li L. Photo-thermal models of rice growth duration for various varietal types in China. Agricultural Forestry Meteorology, 1987, 39: 205-213.

[11] 诸叶平，张建兵，孙开梦，等．小麦-玉米连作环境模拟与智能决策系统．计算机与农业，2001（专刊）：41-44.

[12] 宋有洪，郭焱，李保国，等．基于器官生物量构建植株形态的玉米虚拟模型．生态学报，2003，23：2579-2586.

[13] 曹卫星，朱艳，田永超，等．数字农作技术研究的若干进展与发展方向．中国农业科学，2006，39（2）：281-288.

[14] 曹宏鑫，金之庆，石春林，等．中国作物模型系列的研究与应用．农业网络信息，2006（5）：45-48.

[15] 曹宏鑫，石春林，金之庆．植物形态结构模拟与可视化研究进展．中国农业科学，2008，41（3）：669-677.

[16] 赵春江，陆声链，郭新宇，等．数字植物及其技术体系探讨．中国农业科学，2010，43（10）：2023-2030.

[17] 汪宝卿，张仁和．油菜生长发育的计算机模拟与应用研究进展．西北农业学报，2004，13（2）：180-185.

[18] Husson F, Wallach D, Vandeputte A. Evaluation of CECOL, a model of winter rape (*Brassica napus* L.). European Journal of Agronomy, 1997, 18: 205-214.

[19] Saseendran S A, Nielsen D C, Ma L, et al. Adapting CROPGRO for simulating spring canola growth with both RZWQM2 and DSSAT 4.0. Agronomy Journal, 2010, 102 (6): 1606-1621.

[20] Deligios P A, Farcia R, Sulasb L, et al. Predicting growth and yield of winter rapeseed in a Mediterranean environment: Model adaptation at a field scale. Field Crops Research, 2013, 144: 100-112.

[21] 刘洪，金之庆．油菜发育动态模拟模型．应用气象学报，2003，14（5）：634-640.

[22] 刘铁梅，胡立勇，赵祖红，等．油菜发育过程及生育期机理模型的研究：Ⅰ．模型的描述．中国油料作物学报，2004，26（1）：27-31.

[23] 胡立勇，刘铁梅，郑小林，等．油菜发育过程及生育期机理模型的研究：Ⅱ．模型的检验和评价．中国油料作物学报，2004，26（2）：51－55.
[24] 曹宏鑫，张春雷，李光明，等．油菜生长发育模拟模型研究．作物学报，2006，32（10）：1530－1536.
[25] 汤亮，朱艳，刘铁梅，等．油菜生育期模拟模型研究．中国农业科学，2008，41（8）：2493－2498.
[26] Petersen C T，Jorgensen U，Svendsen H，et al. Parameter assessment for simulation of biomass production and nitrogen uptake in winter rape. European Journal of Agronomy，1995（4）：77－89.
[27] 廖桂平，官春云．甘蓝型油菜（*Brassica napus*）干物质积累、分配与转移的特性研究．作物学报，2002，28（1）：52－58.
[28] 刘铁梅，张琼，邱枫，等．油菜器官间干物质分配动态的定量模拟．中国油料作物学报，2005，27（1）：55－59.
[29] 谢云，Kiniry J R. 国外作物生长模型发展综述．作物学报，2002，28（2）：190－195.
[30] 汤亮，朱艳，鞠昌华，等．油菜地上部干物质分配与产量形成模拟模型．应用生态学报，2007，18（3）：526－530.
[31] 汪宝卿，曹宏鑫，张春雷．长江中游冬油菜群体干物质和叶面积模拟的研究．山东农业科学，2008（6）：27－30.
[32] Petersen C T，Svendsen H，Hansen S，et al. Parameter assessment for simulation of biomass production and nitrogen uptake in winter rape. European Journal of Agronomy，1995（4）：77－89.
[33] Kiniry J R，Major D J，Lzaurralde R C，et al. EPIC model parameters for cereal，oil seed，and forage crop in the north Great Plain region. Canadian Journal of Plant Science，1995，75（3）：679－688.
[34] 高亮之．国际农业模型研究最新趋势．农业模型与数字农业通讯，2002（1）：2－5.
[35] 李旭荣．数字油菜生长系统通用模型探讨．机械，2010（1）：32－51.
[36] Cao H，Zhang C，Li G，et al. Researches of optimum leaf area index dynamic models for rape（*Brassica napus* L.）. D. Li，Z. Chunjiang，eds. IFIP International Federation for Information Processing，Volume 295，Computer and Computing Technologies in Agriculture II，2009，3：1585－1594.
[37] Cao H X，Zhang C L，Li G M，et al. Researches of optimum shoot and ramification number dynamic models for rapeseed（*Brassica napus* L.）//World Automation Congress（WAC），2010：129－135.
[38] Cao H X，Zhang C L，Li G M，et al. Research and application of cultivation－simulation－optimization decision making system for rapeseed（*Brassica napus* L.）. IFIP Advances in Information and Communication Technology. Computer and Computing Technologies in Agriculture IV，2011，345：441－445.
[39] 于少雄，刘小军，孙传范，等．基于模型和WebGIS的数字油作系统设计与实现．南

京农业大学学报，2010，33（6）：13-18.
[40] Ahuja L R，Rojas K W，Hanson J D，et al.（ed.）Root zone water quality model. Modeling management effects on water quality and crop production. Water Research Publication，Highlands Ranch，CO. 2000.
[41] Qaderi M，Kurepin L V，Reid D M. Growth and physiological responses of cañola (Brassica napus) to three components of global climate change：temperature，carbon dioxide and drought. Plant Physiology，2006，128（4）：710-721.
[42] Ma S，Churkina G，Trusilova K. Investigating the impact of climate change on crop phenological events in Europe with a phenology model. International Journal of Biometeorology，2012，56（4）：749-763.
[43] 孙玉莲，尹宪志，边学军，等. 甘肃临夏州双低油菜产量动态气候模型. 干旱地区农业研究，2012，3（4）：184-189.
[44] 陈晓艺，岳伟，王晓东. 安徽省油菜主要发育期预报业务化模型研究. 中国农学通报，2012，28（3）：75-80.
[45] 林贤青，沈惠聪，季吟秋，等. 油菜渍害若干生理问题的探讨. 浙江农业大学学报，1993，19（1）：19-23.
[46] Zhou W J，Lin X Q. Effects of waterlogging at different growth stages on physiological characteristics and seed yield of winter rape（*Brassica napus* L.）. Field Crops Research，1995，44（2/3）：103-110.
[47] Boem F H G，Lavado R S，Porcelli C A. Note on the effects of winter and spring waterlogging on growth，chemical composition and yield of rapeseed. Field Crops Research，1996，47（2/3）：175-179.
[48] Boem F H G，Lavado R S，Porcelli C A. Effects of Waterlogging Followed by a Salinity Peak on Rapeseed（*Brassica napus* L.）. Journal of Agronomy and Crop Science，1997，178（3）：135-140.
[49] Leul M，Zhou W J. Alleviation of waterlogging damage in winter rape by application of uniconazole：Effects on morphological characteristics，hormones and photosynthesis. Field Crops Research，1998，59（2）：121-127.
[50] 刘洪，金之庆. 江淮平原油菜渍害预报模型. 江苏农业学报，2005，21（2）：86-91.
[51] Cheng Y，Gu M，Cong Y，et al. Combining ability and genetic effects of germination traits of *Brassica napus* L. under waterlogging stress condition. Agricultural Sciences in China，2010，9（7）：951-957.
[52] Parsinejad M，Yazdani M R，Dalivand F S，et al. Evaluation of modified DRAINMOD in predicting groundwater table fluctuations and yield of canola in paddy fields under snowy conditions（case study：Rasht Iran）. Irrigation and Drainage，2011，60（5）：660-667.
[53] 宗梅，穆丹，范志强. 渍害胁迫及其恢复对油菜幼苗叶片PSⅡ光化学特性的影响. 长春师范学院学报（自然科学版），2012，31（9）：64-68.

[54] 宋丰萍，胡立勇，周广生，等．渍水时间对油菜生长及产量的影响．作物学报，2010，36（1）：170－176.

[55] 陈晓艺，岳伟，王晓东．安徽省油菜主要发育期预报业务化模型研究．中国农学通报，2012，28（3）：75－80.

[56] 张建军，陈晓艺，马晓群．安徽油菜气候适宜度评价指标的建立与应用．中国农学通报，2012，28（13）：155－158.

[57] 何激光，官春云，李凤阳，等．不同渍水处理对油菜产量及生理特性的影响．作物研究，2011，25（4）：313－315.

[58] Groer C，Kniemeyer O，Hemmerling R，et al. A dynamic 3D model of rape（*Brassica napus* L.）computing yield components under variable nitrogen fertilisation regimes. 2007－10－22. http://algorithmicbotany. org/FSPM07/proceedings. html.

[59] Müller J，Braune H，Wernecke P，et al. Towards universality and modularity：A generic photosynthesis and transpiration module for functional structural plant models. 2007－10－22. http://algorithmicbotany. org/FSPM07/proceedings. html.

[60] 岳延滨．油菜植株形态结构模型及可视化．南京：南京农业大学，2010.

[61] 张伟欣．基于生物量的油菜植株地上部形态结构模型研究．南京：南京农业大学，2013.

[62] Cao H X，Zhang W Y，Zhang W X，et al. Biomass－based rapeseed（*Brassica napus* L.）leaf geometric parameter model//Proceedings of the 7 th International Conference on Functional－Structural Plant Models，Saariselkä，Finland，2013.

[63] Ivanov N，Boissarda P，Chapron M，et al. Computer stereo plotting for 3－D reconstruction of a maize canopy. Agricultural and Forest Meteorology，1995，75：85－102.

[64] Andrieuay B，Ivanov N，Boissard P. Simulation of light interception from a maize canopy model constructed by stereo plotting. Agricultural and Forest Meteorology，1995，75：103－119.

[65] 高恩婷．基于VC＋＋的OpenGL三维应用程序的设计．苏州大学学报（自然科学版），2007，23（4）：38－41.

[66] 欧中斌．油菜生长可视化仿真关键技术研究．长沙：湖南农业大学，2007.

[67] 岳延滨，朱艳，曹宏鑫．基于几何参数模型和OpenGL的油菜花朵可视化研究．江苏农业学报，2011，27（2）：264－270.

[68] 岳延滨，朱艳，曹宏鑫．基于几何参数模型和OpenGL的油菜角果可视化研究．江苏农业科学，2011（1）：438－441.

[69] 赵丽丽，郭新宇，温维亮，等．油菜花序三维形态结构数字化设计技术研究．农机化研究，2011，5：191－194.

[70] 赵丽丽，温维亮，彭亚宇，等．幼苗期油菜几何造型研究．安徽农业科学，2011，39（23）：14005－14007.

[71] 袁道军．利用计算机视觉技术获取油菜苗期生长信息方法的研究．武汉：华中农业大学，2005.

[72] Jullien A，Mathieu A，Allirand J M，et al. Modelling of branch and flower expansion in GreenLab model to account for the whole crop cycle of winter oilseed rape（*Brassica Napus* L.）//2009 Third International Symposium on Plant Growth Modeling，Simulation，Visualization and Applications，Beijing，China：167－174.

[73] 石春林．水稻形态建成模型及虚拟生长研究．南京：南京农业大学，2006.

[74] 廖荣伟，刘晶淼．作物根系形态观测方法研究进展讨论．气象科技，2008，36（4）：429－434.

[75] 王南飞．基于核磁共振成像和 VTK 的玉米根系三维重建可视化研究．杭州：浙江大学，2013.

[76] Ahmad Irfan S，Reid John F. Evaluations of color representation for maize images. Journal of Agricultural Engineering Research，1996，63：185－196.

[77] Ling P P，Giacomelli G A，Russell T. Monitoring of plant development in controlled environmenta1 with machine vision. Advances in Space Research，1996，18（4－5）：101－112.

[78] Kacira M，Ling P P. Design and development of an automated and non-contact sensing system for continuous monitoring of plant health and growth. Transaction of the ASAE，2001，44（4）：989－996.

[79] Kim Y，Ling P P. Machine vision guided sensor positioning system for leaf temperature assessment. Transactions of the ASAE，2001，44（6）：1941－1947.

[80] 李长缨，滕光辉，赵春江，等．利用计算机视觉技术实现对温室植物生长的无损监测．农业工程学报，2003，19（3）：140－143.

[81] 毛罕平，徐贵力，李萍萍．基于计算机视觉的番茄营养元素亏缺的识别．农业机械学报，2003，34（2）：73－75.

[82] 林开颜，徐立鸿，吴军辉．计算机视觉技术在作物生长监测中的研究进展．农业工程学报，2004，20（2）：279－283.

[83] 祝平运．高光谱、多光谱图像在作物生长监测中的研究现状与展望．中国科技博览，2011（31）：139－140.

[84] Knipling E B. Physical and physiological basis for the reflectance of visible and near infrared radiation from vegetation. Remote Sensing of Environment，1970，1：155－159.

[85] Wiegand C L，Gausman H W，Cuellar J A. Vegetation density as deduced from ERTS－1 MSS response//Third ETRS Symp，NASA－SP－351，Vol（1）A，Washington，DC：NASA，1974：93－116.

[86] Thomas J R. Gausman H W. Leaf reflectance vs. leaf chlorophyll and corticoid concentration for eight crops. *Agronomy Journal*，1977，69：799－802.

[87] Pollock R B，Kanemasu E T. Estimating leaf area index of wheat with LANDSAT data. Remote Sensing of Environment，1979，8：307.

[88] Tinker R W，Brach E J，LaCroix L J，et al. Classification of land use and crop maturity，types，and disease status by remote reflectance measurements. Agronomy Journal，

1979，71：992－1000.
[89] Hatfield J L，Asrar G，Kanemasu E T. Intercepted photosynthetically active radiation estimated by spectral reflectance. Remote Sensing of Environment，1984，14：65.
[90] Fuchs M，Asrar G，Kanemasu E T，et al. Leaf area estimates from measurements of photosynthetically active radiation in wheat canopies. Agricultural and forest meteorology，1984.
[91] Miller J R. Quantitative characterization of the vegetation red edge reflectance. An Inverted Gauss Ian Reflectance Model. International Journal of Remote Sensing，1990，(11)：1775－1795.
[92] Myneni R B，Ganapol B D，Asrar G. Remote sensing of vegetation canopy photosynthetic and stomatal conductance efficiencies. Remote Sensing of Environment，1992，42：217－238.
[93] Verma S B，Sellers P J，Walthall C L，et al. Photosynthesis and stomatal conductance related to reflectance on the canopy scale. Remote Sensing of Environment，1993，44：103－116.
[94] Penuelas J，Filella I，Biel C，et al. The reflectance at the 950～970 nm region as an indicator of plant water status. International J of Remote Sensing，1993，14 (10)：1887－1905.
[95] MeMurtrey J E，Chappelle E W，Kim M S，et a1. Distinguishing nitrogen fertilization levels in field early with actively induced fluorescence and passive Reflectance measurements. Remote Sensing of Environment，1994，47：36－44.
[96] Blackmer T M，Sehepem J S，Varvel G E. Light reflectance compared with other nitrogen stress measurements in corn leaves. Agronomy Journal，1994，86：934－938.
[97] Jago R A，Mark E J C，Curran P J. Estimation canopy chlorophyll concentration from field and airborne spectra. Remote Sensing of Environment，1999，68：217－224.
[98] Thenkabail P S，Smith B B，Pauw E. Hyperspectral vegetation indices and their relationships with agricultural crop characteristics. Remote Sensing of Environment，2000，71：158－182.
[99] Patel N K，Patnaik C. Study of crop growth parameters using airborne imaging spectrometer. International Journal of Remote Sensing，2001 (20)：2401－2411.
[100] Ceccato P，Flasse S，Tarantola B，et al. Detecting vegetation leaf water content using reflectance in the optical domain. Remote Sensing of Environment，2001，77：22－23.
[101] Brogea N H，Mortensen J V. Deriving green crop area index and canopy chlorophyll density of winter wheat from spectral reflectance data. Remote Sensing of Environment，2002，81：45－57.
[102] Gitelson A A，Kaufman Y J，Stark R，et al. Novel algorithms for remote estimation of vegetation fraction. Remote Sensing of Environment，2002，80：76－87.
[103] Osborne S L，Schepem J S，Francis D D，et a1. Detection of phosphorus anti nitrogen deficiencies in corn using spectral radiance measurements. Agronomy Journal，2002，

94：1215－1221.

[104] Aparicio N，Villegas D. Relationship between growth traits and spectral vegetation indices in Durum wheat. Agronomy Journal，2002（42）：1547－1555.

[105] Mutanga O，Skidmore A K，Wieren S. Discrimination tropical grass（Cenchrus ciliaris）canopies grown under different nitrogen treatment using spectroradiometry. Journal of Photogrammetry and Remote Sensing，2003，57：263－272.

[106] Daniel A S，John A G. Estimation of vegetation water content and photosynthetic tissue area from spectral reflectance：A comparison of indices based on liquid water and chlorophyll absorption features. Remote Sensing of Environment，2003，84：526－537.

[107] Pu R，Ge S，Kelly N M，et al. Spectral absorption features as indicators of water status in coast live oak（*Quercus agrifolia*）leaves. International Journal of Remote Sensing，2003，24（9）：1799－1810.

[108] Hansena P M，Schjoerring J K. Reflectance measurement of canopy biomass and nitrogen status in wheat crops using normalized difference vegetation indices and partial least squares regression. Remote Sensing of Environment，2003，86：542－553.

[109] Zhou Q F，Wang J H. Leaf and spike reflectance spectra of rice with contrasting nitrogen supplemental levels. Jnternational Journal of Remote Sensing，2003，24（7）：1587－1593.

[110] Tomas A S，Caula A B. Changes in spectral reflectance of wheat leaves in response to specific macronutrient deficiency. Advances in Space Research，2005，35（2）：305－317.

[111] Nguyen H T，Lee B W. Assessment of rice leaf growth and nitrogen status by hyper－spectral canopy reflectance and partial least square regress. European Journal of Agronomy，2006，24：349－356.

[112] 谭昌伟，王纪华，黄文江，等．夏玉米叶片全氮、叶绿素及叶面积指数的光谱响应研究．西北植物学报，2004，24（6）：1041－1046.

[113] 卢艳丽，王纪华，李少昆，等．冬小麦不同群体冠层结构的高光谱响应研究．中国农业科学，2005，38（5）：911－915.

[114] 姚延娟，阎广建，王锦地．多光谱多角度遥感数据综合反演叶面积指数方法研究．遥感学报，2005，9（2）：117－112.

[115] 宋开山，张柏，李方，等．高光谱反射率与大豆叶面积及地上鲜生物量的相关分析．农业工程学报，2005，21（1）：36－40.

[116] 王福民，黄敬峰，唐延林，等．新型植被指数及其在水稻叶面积指数估算上的应用．中国水稻科学，2007，21（2）：159－166.

[117] 柏军华，李少昆，王克如，等．棉花叶面积指数冠层反射率光谱响应及其反演．中国农业科学，2007，40（1）：63－69.

[118] 郑国清，赵巧丽，乔淑，等．玉米冠层光谱在农学参数上的应用研究．中国农业科学，2007，40（增刊2）：58－62.

[119] 田永超，朱艳，曹卫星．水稻不同叶位层物理结构与冠层反射光谱的定量研究．中

国水稻科学，2005，19（2）：137－141.

[120] 王秀珍，黄敬峰，李云梅，等．水稻地上鲜生物量的高光谱遥感估算模型研究．作物学报，2003，29（6）：316－321.

[121] 黄春燕，王登伟，曹连莆，等．棉花地上鲜生物量的高光普估算模型研究．农业工程学报，2007，23（3）：131－135.

[122] 冯伟，朱艳，姚霞，等．基于高光谱遥感的小麦叶干重和叶面积指数监测．植物生态学报，2009，33（1）：34－44.

[123] 薛利红，曹卫星，罗卫红，等．光谱植被指数与水稻叶面积指数相关性的研究．植物生态学报，2004，28（1）：47－52.

[124] 张金恒，王珂，王人潮．红边参数 LRPSA 评价水稻氮素营养的可行性研究．上海交通大学学报（农业科学版），2003，21（4）：349－360.

[125] 田永超，朱艳，曹卫星，等．利用冠层反射光谱和叶片 SPAD 值预测小麦籽粒蛋白质和淀粉的积累．中国农业科学，2004，37（6）：808－813.

[126] 黄春燕，王登伟，闫洁，等．基于红边参数的棉花冠层叶片氮积累量之估算研究．中国农业通报，2006，22（7）：563－566.

[127] 朱艳，李映雪，周冬琴，等．稻麦叶片氮含量与冠层反射光谱的定量关系．生态学报，2006，26（10）：3463－3469.

[128] 朱艳，吴华兵，田永超，等．基于冠层反射光谱的棉花叶片氮含量估测．应用生态学报，2007，18（10）：2263－226.

[129] 吴华兵，朱艳，田永超，等．棉花冠层高光谱参数与叶片氮含量的定量关系．植物生态学报，2007，31（5）：903－909.

[130] 蒋阿宁，黄文江，赵春江，等．基于光谱指数的冬小麦变量施肥效应研究．中国农业科学，2007，40（9）：1907－1913.

[131] 田永超，杨杰，姚霞，等．水稻高光谱红边位置与叶层氮浓度的关系．作物学报，2009，35（9）：1681－1690.

[132] 田永超，杨杰，姚霞，等．利用红边面积形状参数估测水稻叶层氮浓度．植物生态学报，2009，33（4）：791－801.

[133] 周冬琴，朱艳，杨杰，等．基于冠层高光谱参数的水稻叶片碳氮比监测．农业工程学报，2009，25（3）：135－141.

[134] 姚霞，朱艳，冯伟，等．监测小麦叶片氮积累量的新高光谱特征波段及比值植被指数．光谱学与光谱分析，2009（8）：2191－2195.

[135] 冯伟，朱艳，姚霞，等．利用红边特征参数监测小麦叶片氮素积累状况．农业工程学报，2009，25（11）：194－201.

[136] 田庆久，宫鹏，赵春江，等．用光谱反射率诊断小麦水分状况的可行性分析．科学通报，2000，45（24）：2645－2650.

[137] 孙焱鑫，王纪华，李保国，等．基于 BP 和 GRNN 神经网络的冬小麦冠层叶绿素高光谱反演建模研究．遥感技术与应用，2007，22（4）：492－496.

[138] 汤守鹏，姚鑫锋，姚霞，等．基于主成分分析和小波神经网络的近红外多组分建模

研究．分析化学，2009，37（10）：1445－1450.

[139] 曹宏鑫，杨余旺，葛道阔，等．基于 PDA 的农业信息终端系统研究．中国农业科学，2007，40（增刊 2）：82－86.

[140] 倪军，姚霞，田永超，等．便携式作物生长监测诊断仪的设计与试验．农业工程学报，2013，29（6）：150－156.

[141] 杨建宁，张井超，朱艳，等．便携式作物生长监测诊断仪性能试验．农业机械学报，2013（4）：208－212.

[142] 梁国伟，李长武，李文军．网络化智能传感器技术发展浅析．微计算机信息，2004，20（7）：55－57.

[143] 徐玲，徐丽，孙忠富．创新农业物联网技术．科技中国，2013（6）：88.

[144] 夏春华，李盛辉，尹文庆．改进简化的 ZigBee 无线协议在农业物联网中的应用．中国农机化学报，2013，34（4）：226－230.

[145] Gates D M，Keegan H J，Schleter J C，et al. Spectral properties of plants. Optica Applicata，1965（4）：11－20.

[146] 王人潮，黄敬峰．水稻遥感估产．北京：中国农业出版社，2002：1－79.

[147] Velasco L，Matthäus B，Möllers C. Nondestructive assessment of sinapic acid esters in *Brassica* species：I. Analysis by Near Infrared Reflectance Spectroscopy. Crop Science，1998，38：1645－1650.

[148] Liu F，Zhang F，Jin Z L，et al. Determination of acetolactate synthase activity and protein content of oilseed rape（*Brassica napus* L.）leaves using visible/near－infrared spectroscopy. Analytica Chimica Acta，2008，629：56－65.

[149] 黄敬峰，王渊，王福民，等．油菜红边特征及其叶面积指数的高光谱估算模型．农业工程学报，2006，22（8）：22－26.

[150] 鞠昌华，田永超，朱艳，等．油菜光合器官面积与导数光谱特征的相关关系．植物生态学报，2008，32（3）：664－672.

[151] 王渊，王福民，黄敬峰．油菜不同组分生物量光谱遥感估算模型．浙江农业学报，2004，16（2）：79－83.

[152] 孙金英．基于冠层反射光谱的油菜生长与氮素营养监测研究．重庆：西南大学，2009.

[153] 冯雷，方慧，周伟军，等．基于多光谱视觉传感技术的油菜氮含量诊断方法研究．光谱学与光谱分析，2006，26（9）：1749－1752.

[154] 张雪红，刘绍民，何蓓蓓．不同氮素水平下油菜高光谱特征分析．北京师范大学学报（自然科学版），2007，43（3）：245－249.

[155] 张雪红，刘绍民，何蓓蓓．基于包络线消除法的油菜氮素营养高光谱评价．农业工程学报，2008，24（10）：151－155.

[156] 王渊，黄敬峰，王福民，等．油菜叶片和冠层水平氮素含量的高光谱反射率估算模型．光谱学与光谱分析，2008，28（2）：273－277.

[157] 张晓东，毛罕平，程秀花．基于 PCASVR 的油菜氮素光谱特征定量分析模型．农业

机械学报，2009（4）：161－165.
［158］张晓东，毛罕平．油菜氮素光谱定量分析中水分胁迫与光照影响及修正．农业机械学报，2009（2）：164－169.
［159］方慧，宋海燕，曹芳，等．油菜叶片的光谱特征与叶绿素含量之间的关系研究．光谱学与光谱分析，2007，27（9）：1731－1734.
［160］裘正军，宋海燕，何勇，等．应用SPAD和光谱技术研究油菜生长期间的氮素变化规律．农业工程学报，2007，23（7）：150－154.
［161］姚建松，杨海清，何勇．基于可见-近红外光谱技术的油菜叶片叶绿素含量无损检测研究．浙江大学学报（农业与生命科学版），2009（4）：433－438.
［162］吴建国，石春海，张海珍，等．应用近红外反射光谱法整粒测定小样品油菜籽含油量的研究．作物学报，2002，28（3）：421－425.
［163］孙金英，曹宏鑫，黄云．油菜叶片气孔导度与冠层光谱植被指数的相关性．作物学报，2009，35（6）：1131－1138.
［164］张锦芳，蒲晓斌，李浩杰，等．近红外光谱仪测试四川生态区甘蓝型油菜籽粒品质的研究．西南农业学报，2008，21（1）：238－240.
［165］杨兴国．油菜缺乏氮、磷、钾营养的主要症状及合理施肥技术．咸宁学院学报，2011，31：76－77.
［166］刘芷宇．植物营养诊断的回顾与展望//中国土壤学会全国推荐（配方）施肥学术讨论会，1989.
［167］吕方军，李秋双．作物营养元素缺乏症状及诊断．现代农村科技，2009（19）：23－23.
［168］杨邦杰，裴志远．农作物长势的定义与遥感监测．农业工程学报，1999，15（3）：214－218.
［169］胡军林．主要农作物缺氮症状及防治措施．农技服务，2008：25（1）：54，108.
［170］王汉中．我国油菜产业发展的历史回顾与展望．中国油料作物学报，2010，32（2）：300－302.
［171］冯伟，王永华，谢迎新，等．作物氮素诊断技术的研究综述．中国农学通报，2008，24：179－185.
［172］Peng S，García F V，Laza R C，et al. Adjustment for specific leaf weight improves chlorophyll meter′s estimate of rice leaf nitrogen concentration. Agronomy Journal，1993，85：987－990.
［173］陶勤南，方萍．水稻氮素营养的叶色诊断研究．土壤，1990，22（4）：197－201.
［174］冯锋，张福锁，杨新泉．植物营养研究——进展与展望．北京：中国农业大学出版社，2000：197－206.
［175］李俊华，董志新，朱继正．氮素营养诊断方法的应用现状及展望．石河子大学学报（自然科学版），2003，7（1）：80－83.
［176］陈新平，李志宏，王兴仁，等．土壤、植株快速测试推荐施肥技术体系的建立与应用．土壤肥料，1999（2）：6－10.
［177］Kelling K A，Matocha J E，Westerman R L. Plant analysis as an aid in fertilizing for-

age crops. Soil Testing & Plant Analysis，1990，3：603-643.

[178] Leight R A，Johnson A E. Nitrogen concentration in field grown spring barely：an experiment of the usefulness of expecting concentration on the basis of tissue water. Journal of Agricultural Science，1985，105：397-406.

[179] 戴建军，王洪亮，程岩．测定植物样品全氮含量的两种方法比较．东北农业大学学报，2000，31（1）：36-38.

[180] Papastylianou I，Puckridge D W. Stem nitrate nitrogen and yield of wheat in a permanent rotation experiment. Crop and Pasture Science，1983，34（6）：599-606.

[181] Tabor J A，Warrick A W，Pennington D A，et al. Spatial variability of nitrate in irrigated cotton：I. Petioles. Soil Science Society of America Journal，1984，48（3）：602-607.

[182] Roth G W，Fox R H，Marshall H G. Plant tissue tests for predicting nitrogen fertilizer requirements of winter wheat. Agronomy Journal，1989，81（3）：502-507.

[183] 李志宏，王兴仁，张福锁．我国北方地区几种主要作物氮营养诊断及追肥推荐研究：Ⅳ．冬小麦-夏玉米轮作制度下氮素诊断及追肥推荐的研究．植物营养与肥料学报，1997，3（4）：357-362.

[184] 李银水，余常兵，廖星，等．三种氮素营养快速诊断方法在油菜上的适宜性分析．中国油料作物学报，2012，34（5）：508-513.

[185] 刘代平，宋海星，刘强，等．不同施氮水平下油菜地上部生理特性研究．湖南农业大学学报（自然科学版），2008，34：100-104.

[186] 韩德昌，陈妍，关连珠，等．氮肥种类及用量对油菜硝酸盐累积的影响．中国农学通报，2005，21：292-294.

[187] 朱飞飞，王朝辉，李生秀．不同油菜品种苗期叶柄硝态氮含量与产量及品质的关系．干旱地区农业研究，2010，28：80-84.

[188] 吕世华，刘学军．油菜氮营养快速诊断技术的研究．西南农业学报，2001，14：5-9.

[189] Dobermann A，Krauss A，Isherwood K，et al. Nutrient use efficiency-measurement and management. IFA International Workshop on Fertilizer Best Management Practices，Brussels，Belgium，7-9 March，2007.

[190] Cissé L，Krauss A，Isherwood K，et al. Balanced fertilization for sustainable use of plant nutrients. IFA International Workshop on Fertilizer Best Management Practices，Brussels，Belgium，7-9 March，2007.

[191] 邵则瑶．作物根层（0～100 cm）土壤剖面残留无机态氮研究报告之二 Nmin 含量与小麦产量的关系．北京农业大学学报，1989，15（3）：285-42.

[192] 陈新平，周金池，王兴仁，等．应用土壤无机氮测试进行冬小麦氮肥推荐的研究．土壤肥料，1997（5）：19-21.

[193] 连楚楚，沈润平，丁堃，等．油菜优化测土施肥中土壤供氮量的研究．江西农业大学学报，1994，16（1）：20-24.

[194] 姜丽娜，王强，单英杰，等．用土壤全氮与有机质建立油菜测土施氮指标体系的研究．植物营养与肥料学报，2012，18（1）：203-209.

[195] Thomas J R，Gausman H W，Thomas J R，et al. Leaf reflectance vs. leaf chlorophyll and carotenoid concentrations for eight crops1. Agronomy Journal，1977，69（5）.

[196] 薛利红，罗卫红，曹卫星，等．作物水分和氮素光谱诊断研究进展．遥感学报，2003，7（1）：73-80.

[197] Wood C W，Reeves D W，Duffield R R，et al. Field chlorophyll measurements for evaluation of corn nitrogen status. Journal of Plant Nutrition，1992，15（4）：487-500.

[198] Schepers J S，Francis D D. Ability for in-season correction of nitrogen deficiency in corn using chlorophyll meters. Soil Science Society of America Journal，1997，61（4）：1233-1239.

[199] 裘正军，宋海燕，何勇，等．应用SPAD和光谱技术研究油菜生长期间的氮素变化规律．农业工程学报，2007，23（7）：150-154.

[200] 朱哲燕，鲍一丹，黄敏，等．油菜叶绿素与氮含量关系的试验研究．浙江大学学报（农业与生命科学版），2006，32：152-154.

[201] 周晓冬，常义军，吴洪生，等．甘蓝型油菜开花期SPAD值、叶绿素含量与氮素含量叶位分布特点及其相互关系．土壤，2011，43：148-151.

[202] 张元，毛罕平，张晓东，等．基于多光谱视觉的油菜叶片氮素营养检测方法研究．农机化研究，2009，31：83-85.

[203] 张晓东，毛罕平，左志宇，等．油菜氮素的多光谱图像估算模型研究．中国农业科学，2011，44：3323-3332.

[204] 冯雷，方慧，周伟军，等．基于多光谱视觉传感技术的油菜氮含量诊断方法研究．光谱学与光谱分析，2006，26：1749-1752.

[205] 袁道军，刘安国，原保忠，等．基于计算机视觉技术的油菜冠层营养信息监测．农业工程学报，2009，25（12）：174-179.

[206] 张筱蕾，刘飞，聂鹏程，等．高光谱成像技术的油菜叶片氮含量及分布快速检测．光谱学与光谱分析，2014，34（9）.

[207] Blackmer T M，Schepers J S，Varvel G E，et al. Analysis of aerial photography for nitrogen stress within corn fields. Agronomy Journal，1996，88（5）：729-733.

[208] 王福民，王渊，黄敬峰．不同氮素水平油菜冠层反射光谱特征研究．遥感技术与应用，2004，19：80-84.

[209] Thomas J R，Oerther G F. Estimating nitrogen content of sweet pepper leaves by reflectance measurements. Agronomy Journal，1972，64（1）：11-13.

[210] Fernandez S，Vidal D，Soll-Sugranes E S L. Radiometric characteristics of *Triticum aestivum* cv，Astral under water and nitrogen stress. International Journal of Remote Sensing，1994，15（9）：1867-1884.

[211] Blackmer T M，schepers J S，Varvel G E. Light reflectance compared with other nitrogen stress measurements in corn leaves. Agronomy Journal，1994，86（6）：934-938.

[212] Shibuyama M，Akiyama T. A spectroradiometer for field use：VII. Radiometric estimation of nitrogen levels in field rice canopies. Japanese Journal of Crop Science，1986，55.

[213] Wang K, Shen Z Q, Wang E C. Effects of nitrogen nutrition on the spectral reflectance characteristics of rice leaf and canopy. Journal of Zhejiang Agricultural University, 1998, 24: 93-97.

[214] 张晓东，毛罕平，周莹，等．油菜氮素的高光谱特征补偿和组合模型研究．安徽农业科学，2011，39：19705-19706.

[215] Tarpley L, Reddy K R, Sassenrathcole G F. Reflectance indices with precision and accuracy in predicting cotton leaf nitrogen concentration. Crop Science, 2000, 40 (6): 1814-1819.

[216] 薛利红，曹卫星，罗卫红，等．小麦叶片氮素状况与光谱特性的相关性研究．植物生态学报，2004，28（2）：172-177.

[217] 刘宏斌，张云贵，李志宏，等．光谱技术在冬小麦氮素营养诊断中的应用研究．中国农业科学，2004，37：1743-1748.

[218] 朱艳，姚霞，田永超，等．稻麦叶片氮积累量与冠层反射光谱的定量关系．植物生态学报，2006，30（10）：983-990.

[219] 李立平，张佳宝，邢维芹，等．手持式植物冠层光谱测定仪在黄淮海平原地区冬小麦氮肥精准管理中应用的初步研究．麦类作物学报，2006，26：85-92.

[220] 王磊，白由路，卢艳丽，等．基于光谱分析的玉米氮素营养诊断//中国植物营养与肥料学会2010年学术年会论文集，2010：333-340.

[221] 牛铮，陈永华，隋洪智，等．叶片化学组分成像光谱遥感探测机理分析．遥感学报，2000，4（2）：125-312.

[222] 中华人民共和国农业部．中国农业统计年鉴．1997.

[223] 陈青春，田永超，姚霞，等．基于冠层反射光谱的水稻追氮调控效应研究．中国农业科学，2010，43（20）：4149-4157.

[224] Hillnhütter C, Mahlein A K, Sikora R A, et al. Remote sensing to detect plant stress induced by Heterodera schachtii and Rhizoctonia solani in sugar beet fields. Field Crops Research, 2011, 122 (1): 70-77.

[225] Zhang M H, Qin Z H, Liu X. Remote sensed spectral imageryto detect late blightin field tomatoes. Precision Agriculture, 2005, 6 (6): 489-508.

[226] Bhattacharya B K, Chattopadhyay C. A multi-stage tracking for mustard rot disease combining surface meteorology and satellite remote sensing. Computers and Electronics in Agriculture, 2013, 90: 35-44.

[227] Apan A, Held A, Phinn S, et al. Detecting sugarcane 'orange rust' disease using EO-1 Hyperion hyperspectral imagery. International Journal of Remote Sensing, 2004, 25 (2): 489-498.

[228] Jonas F, Menz G. Multi-temporal wheat disease detection by multi-spectral remote sensing. Precision Agriculture, 2007, 8 (3): 161-172.

[229] Delwiche S R, Kim M S. Hyperspectral imaging for detection of scab in wheat. Biological Quality and Precision Agriculture II, 2000, 4203: 13-20.

[230] Cherlet M, Di Gregorio A. Calibration and integrated modeling of remote sensing data for Desert Locust habitat monitoring. Remote Sensing Centre Series, 1993, 64: 115.

[231] Prabhakar M, Prasad Y G, Desai S, et al. Hyperspectral remote sensing of yellow mosaic severity and associated pigment losses in Vigna mungo using multinomial logistic regression models. Crop Protection, 2013, 45: 132-140.

[232] Zhang J C, Pu R L, Wang J H, et al. Detecting powdery mildew of winter wheat using leaf level hyperspectral measurements. Computers and Electronics in Agriculture, 2012, 85: 13-23.

[233] Graeff S, Link J, Claupein W. Identification of powdery mildew (*Erysiphe graminis* sp. tritici) and take-all disease (*Gaeumannomyces graminis* sp. tritici) in wheat (*Triticum aestivum* L.) by means of leaf reflectance measurements. Central European Journal of Biology, 2006, 1 (2): 275-288.

[234] Grisham M P, Johnson R M, Zimba P V. Detecting Sugarcane yellow leaf virus infection in asymptomatic leaves with hyperspectral remote sensing and associated leaf pigment changes. Journal of Virological Methods, 2010, 167 (2): 140-145.

[235] Liu Z Y, Wu H F. Application of neural networks to discriminate fungal infection levels in rice panicles using hyperspectral reflectance and principal components analysis. Computers and Electronics in Agriculture, 2010, 72 (2): 99-106.

[236] Adams M L, Philpot W D, Norvell W A. Yellowness index: an application of spectral second dervatives to estimate chlorosis of leaves in stressed vegetation. International Journal of Remote Sensing, 1999, 20 (18): 3663-3675.

[237] Malthus T J, Maderia A C. High resolution spectroradiometry: Spectral reflectance of field bean leaves infected by botrytis fabae. Remote Sensing of Environment, 1993, 45 (1): 107-116.

[238] 任东，于海业，乔晓军. 基于 SVM 的温室黄瓜病害诊断研究. 农机化研究，2007 (3): 25-27.

[239] 王海光，马占鸿，王韬，等. 高光谱在小麦条锈病严重度分级识别中的应用. 光谱学与光谱分析，2007, 27 (9): 1811-1814.

[240] 李波，刘占宇，黄敬峰. 基于 PCA 和 PNN 的水稻病虫害高光谱识别. 农业工程学报，2009, 25 (9): 143-147.

[241] 冯雷，陈双双，冯斌，等. 基于光谱技术的大豆豆荚炭疽病早期鉴别方法. 农业工程学报，2012, 28 (1): 139-144.

[242] 冯洁，李宏宁，杨卫平，等. 园艺作物病害的多光谱组合分类. 光谱学与光谱分析，2010, 30 (2): 426-429.

[243] 吴迪，冯雷，张传清，等. 基于可见/近红外光谱技术的番茄叶片灰霉病检测研究. 光谱学与光谱分析，2007, 27 (11): 2208-2211.

[244] 蒋金豹，陈云浩，黄文江，等. 用高光谱微分指数监测冬小麦病害的研究. 光谱学与光谱分析，2007, 27 (12): 2475-2479.

[245] Tsai F, Philpot W. Derivative analysis of hyperspectral data. Remote Sensing of Environment, 1998, 66 (1): 41-51.

[246] Huang W J, Lamb D W, Niu Z, et al. Identification of yellow rust in wheat using in-situ spectral reflectance measurements and airborne hyperspectral imaging. Precision

Agriculture，2007，8（4/5）：187－197.

[247] Prabhakar M，Prasad Y G，Thirupathi M，et al. Use of ground based hyperspectral remote sensing for detection of stress in cotton caused by leafhopper（Hemiptera：Cicadellidae）. Computers and Electronics in Agriculture，2011，79（2）：189－198.

[248] Reddy G S，Rao C L N，Venkataratnam L，et al. Influence of plant pigments on spectral reflectance of maize Groundnut and soybean grown in semi arid environments. International Journal of Remote Sensing，2001，22（17）：3373－3380.

[249] Naidu R A，Perry E M，Pierce F J，et al. The potential of spectral reflectance technique for the detection of Grapevine leaf roll-associated virus-3in two red-berried wine grape cultivars. Computers and Electronics in Agriculture，2009，66（1）：38－45.

[250] Nicolas H. Using remote sensing to determine of the date of a fungicide application on winter wheat. Crop Protection，2004，23（9）：853－863.

[251] 黄木易，王纪华，黄文江，等. 冬小麦条锈病的光谱特征及遥感监测. 农业工程学报，2003，19（6）：154－158.

[252] 竞霞，黄文江，琚存勇，等. 基于PLS算法的棉花黄萎病高空间分辨率遥感监测. 农业工程学报，2010，26（8）：229－235.

[253] 亓兴兰，胡宗庆，刘健，等. 基于光谱特征的SPOT－5影像马尾松毛虫虫害信息提取. 东北林业大学学报，2012（5）：131－133，136.

[254] 冯炼，吴玮，陈晓玲，等. 基于HJ卫星CCD数据的冬小麦病虫害面积监测. 农业工程学报，2010，26（7）：213－219.

[255] 傅坤亚. 基于光谱的油菜白斑病识别研究. 南京：南京农业大学，2014.

[256] Huang W J，Huang M Y，Liu L Y，et al. Inversion of the severity of winter wheat yellow rust using proper hyper spectral index. Trans. Chinese Society of Agricultural Engineering，2005，21（4）：97－103.

[257] Shafri H Z M，Ezzat M S. Quantitative performance of spectral indices in large scale plant health analysis. American Journal Agricultural Biological Sciences，2009，4（3）：187－191.

[258] Devadas R，Lamb D W，Simpfendorfer S，et al. Evaluating ten spectral vegetation indices for identifying rust infection in individual wheat leaves. Precision Agriculture，2009，10（6）：459－470.

[259] Gitelson A A，Kaufman Y J，Stark R，et al. Novel algorithms for remote estimation of vegetation fraction. Remote Sensing of Environment，2002，80（1）：76－87.

[260] 张毅. 遥控直升机在农业上的应用. 世界农业，1997（4）：49－50.

[261] 孙秀玉. 多用途无人驾驶农用直升飞机. 山东农机化，1999（9）：27.

[262] Cao H X，Yang Y W，Pei Z Y，et al. Intellectualized identifying and precision control system for horticultural crop diseases based on small unmanned aerial vehicle. Computer and Computing Technologies in Agriculture V，IFIP Advances in Information and Communication Technology，2013，393：196－202.

[263] 夏春华，李盛辉，尹文庆. 改进简化的ZigBee无线协议在农业物联网中的应用. 中国农机化学报，2013，34（4）：226－230.

研 究 篇

Yanjiupian

第二章　油菜生长模型

油菜生长模型是将系统科学和计算机技术引入油菜科学，根据油菜生理学和生态学原理，通过对油菜生长发育过程中获得的试验数据加以理论概括和数据抽象，建立关于油菜物候发育、光合生产、器官建成和产量形成等生理过程与环境因子之间关系的动态数学模型。它具有解释能力强、应用面宽、可考虑众多因子的影响和易于控制等优点，主要包括油菜发育期、叶龄及群体动态模型。

第一节　油菜生长发育模拟模型

一、发育期模型

油菜全生育期及各生育阶段长短由品种遗传特性与环境因素共同决定。在环境因子中，影响油菜发育进程的主要因子是温度和光照，且不同阶段其作用各异。本研究借鉴水稻“钟模型”[1-2]，建立油菜发育期基本模型。

$$dP_j/dt=1/D_{Sj}=f(D_{Sj})\cdot f(E_j) \tag{2.1-1}$$

$$f(D_{Sj})=e^{kj} \tag{2.1-2}$$

$$f(E_j)=(T_{ebj})^{pj}\cdot(T_{euj})^{qj}\cdot(P_{ej})^{Gj}\cdot f(E_{Ci}) \tag{2.1-3}$$

$$T_{ebj}=(T_i-T_{bj})/(T_{oj}-T_{bj})$$

$$\text{当 } T_i<T_{bj}，T_i=T_{bj}；\text{当 } T_i>T_{oj}，T_i=T_{oj} \tag{2.1-4}$$

$$T_{euj}=(T_{uj}-T_i)/(T_{uj}-T_{oj})\ \text{当 } T_i>T_{uj}，T_i=T_{uj} \tag{2.1-5}$$

$$P_{ej}=(P_i-P_{bj})/(P_{oj}-P_{bj})$$

$$\text{当 } P_i<P_{bj}，P_i=P_{bj}；\text{当 } P_i>P_{oj}，P_i=P_{oj} \tag{2.1-6}$$

式（2.1-1）至（2.1-6）中，dP_j/dt 为生育期或生育阶段 j 内发育速度；D_{Sj} 为生育期或生育阶段 j 的日数；$f(D_{Sj})$ 为基本发育函数；kj 为基本发育系数，它由品种遗传特性决定；$f(E_j)$ 为环境因子影响函数；T_{ebj} 和 T_{euj} 均为温度效应因子；pj 和 qj 均为温度反应特性遗传系数；P_{ej} 为光周期效应因子；Gj 为光周期反应特性遗传系数；$f(E_{Ci})$ 为栽培措施因子（如播种深度）影响函数，在适宜播种深度时其值为 1；T_i 为第 j 阶段第 i 天日平均气温；T_{bj}、T_{oj} 和 T_{uj} 分别为第 j 阶段发育所需最低、最适和最高气温（℃）。P_{bj}、

P_{oj}分别为第j阶段发育所需临界和最适日长（h）。本模型将油菜全生育期划分为播种至出苗、出苗至抽薹、抽薹至初花以及初花至成熟4个生育阶段，不同阶段所需温、光界限值见表2-1。其中，出苗—抽薹为春化和光照阶段，需调用春化模型，同时考虑温光效应，其他阶段均忽略光照效应（$G_j=0$）。

据研究[3-4]，油菜春化效应值随温度变化分为3段，即在有效春化温度范围内直线增加、恒定以及直线下降（图2-1）。

表2-1 油菜不同阶段所需温、光界限值

Table 2-1 The limit values of temperature and light demanded in the different stages of rape

发育阶段 Development stages			温度界限指标 Temperature limits（℃）			日长界限指标 Daylength limits（h）	
			最低 Lower T_{bj}	最适 Optimum T_{oj}	最高 Upper T_{uj}	临界 Critical P_{bj}	最适 Optimum P_{oj}
播种—出苗 Planting to emergence			0.6	20	—	—	—
出苗—抽薹 Emergence to enlongtion	春化 Vernalization	冬性或半冬性品种 Winter or semi-winter rapeseed	0	5	20	—	—
		春性品种 Spring rapeseed	5	15	30	—	—
	光照 Illumination		3	18	—	8	14
抽薹—初花 Enlongtion to early anthesis			3	18	—	—	—
初花—成熟 Early anthesis to maturity			5	20	—	—	—

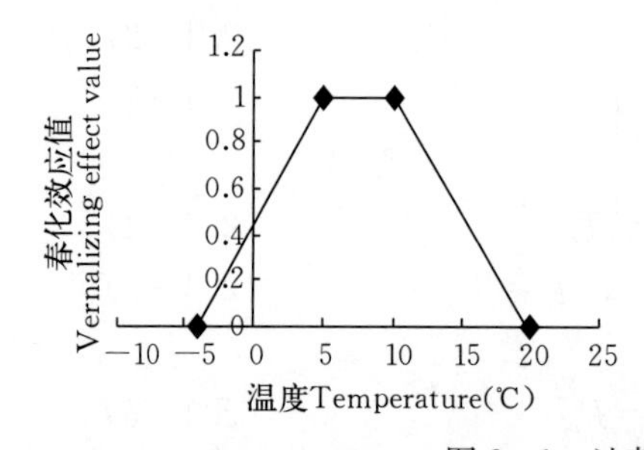

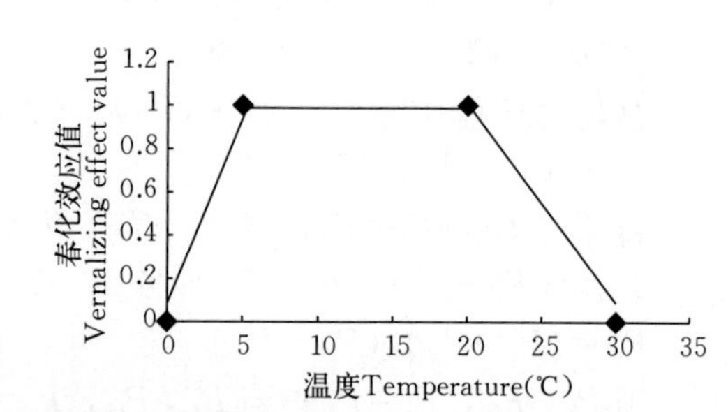

图2-1 油菜春化效应与温度关系

Fig. 2-1 The relationships between vernalizing effect value and temperature

注：左图为冬性、半冬性品种；右图为春性品种。

Notes：the left panel is for winter and semi-winter cultivars；the right panel is spring cultivars.

油菜春化与小麦相似，只是温度界限略不同，因此，参考小麦"钟模型"[2]建立油菜春化模型。

$$dV/dt=1/D_{S2}=e^{k2}\cdot(V_e)^C \quad (2.1-7)$$

冬性或半冬性品种 V_e 表达式为：

$$V_e=\begin{cases}(V_{ti}+4)/9 & -4<V_{ti}\leqslant 5\ ℃\\ 1.0 & 5<V_{ti}\leqslant 10\ ℃\\ (20-V_{ti})/10 & 10<V_{ti}\leqslant 20\ ℃\\ 0 & V_{ti}\leqslant -4\ ℃或V_{ti}>20\ ℃\end{cases}\quad(2.1-8)$$

而春性品种 V_e 则可表达为：

$$V_e=\begin{cases}V_{ti}/5 & 0<V_{ti}\leqslant 5\ ℃\\ 1.0 & 5<V_{ti}\leqslant 20\ ℃\\ (30-V_{ti})/10 & 20<V_{ti}\leqslant 30\ ℃\\ 0 & V_{ti}\leqslant 0\ ℃或V_{ti}>30\ ℃\end{cases}\quad(2.1-9)$$

式（2.1-7）至（2.1-9）中，$k2$、C 为春化参数；V_e 为油菜春化效应因子；V_{ti} 为春化阶段日平均气温。当 V_e 积累到一定春化量时，油菜通过春化阶段；在适宜条件下，冬性品种春化量为 30～40 d，半冬性品种为 20～30 d，春性品种为 15～20 d[3-4]。

氮素影响因子：

$$F\ (N)=\begin{cases}1 & TRN<TCN\\ \dfrac{TRN-TCN}{TRN-TLN} & TRN\geqslant TCN\end{cases}\quad(2.1-10)$$

式（2.1-10）中，TRN 为越冬前施肥后 10 d 左右叶片实际含氮量（g/kg）；TLN 为同期不施氮时叶片最低氮含量（g/kg）；TCN 为越冬前不施氮时叶片临界含氮量（g/kg），本研究 $TCN=9.88$ g/kg。

二、叶龄模型

油菜叶片生长速率因品种、生育阶段、温度和营养条件等而异[3]。在假定营养条件适宜时，其叶龄模拟模型如下：

$$dL_j/dt=f(L_j)=1/D_{Lj}=D_{Loj}\cdot(T_t/T_o)^{La/Lb}\quad(2.1-11)$$

$$T_t=\begin{cases}0 & T_t<T_{bj}\\ T_o & T_t>T_o\end{cases}\quad(2.1-12)$$

$$D_{Loj}=e^{LK}\quad(2.1-13)$$

式（2.1-11）至（2.1-13）中，dL_j/dt 为第 j 叶龄发育速度；$f(L_j)$ 为叶龄基本发育函数；D_{Lj} 为出苗至第 j 叶龄发育天数；D_{Loj} 为最适条件下出苗至第 j 叶龄发育天数；T_t 和 T_o 分别为第 i 天日平均气温和油菜叶龄发育最适温度（℃），出苗至冬前 $T_o=25$ ℃，冬前至初花 $T_o=20$ ℃，初花期出现总叶龄[3]。La、Lb 和 LK 为叶龄模型参数。

由于施氮对叶龄的影响随品种和年份而不同，因此，叶龄的氮素订正可通过品种参数调整进行。

三、群体动态模型

油菜群体动态参数主要包括干物质、叶面积指数和茎枝数，是形成高光效结角层的基础[3]。

（一）干物质

它是光合产物在各个器官中分配与积累的结果。根据文献与本试验数据，全生育期油菜干物质积累呈先慢后快变化，以抽薹期为转折点，终花期最大，以后缓慢降低[3]。因此，干物质动态模拟模型为：

$$W(t)=W(t-1)+\Delta W(t) \tag{2.1-14}$$

$$\Delta W(t)=\begin{cases}\beta\cdot P_{CG}-R & \text{抽薹前}\\(\beta\cdot P_{CG}-R)/(1-0.2) & \text{抽薹后初花前}\\(\beta\cdot P_{CG}-R)/(1-0.2-0.4) & \text{初花后}\end{cases} \tag{2.1-15}$$

式（2.1-14）和（2.1-15）中，$W(t)$ 和 $W(t-1)$ 分别为出苗后第 t 天和第（$t-1$）天群体干物质重（g/m^2）；$\Delta W(t)$ 为出苗后第 t 天群体干物质重净增量（g/m^2）；P_{CG} 为冠层光合作用强度［$g\ CO_2/(m^2\cdot h)$］；R 为呼吸强度［$g\ CO_2/(m^2\cdot h)$］；β 为 CO_2 与碳水化合物间转换系数；0.2 和 0.4 分别为同期绿色茎、角果皮在光合生产中所占比例[3-4]。

（二）叶面积指数

叶片是主要光合器官，其光合产物对植株、角果以及籽粒生长发育影响很大，叶面积是角果面积形成的基础，两者呈密切正相关[3]。油菜叶面积变化趋势与干物重基本相同，以抽薹期为拐点，之前，秋发冬壮型油菜叶面积较大，冬春双发与冬壮春发型叶面积较小；之后，于初花期达到最大值[5]。

根据干物质分配原理，初花前叶面积模拟模型如下：

$$L_{AI}(t)=L_{AI}(t-1)+\Delta L_{AI}(t) \tag{2.1-16}$$

$$\Delta L_{AI}(t)=L_{AII}(t)-L_{AID}(t) \tag{2.1-17}$$

$$L_{AII}(t)=C_P(t)\cdot\Delta W(t)\cdot R_{LA}(t) \tag{2.1-18}$$

式（2.1-16）至（2.1-18）中，$L_{AI}(t)$ 和 $L_{AI}(t-1)$ 分别为出苗后第 t 天和第（$t-1$）天叶面积指数；$\Delta L_{AI}(t)$ 为出苗后第 t 天叶面积指数日净增量；$L_{AII}(t)$ 和 $L_{AID}(t)$ 分别为出苗后第 t 天叶面积指数日总增加量和日总减少量；$C_P(t)$、$\Delta W(t)$ 和 $R_{LA}(t)$ 分别为出苗后第 t 天叶片干物质分配系数、

植株干物质日积累量［$g/(m^2 \cdot d)$］和比叶面积（m^2/g），与产量水平有关，可由试验测定。

研究结果表明，初花期前油菜叶面积增长实际上是光合生物量向叶片分配的结果，而初花期后叶面积衰减可表达为发育天数的函数：

$$L_{AI}(t)=L_{AIX}/(1+d_1 \cdot D_{VI}(t)^2) \quad (2.1-19)$$

$$D_{VI}(t)=\sum_{i=1}^{t} D_{PDi}/No \quad (2.1-20)$$

$$D_{PDi}=(T_{ebj})^{pj} \cdot (T_{euj})^{qj} \quad (2.1-21)$$

$$No=e^{kj} \quad (2.1-22)$$

式（2.1－19）至（2.1－22）中，L_{AIX} 为最大叶面积指数；$D_{VI}(t)$ 为开花后第 t 天发育指数，取值为［0，1］；D_{PDi} 为第 i 天发育生理日；No 为开花至成熟期发育生理日数（d）；d_1 为模型参数，与品种及产量水平有关。其余符号含义同前。

（三）茎枝数

油菜分枝由主茎腋芽发育而成，下部（第 10 节以下）腋芽越冬前已形成，极少形成分枝，且形成的均属无效分枝；中部腋芽越冬期形成，大多能形成分枝，部分成为有效分枝；上部腋芽春后形成，都可成有效分枝；抽薹后，分枝始伸长，初花期是有效分枝与无效分枝两极分化临界期及茎枝数最高期[3,6]。因此，油菜茎枝数模型可分为抽薹至初花期和初花至成熟期 2 个阶段。

影响分枝生长的条件主要有植株营养状况、播期、密度、春季追肥时期等[3-4]，其中，植株营养状况是主导因素，主要由主茎总叶数表征[6]。因此，抽薹至初花期茎枝数增长模型为：

$$T_{ILN}(t)=T_{ILN}(t-1)+\Delta T_{ILN}(t) \quad (2.1-23)$$

$$\Delta T_{ILN}(t)=K_{TLNI}(t) \cdot T_{ILN}(t-1) \cdot D_{PD}(t) \cdot P_{TILN}(t) \quad (2.1-24)$$

$$P_{TILN}(t)=1-T_{ILN}(t-1)/T_{ILNM} \quad (2.1-25)$$

$$K_{TLNI}(t)=K_{TLNO} \cdot T_{LNF}(t) \quad (2.1-26)$$

初花至成熟期茎枝数下降模型为：

$$T_{ILN}(t)=T_{ILN}(t-1)-\Delta T_{ILN}(t) \quad (2.1-27)$$

$$\Delta T_{ILN}(t)=K_{TLNI}(t) \cdot T_{ILN}(t-1) \cdot D_{PD}(t) \cdot P_{TILN}(t) \quad (2.1-28)$$

$$P_{TILN}(t)=1-T_{ILN}(t-1)/T_{ILNM} \quad (2.1-29)$$

$$K_{TLNI}(t)=K_{TLNO} \cdot T_{LNF}(t) \quad (2.1-30)$$

式（2.1－23）至（2.1－30）中，$T_{ILN}(t)$、$\Delta T_{ILN}(t)$ 分别为出苗后第 t

天总分枝数及日增量（个/m²）；$T_{ILN}(t-1)$ 为出苗后第（$t-1$）天总分枝数初值（个/m²）；T_{ILNM} 为最高总分枝数（个/m²）；$P_{TILN}(t)$ 为出苗后第 t 天总分枝数占最高总分枝数比值；$D_{PD}(t)$ 为出苗后第 t 天发育生理日；$T_{LNF}(t)$ 为第 t 天总叶片数影响因子；$K_{TLNI}(t)$ 为出苗后第 t 天茎枝增长系数，由氮肥、光照、温度和土壤水分状况决定。

四、产量模型

油菜产量形成模型包括源、库产量 2 个子模型。源产量由光合产物向角果转移而成，包括初花前与初花后积累光合产物向角果的转移，其转移率主要受温度影响[7]；而库产量是各产量构成因素（角数/hm²、角粒数、千粒重）之积。本研究中，油菜产量由上述 2 个过程协调形成。

第二节　参数确定与模型检验举例

分别利用武汉等地播期试验和气象资料等反演确定模型参数，同时对模型进行检验。

一、参数确定举例

根据中双 9 号与中油杂 2 号在武汉市与芜湖市第一播种期试验结果，利用两点气象资料，以模型模拟误差最小为目标反演获得发育期模型参数（表 2 - 2）及叶龄模型参数（表 2 - 3）。

表 2 - 2　发育期模型参数

Table 2 - 2　The parameters of phenology models

<table>
<tr><th colspan="3" rowspan="2">发育阶段
Development stages</th><th colspan="2">kj</th><th colspan="2">pj</th><th colspan="2">qj</th><th colspan="2">Gj</th><th colspan="2">c</th></tr>
<tr><th>V1</th><th>V2</th><th>V1</th><th>V2</th><th>V1</th><th>V2</th><th>V1</th><th>V2</th><th>V1</th><th>V2</th></tr>
<tr><td colspan="2" rowspan="2">播种—出苗
Planting to emergence
(j=1)</td><td>whn</td><td>−1.956</td><td>−1.989</td><td rowspan="2">0.934</td><td rowspan="2">0.946</td><td colspan="2" rowspan="2">—</td><td colspan="2" rowspan="2">—</td><td colspan="2" rowspan="2">—</td></tr>
<tr><td>whu</td><td>−1.896</td><td>−1.798</td></tr>
<tr><td rowspan="4">出苗-抽薹
Emergence to enlongation</td><td rowspan="2">春化
Vernalization
(j=2)</td><td>whn</td><td rowspan="2">−2.294</td><td rowspan="2">−3.403</td><td rowspan="2">1.019</td><td rowspan="2">0.996</td><td colspan="2" rowspan="2">—</td><td colspan="2" rowspan="2">—</td><td rowspan="2">15</td><td rowspan="2">20</td></tr>
<tr><td>whu</td></tr>
<tr><td rowspan="2">光照
Illumination
(j=3)</td><td>whn</td><td>−3.852</td><td>−3.484</td><td rowspan="2">0.639</td><td rowspan="2">0.689</td><td rowspan="2">2.791</td><td rowspan="2">2.891</td><td colspan="2" rowspan="2">—</td><td colspan="2" rowspan="2">—</td></tr>
<tr><td>whu</td><td>−3.900</td><td>−3.630</td></tr>
<tr><td colspan="2" rowspan="2">抽薹—初花 Enlongation to early anthesis (j=4)</td><td>whn</td><td>−2.099</td><td>−2.232</td><td rowspan="2">0.777</td><td rowspan="2">1.077</td><td colspan="2" rowspan="2">—</td><td colspan="2" rowspan="2">—</td><td colspan="2" rowspan="2">—</td></tr>
<tr><td>whu</td><td>−2.099</td><td>−1.632</td></tr>
</table>

（续）

发育阶段 Development stages		kj		pj		qj		Gj		c	
		V1	V2	V1	V2	V1	V2	V1	V2	V1	V2
初花—成熟 Early anthesis to maturity (j=5)	whn	−3.861	−3.964	0.588	0.475	—		0.065	0.080	—	
	whu	−4.081	−4.176								

注：V1：中双 9 号；V2：中油杂 2 号；whn：武汉；whu：芜湖。下同。

表 2-3　叶龄模型参数

Table 2-3　The parameters of leaf age models

地点 Site	LK		La		Lb	
	V1	V2	V1	V2	V1	V2
武汉 Wuhan	−0.831	−0.495	0.453	0.825	0.903	0.905
芜湖 Wuhu	−0.890	−0.445	0.453	0.825	0.903	0.905

二、模型检验举例

以冬油菜发育期、干物质、叶面积指数为例。根据中双 9 号与中油杂 2 号在武汉市与芜湖市第 2、3、4 播种期试验结果，利用两试点气象资料检验发育期模型，结果表明，两品种在武汉点播后天数实测值与模拟值（n=30）平均绝对误差为−0.9 d，相关系数为 0.999 6（$r_{0.01(29)}$=0.456），差值标准误 2.3 d；在芜湖点则分别为−0.3 d、0.999 7（$r_{0.01(29)}$=0.456）和 2.2 d。两点最大绝对误差 4 d，只在个别生育期出现。两品种在两地点播后天数实测值与模拟值 1∶1 图也显示其拟合度较高（图 2-2）。

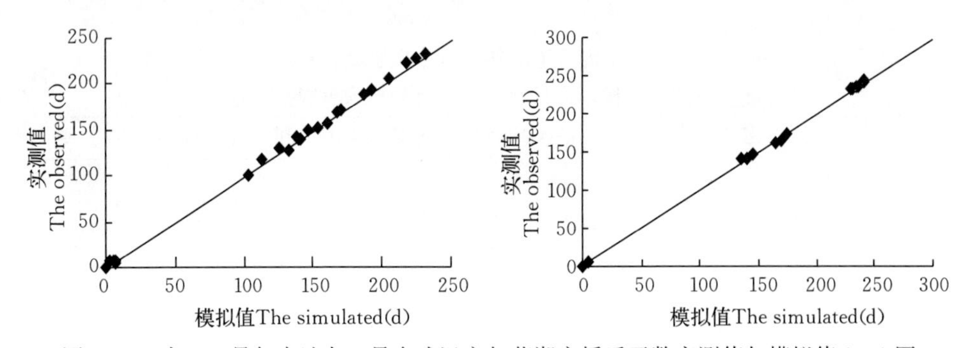

图 2-2　中双 9 号与中油杂 2 号在武汉市与芜湖市播后天数实测值与模拟值 1∶1 图

Fig. 2-2　The 1∶1 lines between the observed and simulated values of days after planting for two cultivars in Wuhan and Wuhu

注：左图为武汉市 2 个品种；右图为芜湖市 2 个品种。

Notes：the left panel is two cultivars in Wuhan，the right panel is two cultivars in Wuhu.

武汉点中双 9 号 2 400 kg/hm² 产量时模拟值与实测值（$n=7$）间平均绝对误差：干物质的为 7.3 g/m²，叶面积指数−0.104 3；差值标准误：干物质的为 59.13 g/m²，叶面积指数 0.150 6；相关系数：干物质的为 0.991 6（$r_{0.01(6)}=0.834$），叶面积指数 0.958 3（$r_{0.01(6)}=0.834$）；最大绝对误差：干物质的为 98.8 g/m²，叶面积指数−0.27。实测值与模拟值 1∶1 图也表明两者间相关性较好（图 2－3、图 2－4）。

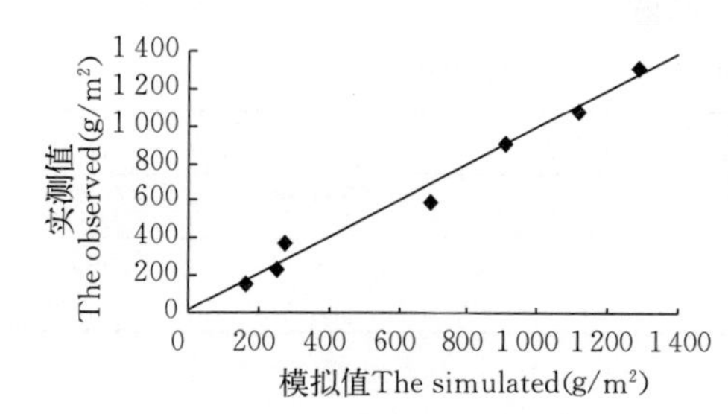

图 2－3　油菜群体干物质模拟值与实测值比较

Fig. 2－3　Comparison between the simulated and the observed of dry matter for the rapeseed population

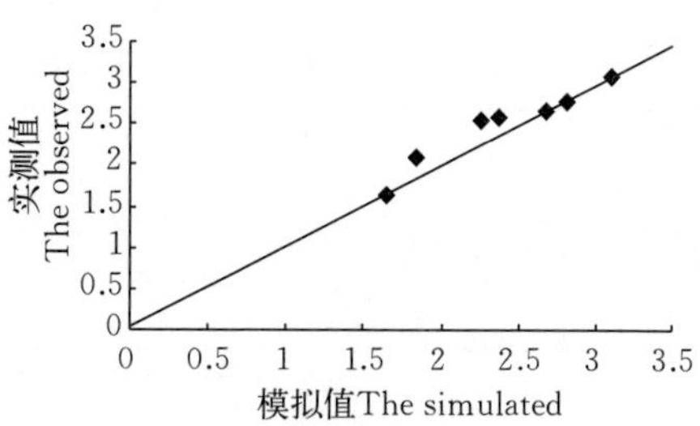

图 2－4　油菜群体叶面积指数模拟值与实测值比较

Fig. 2－4　Comparison between the simulated and the observed of LAI for the rapeseed population

参考文献

[1] 高亮之，金之庆，黄耀，等．水稻栽培计算机模拟优化决策系统．北京：中国农业科学技术出版社，1992：21－40.

[2] 高亮之，金之庆，郑国清，等．小麦栽培模拟优化决策系统（WCSODS）．江苏农业学报，2000，16（2）：65－72.

[3] 刘后利．实用油菜栽培学．上海：上海科学技术出版社，1987.

[4] 官春云．油菜优质高产栽培技术．长沙：湖南科学技术出版社，1992：76－88.

[5] 赵合句，张春雷，李光明，等．油菜高产规律研究与应用．湖北农业科学，2002（6）：45－48.

[6] 凌启鸿．作物群体质量．上海：上海科学技术出版社，2000：217－286.

[7] 王永锐．作物高产群体生理．北京：科学技术出版社，1991.

第三章　油菜栽培优化模型

油菜栽培优化模型主要包括油菜最适季节、叶面积、分枝数、播种量、施肥量、土壤水分模型等。

第一节　油菜栽培优化模型

一、模型描述

（一）最适季节

冬油菜生长发育过程要经历越冬期，在特定品种和种植制度下，越冬前即达到壮苗是确定最适播种期的重要依据。根据中国农业科学院油料作物研究所研究，冬前单株绿叶数可作为壮苗指标（表 3－1）[1]。因此，可先利用叶龄模型反推出其适宜播种期，再利用发育期模型计算出其他适宜生育期。

表 3－1　不同生长类型油菜冬前壮苗指标

Table 3－1　The healthy seedling criteria pre-overyear the different rapeseed growth types

生长类型 Growth types	冬前绿叶（片/株） Green leaf numbers per plant pre-overyear	产量级别 Yielding levels
冬壮型 Healthy in winter	7～8	中产 Middle yielding
冬发型 Strong in winter	9～10	高产 High yielding
秋发型 Strong in autumn	12～13	更高产 Higher yielding
超秋发型 Super strong in autumn	15～16	超高产 Super high yielding

（二）最适叶龄

在假定营养等条件适宜，叶龄发育只受温度影响时，油菜最适叶龄模型为：

$$dL_{oj}/dt=f(L_{oj}) \tag{3.1-1}$$

$$f(L_{oj})=1/D_{Loj}=D_{Loj}\cdot(T_t/T_o)^{a/b} \tag{3.1-2}$$

式（3.1-1）和（3.1-2）中，dL_{oj}/dt 为第 j 片叶龄的发育速度；$f(L_{oj})$ 为叶龄基本发育函数；D_{Loj} 为最适条件下出苗至第 j 叶龄发育所需天数（d）；T_t 和 T_o 分别为第 t 天的日平均气温和油菜叶龄发育最适温度（℃）。

（三）最适群体动态

1. 最适干物质动态

不同产量水平油菜群体干物重在开花前需控制在最适范围，过多过少都不利于开花后群体进一步发展和最终产量的形成[2]。因此，抽薹前，不同产量水平各生育时期的最适干物质是同期最适叶面积时的干物质积累；抽薹后初花前是最适叶面积与最适绿色茎面积时的干物质积累之和，初花后则是最适叶面积、最适绿色茎面积与最适角果皮面积时的干物质积累之和。其基本模型可表达如下：

$$W_o(t)=W_o(t-1)+\Delta W_o(t) \qquad (3.1-3)$$

$$\Delta W_o(t)=\begin{cases}\beta\cdot P_{CGO}-R_o & \text{抽薹前}\\(\beta\cdot P_{CGO}-R_o)/(1-0.2) & \text{抽薹后初花前}\\(\beta\cdot P_{CGO}-R_o)/(1-0.2-0.4) & \text{初花后}\end{cases} \qquad (3.1-4)$$

式（3.1-3）和式（3.1-4）中，W_o（t）和 W_o（$t-1$）分别为出苗后第 t 天和第（$t-1$）天的最适群体干物质重（g）；ΔW_o（t）为出苗后第 t 天的最适群体干物质重净增加量（g）；P_{CGO} 为最适冠层光合作用强度 [g CO_2/(m^2·h)]；R_o 为呼吸强度 [g CO_2/(m^2·h)]；β 为 CO_2 与碳水化合物间转换系数；0.2 和 0.4 分别为同期茎、角果皮在光合生产中所占比例[1,3]。

2. 最适叶面积指数动态

最适叶面积指数动态是形成最适角果皮面积的基础，具有适宜的叶面积指数，也会使角果皮面积控制在适宜范围之内[3]。根据作物最适叶面积定义，能使群体下层叶片恰好处于光合作用光补偿点、群体物质生产达到最大值时的叶面积指数为最适叶面积指数[4]。

（1）初花期最大最适叶面积指数　油菜一生中最大最适叶面积指数一般出现在初花至盛花期[2]。确定此期最适叶面积指数的本质是保证在初花前后 40 d 内实现最大光合产物积累。根据 Monsi 公式可得此期最适叶面积指数（L_{AO}）模型为：

$$L_{AO}=-(1/E_A)\ln(B\cdot I_{bA}/I_{0A}) \qquad (3.1-5)$$

式（3.1-5）中，I_{0A} 为当地初花期群体上方水平自然光照强度（lx），可用日平均太阳辐射值乘以转换系数换算为群体上方水平光照强度；$B\cdot I_{bA}$ 为初花期群体基部光照强度；E_A 为初花期群体消光系数；I_{bA} 为初花期群体基部光补偿点［mg CO_2/(m^2・h)］。利用油菜光补偿点定义及单叶光合强度与光照强度的关系可得出参数 B。

$$B=((24-D_L)\cdot m+D_L)/D_L \qquad (3.1-6)$$

$$m=Q_{10}^{-T_R/20} \qquad (3.1-7)$$

式（3.1-6）和（3.1-7）中，D_L 为每日日长（h）；（$24-D_L$）为暗长（h）；m 为因昼夜温差引起的白昼与夜间呼吸量的比值；T_R 为温度日较差；Q_{10}为油菜呼吸作用温度系数，一般为 2.0[4]。式（3.1-5）表明，初花期油菜最适叶面积指数可由以下因素决定：①当地油菜初花前后 40 d 内的太阳辐射总量；②当地油菜初花期间的平均昼长；③当地油菜初花期间的平均温度日较差；④油菜品种的光补偿点；⑤品种株型以及消光系数等（与产量水平有关）。

（2）抽薹期最适叶面积指数　此期最适叶面积指数确定的原则是当抽薹期达到最适叶面积指数时，群体中下部有一定透光性，以利于实现培育壮秆和大有效分枝与发达根系的调控目标。因此，此期油菜最适叶面积指数（L_{EO}）的表达如下：

$$L_{EO}=-1/E_E\cdot\ln(B\cdot I_{bE}/I_{0E}) \qquad (3.1-8)$$

式（3.1-8）中，E_E 为该期群体消光系数，I_{bE} 为该期群体基部光补偿点，I_{0E}为该期自然光照强度。由式（3.1-8）可知，油菜抽薹期最适叶面积指数主要由以下因子决定：①品种株型及消光系数；②当地该期太阳辐射量；③密度等。

（3）十叶期与返青期的最适叶面积指数　十叶期和返青期最适叶面积指数（L_{TO}与L_{PO}）可计算如下：

$$L_{TO}=B_{SO}\cdot L_{TS}/10\,000 \qquad (3.1-9)$$

$$L_{PO}=B_{SO}\cdot L_{PS}/10\,000 \qquad (3.1-10)$$

式（3.1-9）和（3.1-10）中，B_{SO}为适宜基本苗（万/hm^2），其计算见式（3.1-13）；L_{TS}和L_{PS}分别为十叶期和返青期平均单株叶面积（指主茎叶片）。式（3.1-9）和（3.1-10）表明，此期最适叶面积指数决定于以下因子：①适宜基本苗与群体适宜主茎和一次分枝数（万/hm^2）及单株有效茎枝数，与产量水平有关；②十叶期与返青期平均单株叶面积，与产量水平和油菜生长类型有关，在产量水平和适宜基本苗相同时，秋发冬壮型平均单株叶面积较大，冬春双发与冬壮春发型平均单株叶面积较小。

（4）终花期最适叶面积指数（L_{DO}）　根据试验测定与文献资料[2]，此期最适叶面积指数一般为初花期的 25%左右。因此，该期叶面积指数可描述如下：

$$L_{DO}=b_A\cdot L_{AO} \qquad (3.1-11)$$

式（3.1-11）中，b_A 为某一产量水平终花期最适叶面积指数占初花期的百分数。

3. 最适茎枝数动态

最适茎枝数动态是油菜最适群体的重要指标之一。抽薹后，分枝始伸长，初花期是有效分枝与无效分枝两极分化临界期及茎枝数最高期[4-5]，因此，油菜最适茎枝数动态包括最适有效茎枝数、初花期和抽薹期最适茎枝数及基本苗。一般由主茎、单株一次分枝数及二次分枝数构成。适宜单株一次分枝数主要由抽薹后主茎总叶片数决定，适宜基本苗则由群体适宜主茎和一次分枝数及单株有效茎枝数确定[1]。

（1）最适有效茎枝数（R_{NO}） 它既是确定最适基本苗的重要因素，又是最适茎枝数动态变化的结果；既是获得最适产量的重要保证，也是油菜栽培中调控的目标之一。按照油菜高产栽培优化原理，用终花期最适叶面积指数和单枝叶面积确定，即：

$$R_{NO}=10\,000\,L_{DO}/L_{DS} \tag{3.1-12}$$

式（3.1-12）中，L_{DO}为终花期最适叶面积指数；L_{DS}为终花期平均单枝叶面积。

（2）最适基本苗 适宜的基本苗是获得适宜群体的起点，也是建立最适群体的首要目标。根据试验测定与文献资料[2]，油菜最适基本苗 B_{SO}（万/hm^2）的确定如下：

$$B_{SO}=R_{NO}/N_{SV} \tag{3.1-13}$$

$$N_{SV}=L_N/(4+k+1) \tag{3.1-14}$$

式（3.1-13）和（3.1-14）中，N_{SV}为单株有效茎枝数；L_N 为油菜总叶龄；k 为分枝常数[2]，一般取 1～2。

（3）抽薹期最适茎枝数（R_{EO}） 此期分枝始伸长，按照油菜高产栽培优化原理，用此期最适叶面积指数和单枝叶面积确定，即：

$$R_{EO}=10\,000\,L_{EO}/L_{ES} \tag{3.1-15}$$

式（3.1-15）中，L_{EO}为该期最适叶面积指数；L_{ES}为该期平均单枝叶面积。

（4）初花期最适茎枝数 油菜在此期达到最高茎枝数后，由于分枝发育时间、植株营养代谢方向转移及群体内部透光率下降等，使分枝发生两极分化成为有效分枝和无效分枝。最高茎枝数是油菜群体动态的一个重要指标，它与有效分枝数共同决定分枝有效率高低。本文根据油菜栽培的优化原则对此期适宜茎枝数 R_{AO}（万/hm^2）计算如下：

$$R_{AO}=10\,000\,L_{AO}/L_{AS} \tag{3.1-16}$$

式（3.1-16）中，L_{AO}为此期最适叶面积指数；L_{AS}为平均单枝叶面积。可见，只要控制初花期叶面积指数，就能调控该期茎枝数，提高有效分枝率。

二、参数确定与模型检验举例

（一）参数确定

1. 最适叶面积指数动态模型

转换系数 C=5 007.6 μmol/(s·m^2)［相当于1（MJ·m^2)/h］。

群体消光系数：经群体光分布测定与反演，在武汉地区2 400 kg/hm^2 产量水平下，抽薹期 E_E=0.68，初花期 E_A=0.48。在南京地区2 550 kg/hm^2 产量水平下，抽薹期 E_E=0.55，初花期 E_A=0.55。

群体基部光补偿点：武汉地区2 400 kg/hm^2 产量时，抽薹期（$B \cdot I_{CE}$）=30.943 μmol/(s·m^2)；初花期 I_{CH}=6.872 μmol/(s·m^2)。南京地区2 550 kg/hm^2 产量时，抽薹期（$B \cdot I_{CE}$）=30.943 μmol/(s·m^2)；初花期 I_{CH}=5.065 μmol/(s·m^2)[1]。

终花后最适叶面积指数占初花期的百分数：武汉地区2 400 kg/hm^2 产量时，b_A=25%左右；南京地区2 550 kg/hm^2 产量时，b_A=20%。

2. 最适茎枝数动态模型

（1）初花期至盛花期单枝叶面积　同一地点初花至盛花期单枝叶面积因产量水平和品种类型而异，较高产的多枝型品种单枝叶面积与中等产量的大枝型品种接近（表3-2），结果表明，如果较高产的多枝型品种与中等产量的大枝型品种的初花期叶面积指数接近，则多枝型品种的适宜最高总茎数应与大枝型品种的相近。本文经调试，武汉地区2 400 kg/hm^2 产量时 L_{AS}=1.57×10^{-2} m^2；南京地区2 550 kg/hm^{2}产量时 L_{AS}=2.09×10^{-2} m^2。

表3-2　不同地区、品种（系）和产量水平时盛花期单枝叶面积

Table 3-2　The leaf area of single ramification for different sites, cultivars, and yielding levels at the middle anthesis

品种 Cultivars	品种类型 Cultivar types	地点 Sites	产量 Yield (kg/hm^2)	LAI	单枝叶面积 Leaf area of single ramification (m^2)
中双9号 Zhongshuang 9	大枝型 Large-ramification	武汉 Wuhan	2 347.0	3.9	1.35×10^{-2}
中油杂2号 Zhongyouza 2	大枝型 Large-ramification	武汉 Wuhan	2 941.5	4.5	1.51×10^{-2}
中油杂2号 Zhongyouza 2	大枝型 Large-ramification	武汉 Wuhan	2 563.3	2.8	0.92×10^{-2}

（续）

品种 Cultivars	品种类型 Cultivar types	地点 Sites	产量 Yield（kg/hm²）	LAI	单枝叶面积 Leaf area of single ramification（m²）
中油杂2号 Zhongyouza 2	大枝型 Large-ramification	武汉 Wuhan	2 401.2	3.3	0.97×10^{-2}
宁油16 Ningyou 16	多枝型 Multi-ramification	南京 Nanjing	2 550.0	5.9	1.58×10^{-2}

（2）抽薹期单枝叶面积　同一地点抽薹期单枝叶面积因产量水平和品种类型而异，产量水平接近时，同类型品种抽薹期单枝叶面积相近（表3-3）。本文经调试武汉地区2 400 kg/hm² 产量时 $L_{ES}=1.56\times10^{-2}$ m²。

表3-3　武汉地区不同品种（系）2 250～3 000 kg/hm² 产量水平时抽薹期单枝叶面积

Table 3-3　The leaf area of single ramfication for the different cultivars at enlongation at 2 250～3 000 kg/hm² yield planted in Wuhan

品种 Cultivars	品种类型 Cultivar types	产量 Yield（kg/hm²）	LAI	单茎叶面积 Leaf area of single ramification（m²）
中双9号 Zhongshuang 9	大枝型 Large-ramification	2 347.0	4.1	1.63×10^{-2}
中油杂2号 Zhongyouza 2	大枝型 Large-ramification	2 941.5	4.1	1.71×10^{-2}
中油杂2号 Zhongyouza 2	大枝型 Large-ramification	2 563.3	3.3	1.61×10^{-2}
中油杂2号 Zhongyouza 2	大枝型 Large-ramification	2 401.2	2.7	1.74×10^{-2}

（二）模型检验举例

分别利用武汉市与南京市常年气象资料（月平均气温、月平均最高和最低气温以及月平均日照时数、月平均雨量、月平均雨日及当地纬度）以及相应品种参数等，模拟了中双9号在武汉地区及宁油16在南京地区种植时的最适叶面积指数与茎枝数动态，并与相应地点和产量水平的实测值比较（图3-1～图3-4）。

中双9号2 400 kg/hm² 产量时最适叶面积指数动态模拟值与实测值（越冬期1.5，抽薹期2.0，初花期4.75，终花期1.18）相关系数 $r=0.970\,7$，达显著（$r_{0.05(2)}=0.950$），差值标准误0.403 2，平均绝对误差－0.03（图3-1）；

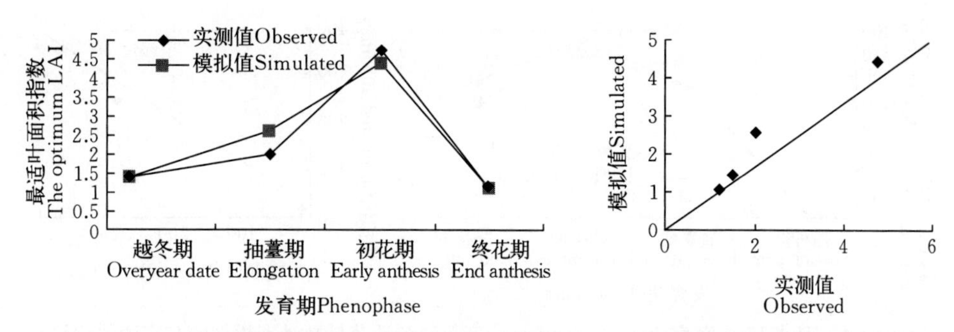

图 3-1　中双 9 号在武汉地区 2 400 kg/hm² 产量时最适叶面积指数动态模拟值与实测值比较

Fig. 3-1　Comparison of the observed and the simulated of the optimum total shoot number in Wuhan area at 2 400 kg/hm² yield for Zhongshuang 9

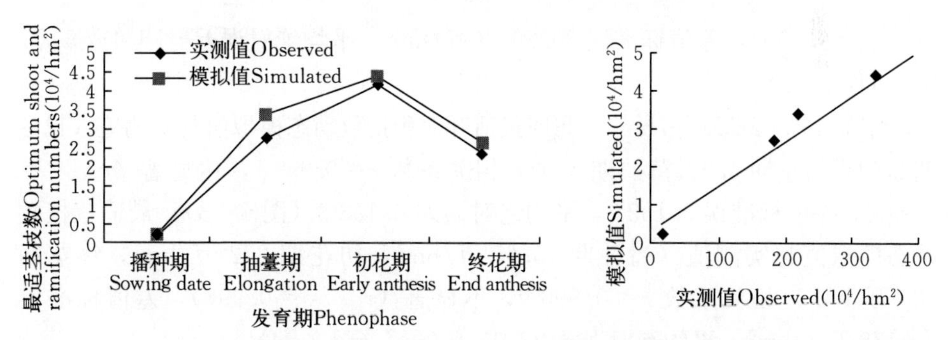

图 3-2　中双 9 号在武汉地区 2 400 kg/hm² 产量时最适茎枝数动态模拟值与实测值比较

Fig. 3-2　Comparison of the observed and the simulated of the optimum total shoot number in Wuhan area at 2 400 kg/hm² yield for Zhongshuang 9

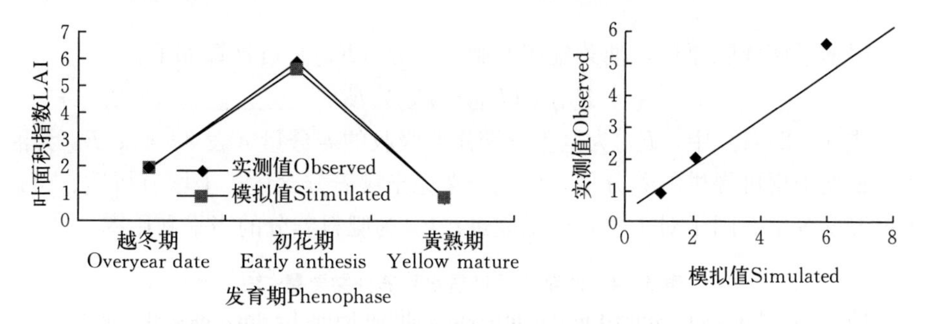

图 3-3　宁油 16 在南京地区 2 550 kg/hm² 产量时最适叶面积指数动态模拟值与实测值比较

Fig. 3-3　Comparison of the observed and the simulated of the optimum LAI in Nanjing area at 2 550 kg/hm² yield for Ningyou 16

最适茎枝数动态模拟值与实测值（播种期 17.25 万/hm²，抽薹 220.5 万/hm²，初花期 334.5 万/hm²，终花期 183 万/hm²）相关系数 r=0.991 5，达极显著

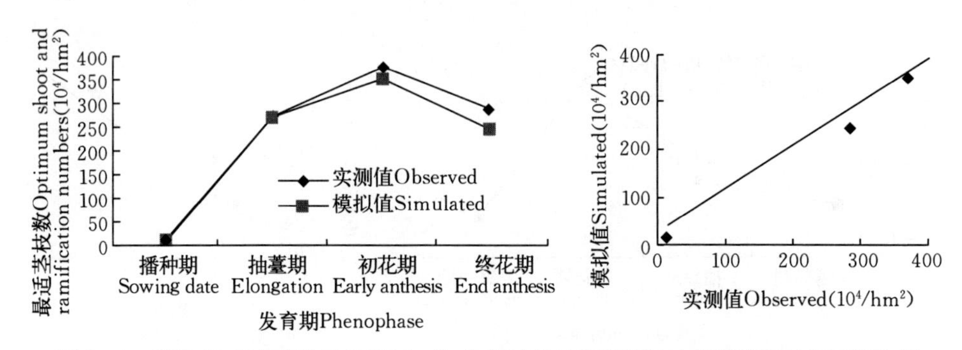

图 3-4　宁油 16 在南京地区 2 550 kg/hm² 产量时最适茎枝数动态模拟值与实测值比较

Fig. 3-4　Comparison of the observed and the simulated of the optimum total shoot number in Nanjing area at 2 550 kg/hm² yield for Ningyou 16

($r_{0.01(2)}$=0.990)，差值标准误 20.267 3 万/hm²，平均绝对误差−23.437 5 万/hm²（图 3-2）。

宁油 16 在 2 550 kg/hm² 产量时最适叶面积指数动态模拟值与实测值（越冬期 2.04，初花期 5.9，黄熟期 1.02）相关系数 r=0.999 7，达显著（$r_{0.05(1)}$=0.997)，差值标准误 0.133 2，平均绝对误差 0.153 3（图 3-3）；最适茎枝数动态模拟值与实测值（播种期 13.65 万/hm²，初花期 372 万/hm²，终花期 285 万/hm²）相关系数 r=0.996 9，不显著（$r_{0.05(1)}$=0.997)，差值标准误 20.178 8 万/hm²，平均绝对误差 22.05 万/hm²（图 3-4）。

第二节　最适生态平衡施肥决策

根据平衡施肥原理，油菜施用的肥料养分（F_{NQ}）可计算如下：

$$F_{NQ}=(F_{AQ}-F_{SQ})/E_F \quad (3.2-1)$$

式（3.2-1）中，F_{AQ}为全生育期需要吸收的养分量（表 3-4）；F_{SQ}为油菜生长期土壤可提供的养分量，可充分考虑土壤养分含量、土壤有机质、pH、土壤温度等生态因子对土壤养分供应量；E_F 为肥料养分的当季利用率。

表 3-4　油菜不同产量水平养分需要量[5-6]

Table 3-4　Nutrient required in the different yielding levels for the rapeseed（kg/hm²）

产量水平 Yielding levels	N	P_2O_5	K_2O
1 500～2 250	132.00	27.00	108.00
2 700	148.35	27.00	94.65

一、土壤可提供的养分量（*FSQ*）

关于土壤可提供的养分量（*FSQ*），平衡法计量施肥原理创立者 Truog 提出，将不施肥区作物产量所需要吸收的养分量作为土壤供肥量[7]。本研究对土壤可提供的养分量（*FSQ*）计算步骤如下：

i. 测定土壤速效养分含量；

ii. 按照下式计算每 666.67 m^2 田中所含的养分总量（*FSQ*）[8]：

$$FSQ = 150\,000\,CN \quad (3.2-2)$$

式（3.2－2）中，*FSQ* 为速效养分含量在 666.67 m^2 田中（表土重按 15 万 kg）所含的总量（kg）；*CN* 为测定的土壤速效养分含量。

iii. 按照下式确定土壤养分的校正系数（*CNS*）[8]：

$$CNS = FAA/FSQ \quad (3.2-3)$$

式（3.2－3）中，*FAA* 为每 666.67 m^2 作物对养分实际吸收量（kg）；其余符号含义同前。

土壤养分的校正系数可能小于 1，也可能大于 1。按照式（3.2－3）可得到经过校正后的土壤可提供的养分量（*FSQ*）。

（一）土壤供氮量（*NSQ*）

据中国科学院南京土壤研究所的测定[9]，土壤供氮量和土壤全氮含量的关系如下：

$$NSQ = 0.08 \times 150\,000 \cdot ENS \cdot Q10^{(T-30)/10} \cdot TNS/100 \quad (3.2-4)$$

式（3.2－4）中，*NSQ* 为每 666.67 m^2 土壤供氮量（kg）；*Q*10 为土壤氮矿化的温度系数，本文取 1.5，*T* 为油菜某生育阶段内平均温度（℃）；*TNS* 为土壤全氮含量（%）；0.08 为土壤矿化氮占全氮的比例；*ENS* 为土壤供氮的利用系数（%），它与土壤有机质含量 *OMS*（%）及 pH 有关；*PHC* 为土壤 pH 影响系数。

$$ENS = 0.50 - 0.1\,PHC - 0.2\,OMC \quad (3.2-5)$$

$$PHC = \begin{cases} -1.14 + 0.28\,\text{pH} & 5 \leqslant \text{pH} < 7.5 \\ 1.0 & 7.5 \leqslant \text{pH} \leqslant 8.2 \\ 4.6 - 0.43\,\text{pH} & 8.2 < \text{pH} \leqslant 10.5 \\ 0 & \text{pH} < 5 \text{ 或 } \text{pH} > 10.5 \end{cases} \quad (3.2-6)$$

$$OMC = \begin{cases} -0.33 + 0.33\,OMS & OMS \geqslant 1 \\ 0 & OMS < 1 \end{cases} \quad (3.2-7)$$

（二）土壤供磷量（*PSQ*）

土壤供磷量的计算如下[11]：

$$PSQ = 150\,000 \cdot EPS \cdot CPS \cdot Q10^{(T-30)/10} \quad (3.2-8)$$

$$EPS = EPSO - 0.2\ PHP \quad (3.2-9)$$

$$PHP = \begin{cases} 2-0.333\ \mathrm{pH} & 3<\mathrm{pH}<6 \\ 1.0 & 6\leqslant \mathrm{pH}\leqslant 7 \\ -2.333+0.333\ \mathrm{pH} & 7<\mathrm{pH}\leqslant 10 \\ 0 & \mathrm{pH}>10 \text{ 或 } \mathrm{pH}\leqslant 3 \end{cases} \quad (3.2-10)$$

式（3.2－8）至（3.2－10）中，*PSQ* 为每 666.67 m^2 土壤供磷量（kg）；*EPS* 为土壤磷当季利用系数，取值范围为 68%～155%；*PHP* 为 pH 对土壤磷当季利用系数的影响函数，*EPSO* 为适宜 pH 下土壤磷利用系数，本章取值为 120%；*CPS* 为土壤速效磷含量；其余符号含义同前。

（三）土壤供钾量（*KSQ*）

土壤供钾量的计算如下[10]：

$$KSQ = 150\,000\ EKS \cdot CKS \quad (3.2-11)$$

$$EKS = (298 - 101.3\ \lg\ (CKS))/100 \quad (3.2-12)$$

式（3.2－11）和（3.2－12）中，*EKS* 为土壤钾的当季利用系数；*CKS* 为土壤速效钾含量。

二、肥料的当季利用率（*EF*）

据现有资料[7,10]，氮肥在旱地中利用率为 40%～60%；磷肥利用率为 10%～25%；钾肥利用率为 50%～65%。可见，磷肥的当季利用率最低，氮、钾肥的当季利用率几乎相当。但磷肥的持效期较长。据测定，各种有机肥的利用率：猪粪 16.2%、人粪干 59.6%、马粪 16.0%、菜籽饼 48.5%。

三、有机肥与无机肥配合施用比例

有机肥与无机肥的配合比例主要决定于种植田土壤肥力基础。每 666.67 m^2 单产 200 kg 的油菜田，有机肥占施氮总量的 20%～30%，即有机肥与无机肥比例为 3∶7 或 2∶8，这样可分别确定有机肥与化肥的施用总量[10]。

第三节　最适土壤水分决策

根据土壤水分平衡原理，油菜生长期水分盈亏量模型如下：

$$D_{SW}(t)=I_{SW}(t)-O_{SW}(t) \quad (3.3-1)$$

$$O_{SW}(t)=E_{TA}(t)+R_U(t)+C(t) \quad (3.3-2)$$

$$I_{SW}(t)=W_0(t)+P(t) \quad (3.3-3)$$

式（3.3-1）至（3.3-3）中，$D_{SW}(t)$ 为第 t 时段土壤水分盈亏量，亦即该时段需要的灌排量（mm）；$I_{SW}(t)$ 和 $O_{SW}(t)$ 分别为当年或常年第 t 时段土壤水分供给量（mm）和支出量（mm）；$E_{TA}(t)$、$R_U(t)$ 和 $C(t)$ 分别为第 t 时段实际蒸散量（油菜耗水量）（mm）、径流量（mm）和油菜对降雨的截留量（mm）；$W_0(t)$ 为第 t 时段的初始土壤含水量（mm）；$P(t)$ 为第 t 时段的降水量（mm）。

参考文献

[1] 官春云．油菜优质高产栽培技术．长沙：湖南科学技术出版社，1992：76-88.
[2] 凌启鸿．作物群体质量．上海：上海科学技术出版社，2000：217-286.
[3] 刘后利．实用油菜栽培学．上海：上海科学技术出版社，1987.
[4] 王永锐．作物高产群体生理．北京：科学技术出版社，1991.
[5] 曹宏鑫，金之庆，石春林，等．中国作物模型系列的研究与应用．农业网络信息，2006（5）：45-48.
[6] 赵合句，张春雷，李光明，等．油菜高产规律研究与应用．湖北农业科学，2002（6）：45-48.
[7] 金耀清．配方施肥方法及其应用．沈阳：辽宁科学技术出版社，1993.
[8] 高亮之，金之庆．水稻栽培计算机模拟优化决策系统．北京：中国农业科学技术出版社，1992.
[9] 郭绍铮．江苏麦作科学．杭州：浙江科学技术出版社，1994.
[10] 易淑棨．土壤学．南京：江苏科学技术出版社，1985.

第四章 油菜形态模型

第一节 油菜营养器官形态模型

油菜营养器官包括叶、茎、分枝和根[1]。

一、主茎形态结构模型

(一) 叶

叶片是作物生长的重要器官，是作物进行光合作用的主要场所。甘蓝型油菜真叶为不完全叶，叶片裂片较明显，呈琴状、羽状缺裂。主茎上、中、下部叶片形态不同，根据叶型和叶柄长短可划分为长柄叶、短柄叶和无柄叶(图 4-1)。

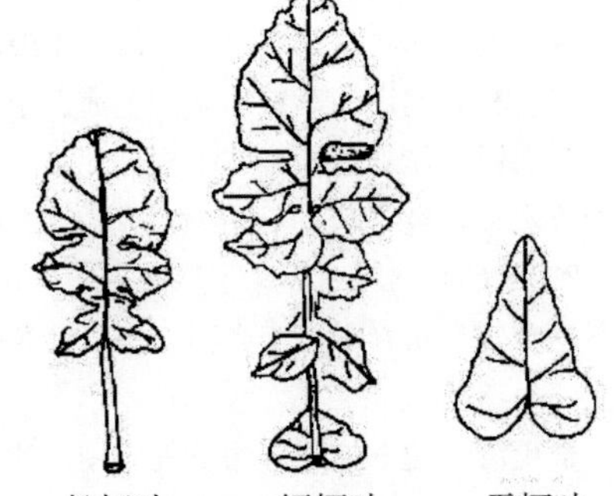

图 4-1 油菜的 3 种叶片
Fig. 4-1 Three types of rapeseed leaves

试验观测表明，宁油 18 等 3 个品种都是大约从第 1 叶到 17 叶为长柄叶，从 17 叶到 26 叶为短柄叶，26 叶以上为无柄叶。

叶片的形态参数主要包括：叶长、叶宽、叶柄长（长柄叶和短柄叶）。

1. 叶片长度

油菜主茎着生叶片较多，研究表明[2]，主茎着生叶片数均在 30 以上，且生育期较长（约 240 d），中间还要经过一段时间的低温春化期，这就造成油菜叶片生长状况的复杂性。以宁油 18（V1）为例，正常播种时主茎着生 31 片叶子（图 4-2），春化阶段之前长出 17 片叶子，叶片增长过程是一个由慢到快再到慢的过程，符合S形曲线；春化阶段没有出现新叶片，已长出的叶片增长过程缓慢；春化阶段之后，新生叶片的增长过程较快，但也呈“慢-快-慢”变化。

油菜主茎叶片增长过程分段描述如下[2]：

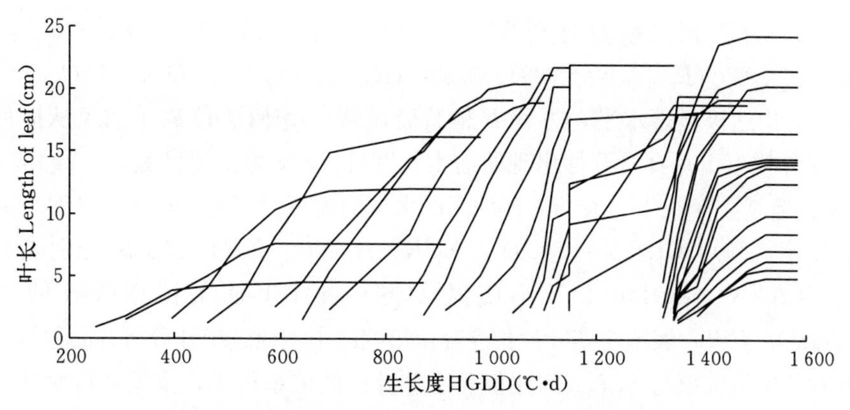

图 4-2 油菜主茎叶片叶长增长与生长度日的关系

Fig. 4-2 The relationship between leaf length growth of rapeseed main stem and GDD

$$RSLL_{LP}=\frac{SLL_{\max}\times RSL_{LP}}{1+a_1\cdot \mathrm{e}^{-b_1\times(GDD-IniRGDD)}}\times F(N)$$

$$(194.2\ ℃\cdot d\leqslant GDD\leqslant 1\,100.3\ ℃\cdot d)$$

$$(1\leqslant LP<13) \qquad (4.1-1)$$

$$RSLL_{LP}=\begin{cases}\frac{SLL_{\max}\times RSL_{LP}}{1+a_2\cdot \mathrm{e}^{-b_2\times(GDD-IniRGDD)}}\times F(N) & (1\,074.1\ ℃\cdot d\leqslant GDD\leqslant 1\,100.3\ ℃\cdot d)\\ [a_3\times(GDD-IniRGDD)+b_3]\times F(N) & (1\,100.3\ ℃\cdot d<GDD<1\,154.1\ ℃\cdot d)\\ \frac{SLL_{\max}\times RSL_{LP}}{1+a_4\cdot \mathrm{e}^{-b_4\times(GDD-IniRGDD)}}\times F(N) & (1\,154.1\ ℃\cdot d\leqslant GDD\leqslant 1\,582.1\ ℃\cdot d)\end{cases}$$

$$(13\leqslant LP<17) \qquad (4.1-2)$$

$$RSLL_{LP}=\frac{SLL_{\max}\times RSL_{LP}}{1+a_5\cdot \mathrm{e}^{-b_5\times(GDD-IniRGDD)}}\times F(N)$$

$$(1\,154.1\ ℃\cdot d\leqslant GDD\leqslant 1\,582.1\ ℃\cdot d)$$

$$(17\leqslant LP) \qquad (4.1-3)$$

$$F(N)=(SN+RFN\times CURN)/TNP \qquad (4.1-4)$$

式中，$RSLL_{LP}$表示油菜主茎第 LP 叶片的长度（cm）；LP 表示主茎叶位；$SLL_{\max}$表示无胁迫条件下油菜主茎叶片最大长度（cm），为品种参数，宁油 18（V1）、宁油 16（V2）和宁杂 15（V3）主茎叶最大长度分别为 27.5、24.3 和 25.5 cm，出现在主茎第 14～17 叶位。194.2 ℃·d 表示宁油 18、宁油 16 和宁杂 15 各品种第一片真叶开始出现的生长度日，1 100.3 ℃·d 表示进入春化阶段时的生长度日，1 154.1 ℃·d 是春化阶段结束后的生长度日，1 074.1 ℃·d表示主茎第 13 片叶子出现的生长度日，1 582.1 ℃·d 表示主茎叶片停止生长时的生长度日。a_1、b_1、a_2、b_2、a_3、b_3、a_4、b_4、a_5、b_5 均为模型参数，随品种、叶位和环境略有变化但均不显著，其取值和模型的检验见

表 4－1，方程相关系数分别为 0.921（$R_{0.01(10)}$＝0.708）、0.873（$R_{0.01(10)}$＝0.708）、0.975（$R_{0.01(10)}$＝0.708）、0.892（$R_{0.01(10)}$＝0.708）和 0.941（$R_{0.01(10)}$＝0.708），均达极显著水平，方程 *F* 检验极显著。*IniRGDD* 表示油菜从播种至主茎或分枝第 1 片真叶开始出现所需生长度日；*SN* 为土壤供氮量（kg/hm^2）；*RFN* 为施氮量（kg/hm^2）；*TNP* 为高产水平的需氮量（kg/hm^2）；*CURN* 为氮肥利用率（%），*CURN*＝(*NBY*－*NCK*)/*RFNO*，*NBY*、*NCK* 分别表示施氮量为 *RFN*（kg/hm^2）及不施氮（CK）条件下油菜植株吸收的氮素（kg/hm^2）。RSL_{LP} 表示主茎叶片长度叶位影响因子，通过统计分析各品种每个叶位叶片长度最大值与 SLL_{max} 间比值和主茎叶位的关系得出，主茎叶位对叶长和宽的影响基本一致（图 4－3），可通过式 4.1－5 求出。其余符号含义同前。

表 4－1　主茎叶片长度回归模型方差分析及模型系数检验

Table 4－1　Variance analysis and model coefficient test of regression model of main stem leaf length

模型公式 Model		*r*	*F*	模型参数 Coefficient	模型参数显著性 Coefficients analysis
式（4.1－1）		0.921**	130.319**	a_1	7.561*
				b_1	0.015**
式（4.1－2）	1	0.873**	19.356*	a_2	5.567*
				b_2	0.072**
	2	0.975**	76.854**	a_3	0.069**
				b_3	7.752**
	3	0.892**	35.964**	a_4	0.868**
				b_4	0.035*
式（4.1－3）		0.941**	96.452**	a_5	3.578**
				b_5	0.045*

注：* $P<0.05$；** $P<0.01$。下同。

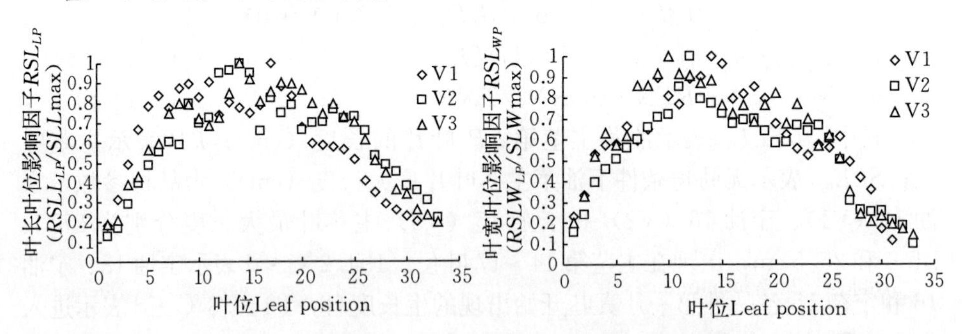

图 4－3　主茎叶长、叶宽与叶位影响因子的关系

Fig. 4－3　The relationships between LP and RSLL、RSLW of main stem

V1：宁油 18；V2：宁油 16；V3：宁杂 15。下同。

V1：Ningyou18；V2：Ningyou16；V3：Ningza15。The same below.

$$RSL_{LP} = -0.0028\,LP^2 + 0.0922\,LP + 0.1305 \quad (1 \leqslant LP \leqslant 33) \tag{4.1-5}$$

式中，LP 为油菜主茎叶位。

2. 叶片宽度

主茎叶片宽度的增长过程和叶长相似，油菜主茎叶片宽度增加过程可描述如下[2]：

$$RSLW_{LP} = \frac{SLW_{\max} \times RSL_{LP}}{1 + c_1 \cdot e^{-d_1 \times (GDD - IniRGDD)}} \times F(N)$$
$$(194.2\ ℃ \cdot d \leqslant GDD \leqslant 1\,148.1\ ℃ \cdot d)$$
$$(1 \leqslant LP < 13) \tag{4.1-6}$$

$$RSLW_{LP} = \begin{cases} \dfrac{SLW_{\max} \times RSL_{LP}}{1 + c_2 \cdot e^{-d_2 \times (GDD - IniRGDD)}} \times F(N) & (1\,074.1\ ℃ \cdot d \leqslant GDD \leqslant 1\,148.1\ ℃ \cdot d) \\ [c_3 \times (GDD - IniRGDD) + d_3] \times F(N) & (1\,148.1\ ℃ \cdot d < GDD < 1\,243.8\ ℃ \cdot d) \\ \dfrac{SLW_{\max} \times RSL_{LP}}{1 + c_4 \cdot e^{-d_4 \times (GDD - IniRGDD)}} \times F(N) & (1\,243.8\ ℃ \cdot d \leqslant GDD \leqslant 1\,582.1\ ℃ \cdot d) \end{cases}$$
$$(13 \leqslant LP < 17) \tag{4.1-7}$$

$$RSLW_{LP} = \frac{SLW_{\max} \times RSL_{LP}}{1 + c_5 \cdot e^{-d_5 \times (GDD - IniRGDD)}} \times F(N)$$
$$(1\,243.8\ ℃ \cdot d \leqslant GDD \leqslant 1\,582.1\ ℃ \cdot d)$$
$$(17 \leqslant LP) \tag{4.1-8}$$

式中，$RSLW_{LP}$ 表示油菜主茎第 LP 叶片的宽度（cm）；$SLW_{\max}$ 表示无胁迫条件下油菜主茎叶片最大宽度（cm），为品种参数，宁油 18、宁油 16 和宁杂 15 主茎叶最大宽度分别为 17.9、13.9 和 16.5 cm，出现在主茎第 14～17 叶位。c_1、d_1、c_2、d_2、c_3、d_3、c_4、d_4、c_5、d_5 均为模型参数，随品种、叶位和环境略有变化但均不显著。其取值和模型的检验见表 4-2，方程相关系数分别为 0.909（$R_{0.01(10)}=0.708$）、0.861（$R_{0.01(10)}=0.708$）、0.984（$R_{0.01(10)}=0.708$）、0.843（$R_{0.01(10)}=0.708$）和 0.924（$R_{0.01(10)}=0.708$），均达极显著水平，方程 F 检验极显著。其余符号含义同前。

表 4-2　叶片宽度回归模型方差分析及模型系数检验

Table 4-2　Variance analysis and model coefficient test of regression model of leaf width

模型公式 Model	r	F	模型参数 Coefficient	模型参数显著性 Coefficients analysis
式（4.1-6）	0.909**	197.556**	c_1	9.551*
			d_1	0.013**

（续）

模型公式 Model		r	F	模型参数 Coefficient	模型参数显著性 Coefficients analysis
式（4.1-7）	1	0.861**	25.362*	c_2	7.258*
				d_2	0.065**
	2	0.984**	59.637**	c_3	0.054*
				d_3	5.382**
	3	0.843**	31.568**	c_4	1.354 **
				d_4	0.043**
式（4.1-8）		0.924**	81.425**	c_5	4.651**
				d_5	0.087*

3. 叶柄长度

油菜主茎叶柄的生长状况也较复杂（图4-4），除春化阶段外，叶柄增长过程也是一个由慢到快再到慢的过程，符合S形曲线，其描述如下：

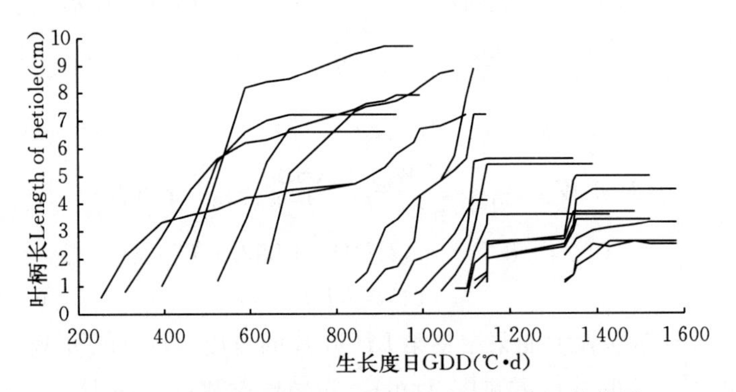

图4-4　油菜主茎叶片叶柄增长与生长度日的关系

Fig. 4-4　The relationship between petiole length growth of main stem leaf of rapeseed and GDD

$$RSPL_{LP}=\frac{SPL_{\max}\times RSP_{LP}}{1+a_6\cdot e^{-b_6\times(GDD-IniRGDD)}}\times F(N)$$

$$(194.2\ ℃\cdot d\leqslant GDD\leqslant 1\,148.1\ ℃\cdot d)$$

$$(1\leqslant LP<13) \qquad (4.1-9)$$

$$RSPL_{LP}=\begin{cases}\dfrac{SPL_{\max}\times RSP_{LP}}{1+a_7\cdot e^{-b_7\times(GDD-IniRGDD)}}\times F\ (N) & (1\,074.1\ ℃\cdot d\leqslant GDD\leqslant 1\,148.1\ ℃\cdot d)\\ [a_8\times(GDD-IniRGDD)+b_8]\times F\ (N) & (1\,148.1\ ℃\cdot d< GDD< 1\,243.8\ ℃\cdot d)\\ \dfrac{SPL_{\max}\times RSP_{LP}}{1+a_9\cdot e^{-b_9\times(GDD-IniRGDD)}}\times F\ (N) & (1\,243.8\ ℃\cdot d\leqslant GDD\leqslant 1\,582.1\ ℃\cdot d)\end{cases}$$

$$(13\leqslant LP<17) \qquad (4.1-10)$$

$$RSPL_{LP}=\frac{SPL_{\max}\times RSP_{LP}}{1+a_{10}\cdot e^{-b_{10}\times(GDD-IniRGDD)}}\times F\ (N)$$

$$(1\ 243.8\ ℃\cdot d\leqslant GDD\leqslant 1\ 582.1\ ℃\cdot d)$$

$$(17\leqslant LP\leqslant NLP)\qquad(4.1-11)$$

式中，$RSPL_{LP}$ 表示油菜主茎第 LP 叶片叶柄长度（cm）；$SPL_{\max}$ 表示无胁迫条件下油菜主茎叶片叶柄最大长度（cm），为品种参数，宁油 18、宁油 16 和宁杂 15 主茎叶叶柄最大长度分别为 13.6、10.5 和 11.9 cm，出现在主茎第 10～13 叶位；NLP 表示主茎短柄叶结束叶位，因品种而异。a_6、b_6、a_7、b_7、a_8、b_8、a_9、b_9、a_{10}、b_{10} 均为模型参数，随品种、叶位和环境略有变化但均不显著。其取值和模型的检验见表 4-3，方程相关系数分别为 0.894（$R_{0.01(10)}=0.708$）、0.862（$R_{0.01(10)}=0.708$）、0.961（$R_{0.01(10)}=0.708$）、0.816（$R_{0.01(10)}=0.708$）和 0.919（$R_{0.01(10)}=0.708$），均达极显著水平，方程 F 检验极显著。其余符号含义同前。

表 4-3　叶柄长度回归模型方差分析及模型系数检验

Table 4-3　Variance analysis and model coefficient test of regression model of petiole length

模型公式 Model		r	F	模型参数 Coefficient	模型参数显著性 Coefficients analysis
式（4.1-9）		0.894**	210.356**	a_6	3.298**
				b_6	0.033*
	1	0.862**	29.342**	a_7	4.697**
				b_7	0.056**
式（4.1-10）	2	0.961**	92.324**	a_8	0.054*
				b_8	4.237**
	3	0.816**	20.361*	a_9	1.658**
				b_9	0.028*
式（4.1-11）		0.919**	88.429**	a_{10}	2.654**
				b_{10}	0.031**

RSP_{LP} 表示主茎叶柄长度叶位影响因子，根据 2007—2008 年试验资料，通过统计分析每个品种每个叶位叶柄长度最大值与 $SPL_{\max}$ 间比值和主茎叶位的关系得到图 4-5，从图中可以看出主茎叶位对叶柄长和叶长的影响基本一致，只是在叶位上有所区别，因为“叶柄长”这个叶片形态参

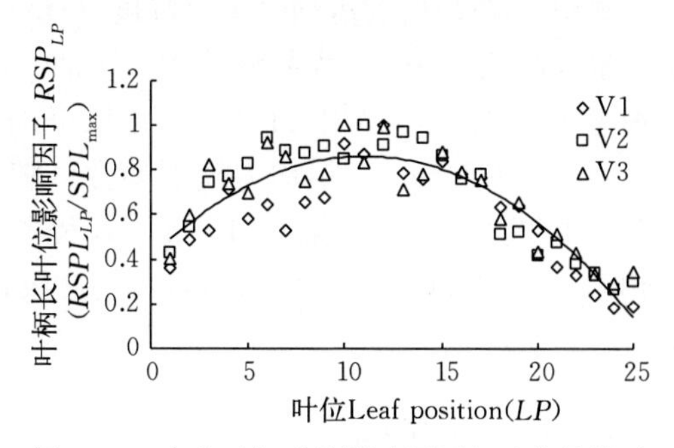

图 4-5　主茎叶柄叶位影响因子与叶位的关系

Fig. 4-5　The relationship between RSP and LP

数是长柄叶和短柄叶所特有的。

叶柄长叶位影响因子可通过下式求出：

$$RSP_{LP}=-0.0037\,LP^2+0.0812\,LP+0.4141 \quad (1\leqslant LP\leqslant 25) \quad (4.1-12)$$

（二）主茎高度

苗期前期油菜主茎高度增长较快，随着温度的降低，主茎高度增长速度减慢，春化阶段主茎高增长缓慢（图 4-6a），苗期油菜主茎高度增长过程符合 S 形曲线。蕾薹期主茎高度增长迅速（图 4-6b），短期内即达到最大高度，春化阶段后油菜主茎高度增长过程也符合 S 形曲线[2]。

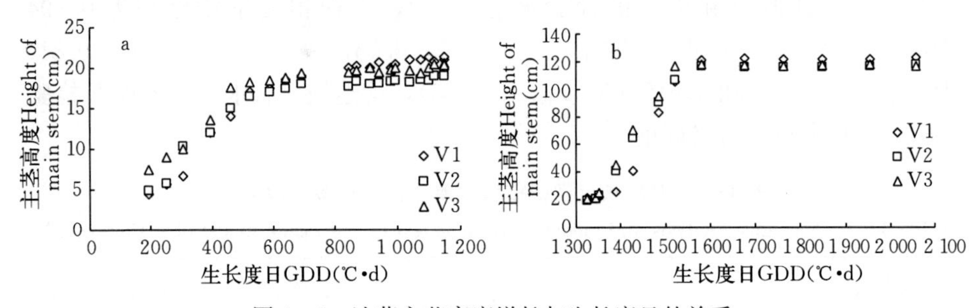

图 4-6　油菜主茎高度增长与生长度日的关系

Fig. 4-6　The relationship between the growth of main stem height of rapeseed and GDD

油菜主茎高度的动态变化过程描述如下：

$$RMSL=\frac{RMSL_{max}}{1+a_{12}\cdot e^{-b_{12}\cdot(GDD-IniRGDD)}}\times F\ (N)$$

$$(194.2\ ℃\cdot d\leqslant GDD\leqslant 1\,324.2\ ℃\cdot d) \qquad (4.1-13)$$

$$RMSL=\frac{RMSL_{max}}{1+a_{13}\cdot e^{-b_{13}\cdot(GDD-IniRGDD)}}\times F\ (N)$$

$$(1\,324.2\ ℃\cdot d\leqslant GDD\leqslant 2\,058.4\ ℃\cdot d) \qquad (4.1-14)$$

式中，$RMSL$ 表示油菜主茎高度（cm）；$RMSL_{max}$表示无胁迫条件下油菜主茎最大高度（cm），为品种参数，宁油 18、宁油 16 和宁杂 15 主茎最大长度分别为 122.6、116.5 和 117.8 cm。2 058.4 ℃ · d 表示主茎停止生长时的生长度日。a_{12}、b_{12}、a_{13}、b_{13}均为模型参数，随品种和环境略有变化但均不显著。其取值和模型的检验见表 4-4，方程相关系数分别为 0.935（$R_{0.01(25)}=0.487$）、0.896（$R_{0.01(13)}=0.641$），均达极显著水平，方程 F 检验极显著。其余符号含义同前。

（三）主茎粗度

主茎粗度的增长变化较缓慢，但也符合 Logistic 方程曲线[2]，宁油 18、宁油 16 和宁杂 15 各品种主茎粗度在苗期的增长过程是一个由慢到快再到慢的过程（图 4-7a），并且各个品种间差异很小。春化阶段后，主茎粗度开始出现一个明显增粗的过程（图 4-7b）。

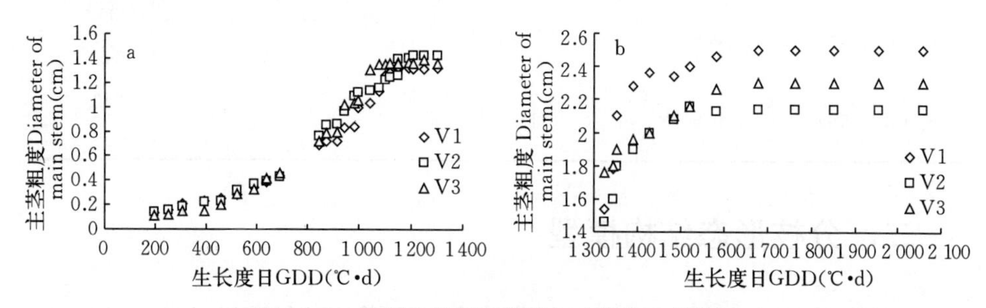

图 4-7　油菜主茎粗度增长与生长度日的关系

Fig. 4-7　The relationship between the growth of main stem diameter of rapeseed and GDD

主茎粗度的动态变化过程描述如下：

$$RMSD=\frac{RMSD_{max}}{1+c_7\cdot e^{-d_7\cdot(GDD-IniRGDD)}}\times F\ (N)$$

$$(194.2\ ℃\cdot d\leqslant GDD\leqslant 1\,324.2\ ℃\cdot d)\qquad (4.1-15)$$

$$RMSD=\frac{RMSD_{max}}{1+c_8\cdot e^{-d_8\cdot(GDD-IniRGDD)}}\times F\ (N)$$

$$(1\,324.2\ ℃\cdot d\leqslant GDD\leqslant 2\,058.4\ ℃\cdot d)\qquad (4.1-16)$$

式中，*RMSD* 表示油菜主茎粗度（cm）；$RMSD_{max}$表示无胁迫条件下油菜主茎最大粗度（cm），为品种参数，宁油 18、宁油 16 和宁杂 15 主茎最大长度分别为 2.52、2.14 和 2.36 cm。c_7、d_7、c_8、d_8 均为模型参数，随品种和环境略有变化但均不显著。其取值和模型的检验见表 4-4，方程相关系数分别为 0.981（$R_{0.01(25)}=0.487$）、0.907（$R_{0.01(13)}=0.641$），均达极显著水平，方程 *F* 检验极显著。其余符号含义同前。

表 4-4　主茎形态属性回归模型方差分析及模型系数检验

Table 4-4　Variance analysis and model coefficient test of regression model of height and diameter of main stem

模型公式 Model	*r*	*F*	模型参数 Coefficient	模型参数显著性 Coefficients analysis
式（4.1-13）	0.935**	39.402**	a_{12}	4.191**
			b_{12}	0.008**
式（4.1-14）	0.896**	12.241**	a_{13}	10.468**
			b_{13}	0.027**

（续）

模型公式 Model	r	F	模型参数 Coefficient	模型参数显著性 Coefficients analysis
式（4.1-15）	0.981**	172.512**	c_7	19.499**
			d_7	0.004**
式（4.1-16）	0.907**	13.971**	c_8	0.594**
			d_8	0.092**

二、分枝形态结构模型

一次分枝长度的增长过程和蕾薹期主茎高度增长过程类似（图 4-8），宁油 18、宁油 16 和宁杂 15 一次分枝长度的增长过程也符合 S 形曲线。分枝长度模型如下[2]：

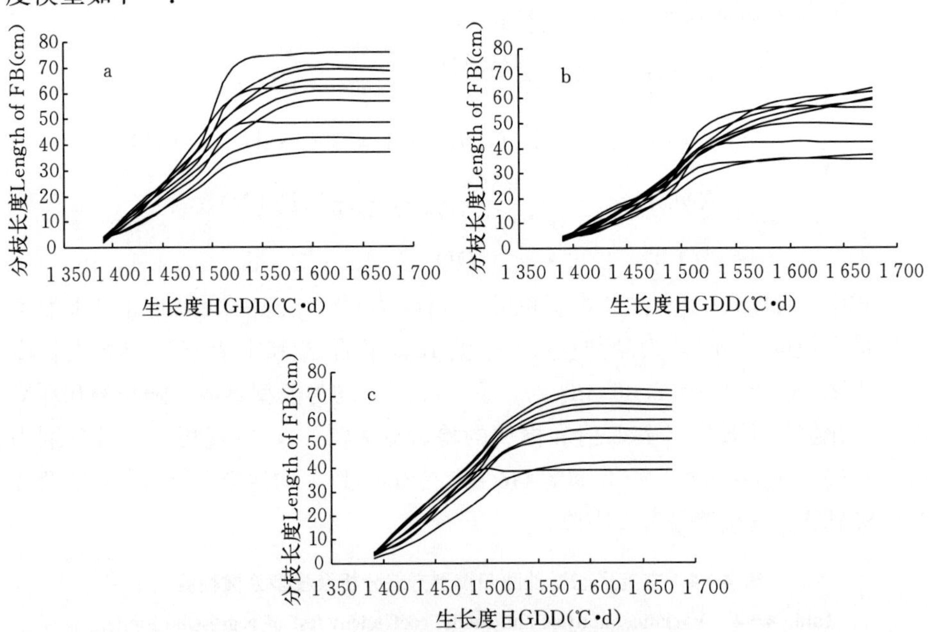

图 4-8 一次分枝长度增长与生长度日的关系

Fig. 4-8 The relationship between the growth of first branch length and GDD

$$RFBL_{FBP}=\frac{RFBL_{\max}\cdot RFB_{FBP}}{1+a_{14}\cdot e^{-b_{14}\cdot(GDD-IniRGDD)}}\times F\ (N)$$

$$(1\,324.2\ ℃\cdot d\leqslant GDD\leqslant 2\,058.4\ ℃\cdot d)\qquad(4.1-17)$$

式中，$RFBL_{FBP}$ 表示油菜一级分枝长度（cm）；$RFBL_{\max}$ 表示无胁迫条件下一次分枝最大长度（cm），为品种参数，宁油 18、宁油 16 和宁杂 15 一次分枝最大长度分别为 75.8、64.1 和 72.2 cm。a_{14}、b_{14} 为模型参数，随品种和环境略有变化但均不显著。其取值和模型的检验见表 4-5，方程相关系数为 0.963($R_{0.01(6)}$=0.834)，达极显著水平，方程 F 检验极显著。其余符号含义同前。

表 4-5　分枝长度回归模型方差分析及模型系数检验

Table 4-5　Variance analysis and model coefficient test of regression model of first branch length

模型公式 Models	r	F	模型参数 Coefficients	模型参数显著性 Coefficients analysis
式 (4.1-17)	0.963**	3.219**	a_{14}	11.138**
			b_{14}	0.029**

RFB_{FBP} 是分枝长度分枝位影响因子，根据 2007—2008 年试验资料，通过统计分析每个品种每个分枝长度与 $RFBL_{max}$ 间比值和一次分枝位的关系得出。2007—2008 年试验表明，随着一次分枝位的上升，分枝长度呈现先增长再变短的趋势（图 4-9），在第 3～4 分枝位达最大值。因此，可以通过分段函数描述：

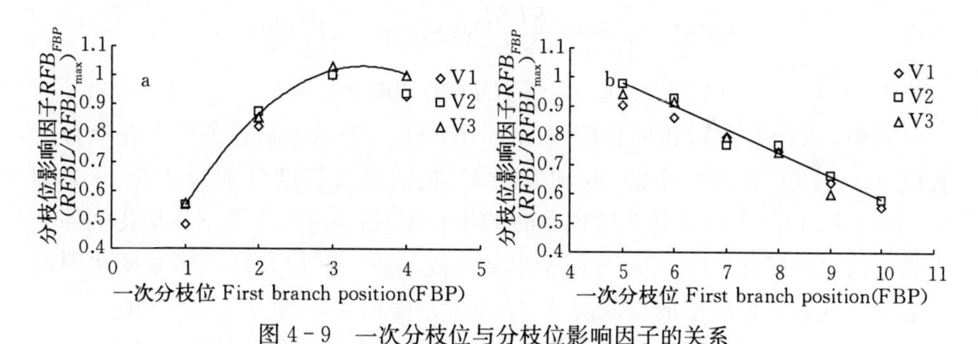

图 4-9　一次分枝位与分枝位影响因子的关系

Fig. 4-9　The relationship between FBP and RFB

$$RFB_{FBP}=\begin{cases}-0.0821FBP^2+0.5619FBP+0.0714 & (1\leqslant FBP\leqslant 4)\\-0.0795FBP+1.3769 & (5\leqslant FBP)\end{cases}\tag{4.1-18}$$

第二节　油菜生殖器官形态模型

不同品种花蕾开始生长时>5 ℃[1]的生长度日不同[2-4]。宁油 18、宁油 16 和宁杂 15 现蕾时间分别是 2 月 5 日、2 月 11 日和 2 月 7 日，其对应的生长度日分别为 1 248.3、1 286.3 和 1 260.4 ℃·d。

一、花形态模型

(一) 花柄长度

油菜现蕾后花柄长度增长过程呈S形曲线[2-4]（图4－10a）。

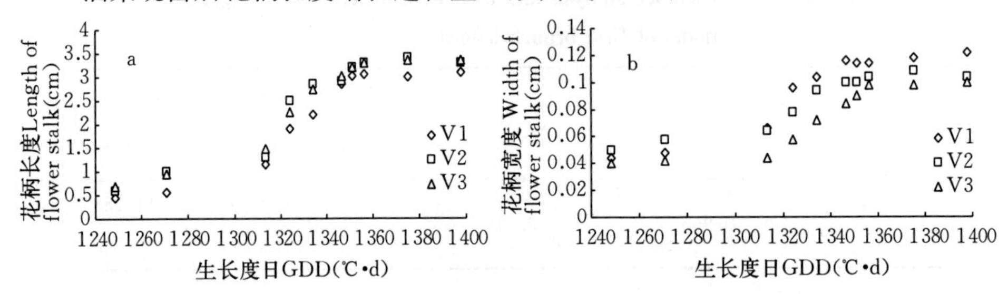

图4－10　花柄长度和宽度增长与生长度日的关系

Fig. 4－10　The relationship between the growth of length and width of flower stalk and GDD

花柄长度模型[2-4]：

$$RFSL=\frac{RFSL_{max}}{1+a_{15}\cdot e^{-b_{15}(GDD-IniRGDD)}}\times F\ (N)$$

$$(1\,248.3\ ℃\cdot d\leqslant GDD\leqslant 1\,397.7\ ℃\cdot d) \qquad (4.2-1)$$

式中，$RFSL$表示花柄长度（cm）；$RFSL_{max}$表示无胁迫条件下花柄最大长度（cm），宁油18、宁油16和宁杂15花柄最大长度分别为3.5、3.2和3.4 cm。1 248.3 ℃・d是花蕾现蕾时的生长度日，1 397.7 ℃・d是花柄停止生长时的生长度日。a_{15}、b_{15}为模型参数，随品种、叶位和环境略有变化但均不显著。其取值和模型的检验见表4－6，方程相关系数为0.959（$R_{0.01(10)}$＝0.708），达极显著水平，方程F检验极显著。其余符号含义同前。

表4－6　花柄形态属性回归模型方差分析及模型系数检验

Table 4－6　Variance analysis and model coefficient test of regression model of length and width of flower stalk

模型公式 Model	r	F	模型参数 Coefficient	模型参数显著性 Coefficients analysis
式（4.2－1）	0.959**	22.72**	a_{15}	10.249**
			b_{15}	0.036**
式（4.2－2）	0.949**	17.978**	c_9	2.644**
			d_9	0.017*

（二）花柄宽度

花柄宽度的增长过程与长度的增长趋势基本一致（图 4－10b），可用 Logistic方程描述[2-4]：

$$RFSW=\frac{RFSW_{max}}{1+c_9 \cdot e^{-d_9(GDD-IniRGDD)}}\times F\ (N)$$

$$(1\ 248.3\ ℃ \cdot d \leqslant GDD \leqslant 1\ 397.7\ ℃ \cdot d) \qquad (4.2-2)$$

式中，$RFSW$ 表示花柄宽度（cm）；$RFSW_{max}$表示无胁迫条件下花柄最大宽度（cm），宁油 18、宁油 16 和宁杂 15 花柄最大宽度分别为 0.15、0.12 和 0.14 cm。c_9、d_9 为模型参数，随品种、叶位和环境略有变化但均不显著。其取值和模型的检验见表 4－6，方程相关系数为 0.949（$R_{0.01(10)}=0.708$），达极显著水平，方程 F 检验极显著。其余符号含义同前。

（三）花蕾长度

油菜花蕾长度增长过程也是一个由慢到快再到慢的过程，符合 S 形曲线（图 4－11a）[2-4]。

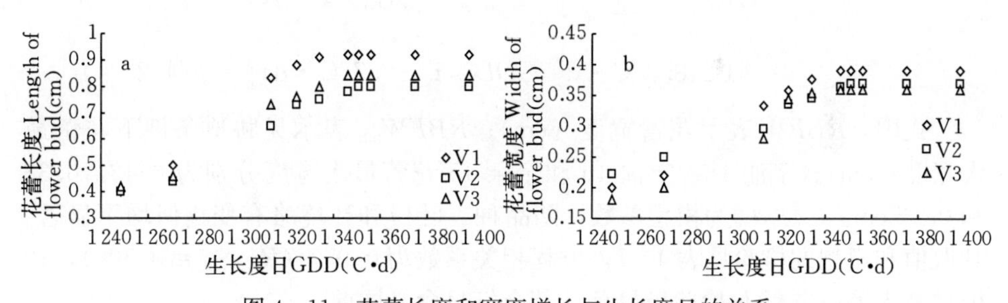

图 4－11　花蕾长度和宽度增长与生长度日的关系

Fig. 4－11　The relationship between the growth of length and width of flower bud and GDD

因此，可以用 Logistic 方程来对花蕾长度进行动态模拟，并描述如下[2-4]：

$$RBFL=\frac{RBFL_{max}}{1+a_{16} \cdot e^{-b_{16}(GDD-IniRGDD)}}\times F\ (N)$$

$$(1\ 248.3\ ℃ \cdot d \leqslant GDD \leqslant 1\ 397.7\ ℃ \cdot d) \qquad (4.2-3)$$

式中，$RBFL$ 表示花蕾长度（cm），$RBFL_{max}$表示无胁迫条件下花蕾最大长度（cm）。宁油 18、宁油 16 和宁杂 15 花蕾最大长度分别为 0.92、0.8 和 0.84 cm。a_{16}、b_{16}为模型参数，随品种、叶位和环境略有变化但均不显著。其取值和模型的检验见表 4-7，方程相关系数为 0.944（$R_{0.01(10)}=0.708$），达极显著水平，方程 F 检验极显著。其余符号含义同前。

表 4-7 花蕾形态属性回归模型方差分析及模型系数检验

Table 4-7 Variance analysis and model coefficient test of regression model of length and width of flower bud

模型公式 Models	r	F	模型参数 Coefficients	模型参数显著性 Coefficients analysis
式（4.2-3）	0.944**	16.524**	a_{16}	1.431**
			b_{16}	0.029**
式（4.2-4）	0.957**	21.611**	c_{10}	1.141**
			d_{10}	0.009**

(四) 花蕾宽度

花蕾宽度的增长过程和长度的增长趋势基本一致（图 4-11b），可用 Logistic 方程描述[2-4]：

$$RBFW=\frac{RBFW_{max}}{1+c_{10}\cdot e^{-d_{10}(GDD-IniRGDD)}}\times F(N)$$

$$(1\,248.3\ ℃\cdot d\leqslant GDD\leqslant 1\,397.7\ ℃\cdot d) \qquad (4.2-4)$$

式中，$RBFW$ 表示花蕾宽度（cm）；$RBFW_{max}$ 表示无胁迫条件下花蕾最大宽度（cm）。宁油 18、宁油 16 和宁杂 15 花蕾最大宽度分别为 0.42、0.38 和 0.42 cm。c_{10}、d_{10} 为模型参数，随品种、叶位和环境略有变化但均不显著。其取值和模型的检验见表 4-7，方程相关系数为 0.957（$R_{0.01(10)}=0.708$），达极显著水平，方程 F 检验极显著。其余符号含义同前。

二、角果形态模型

甘蓝型油菜角果着生于果轴上，呈螺旋上升排列[2-4]。主轴着生角果 60～90 枚。不同位分枝着生的角果数不同，下部分枝着生角果较多，30～50 枚，上部分枝着生角果较少，1～20 枚。同一果轴角果着生点间距（0.0～6.0 cm）差异较大。因此，可以将角果着生点间距小于 1.0 cm 的 3～8 个角果划分为一簇，称之为“角果簇（silique cluster，SC）”。簇与簇之间的间隔大于 1.0 cm。

一簇角果的生长发育状况基本一致，可以用这一簇角果形态参数的平均值代表该簇角果的生长发育状况。主轴角果可分 11～15 簇，分枝角果可分 1～7

簇，随着分枝位上升角果簇数和簇角果数呈递减趋势。因此，可以像用“叶位”描述叶片的空间分布和定位一样用“角果簇位（silique cluster position, SCP)”描述角果的空间分布和定位。一株油菜的角果发育顺序与开花顺序一致。就全株而言，角果发育顺序是先主轴角果，然后依次是一次与二次分枝；就同级分枝而言，先上部分枝，后下部分枝；在同一果枝上，无论是主轴还是分枝，都是先下部角果，依次陆续向上。

（一）角果长度

油菜角果长度增长呈“慢-快-慢”变化，符合S形曲线（图4-12a）。因此，角果长度可以用Logistic方程动态模拟，描述如下[2-4]：

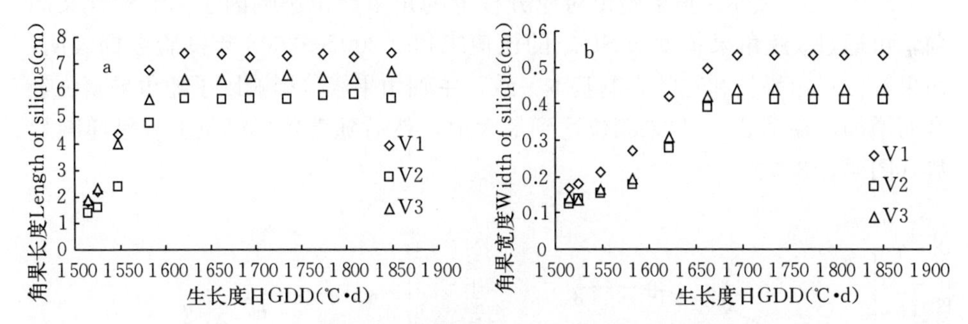

图4-12　不同品种油菜角果长度和宽度随生长度日变化

Fig. 4-12　Changes in pod length and width with GDD in the different rapeseed varieties

$$SL_{(i,j,k,s)}=\frac{SL_{\max}\cdot RSC_{(i,j,k,s)}}{1+a_{16}\cdot e^{-b_{16}\cdot(GDD-IniSGDD_s)}}\times F\ (N)$$

$$(1\,485.4\ ℃\cdot d\leqslant GDD\leqslant 2\,058.4\ ℃\cdot d)\qquad(4.2-5)$$

式中，SL 表示角果长度（cm），i、j、k 分别表示主轴（$i=1$）、一次分枝、二次分枝，s 表示对应的角果簇位。例如，$SL_{(1,0,0,5)}$ 表示主轴第5果簇位的角果长度，$SL_{(1,2,0,3)}$ 表示主轴第2个一次分枝上第3果簇位的角果长度；以此类推。$SL_{\max}$ 表示无胁迫条件下油菜角果的最大长度（cm），为品种参数。宁油18、宁油16和宁杂15的 $SL_{\max}$ 分别为7.4、5.9和6.7 cm，出现在主轴第2～4果簇位；$IniSGDD_s$ 表示第 s 簇位角果开始生长的生长度日。1 485.4 ℃·d表示角果开始生长发育的生长度日，2 058.4 ℃·d表示角果停止生长时的生长度日；a_{16}、b_{16} 为模型参数，随品种、分枝位、果簇位和环境略有变化但均不显著。其取值和模型的检验见表4-8，模型相关系数为0.917（$R_{0.01(10)}=0.708$），达极显著水平，模型 F 检验极显著。其余符号含义同前。

表 4-8 角果形态属性回归模型方差分析及模型系数检验

Table 4-8 Variance analysis and model coefficient test of regression model of length and width of rapeseed pod

模型公式 Model	r	F	模型参数 Coefficient	模型参数显著性 Coefficients analysis
式（4.2-5）	0.917**	12.334**	a_{16}	2.702**
			b_{16}	0.042**
式（4.2-9）	0.915**	12.009**	c_{11}	2.748**
			d_{11}	0.019**

$RSC_{(i,j,k,s)}$表示 s 角果簇位对应分枝上的角果簇位影响因子，下标含义同前，可通过 s 簇角果长度与 $SL_{\max}$的比值求得。2007—2008 年试验数据表明，角果簇位对角果长和宽的影响基本一致，主轴角果簇位影响因子随角果簇位上升而增加，在第 2～4 角果簇位达到最大值，然后随着角果簇位上升呈递减趋势（图 4-13）。

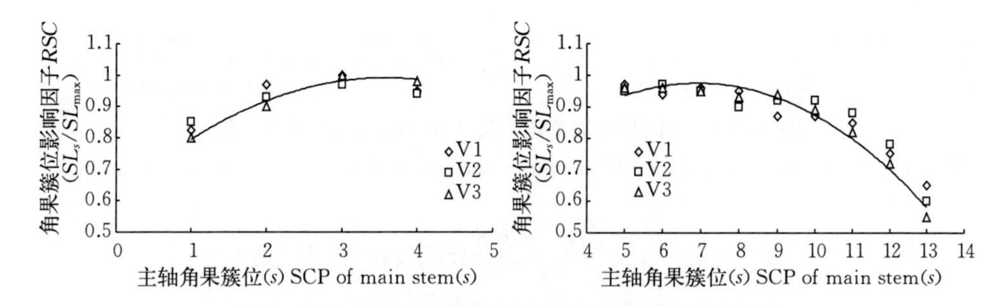

图 4-13 主轴角果簇位与角果簇位影响因子的关系

Fig. 4-13 The relationship between SCP and SCPIF of main stem

因此，可以通过分段函数描述主轴角果簇位影响因子，描述如下[2-4]：

$$RSC_{(i,s)}=\begin{cases}-0.038\,s^2+0.247\,s+0.588 & (1\leqslant s\leqslant 4)\\ -0.006\,s^2+0.074\,s+0.737 & (5\leqslant s)\end{cases} \tag{4.2-6}$$

一次分枝的角果数和角果簇数比主轴的少，并且随着分枝位上升，一次分枝的角果数和角果簇数呈明显下降趋势。以宁油 18 为例，共有 8 个一次分枝，第 1～3 个一次分枝着生角果 30～40 枚，可分为 6～8 个角果簇，角果簇位影响因子随角果簇位的变化趋势与主轴类似，一般在第 2 角果簇位达到最大值。

第4～6个一次分枝着生角果15～30枚，可分为3～5个角果簇，角果簇位影响因子随角果簇位上升而呈递减趋势。其余一次分枝着生角果5～15枚，可分为1～3个角果簇，角果簇位影响因子随角果簇位上升而呈现明显的递减趋势（图4－14）。因此，可分类描述一次分枝角果簇位影响因子，描述如下：

$$RSC_{(i,j,s)}=\begin{cases}-0.013\,s^2+0.066\,s+0.84 & (1\leqslant j\leqslant 3)\\ -0.023\,s^2+0.062\,s+0.83 & (4\leqslant j\leqslant 6)\\ -0.081\,s^2+0.204\,s+0.713 & (7\leqslant j)\end{cases}\qquad(4.2-7)$$

二次分枝一般出现在第1～4个一次分枝上，着生的角果数和角果簇数更少。以宁油18为例，共有4个二次分枝，其中2个出现在第1个一次分枝上，另外2个二次分枝分别出现在第2、3个一次分枝上。二次分枝上着生的角果数<10枚，可以分为1～3个角果簇，角果簇位影响因子随角果簇位上升而呈明显递减趋势（图4－15）。因此，可用下式描述：

$$RSC_{(i,j,k,s)}=-0.415\,s+0.973\quad(1\leqslant k)\qquad(4.2-8)$$

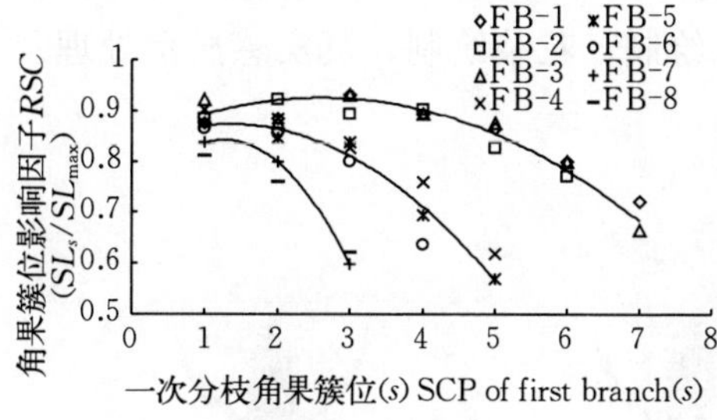

图4－14　角果簇位影响因子与一次分枝角果簇位的关系

Fig. 4－14　The relationship between SCPIF and SCP of first branch

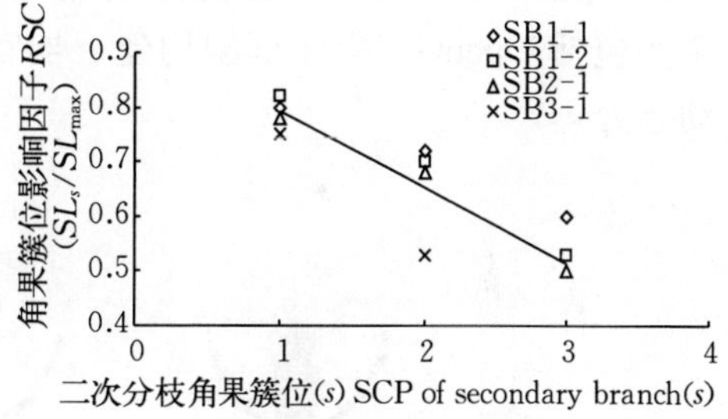

图4－15　角果簇位影响因子与二次分枝角果簇位的关系

Fig. 4－15　The relationship between SCPIF and SCP of secondary branch

理论上，二次分枝可再生三次分枝，这与品种及环境条件有关。本模型未考虑三次分枝角果簇影响因子。

（二）角果宽度

油菜角果宽度增长过程和长度类似，也呈“慢-快-慢”变化，符合S形曲线（图4－12b）[2-4]。因此，角果宽度可以用Logistic方程动态模拟，描述如下：

$$SW_{(i,j,k,s)}=\frac{SW_{\max}\cdot RSC_{(i,j,k,s)}}{1+c_{11}\cdot e^{-d_{11}\cdot(GDD-IniSGDD_s)}}\times F\ (N)$$

$$(1\,485.4\ ℃\cdot d \leqslant GDD \leqslant 2\,058.4\ ℃\cdot d) \qquad (4.2-9)$$

式（4.2－9）中，SW 表示角果宽度（cm），下标含义同前。SW_{max} 表示无胁迫条件下油菜角果的最大宽度（cm），为品种参数。宁油 18、宁油 16 和宁杂 15 的 SW_{max} 分别为 0.55、0.42 和 0.45 cm，出现在主轴第 2～4 果簇位；c_{11}、d_{11} 为模型参数，随品种、分枝位、果簇位和环境略有变化但均不显著。其取值和模型的检验见表 4－8，模型相关系数为 0.915（$R_{0.01(10)}$＝0.708），达极显著水平，模型 F 检验极显著。其余符号含义同前。

三、油菜器官与植株可视化

（一）油菜花朵可视化实现

采用 Visual C＋＋6.0 语言在调用 OpenGL 图形函数库的基础上实现油菜花朵可视化。油菜花朵生长可分为 2 个阶段：花蕾、花柄的生长及花蕾逐渐绽开成花。油菜花由花柄、4 片花萼、4 片花瓣、6 枚雄蕊及 1 枚雌蕊与 4 个蜜腺组成[4]，从现蕾到逐渐开放，4 个花萼和 4 个花瓣的角度和位置、整个油菜花朵在空间中的位置都是变化的（图 4－16）。对油菜花开放的模拟主要包括 OpenGL 程序框架构建、器官绘制、花朵绘制、真实感显示处理及动态处理。

图 4－16　油菜花开放过程

Fig. 4－16　The opening process of rapeseed flower

（二）油菜角果可视化实现

角果由果喙、果身、果柄三部分组成[1]，实现油菜角果的虚拟显示，首先要建立角果三维几何模型。基于油菜角果形态结构模型输出的角果形态特征参数，建立角果几何模型并实现可视化（图 4－17 和图 4－18）。

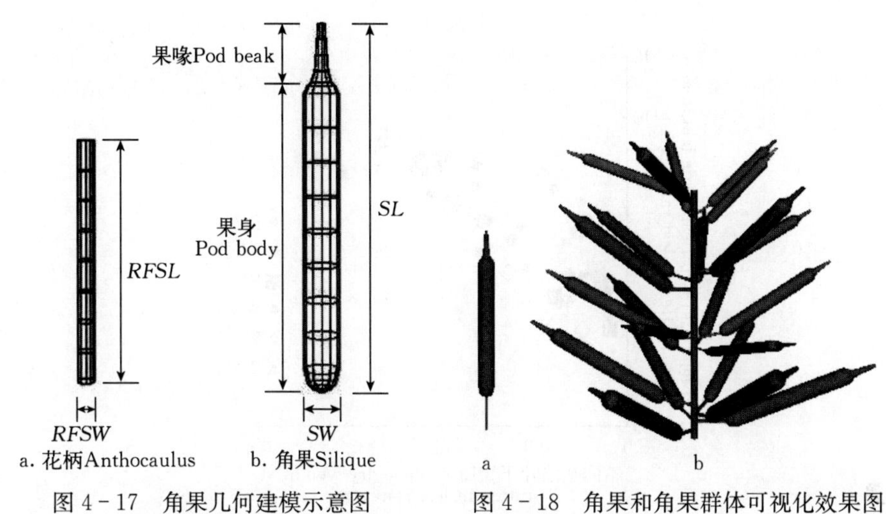

图 4-17　角果几何建模示意图

Fig. 4-17　Sketch of geometric modeling of rapeseed pod

图 4-18　角果和角果群体可视化效果图

Fig. 4-18　Virtual renderings of individual and population of rapeseed pods

第三节　油菜的功能-结构植物模型

一、基于生物量的油菜苗期地上部主茎形态结构模型

（一）叶片长度

叶片是油菜植株最重要的光合作用器官，而生物量是叶片生长的物质基础[5]。2011—2012 年试验数据表明，油菜苗期主茎不同叶位叶长随其干重的变化大致呈直线上升趋势（图 4-19）。

根据油菜苗期主茎不同叶位叶长与对应叶生物量之间的定量关系，油菜出苗第 i 天主茎第 j 叶位叶片长度 LLj（i）可表示如下：

$$LLj(i)=DWLBj(i)\times RLWj(i) \tag{4.3-1}$$

$$DWLBj(i)=CPLBj(i)\times DWSP(i) \tag{4.3-2}$$

$$DWSP(i)=MDWSP(i)\pm SDWSP(i) \tag{4.3-3}$$

$$MDWSP(i)=DWCP(i)/DES \tag{4.3-4}$$

式中，$DWLBj$（i）表示出苗第 i 天第 j 叶干重（g）；$RLWj$（i）表示出苗第 i 天第 j 叶叶长与该叶干重的比值，即比叶长重（cm/g）；$CPLBj$（i）表示出苗第 i 天第 j 叶干重与该叶所在单株地上部干重的比值，即叶片干重分配系数（g/g）；$DWSP$（i）表示出苗第 i 天单株干重（g/株）；$MDWSP$（i）表示出苗第 i 天每株干重平均值（g/株）；$SDWSP$（i）表示出苗第 i 天每株干重标准误差（可通过试验确定）（g/株）；$DWCP$（i）表示出苗第 i 天单位面积冠层干重（g/

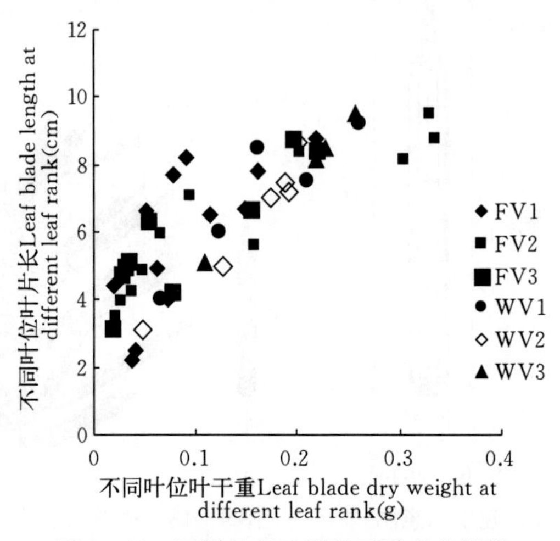

图 4-19　不同处理叶长随干重变化规律

Fig. 4-19　Changes in the average single leaf blade length with the average single leaf dry weight in the different treatments

注：FV1：宁油 18 施肥；FV2：宁油 16 施肥；FV3：宁杂 19 施肥；WV1：宁油 18 不施肥；WV2：宁油 16 不施肥；WV3：宁杂 19 不施肥。下同。

Note：FV1：Ningyou18 Fertilization；FV2：Ningyou16 Fertilization；FV3：Ningza19 Fertilization；WV1：Ningyou18 NO-Fertilization；WV2：Ningyou16 NO-Fertilization；WV3：Ningza19 NO-Fertilization。The same below.

m²)，可由试验确定或生长模型获得；*DES* 是单位面积株数（株/m²）。

2011—2012 年试验数据表明[6-7]，油菜不同处理比叶长重随叶位变化近似于 S 曲线（图 4-20），其相关系数 $r=0.720$（$n=28$，$r_{(26,0.001)}=0.588$，$P<0.001$）和 $R^2=0.518$，模型参数及显著性检验见表 4-9，方程 t 值和各参数均达 $P<0.001$ 水平显著性。

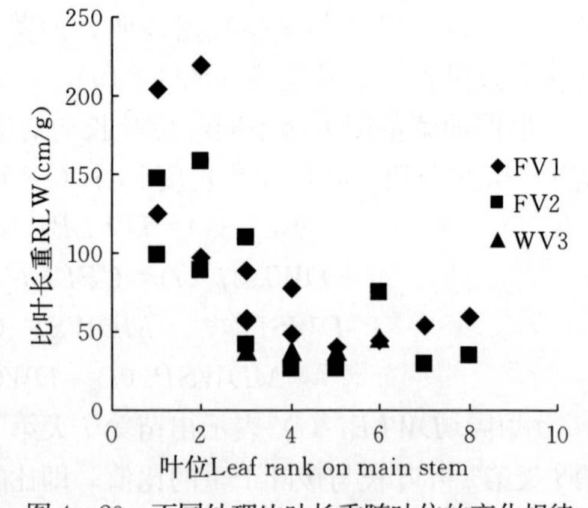

图 4-20　不同处理比叶长重随叶位的变化规律

Fig. 4-20　Changes in RLW values with leaf rank on main stem in the different treatments

因此，不同品种和肥料处理油菜比叶长重 $RLWj\ (i)$ 随叶位变化模型可表述如下：

$$RLWj\ (i)=e^{a_0+b_0/LPji},\ 1\leqslant j\leqslant 8 \tag{4.3-5}$$

式中，$LPji$ 是油菜出苗第 i 天

主茎第 j 叶的叶位，a_0，b_0 为参数。

表 4-9　主茎叶片形态模型参数和 t-检验

Table 4-9　The model parameters of main stem leaf morphology and t-test of formula

模型 Model	n	未标准化参数 Unstandardized coefficients (B)	t	显著性 Significance	等式 Equation
$1/LPji$	28	1.552	5.283***	0.000	(4.3-5)
常数 Constant		3.571	25.841***	0.000	
LLj (i)	28	0.734	12.875***	0.000	(4.3-8)
常数 Constant		0.38	1.004	0.324	
LLj (i)	28	1.776	10.730***	0.000	(4.3-9)
常数 Constant		−0.056	−0.051	0.959	
ln [LLj (i)]	18	1.092	10.001***	0.000	(4.3-10)
常数 Constant		0.91	5.117***	0.000	
ln [LLj (i)]	10	0.755	5.427***	0.001	(4.3-11)
常数 Constant		1.006	3.871**	0.005	
$1/LPji$	28	2.034	4.497***	0.000	(4.3-17)
常数 Constant		4.648	21.849***	0.000	
ln ($LPji$)	28	−0.935	−3.812***	0.001	(4.3-18)
常数 Constant		1 163.965	3.035**	0.005	

* $P<0.05$，** $P<0.01$，*** $P<0.001$，下同。

2011—2012 年试验数据表明[6-7]，不同品种施氮与不施氮时干重分配系数随叶位变化均呈线性函数变化（图 4-21），施氮品种相关系数 $r=0.581$（$P<0.001$，$n=22$，$r_{(20,0.001)}=0.537$），$R^2=0.337$；不施氮品种相关系数 $r=0.704$（$P<0.05$，$n=9$，$r_{(7,0.05)}=0.666$），$R^2=0.495$，模型参数及显著性检验见表 4-10。方程 F 值和 t 值分别达到 $P<0.01$ 和 $P<0.05$ 水平显著，A_1 和 A_2 均达 $P<0.001$ 水平显著。

因此，不同品种施氮与不施氮时干重分配系数 $CPLBj$（i）随叶位变化模型可分别表述如下：

$$CPLBj(i)=A_1+B_1\times LPji \quad (1\leqslant j\leqslant 8) \qquad (4.3-6)$$

$$CPLBj(i)=A_2+B_2\times LPji \quad (3\leqslant j\leqslant 8) \qquad (4.3-7)$$

式中，$LPji$ 是油菜出苗第 i 天主茎第 j 片叶叶位，A_1、B_1 和 A_2、B_2 均为参数。

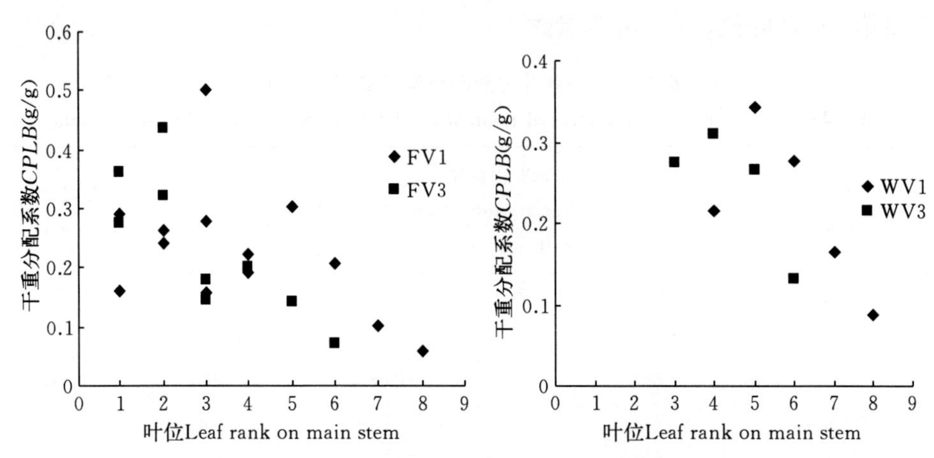

图 4-21 不同处理 CPLB 随叶位的变化规律

Fig. 4-21 Changes in the CPLB with leaf rank on main stem in the different treatments

表 4-10 模型的参数和 t-检验

Table 4-10 The model parameters and t-test of formula

处理 Treatment	模型 Model	n	未标准化参数 Unstandardized coefficients (B)	t	显著性 Significance
FV1 和 FV3	叶位 $LPji$	22	−0.032	−3.190**	0.005
	常数 Constant		0.342	8.612***	0.000
WV1 和 WV3	叶位 $LPji$	9	−0.038	−2.620*	0.034
	常数 Constant		0.434	5.373***	0.001

（二）最大叶宽

2011—2012 年试验数据表明[6-7]，不同品种与施肥处理油菜最大叶宽随叶长变化呈线性函数增长（图 4-22）。其相关系数 $r=0.930$（$P<0.001$，$n=28$，$r_{(26,0.001)}=0.588$），$R^2=0.864$，模型参数及显著性检验见表 4-9，方程的 F 值达到 $P<0.001$ 水平显著，t 值和 a_1 达到 $P<0.001$ 显著。

因此，不同品种与施肥处理油菜最大叶宽 LWj（i）随叶长变化模型可表述如下：

$$LWj(i)=a_1\cdot LLj(i)+b_1 \quad (1\leqslant j\leqslant 8) \qquad (4.3-8)$$

式中，LLj（i）是油菜出苗第 i 天主茎第 j 叶的叶长，a_1、b_1 为参数。

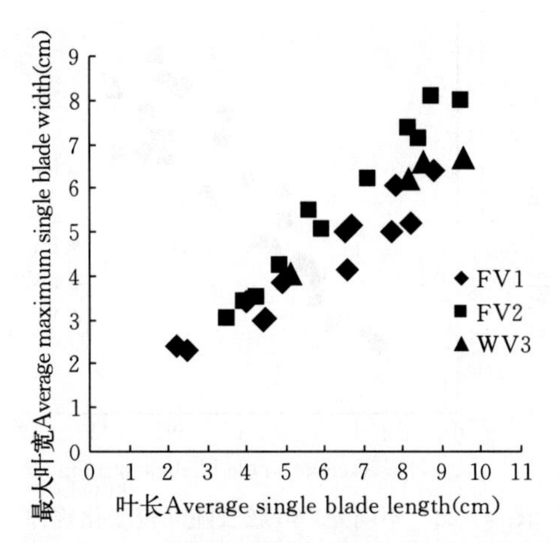

图 4-22　不同处理最大叶宽随叶长变化规律

Fig. 4-22　Changes in the maximum single blade width with leaf blade length in the different treatments

(三) 叶弦长

叶弦长是叶片弯曲度的度量，因此，最大叶弦长 $LBBLj\ (i)\ \max = LLj\ (i)$。2011—2012 年试验数据表明，不同处理油菜叶弦长随叶长变化亦呈线性函数（图 4-23）。其相关系数 $r=0.903$（$P<0.001$，$n=28$，$r_{(26,0.001)}=0.588$），$R^2=0.816$，模型参数及显著性检验见表 4-9，方程的 F 值达到 $P<0.001$ 水平显著，t 值和 a_2 达到 $P<0.001$ 显著。

因此，不同品种与施肥处理油菜叶弦长 $LBBLj\ (i)$ 随叶长变化模型可表述如下[6-7]：

$$LBBLj\ (i) = a_2 \cdot LLj\ (i) - b_2 \quad (1 \leqslant j \leqslant 8) \qquad (4.3-9)$$

式中，$LLj\ (i)$ 是油菜出苗第 i 天主茎第 j 叶的叶长，a_2、b_2 均为参数。

(四) 叶柄长度

1. 长柄叶柄长

2011—2012 年试验数据表明[6-7]，不同处理油菜长柄叶柄长随叶长变化呈幂函数增长（图 4-24），其相关系数 $r=0.928$，$P<0.001$，$n=18$，$r_{(16,0.001)}=0.708$，$R^2=0.862$，模型参数及显著性检验见表 4-9，方程的 F 值、t 值和 a_3、b_3 均达到 $P<0.001$ 水平显著。

因此，不同品种与施肥处理长柄长 $LPLj\ (i)$ 随叶长变化模型可表述如下：

$$LPLj\ (i) = a_3 \cdot LLj\ (i)^{b_3} \quad (1 \leqslant j \leqslant 4) \qquad (4.3-10)$$

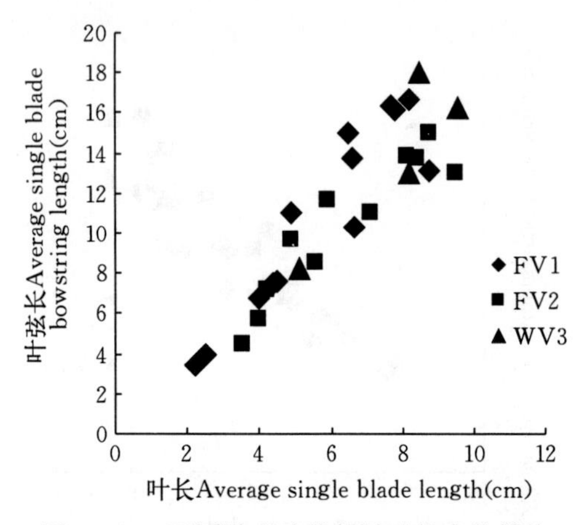

图 4－23　不同处理叶弦长随叶长变化规律

Fig. 4－23　Changes in the single blade bowstring length with leaf blade length in the different treatments

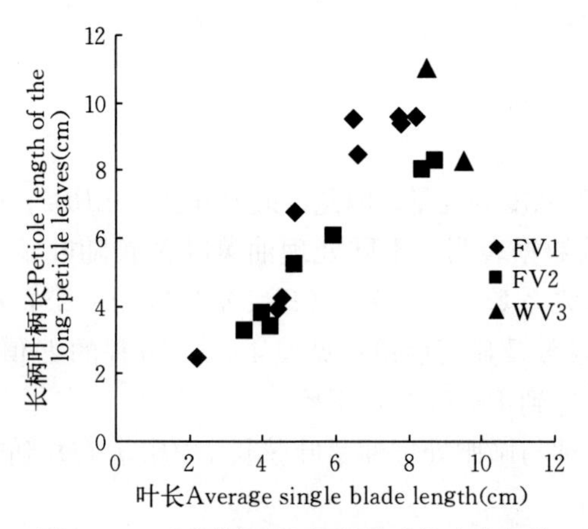

图 4－24　不同处理长柄长随叶长变化规律

Fig. 4－24　Changes in the long petiole length with leaf blade length in the different treatments

式中，$LLj\ (i)$ 是油菜出苗第 i 天主茎第 j 叶的叶长，a_3、b_3 为参数。

2. 短柄叶柄长

2011—2012 年试验数据表明[6-7]，不同处理油菜短柄叶柄长随叶长变化呈幂函数增长（图 4－25）。其相关系数 $r=0.887$，$P<0.001$，$n=10$，$r_{(8,0.001)}=0.872$，$R^2=0.786$，模型参数及显著性检验见表 4－9，方程的 F 值，t 值和 a_4 均达到 $P<0.001$ 水平显著，b_4 达到 $P<0.01$ 水平显著。

因此，不同品种不同处理短柄叶柄长 $SPLj\ (i)$ 随叶长变化模型可表述如下：

$$SPLj\ (i)=a_4 \cdot LLj\ (i)^{b_4} \quad (5\leqslant j\leqslant 8) \qquad (4.3-11)$$

式中，$LLj\ (i)$ 是油菜出苗第 i 天主茎第 j 叶的叶长，a_4、b_4 为参数。

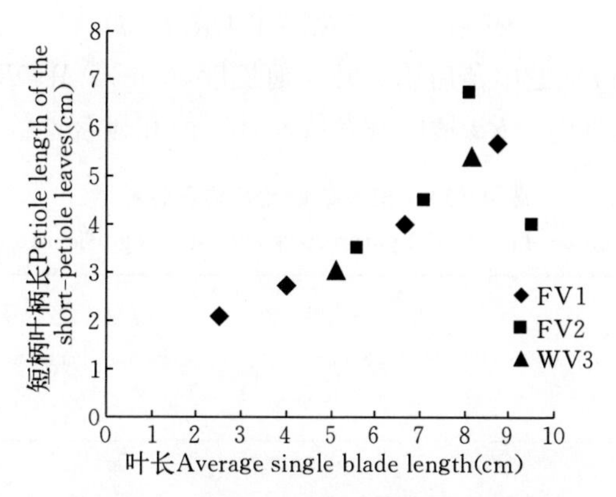

图 4-25　不同处理短柄长随叶长变化规律

Fig. 4-25　Changes in the short petiole length with leaf blade length in the different treatments

（五）主轴长

2011—2013 年试验数据表明，主茎轴长随主轴生物量的变化也可用直线方程拟合（图 4-26），其显著性分析见表 4-11。

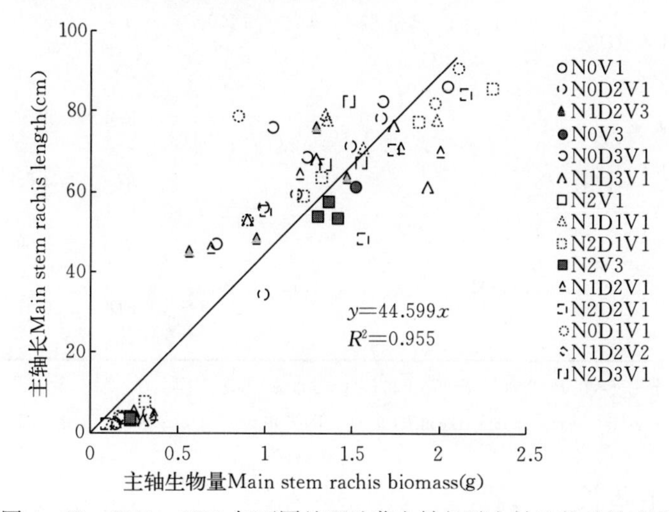

图 4-26　2011—2013 年不同处理油菜主轴长随主轴生物量的变化

Fig. 4-26　Changes in the main stem rachis length with the corresponding rachis biomass for the different treatments in 2011—2013

注：N0：不施肥；N1：施纯氮 90 kg/hm²；N2：施纯氮 180 kg/hm²；D1：移栽密度 6×10⁴株/hm²；D2：1.2×10⁵ 株/hm²；D3：1.8×10⁵株/hm²；V1：宁油 18；V2：宁油 16；V3：宁杂 19。下同。

Note：N0：NO-Fertilization；N1：90 kg N/hm²；N2：180 kg N/hm²；D1：6×10⁴ plant/hm²；D2：1.2×10⁵ plant/hm²；D3：1.8×10⁵ plant/hm²；V1：Ningyou18；V2：Ningyou16；V3：Ningza19. The same blew.

$$RLm(i) = Ra \cdot WDRm(i) \quad (4.3-12)$$

其中，$RLm(i)$ 是出苗后第 i 天主轴长度（cm）；$WDRm(i)$ 是出苗后第 i 天主轴生物量（g）；Ra 是模型参数，其取值和显著性检验见表 4－11。

表 4－11　模型参数及其显著性检验

Table 4－11　Model parameters and their significance test

模型 Model	公式 Equation	n	r	r 显著性阈值 Significance for r	F 值显著性 Significance for F	参数符号 Parameter symbolic	参数值 Unstandardized coefficients	t
主轴长 Main stem anthotaxy length	式（4.3－12）	68	0.977***	$r_{(66,0.001)}=0.390$	0.000	Ra	44.599	36.906***
主茎长 Main stem length	式（4.3－13）	243	0.970***	$r_{(241,0.001)}=0.210$	0.000	Sa	3.200	62.405***
最大茎粗 Main stem maximum diameter	式（4.3－14）	235	0.921***	$r_{(233,0.001)}=0.213$	0.000	Da	1.055	36.021***
						Db	0.316	64.747***
分枝总长 Total branch length	式（4.3－37）	1 654	0.898***	$r_{(1\,652,0.001)}=0.081$	0.000	RLa	59.345	37.446***
						RLb	0.857	83.120***
最大分枝粗 Branch maximum diameter	式（4.3－39）	425	0.892***	$r_{(423,0.001)}=0.159$	0.000	RDa	0.691	120.909***
						RDb	0.214	40.557***

***、**和 * 分别表示在 $P<0.001$、$P<0.01$ 和 $P<0.05$ 水平下显著。下同。

***、** and * indicate significant difference at $P<0.001$, $P<0.01$ and $P<0.05$ level respectively. The same below.

（六）主茎长

油菜主茎长度和最大茎粗间关系不能用幂函数来表示（图 4－27），因此，并不能将主茎简单地当成圆锥体来模拟。

主茎长度随主茎生物量增大而增长（图 4－28），可以直接用直线拟合（式 4.3－13），其显著性分析见表 4－11。

$$SLm(i) = Sa \cdot WDSm(i) \quad (4.3-13)$$

其中，$SLm(i)$ 是出苗后第 i 天主茎长度（cm）；$WDSm(i)$ 是出苗后

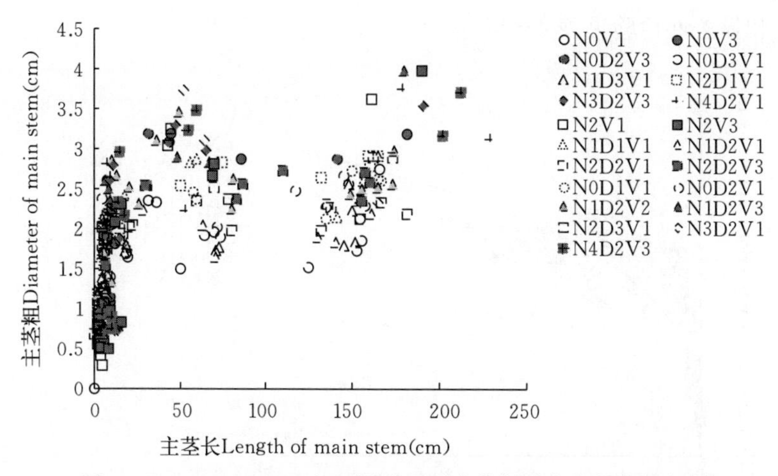

图 4-27　2011—2015 年不同处理最大茎粗随主茎长度的变化

Fig. 4-27　Changes in maximum diameter with corresponding main stem length for different treatments in 2011—2015

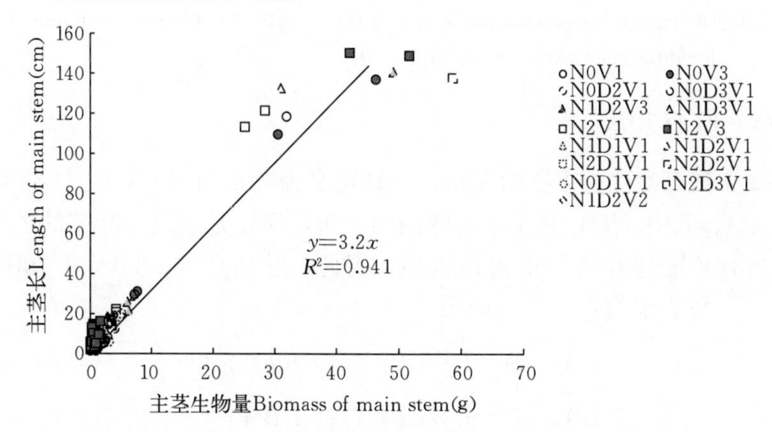

图 4-28　2011—2013 年不同处理油菜主茎长随生物量的变化

Fig. 4-28　Changes in main stem length with the corresponding stem biomass for different treatments in 2011—2013

第 i 天主茎生物量（g）；Sa 是模型参数，其取值和显著性检验见表 4-11。

（七）最大茎粗

与分枝粗模型类似，本研究仅考虑最大茎粗。2011—2013 年数据表明，最大茎粗随主茎生物量增加而增加（图 4-29），可用幂函数拟合（式 4.3-14），其显著性分析见表 4-11。

$$SDm(i)=Da\cdot WDSm(i)^{Db} \quad (4.3-14)$$

其中，$SDm(i)$ 是出苗后第 i 天最大茎粗（cm），Da 和 Db 是模型参数，其取值和显著性检验见表 4-11。

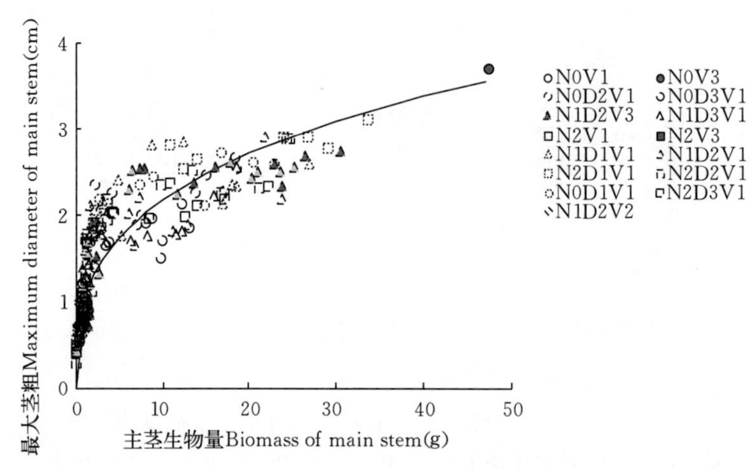

图 4-29　2011—2013 年不同处理油菜最大茎粗随主茎生物量的变化

Fig. 4-29　Changes in main stem maximum diameter with the corresponding stem biomass for different treatments in 2011—2013

(八) 叶片角度

将 2 个油菜叶片与主茎的夹角，分别定义为叶切角 (TA_j) (°) 和叶弦角 (BA_j) (°)。其中，TA_j 是主茎与叶柄的夹角，BA_j 是主茎与叶弦的夹角。理论上，叶片角度与叶片干重关系密切。因此，叶切角 (TA_j) (°) 和叶弦角 (BA_j) (°) 可表示为：

$$TAj\ (i)=DWLBj\ (i)\times RTWj\ (i) \qquad (4.3-15)$$

$$BAj\ (i)=DWLBj\ (i)\times RBWj\ (i) \qquad (4.3-16)$$

1. 比叶切角

2011—2012 年试验数据表明[6-7]，比叶切角与叶位的关系近似于 S 形曲线 (图 4-30)。其相关系数 $r=0.661$，$P<0.001$，$n=28$，$r_{(26,0.001)}=0.588$，$R^2=0.438$，模型参数及显著性检验见表 4-9，方程的 F 值、t 值和 a_5、b_5 均达到 $P<0.001$ 水平显著。

因此，不同品种不同处理比叶切角 $RTWj\ (i)$ 随叶位变化模型可表述如下：

$$RTWj\ (i)=e^{a_5+b_5LPji} \quad (1\leqslant j\leqslant 8) \qquad (4.3-17)$$

式 (4.3-17) 中，$LPji$ 是油菜出苗第 i 天主茎第 j 片叶的叶位，a_5、b_5 为参数。

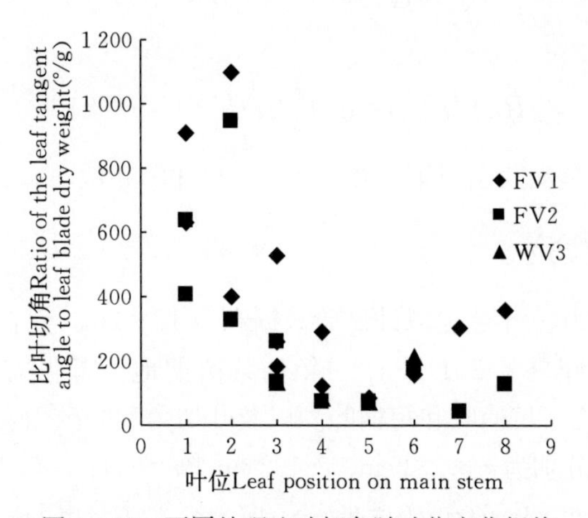

图 4-30　不同处理比叶切角随叶位变化规律

Fig. 4-30　Changes in the ratio of leaf tangent angle with leaf rank on main stem in the different treatments

2. 比叶弦角

2011—2012 年试验数据表明[6-7]，比叶弦角与叶位的关系近似于幂函数（图 4-31）。其相关系数 $r=0.599$，$P<0.001$，$n=28$，$r_{(26,0.001)}=0.588$，$R^2=0.359$，模型参数及显著性检验见表 4-9，方程的 F 值、t 值和 a_6 均达到 $P<0.001$ 水平显著，b_6 达到 $P<0.01$ 水平显著。

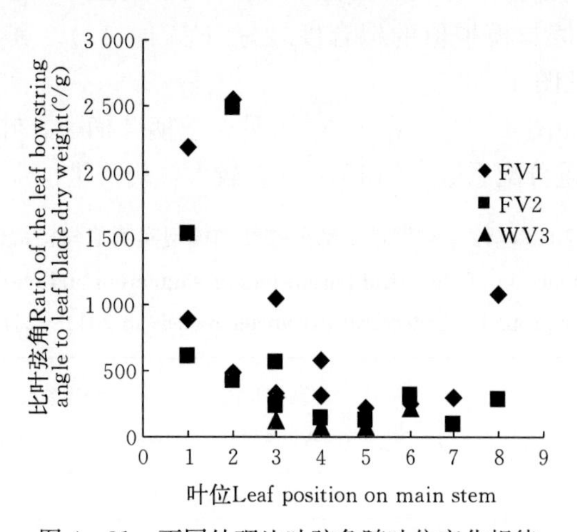

图 4-31　不同处理比叶弦角随叶位变化规律

Fig. 4-31　Changes in the ratio of leaf bowstring angle with leaf rank on main stem in the different treatments

因此，不同品种与施肥处理比叶弦角 $RBWj\ (i)$ 随叶位变化模型可表述如下：

$$RBWj\ (i)=a_6\ LPji^{b_6}\quad (1\leqslant j\leqslant 8)\qquad (4.3-18)$$

式中，$LPji$ 是油菜出苗第 i 天主茎第 j 片叶的叶位，a_6、b_6 均为参数。

（九）模型检验

采用 2011—2012 年建模以外试验数据和 2012—2013 年苗期试验数据对模型检验，结果表明[6-7]，2011—2013 年油菜苗期地上部形态参数，叶长、叶宽、叶弦长、柄长（长柄叶和短柄叶）以及叶切角和叶弦角实测值与模拟值的 d_a 值和 $RMSE$ 值分别为－0.231 cm、2.102 cm（n=63）；－0.273 cm、0.484 cm（n=63）；－0.343 cm、1.963 cm（n=63）；0.412 cm、2.095 cm（n=36）；－0.635 cm、1.006 cm（n=27）；4.421°、14.734°（n=63）；6.642°、21.817°（n=63）。以上形态参数实测值与模拟值的相关系数（r）均达到 $P<0.001$ 显著水平，但其 d_{ap} 值小于 5%的仅有叶长和弦长，其模型精度高，在 5%～7%的为叶宽和长柄叶柄长，其模型精度较高，大于 10%的为短柄叶柄长、叶切角和叶弦角，其模型精度较低（表 4－12）。与施肥品种相比，不施肥品种干重分配系数（CPLB）的相关系数（r）达到 $P<0.001$ 显著水平，但其 d_{ap} 值大于 10%，说明所建模型精度较低。施肥品种干重分配系数（CPLB）实测值与模拟值的统计参数 d_a 和 RMSE 的值都较小，且 d_{ap} 值小于 5%，其模型精度较高，说明实测值与模拟值的拟合度较好（表 4－12）。其实测值与模拟值的 1∶1 关系图见图 4－32。

从表 4－12 和图 4－32、图 4－33 可见，短柄叶柄长、叶切角、叶弦角以及不施肥品种干重分配系数（CPLB）误差较大，仍需进一步改进。

表 4－12　2011—2013 年油菜苗期地上部形态结构模型实测值与模拟值比较的统计参数

Table 4－12　Comparison of statistical parameters of simulation and observation in rapeseed upper ground architectural parameter models in 2011—2013

结构参数 Architectural parameters	实测值与模拟值比较的统计参数 Statistic parameters of simulation and observation					
	n	r	d_a	d_{ap}（%）	$RMSE$	显著性 Significance
叶长 Leaf blade length（cm）	63	0.586 7***	−0.231	4.305	2.102	$r_{(61,0.001)}=0.405$

（续）

结构参数 Architectural parameters	实测值与模拟值比较的统计参数 Statistic parameters of simulation and observation					
	n	r	d_a	d_{ap}（%）	$RMSE$	显著性 Significance
叶宽 Leaf blade width（cm）	63	0.968 3***	−0.273	6.745	0.484	$r_{(61,0.001)}=0.405$
弦长 Leaf blade bowstring length（cm）	63	0.825 5***	−0.343	3.772	1.963	$r_{(61,0.001)}=0.405$
长柄叶柄长 Petiole length of long petiole leaf（cm）	36	0.676 7***	0.412	5.642	2.095	$r_{(34,0.001)}=0.525$
短柄叶柄长 Petiole length of short petiole leaf（cm）	27	0.657 2***	−0.635	28.84	1.006	$r_{(25,0.001)}=0.597$
叶切角 Leaf blade tangent angle（°）	63	0.808 5***	4.421	18.65	14.734	$r_{(61,0.001)}=0.405$
叶弦角 Leaf blade bowstring angle（°）	63	0.836 0***	6.642	16.21	21.817	$r_{(61,0.001)}=0.405$
$CPLB_{FV1}$、$CPLB_{FV3}$（g/g）	37	0.511 9**	0.002	0.952	0.095	$r_{(35,0.01)}=0.418$
$CPLB_{WV1}$、$CPLB_{WV2}$（g/g）	23	0.667 9***	−0.084	44.20	0.122	$r_{(21,0.001)}=0.640$

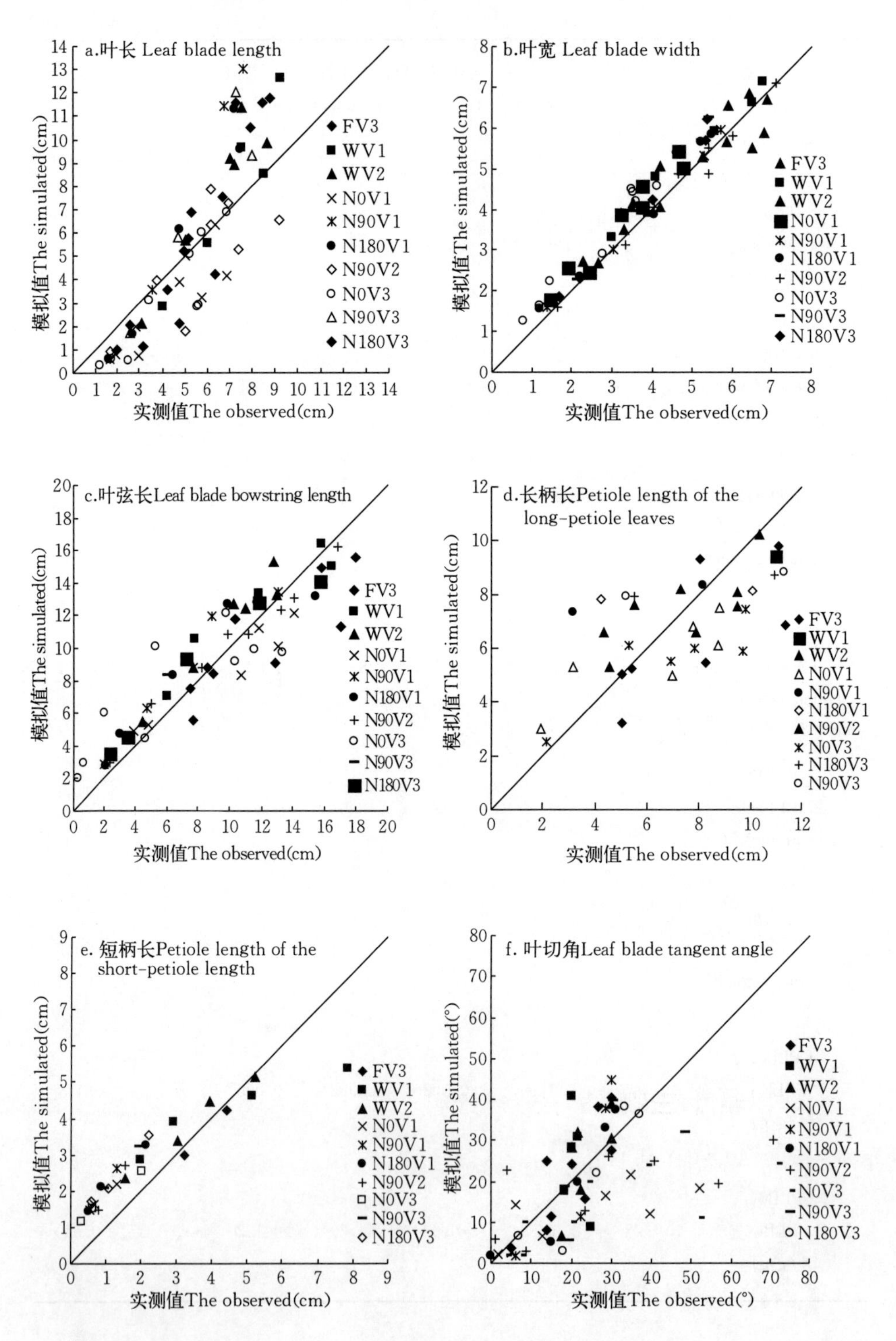

a.叶长 Leaf blade length
b.叶宽 Leaf blade width
c.叶弦长Leaf blade bowstring length
d.长柄长Petiole length of the long-petiole leaves
e. 短柄长Petiole length of the short-petiole length
f. 叶切角Leaf blade tangent angle
模拟值The simulated(cm)
模拟值The simulated(°)
实测值The observed(cm)
实测值The observed(°)
FV3
WV1
WV2
N0V1
N90V1
N180V1
N90V2
N0V3
N90V3
N180V3

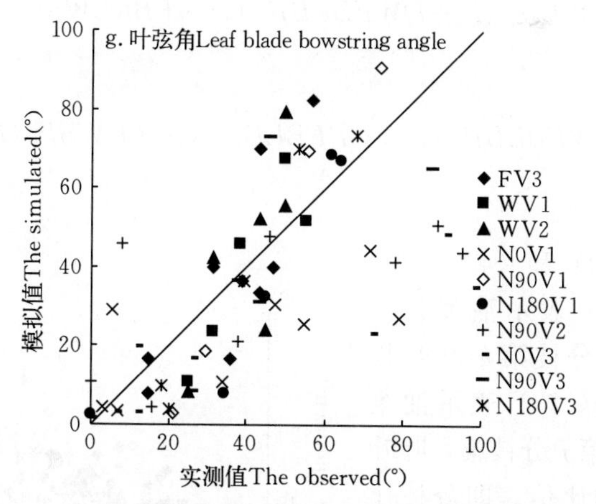

图 4-32　2011—2013 年油菜苗期地上部形态参数实测值与模拟值比较

Fig. 4-32　Comparison of the simulated and the observed values in rapeseed upper ground morphological parameters in 2011—2013

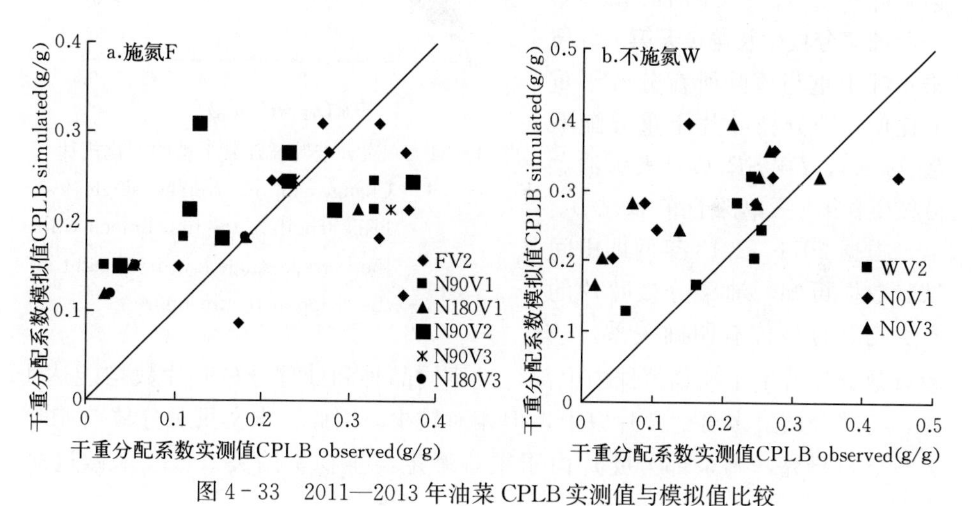

图 4-33　2011—2013 年油菜 CPLB 实测值与模拟值比较

Fig. 4-33　Comparison of the simulated and the observed CPLB values in 2011—2013

二、基于生物量的油菜分枝形态结构模型

（一）分枝叶片长度

2011—2012 年试验数据表明[5]，油菜植株主茎第 10 叶以上（中上部）腋芽一般都能产生一次分枝，油菜植株一次分枝叶长随其干重近似于正比增长（图 4-34），据此，其模型可描述如下：

$$FBLLjk\ (i)=DWFBLBjk\ (i)\times FBRLWjk\ (i) \tag{4.3-19}$$

$$DWFBLBjk\ (i)=CPFBLBjk\ (i)\times DWSP\ (i) \tag{4.3-20}$$

式（4.3-19）和（4.3-20）中，$FBLLjk$（i）表示油菜分枝生长第 i 天第 j 分枝第 k 叶叶长（cm）；$FBRLWjk$（i）表示油菜分枝生长第 i 天第 j 分枝第 k 叶叶长与该叶干重的比值，即分枝比叶长重（cm/g）；$DWFBLBjk$（i）表示油菜分枝生长第 i 天第 j 分枝第 k 叶干重（g）；$CPFBLBjk$（i）表示油菜分枝生长第 i 天第 j 分枝第 k 叶干重与该叶所在分枝干重的比值，即分枝叶片干重分配系数（g/g）；$DWSP$（i）表示油菜分枝生长第 i 天单株干重（g/株）。

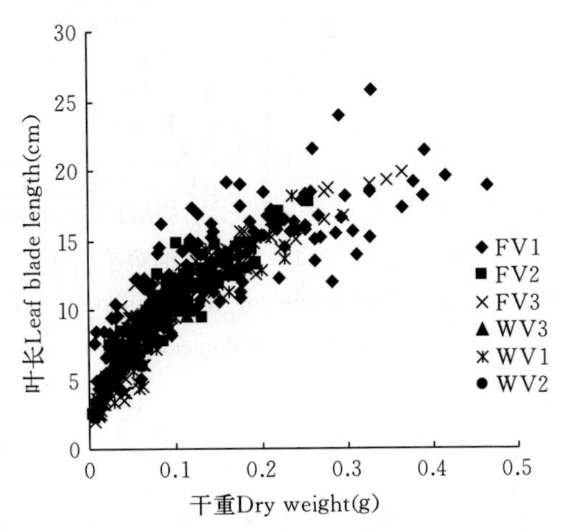

图 4-34　一次分枝叶长随其干重的变化规律

Fig. 4-34　Changes in the average single leaf blade length of the first branch with the average single leaf dry weight in the different treatments

根据 2011—2013 年两期田间试验数据可知，油菜分枝叶片的多少与其分枝位有明确关系。一般有效分枝着生于油菜植株中上部，且不同品种和处理分枝叶片数均能达 4 片，有些分枝最多可达 6 片以上，但相对较少，因此，本文只对分枝前 4 叶进行分析研究，剩余部分叶片由于很难确定与生物量的关系，故未做过多介绍。

不同品种与处理油菜分枝比叶长重随分枝位变化规律近似于二次函数（图 4-35），其中，相关系数分别为 $r=0.768$（$n=74$，$r_{(72,0.001)}=0.375$，$P<0.001$）和 $R^2=0.589$；$r=0.584$（$n=77$，$r_{(75,0.001)}=0.367$，$P<0.001$）和 $R^2=0.341$；$r=0.489$（$n=32$，$r_{(30,0.01)}=0.452$，$P<0.01$）和 $R^2=0.240$；$r=0.557$（$n=36$，$r_{(34,0.001)}=0.525$，$P<0.001$）和 $R^2=0.310$。模型参数及显著性检验见表 4-13，式（4.3-21）和式（4.3-22）t 值和各参数均达 $P<0.001$ 水平显著性；式（4.3-23）参数 c_2、e_2 均达 $P<0.05$ 水平显著性；式（4.3-24）参数 c_3、e_3 均达 $P<0.001$ 水平，t 值达 $P<0.05$ 水平显著性。

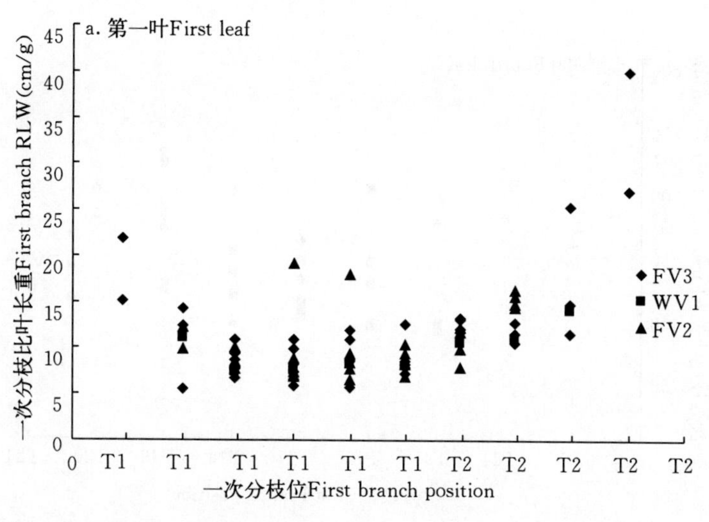
a. 第一叶First leaf
一次分枝比叶长重First branch RLW(cm/g)
45
40
35
30
25
20
15
10
5
0
0
T1
T1
T1
T1
T1
T1
T2
T2
T2
T2
T2
一次分枝位First branch position
FV3
WV1
FV2

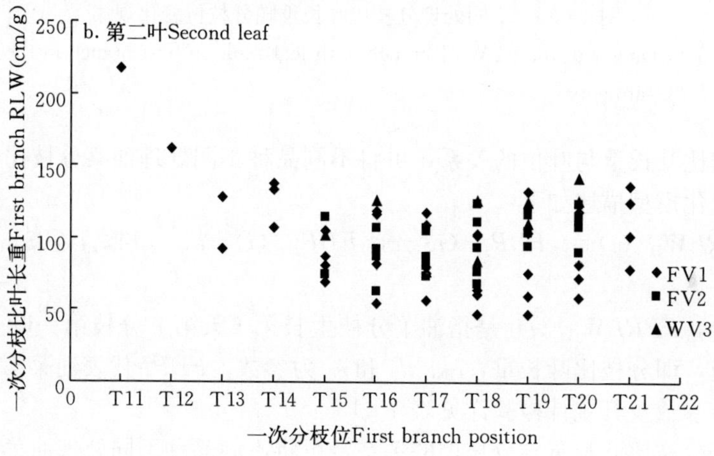
b. 第二叶Second leaf
一次分枝比叶长重First branch RLW(cm/g)
250
200
150
100
50
0
0
T11
T12
T13
T14
T15
T16
T17
T18
T19
T20
T21
T22
一次分枝位First branch position
FV1
FV2
WV3

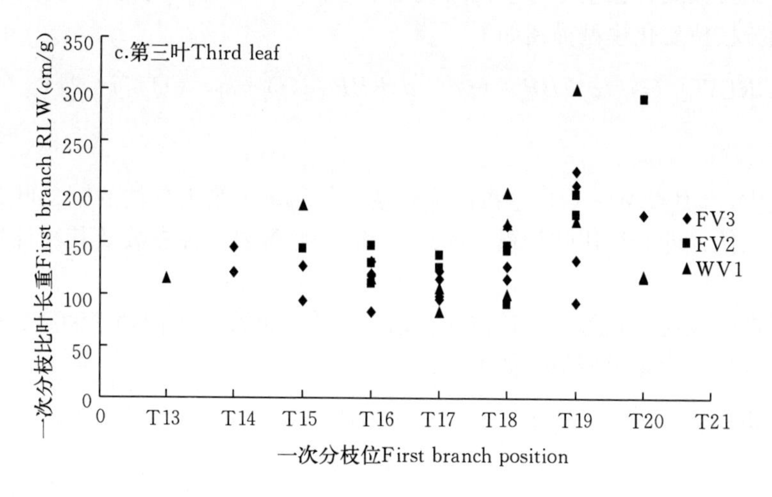
c.第三叶Third leaf
一次分枝比叶长重First branch RLW(cm/g)
350
300
250
200
150
100
50
0
0
T13
T14
T15
T16
T17
T18
T19
T20
T21
一次分枝位First branch position
FV3
FV2
WV1

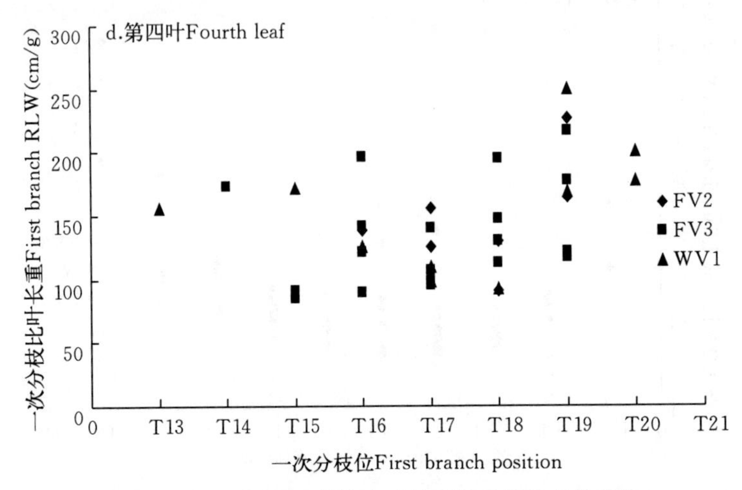

图 4-35　不同处理分枝比叶长重随分枝位变化规律

Fig. 4-35　Changes in the RLW of branch with leaf rank on first branch in the different treatments

根据比叶长重与叶位的关系，可将不同品种不同处理油菜分枝比叶长重随分枝位变化模型描述如下：

$$FBRLW_{j1}(i)=c_0 FBP_{j1}(i)^2+d_0 FBP_{j1}(i)+e_0 \quad (14\leqslant j\leqslant 23) \tag{4.3-21}$$

式中，$FBRLW_{j1}(i)$ 是指油菜分枝生长第 i 天第 j 分枝第一叶片与其干重的比值，即分枝比叶长重，c_0、d_0 和 e_0 为参数，FBP_{j1}代表油菜第 j 分枝的叶位。各参数及其统计检验详见表 4-13。

根据分枝比叶长重与分枝位的关系，可将不同品种不同处理油菜分枝比叶长重随分枝位变化模型描述如下：

$$FBRLW_{j2}(i)=c_1 FBP_{j2}(i)^2+d_1 FBP_{j2}(i)+e_1 \quad (11\leqslant j\leqslant 21) \tag{4.3-22}$$

式中，$FBRLW_{j2}(i)$ 是指油菜分枝生长第 i 天第 j 分枝的第二叶片与其干重的比值，即分枝比叶长重，c_1、d_1 和 e_1 为参数，各参数及其统计检验详见表 4-13。

根据分枝比叶长重与分枝位的关系，可将不同品种不同处理油菜分枝比叶长重随分枝位变化模型描述如下[5]：

$$FBRLW_{j3}(i)=c_2 FBP_{j3}(i)^2+d_2 FBP_{j3}(i)+e_2 \quad (13\leqslant j\leqslant 20) \tag{4.3-23}$$

式中，$FBRLW_{j3}$（i）是指油菜分枝生长第 i 天第 j 分枝第三叶片与其干重的比值，即分枝比叶长重，c_2、d_2 和 e_2 为参数，各参数及其统计检验详见表 4-13。

根据分枝比叶长重与分枝位的关系，可将不同品种不同处理油菜分枝比叶长重随分枝位变化模型描述如下：

$$FBRLW_{j4}(i)=c_3FBP_{j4}(i)^2+d_3FBP_{j4}(i)+e_3 \quad (13\leqslant j\leqslant 20) \tag{4.3-24}$$

式中，$FBRLW_{j4}$（i）是指油菜分枝生长第 i 天第 j 分枝第四叶片与其干重的比值，即分枝比叶长重，c_3、d_3 和 e_3 为参数，各参数及其统计检验详见表 4-13。

表 4-13 分枝叶片形态模型参数和 t-检验

Table 4-13 The model parameters of branch leaf and t-test of formula

模型 Model	n	未标准化参数 Unstandardized coefficients (B)	t	显著性 Significance	等式 Equation
$FBP_{j1}(i)^2$	74	6.364	8.554***	0.000	式（4.3-21）
$FBP_{j1}(i)$		−97.389	−7.69***	0.000	
常数 Constant		451.118	8.752***	0.000	
$FBP_{j2}(i)^2$	77	2.446	5.563***	0.000	式（4.3-22）
$FBP_{j2}(i)$		−36.179	−5.913***	0.000	
常数 Constant		221.418	10.806***	0.000	
$FBP_{j3}(i)^2$	32	3.732	2.074*	0.044	式（4.3-23）
$FBP_{j3}(i)$		−40.823	−1.616	0.114	
常数 Constant		230.506	2.684*	0.011	
$FBP_{j4}(i)^2$	36	5.608	3.068***	0.004	式（4.3-24）
$FBP_{j4}(i)$		−46.053	−2.528*	0.016	
常数 Constant		214.337	4.933***	0.000	
$FBLL_{jk}(i)$	262	0.528	36.285***	0.000	式（4.3-31）
常数 Constant		−0.941	−5.356***	0.000	
$FBLL_{jk}(i)$	262	0.703	25.536***	0.000	式（4.3-32）
常数 Constant		1.12	3.369***	0.001	

（续）

模型 Model	n	未标准化参数 Unstandardized coefficients（B）	t	显著性 Significance	等式 Equation
ln（$FBSDW_{ji}$）	106	37.098	20.956***	0.000	式（4.3-36）
常数 Constant		0.571	12.563***	0.000	
$FBSDW_{ji}$	96	0.082	5.619***	0.000	式（4.3-38）
常数 Constant		0.508	30.897***	0.000	

2011—2012 年试验数据表明，不同品种施氮与不施氮水平下，以 T19 为分界点，分枝干重分配系数随分枝位变化均呈线性函数模型（图 4-36），施氮品种相关系数分别为 $r=0.584$（$P<0.001$，$n=41$，$r_{(39,0.001)}=0.495$）、$R^2=0.340$，$r=0.597$（$P<0.001$，$n=25$，$r_{(23,0.001)}=0.505$）、$R^2=0.357$；不施氮品种相关系数分别为 $r=0.609$（$P<0.001$，$n=31$，$r_{(29,0.001)}=0.562$）、$R^2=0.371$，$r=0.654$（$P<0.001$，$n=26$，$r_{(24,0.001)}=0.607$）、$R^2=0.428$，模型参数及显著性检验见表 4-13。方程 F 值和 t 值均达到 $P<0.001$ 水平显著，除 B_3 和 B_5 外，其余参数均达 $P<0.001$ 水平显著性。

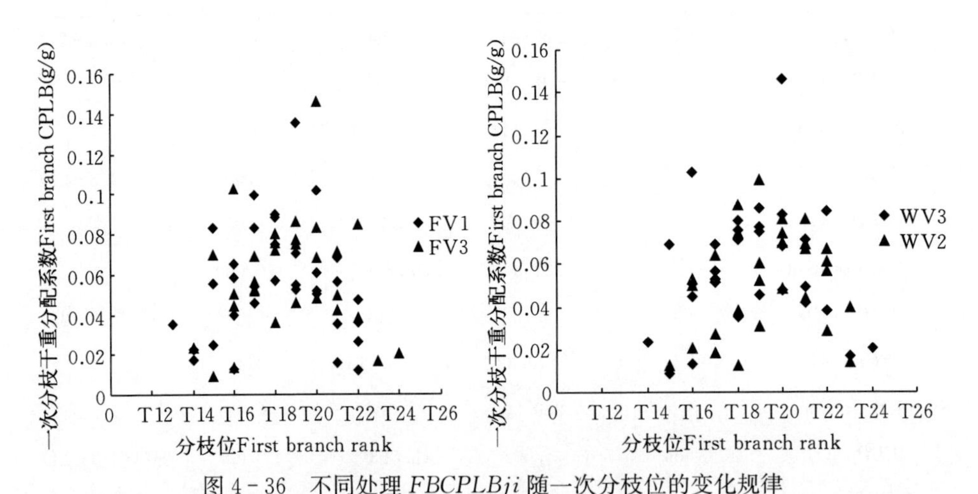

图 4-36 不同处理 $FBCPLBji$ 随一次分枝位的变化规律

Fig. 4-36 Changes in the $FBCPLBji$ with the first branch rank in the different treatments

因此，不同品种施氮水平与不施氮水平下干重分配系数 $FBCPLBji$ 随叶位变化模型可分别表述如下[5]：

$$FBCPLBji=A_3FBPji+B_3 \quad (T11\leqslant j\leqslant T19) \quad (4.3-25)$$

$$FBCPLBji=A_4FBPji+B_4 \quad (T19<j\leqslant T23) \quad (4.3-26)$$

$$NFBCPLBji=A_5NFBPji+B_5 \quad (T11\leqslant j\leqslant T19) \quad (4.3-27)$$

$$NFBCPLBji = A_6 NFBPji^2 + B_6 \quad (T11 < j \leqslant T23) \tag{4.3-28}$$

式（4.3-25）至（4.3-28）中，*FBCPLBji* 是指油菜一次分枝施肥品种分枝干重分配系数；*NFBCPLBji* 是指油菜一次分枝不施肥品种干重分配系数；*FBPji* 是施肥品种油菜生长第 i 天第 j 分枝的分枝位；*NFBPji* 是施肥品种油菜生长第 i 天第 j 分枝的分枝位；A_3、B_3、A_4、B_4 和 A_5、B_5、A_6、B_6 均为参数。

2011—2012 年试验数据表明[5]，不同品种施氮与不施氮品种分枝叶片干重分配系数随分枝叶位变化均呈指数函数（图 4-37），施氮品种相关系数 $r=0.592$（$P<0.001$，$n=159$，$r_{(157,0.001)}=0.264$），$R^2=0.351$；不施氮品种相关系数 $r=0.466$（$P<0.001$，$n=102$，$r_{(100,0.001)}=0.321$），$R^2=0.217$，模型参数及显著性检验见表 4-14。方程 F 值和 t 值达到 $P<0.001$ 水平显著，模型各参数也均达 $P<0.001$ 水平显著。

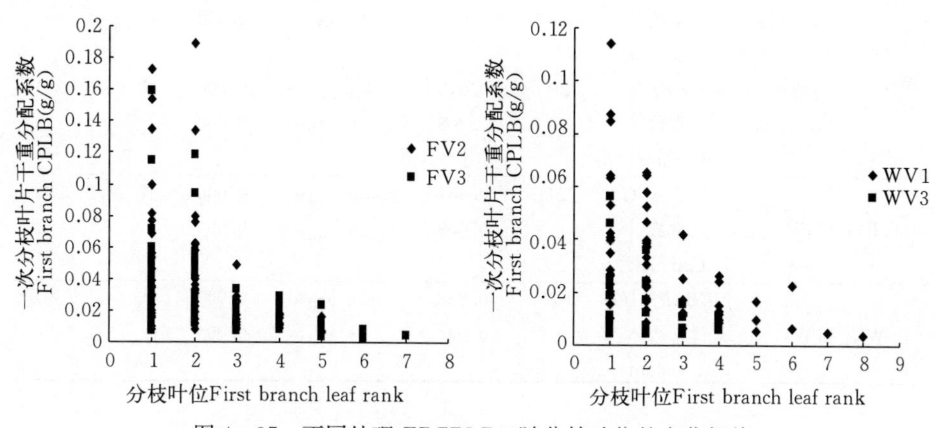

图 4-37　不同处理 *FBCPLBji* 随分枝叶位的变化规律

Fig. 4-37　Changes in the *FBCPLBji* with the leaf rank in the different treatments

因此，不同品种施氮水平与不施氮水平下分枝叶片干重分配系数 *FBC-PLBjk*（i）随分枝叶位变化模型可分别表述如下[5]：

$$CPFBLBjk(i) = A_7 e^{B_7 FBLPjk(i)} \quad T11 \leqslant j \leqslant T23 \tag{4.3-29}$$

$$NCPFBLBjk(i) = A_8 e^{B_8 NFBLPjk(i)} \quad T11 \leqslant j \leqslant T23 \tag{4.3-30}$$

式（4.3-29）和（4.3-30）中，*CPFBLBjk*（i）是指油菜施肥品种一次分枝第 j 分枝位第 k 叶片干重分配系数；*NCPFBLBjk*（i）是指油菜不施肥品种一次分枝第 j 分枝位第 k 叶片干重分配系数；*FBLPjk*（i）是施肥品种油菜生长第 i 天第 j 分枝的第 k 片叶，*NFBLPjk*（i）是不施肥品种油菜生长第 i 天第 j 分枝的第 k 片叶，A_7、B_7 和 A_8、B_8 均为参数，各参数及其统计检验详见表 4-14。

表 4-14　分枝及叶片干重分配系数模型参数和 t-检验

Table 4-14　The model parameters of partitioning coefficient of branch and leaf dry weight and t-test of formula

处理 Treatment		模型 Model	n	未标准化参数 Unstandardized coetficient（B）	t	显著性 Significance	等式 Equation
FV_1 和 FV_3	分枝位 $T11\sim T19$	$FBPji$	41	0.009	4.487***	0.000	式（4.3-25）
		常数 Constant		−0.006	−0.381	0.706	
	分枝位 $T20\sim T23$	$FBPji$	25	−0.016	−3.570***	0.002	式（4.3-26）
		常数 Constant		0.238	4.589***	0.000	
WV_2 和 WV_3	分枝位 $T11\sim T19$	$NFBPji$	31	0.010	4.136***	0.000	式（4.3-27）
		常数 Constant		−0.022	−1.180	0.248	
	分枝位 $T20\sim T23$	$NFBPji$	26	−0.013	−4.234***	0.000	式（4.3-28）
		常数 Constant		0.208	5.819***	0.000	
FV_2 和 FV_3		$FBLPjk\ (i)$	159	−0.341	−9.214***	0.000	式（4.3-29）
		常数 Constant		0.053	9.645***	0.000	
WV_1 和 WV_3		$NFBLPjk\ (i)$	102	−0.258	−5.270***	0.000	式（4.3-30）
		常数 Constant		0.033	7.554***	0.000	

（二）分枝叶片宽度

2011—2012 年试验数据表明[5]，不同品种与施肥处理油菜分枝最大叶宽随叶长变化呈线性函数增长（图 4-38），其相关系数 $r=0.914$（$P<0.001$，$n=262$，$r_{(260,0.001)}=0.206$），$R^2=0.835$，方程的 F 值达到 $P<0.001$ 水平显著，t 值和参数 c_3、d_3 均达到 $P<0.001$ 水平显著。

因此，不同品种与施肥处理油菜分枝最大叶宽 $FBLWj$ 随叶长变化模型可表述如下[5]：

$$FBLW\,jk\ (i)=c_4 FBL\,jk\ (i)+d_4\quad (T11\leqslant j\leqslant T23) \tag{4.3-31}$$

式中，$FBLW\,jk\ (i)$ 是油菜生长第 i 天第 j 分枝第 k 叶宽；$FBLjk\ (i)$ 是油菜生长第 i 天第 j 分枝第 k 叶长，c_4、d_4 为参数，各参数及其统计检验详见表 4-13。

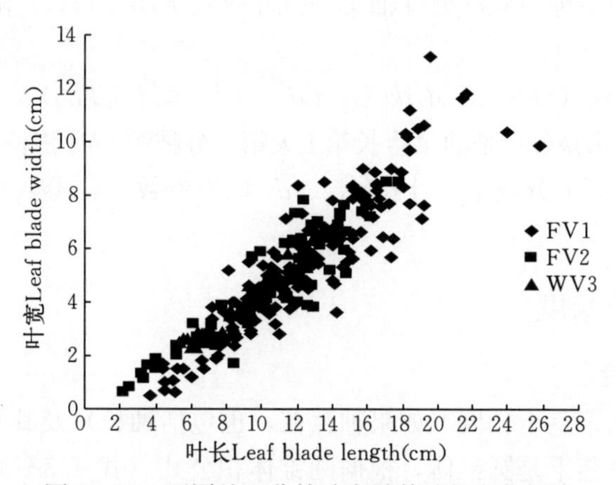

图 4-38　不同处理分枝叶宽随其叶长变化规律

Fig. 4-38　Changes in the maximum blade width in the branch with its leaf length in the different treatments

(三) 分枝叶弦长

叶弦长是叶片弯曲度的度量，因此，最大分枝叶弦长 $FBBL_{max}=FBL$。2011—2012 年试验数据表明[5]，不同处理油菜分枝叶弦长随叶长变化亦呈线性函数（图 4-39）。其相关系数 $r=0.846$（$P<0.001$，$n=262$，$r_{(260,0.001)}=0.206$），$R^2=0.715$，方程的 F 值达到 $P<0.001$ 水平显著，t 值和参数 c_5 达到 $P<0.001$ 水平显著。

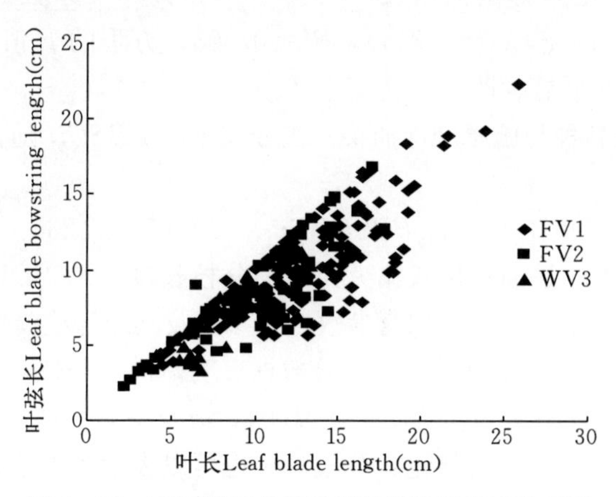

图 4-39　不同处理分枝叶弦长随其叶长变化规律

Fig. 4-39　Changes in the leaf blade bowstring length in the branch with its leaf length in the different treatments

因此，不同品种与施肥处理油菜分枝叶弦长 $FBBLjk(i)$ 随叶长变化模型可描述如下：

$$FBBLjk\ (i)=c_5FBLjk\ (i)+d_5 \quad (T11\leqslant j\leqslant T23) \qquad (4.3-32)$$

式中，$FBBLjk(i)$ 是油菜生长第 i 天第 j 分枝第 k 叶弦长；$FBLjk(i)$ 是油菜生长第 i 天第 j 分枝第 k 叶长，c_5、d_5 均为参数，各参数及其统计检验详见表 4－13。

(四) 分枝长度

1. 模型假设

为了定量油菜茎干长度（如果轴存在，也包括轴长）及其对应生物量间关系，本研究假设茎干是圆锥体，根据圆锥体积公式（式 4.3－33）和密度的定义（式 4.3－34），茎长、最大茎粗和茎干生物量间关系可表示为式 4.3－35。

$$V_s=\frac{1}{3}\pi\cdot\left(\frac{SD}{2}\right)^2\cdot SL \qquad (4.3-33)$$

$$\rho_s=WDS/V_s \qquad (4.3-34)$$

$$SL\cdot SD^2=\frac{12}{\pi\cdot\rho_s}WDS \qquad (4.3-35)$$

其中，V_s 表示茎的体积；SD 表示最大茎粗；SL 是茎长；WDS 是茎干生物量；ρ_s 是茎密度。

2. 模型描述

2011—2012 年试验数据表明[5]，不同品种与施肥处理油菜分枝长度 $FBSLji$ 随其干重变化呈幂函数增长（图 4－40），其相关系数 $r=0.776$（$P<0.001$，$n=106$，$r_{(104,0.001)}=0.314$），$R^2=0.603$，方程的 F 值、t 值和参数均达到 $P<0.001$ 水平显著性。

因此，不同品种与施肥处理油菜一次分枝长度 $FBSLji$ 随其干重变化模型可表述如下：

$$FBSLji=c_6FBSDWji^{d_6} \quad T11\leqslant j\leqslant T23 \qquad (4.3-36)$$

式中，$FBSLji$ 是油菜生长第 i 天第 j 分枝长度；$FBSDWji$ 是油菜生长第 i 天第 j 分枝干重，c_6、d_6 均为参数，各参数及其统计检验详见表 4－14。

一般而言，越长的茎干越粗，试验数据表明，最大分枝粗随着分枝总长的变化规律符合幂函数（$r=0.823$，$P<0.001$，$n=532$，$r_{(530,0.001)}=0.142$）（图 4－41）。由公式 4.3－36 可推论：分枝总长也可以表示为关于分枝总干重的幂函数形式，图 4－42 所示，试验数据支持这一推论。因此，分枝总长随生物量的变化可用幂函数拟合（式 4.3－37），其相关性检验见表 4－11。

$$RLj\ (i)=RLa\cdot WDRLj\ (i)^{RLb} \qquad (4.3-37)$$

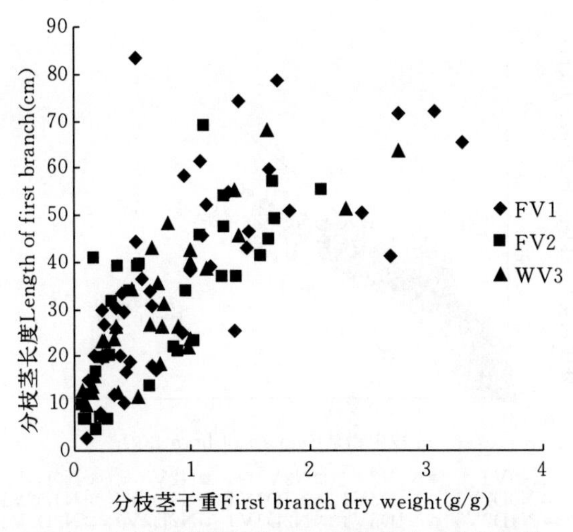

图 4－40　不同处理分枝长度随其干重变化规律

Fig. 4－40　Changes in the branch length with its dry weight in the different treatments

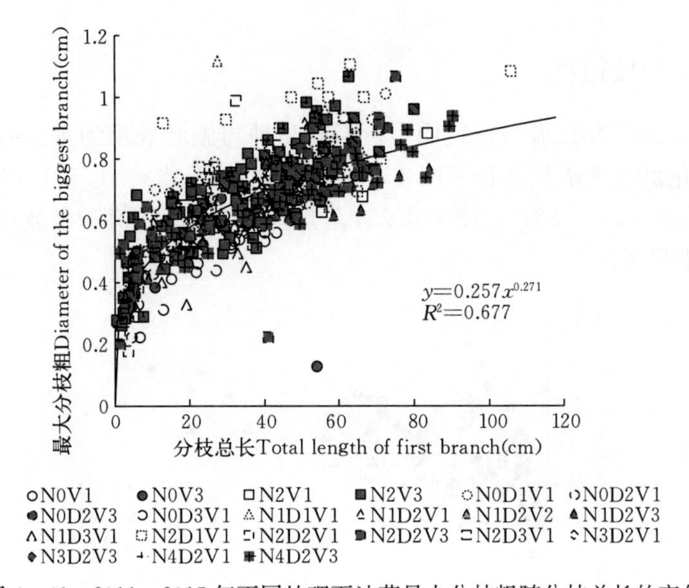

图 4－41　2011—2015 年不同处理下油菜最大分枝粗随分枝总长的变化

Fig. 4－41　Changes in the maximum diameter with corresponding ramification total length for different treatments in 2011—2015

其中，RLj（i）是出苗后第 i 天第 j 叶位分枝总长；$WDRLj$（i）是出苗后第 i 天第 j 叶位分枝生物量；RLa 和 RLb 是模型参数，其取值和显著性检验见表 4－11。

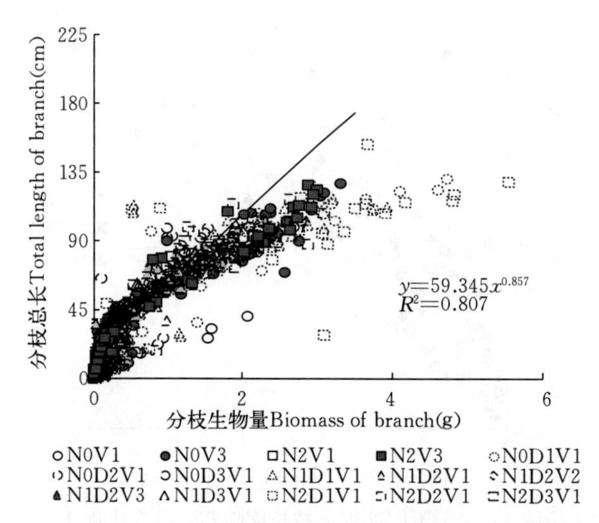

图 4-42　2011—2013 年不同处理下分枝总长随对应生物量的变化

Fig. 4-42　Changes in the ramification total length with the corresponding ramification biomass for different treatments in 2011—2013

（五）分枝粗度

2011—2012 年试验数据表明[5]，不同品种与施肥处理油菜分枝茎粗度随茎干重变化呈线性函数增长（图 4-43），其相关系数 $r=0.501$（$P<0.001$，$n=96$，$r_{(94,0.001)}=0.331$），$R^2=0.251$，方程的 F 值、t 值和参数均达到 $P<0.001$ 水平显著。

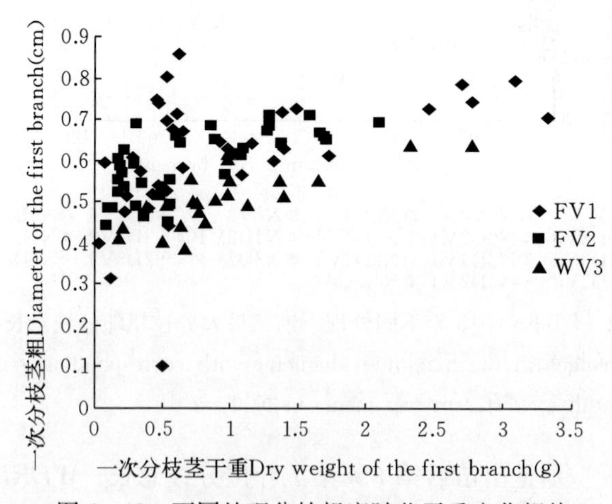

图 4-43　不同处理分枝粗度随茎干重变化规律

Fig. 4-43　Changes in the branch diameter with its dry weight in the different treatments

因此，不同品种与施肥处理油菜分枝茎粗随茎干重 $FBBLji$ 变化模型可表述如下：

$$FBSDji = c_7 FBSDWji + d_7 \quad (T11 \leqslant j \leqslant T23) \qquad (4.3-38)$$

式（4.3－38）中，$FBSDji$ 是指油菜生长第 i 天第 j 分枝茎粗；$FBSDWji$ 是指油菜生长第 i 天第 j 分枝茎干重；c_7、d_7 为参数，各参数及其统计检验详见表 4－13。

（六）最大分枝粗

由于叶片着生位置茎干会变粗，因此很难精确测定茎干粗细随叶位的变化，本研究仅考虑最大分枝粗。与分枝总长类似的理论推导以及试验数据都表明，最大分枝粗随分枝生物量的增长而增大（图 4－44），也可以用呈幂函数拟合（式 4.3－39），其显著性分析见表 4－11。

$$RDj\ (i) = RDa \cdot WDRLj\ (i)^{RDb} \qquad (4.3-39)$$

式中，$RDj\ (i)$ 是出苗后第 i 天第 j 叶位最大分枝粗；RDa 和 RDb 是模型参数，其取值和显著性检验见表 4－11。

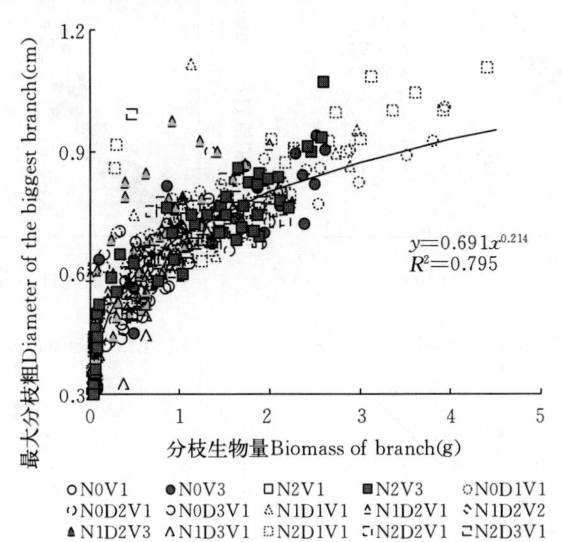

图 4－44　2001—2013 年不同处理下油菜最大分枝粗随生物量的变化

Fig. 4－44　Changes in the ramification maximum diameter with the corresponding ramification biomass for different treatments in 2011—2013

（七）模型检验

采用 2011—2012 年建模以外试验数据和 2012—2013 年独立试验数据对所

建模型进行检验，结果表明[5]，2011—2013 年油菜一次分枝形态参数，叶长、叶宽、叶弦长、分枝长度、分枝粗度实测值与模拟值的 d_a 值和 $RMSE$ 值分别为－1.900 cm、5.033 cm（$n=125$），－0.055 cm、3.233 cm（$n=117$），0.274 cm、2.810 cm（$n=87$），－0.720 cm、3.272 cm（$n=90$），0.374 cm、0.778 cm（$n=514$），0.137 cm、1.193 cm（$n=514$），0.806 cm、8.990 cm（$n=145$）和－0.025 cm、0.102 cm（$n=153$）。以上形态参数实测值与模拟值的相关系数（r）均达到 $P<0.001$ 显著水平，但其 d_{ap} 值小于 5%的有叶长（第二叶和第三叶）、弦长、分枝长度和分枝粗度，其模型精度高，大于 10%的为叶长（第一叶和第四叶）和叶宽，其模型精度较低（表 4－15）。说明实测值与模拟值的拟合度较好（表 4－15）。其实测值与模拟值的 1：1 关系见图 4－45。

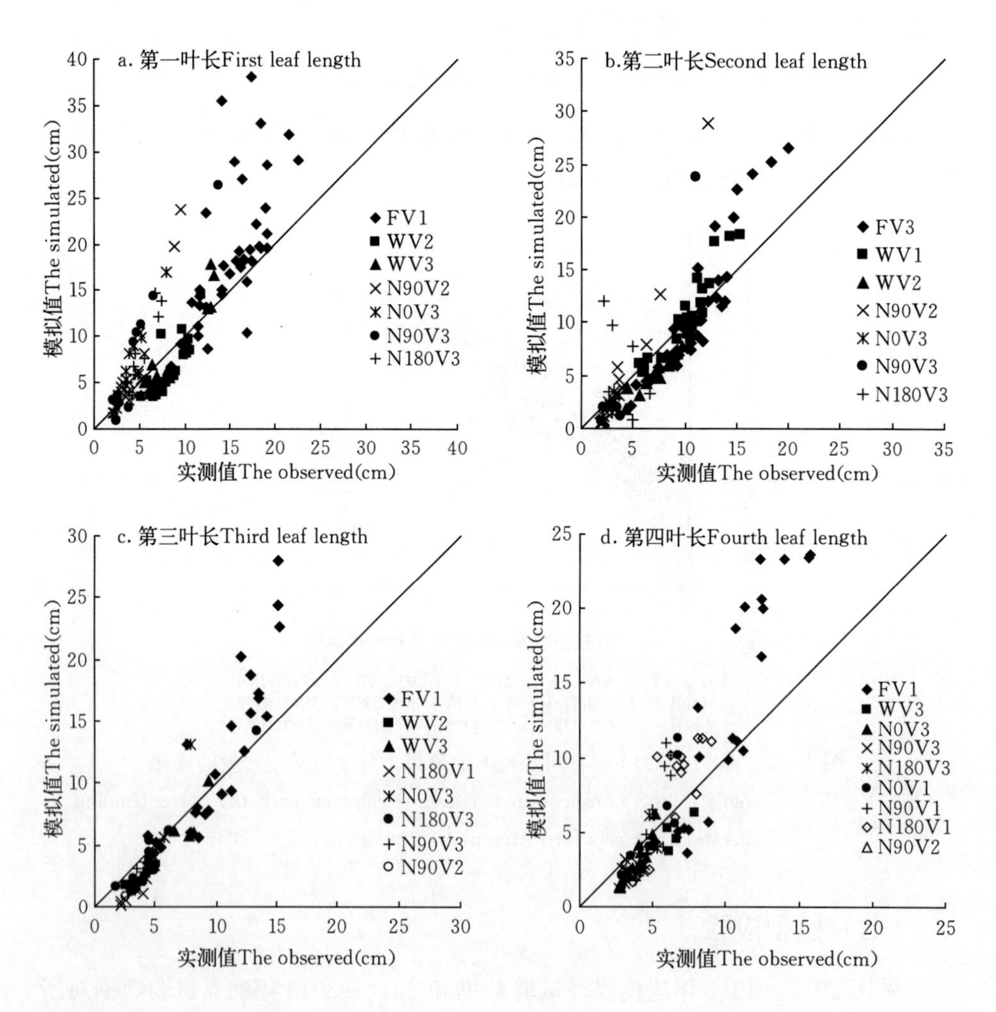

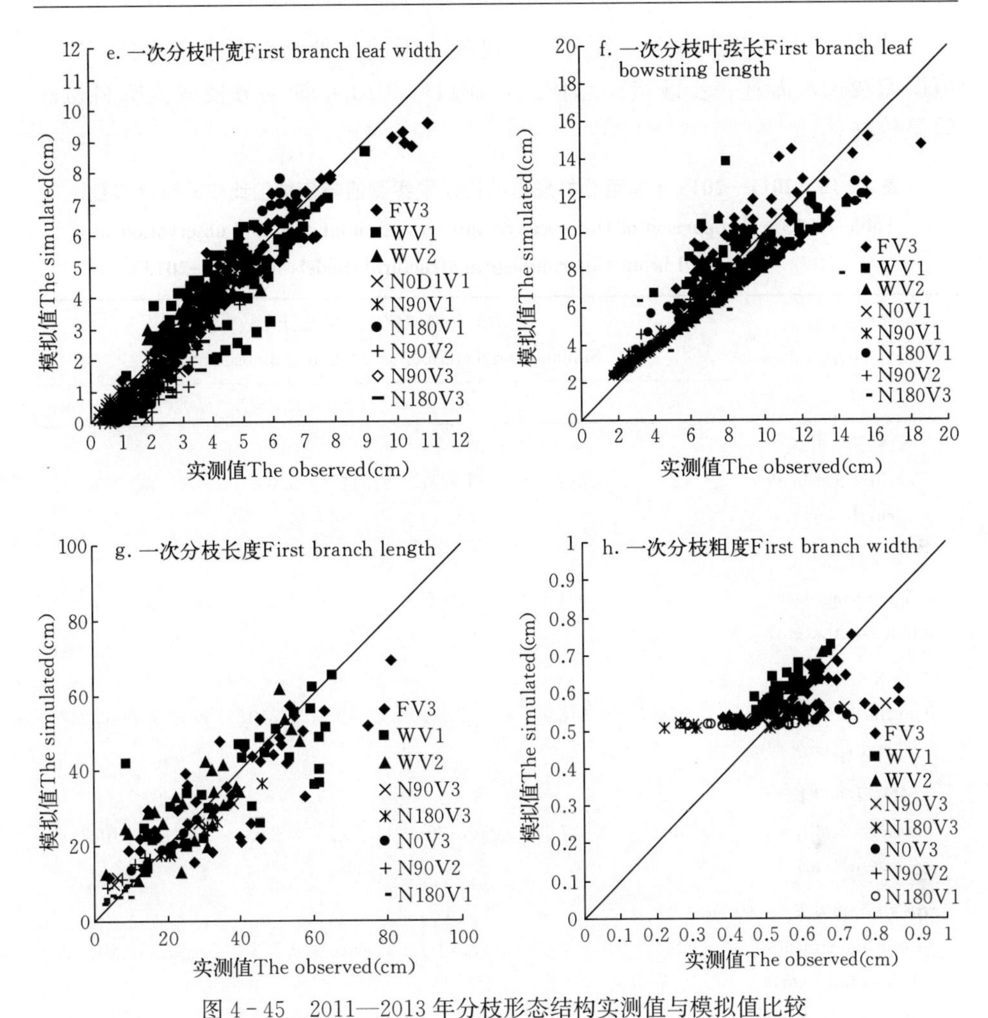

图 4-45　2011—2013 年分枝形态结构实测值与模拟值比较

Fig. 4-45　Comparison of the branch morphological parameters simulated and observed values in 2011—2013

将油菜分枝 *CPLB* 以 *T*19 为分界点分段建模，其中，除施肥品种 *FBCPLBji*（*T*11≤*j*≤*T*19）外，其余分枝 *CPLB* 的相关系数（*r*）均达到 $P<0.05$ 显著水平。油菜分枝不同品种 *CPLB* 实测值与模拟值的统计参数 d_a 和 *RMSE* 的值都较小，但 d_{ap} 值在 5%～10%的仅有不施肥品种 *FBCPLBji*（*T*19<*j*≤*T*23），其模型精度较高，其余 d_{ap} 值大于 10%，说明所建模型精度较低。不同施肥品种油菜分枝叶片 *CPLB* 实测值与模拟值的统计参数 d_a 和 *RMSE* 的值都较小，但 d_{ap} 值在 10%以上，说明所建模型精度较低（表 4-15），分枝叶片 *CPLB* 的相关系数（*r*）分别达到 $P<0.001$ 和 $P<0.05$ 显著水平，其实测值与模拟值的 1∶1 关系图见图 4-46。

从表 4-15 和图 4-45、图 4-46 可见，不同品种和施肥水平分枝 *CPLB* 值误差较大，需进一步改进。总体上，2011—2013 年油菜分枝试验资料检验效果较好。

表 4-15　2011—2013 年油菜分枝形态结构模型实测值与模拟值比较的统计参数

Table 4-15　Comparison of statistical parameters of simulation and observation in rapeseed branch morphological structural models in 2011—2013

结构参数 Architectural parameters	实测值与模拟值比较的统计参数 Statistic parameters of simulation and observation					
	n	r	d_a	d_{ap}（%）	$RMSE$	显著性 Significance
分枝第一叶长 The first leaf blade length（cm）	125	0.652 0***	−1.900	21.11	5.033	$r_{(123, 0.001)}=0.291$
分枝第二叶长 The second leaf blade length（cm）	117	0.684 6***	−0.055	0.70	3.233	$r_{(115, 0.001)}=0.300$
分枝第三叶长 The third leaf blade length（cm）	87	0.616 9***	0.274	4.54	2.810	$r_{(85, 0.001)}=0.347$
分枝第四叶长 The forth leaf blade length（cm）	90	0.527 5***	−0.720	11.56	3.272	$r_{(88, 0.001)}=0.341$
一次分枝叶宽 First branch leaf blade width（cm）	514	0.907 1***	0.374	11.90	0.778	$r_{(512, 0.001)}=0.146$
一次分枝叶弦长 First branch leaf blade bowstring length（cm）	514	0.855 5***	0.137	2.21	1.193	$r_{(512, 0.001)}=0.146$
一次分枝长度 First branch length（cm）	145	0.832 5***	0.806	2.73	8.990	$r_{(143, 0.001)}=0.273$
一次分枝粗度 First branch diameter（cm）	153	0.447 6***	−0.025	4.64	0.102	$r_{(151, 0.001)}=0.264$
FV1 和 FV3	18	0.439 2	−0.018	40.91	0.029	$r_{(16, 0.05)}=0.468$
分枝 *FBCPLBji*（g/g）	15	0.610 8*	0.006	10.07	0.022	$r_{(13, 0.05)}=0.514$

（续）

结构参数 Architectural parameters	实测值与模拟值比较的统计参数 Statistic parameters of simulation and observation					
	n	r	d_a	d_{ap}（%）	$RMSE$	显著性 Significance
WV2 和 WV3 分枝 *NFBCPLBji*（g/g）	17	0.528 1*	0.006	10.27	0.010	$r_{(15,0.05)}=0.482$
FV2 和 FV3	15	0.521 6*	−0.005	5.13	0.027	$r_{(13,0.05)}=0.514$
分枝叶片 *FBLCPLBji*（g/g）	104	0.761 9***	0.009	39.13	0.022	$r_{(102,0.001)}=0.321$
WV1 和 WV3 分枝叶片 *NFBLCPLBji*（g/g）	29	0.201 3	−0.003	15.00	0.014	$r_{(27,0.05)}=0.367$

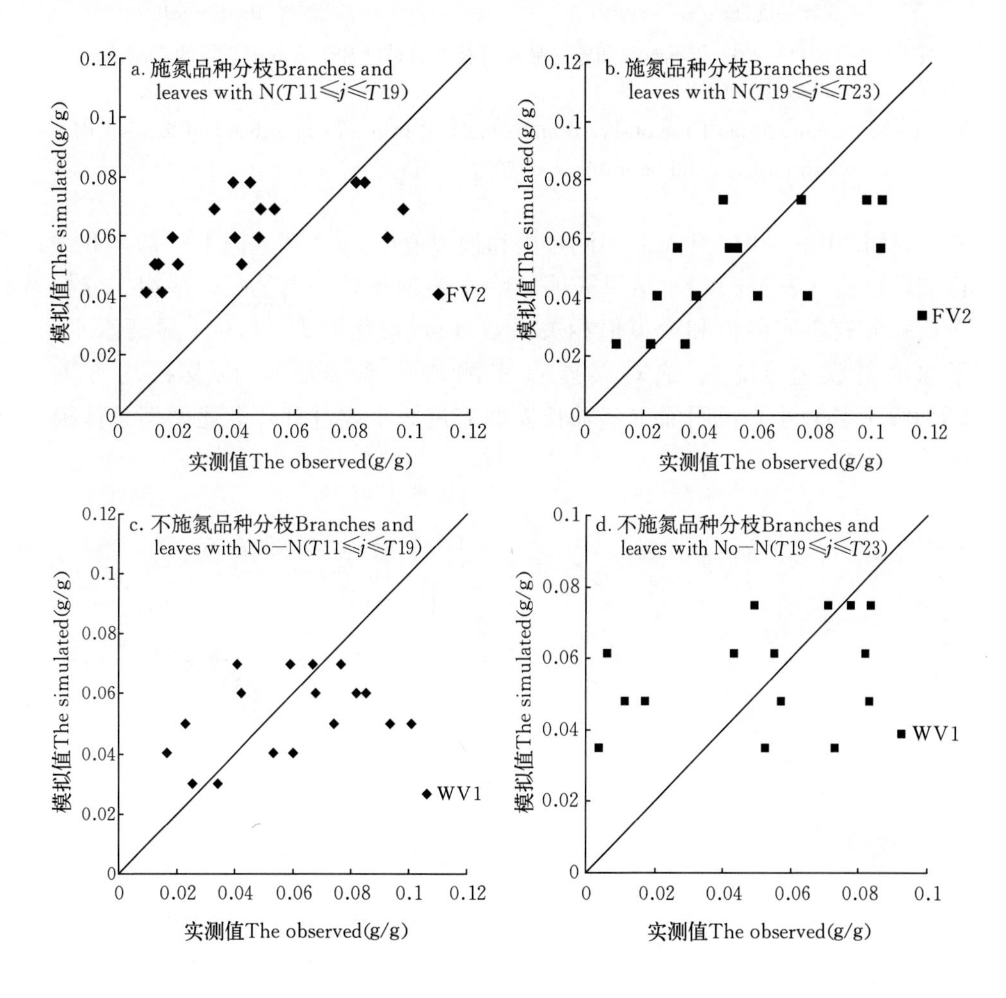

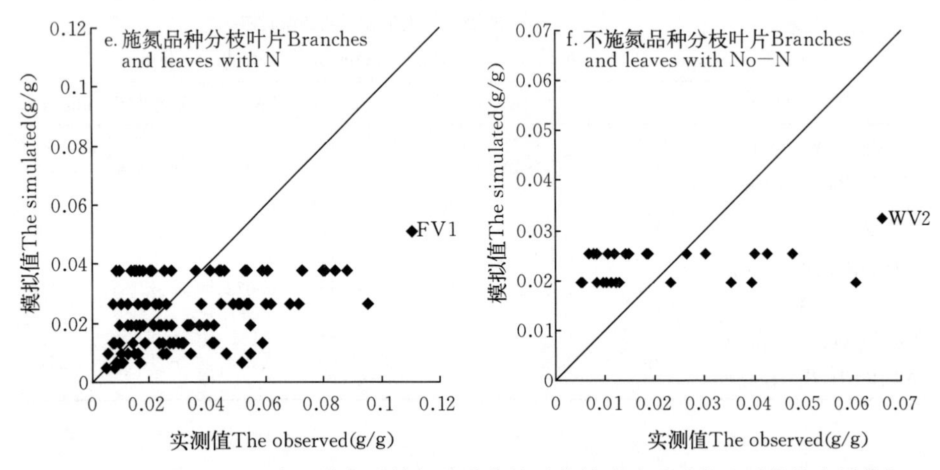

图 4-46　2011—2013 年不施氮和施氮品种分枝及分枝叶片干重分配系数的实测值与模拟值比较

Fig. 4-46　Comparison of the observed and simulated values of branches and leaves CPLB with nitrogen and no nitrogen in 2011—2013

利用 2014—2015 年试验实测数据和模拟值作 1∶1 图（图 4-47），并进行统计检验（表 4-11），结果表明，除主茎轴长外，主茎长、茎粗、分枝总长和分枝粗实测值和模拟值相关系数（r）均达到 $P<0.001$ 显著水平，平均绝对误差（d_a）、绝对误差占实测值比率（d_{ap}），以及根均方差（$RMSE$）均较小，说明除主茎轴长模型需进一步改进外，上述模型总体模拟效果较好。

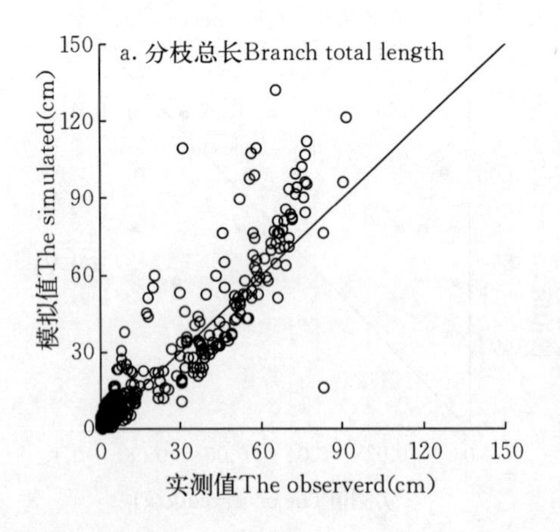

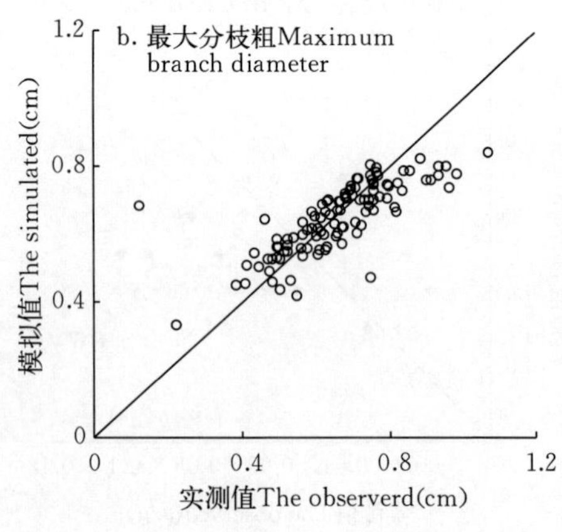

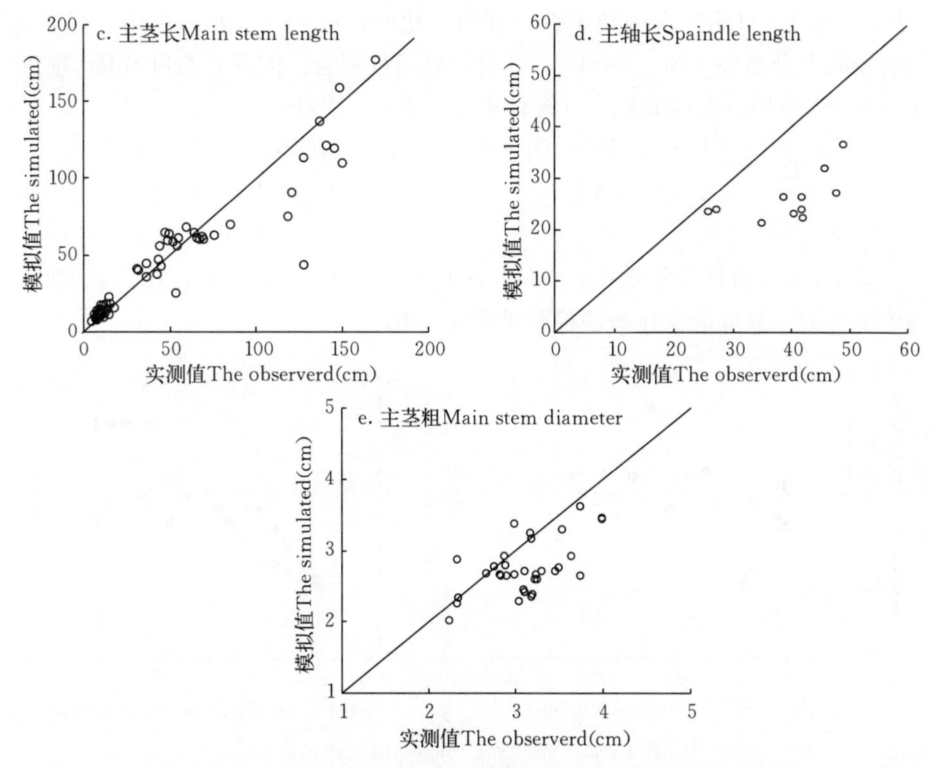

图 4-47　2014—2015 年油菜分枝形态结构实测值和模拟值比较

Fig. 4-47　Comparison of the branch morphological parameters observed and simulated values in 2014—2015

三、基于生物量的油菜叶曲线模型

（一）直叶片叶曲线及其概率模型

油菜叶型多样，2011—2012 年试验观测表明[7]，一些油菜叶片的叶切角、叶弦角及叶长弦长均相差很小，可近似看成直线。因此，本研究将叶切角和叶弦角相差小于 10°、叶长与弦长之差小于 1 cm 的叶片视为直叶片。由直线的几何性质可知，直叶片叶曲线方程 $f(x)$ 可用经过原点、且斜率为叶切角余切值的直线表示：

$$f(x)=\cot(TA)\cdot x \tag{4.3-40}$$

式中，一次项系数 $\cot(TA)$ 即叶切角的余切值，叶切角 TA 可由已有模型[5]得到。

2011—2012 年试验数据表明，不同处理直叶片出现的概率随叶位变化趋势相似：在归一化叶位区间（0，0.4］内，表现出先升高后降低的规律

（图 4－48a），可用二次函数拟合；在归一化叶位区间（0.4，1］内，呈升先快后慢的上升趋势（图 4－48b），可用对数函数拟合。因此，直叶片概率随叶位变化 P_{LS} 可用分段函数拟合（统计参数见表 4－16）：

$$P_{LS}=\begin{cases}A_1 \cdot NLRs^2+B_1 \cdot NLRs+C_1 & NLRs \in (0,\ 0.4] \\ A_2 \cdot \ln(NLRs)+B_2 & NLRs \in (0.4,\ 1]\end{cases} \tag{4.3-41}$$

式中，P_{LS} 为直叶片概率；$NLRs$ 为归一化叶位，A_1、A_2、B_1、B_2 和 C_1 为模型参数，其取值及显著性检验见表 4－16。

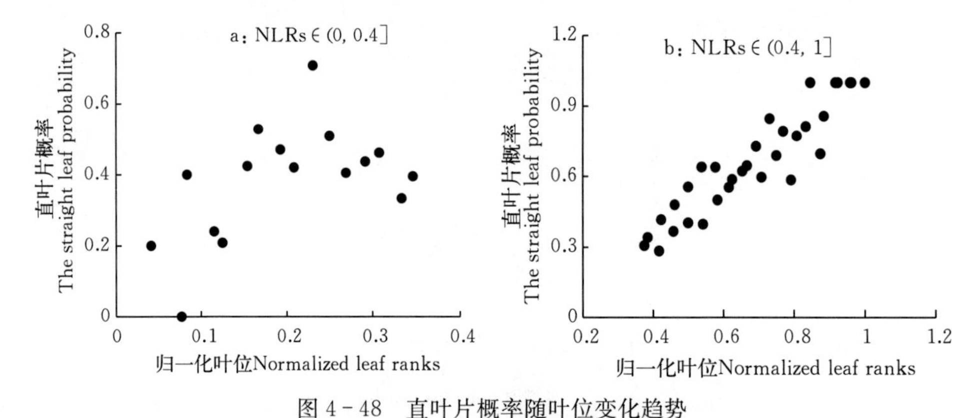

图 4－48　直叶片概率随叶位变化趋势

Fig. 4－48　Changes in the probability of straight leaves with the normalized leaf ranks

表 4－16　直叶片概率模型及其参数显著性检验

Table 4－16　Significance test of the straight leaf probabilistic model and its parameters

归一化叶位区间 Interval of normalized leaf ranks	函数 Function	n	r	相关系数显著性 Significance for r	F 值显著性 Significance for F	参数符号 Parameter symbolic	未标准化参数值 Unstandardized coefficients	t	显著性 Significance
(0，0.4]	$A_1 \cdot NLRs^2+B_1NLRs+C_1$	8	0.725**	$r_{(14,0.01)}=0.623$	0.008	A_1	−10.519	−2.709*	0.018
						B_1	1.572	3.199**	0.007
						C_1	0.139	−0.800	0.438
(0.4，1]	$A_2 \cdot \ln(NLRs)+B_2$	33	0.925***	$r_{(31,0.001)}=0.547$	0.000	A_2	0.716	13.575***	0.000
						B_2	0.965	36.223***	0.000

（二）弯曲叶片叶曲线模型

1. 叶曲线假设函数及其生物学意义

因油菜叶型极为复杂，难以用常规工具和方法快速获取叶曲线数据。本研究将油菜叶片放在以叶基点为原点、主茎方向为 y 轴、水平方向为 x 轴的平面直角坐标系中，在参考其他作物叶曲线拟合函数的基础上，根据试验观察油菜叶片弯曲特性，在常用函数中，二次函数（ax^2+bx）、四次函数（$ax^4+bx^3+cx^2+dx$）、正弦函数（$a\sin(bx)$）、类 Hoerl 函数（axb^x）以及（$(a+bx^c)/(d+x^c)$）和（$(a+bx)/(1+cx+dx^2)$）等函数的图像在一定的区间内均类似于油菜叶曲线，故假设油菜叶曲线方程 $f(x)$ 可用这些函数拟合。根据导数的几何性质可知，曲线方程 $f(x)$ 导函数 $f'(x)$ 在坐标原点的函数值 $f'(0)$ 即叶切角的余切值（$\cot$（TA）），据此可解释叶曲线方程的生物学意义（表 4-17）。

表 4-17　不同叶曲线方程、一阶导函数和原点的导数值及参数生物学意义

Table 4-17　The various functions of leaf curve, their derivative function and the derivative value at the origin, and the biological significance of the parameters

函数式 $f(x)$	导函数 $f'(x)$	原点导函数值 $f'(0)$	参数生物学意义 Biological significance of the parameters
ax^2+bx	$2ax+b$	b	a：弯曲度 Curvature；$b=\cot(TA)$
$ax^4+bx^3+cx^2+dx$	$4ax^3+3bx^2+2cx+d$	d	$d=\cot(TA)$
$a\sin(bx)$	$ab\cos(bx)$	ab	叶曲线顶点 Leaf curve peak:($\pi/2b$, a)；$ab=\cot(TA)$
axb^x	$axb^x\ln b+ab^x$	a	$a=\cot$（TA）；b：弯曲度 Curvature
$(a+bx^c)/(d+x^c)$	$\frac{bcx^{c-2}}{x^c+d}-\frac{cx^{c-2}(bx^2+a)}{(x^2+d)^2}$	0	N/A
$(a+bx)/(1+cx+dx^2)$	$\frac{b}{dx^2+cx+1}-\frac{(bx+a)(2dx+c)}{(dx^2+cx+1)^2}$	$b-ac$	$b-ac=\cot(TA)$

由表 4-17 可知，除（$(a+bx^c)/(d+x^c)$）因不可能出现 $\cot(TA)=0$ 而无意义外，其他函数均具有一定生物学意义，但只有二次函数（ax^2+bx）、正弦函数（$a\sin$（bx））和类 Hoerl 函数（axb^x）的每个参数均具有明确生物学意义，因此，本文选取上述 3 种函数进行求解验证。

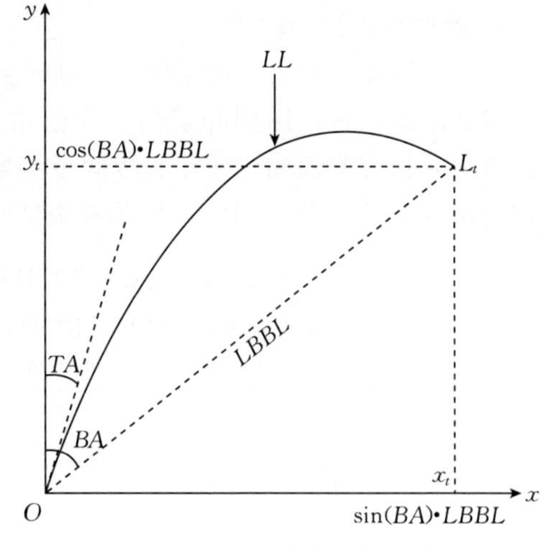

图 4-49　叶曲线几何性质

Fig. 4-49　The geometrical properties of leaf curve

2. 叶曲线函数求解

如图 4-49 所示，根据叶片的几何性质，解 $\angle OL_ty_t$，可将叶顶点 L_t 坐标用叶弦角和叶弦长表示为（sin（BA）· $LBBL$，cos（BA）· $LBBL$），将原点 O 和叶顶点 L_t 代入叶曲线函数，可得方程组（4.3-42）：

$$\begin{cases} f(\sin(BA)\cdot LBBL)=\cos(BA)\cdot LBBL \\ f'(0)=\cot(TA) \end{cases} \tag{4.3-42}$$

二次函数（ax^2+bx）、正弦函数（$a\sin(bx)$）和类 Hoerl 函数（axb^x）均只含 2 个参数，因此，理论上只需求解方程组（4.3-42），即可求出参数值，进而得到叶曲线方程。表 4-18 给出了这 3 种函数对应的方程组和解。

表 4-18 可能的叶曲线函数求解方程组及其解

Table 4-18 Three curvilinear functions for curving leaves and the corresponding equation sets and their solutions

函数式 $f(x)$	方程组 Equations	解 Solution
ax^2+bx	$\begin{cases} f(\sin(BA)\cdot LBBL)=a\cdot\sin(BA)^2\cdot LBBL^2+b\cdot LBBL^2+b\cdot LBBL\cdot\sin(BA) \\ \quad =\cos(BA)\cdot LBBL \\ f'(0)=b=\cot(TA) \end{cases}$	$a=-\frac{\sin(BA)\cdot\cot(TA)-\cos(BA)}{LBBL\cdot\sin(BA)^2}$ $b=\cot(TA)$
$a\sin(bx)$	$\begin{cases} f(\sin(BA)\cdot LBBL)=a\cdot\sin(b\cdot LBBL\cdot\sin(BA))=\cos(BA)\cdot LBBL \\ f'(0)=a\cdot b=\cot(TA) \end{cases}$	$a=\frac{LBBL\cdot\cos(BA)}{\sin(b\cdot LBBL\cdot\sin(BA))}$ $a\cdot b=\cot(TA)$
axb^x	$\begin{cases} f(\sin(BA)\cdot LBBL)=a\cdot LBBL\cdot\sin(BA)\cdot b^{LBBL\cdot\sin(BA)}=\cos(BA)\cdot LBBL \\ f'(0)=a=\cot(TA) \end{cases}$	$a=\cot(TA)$ $b=\left(\frac{\cos(BA)}{\sin(\sin(BA)\cdot\sin(TA))}\right)^{\frac{1}{\sin(BA)LBBL}}$

如表 4-18 所示，二次函数（ax^2+bx）和类 Hoerl 函数（axb^x）均可直接求得参数值的精确解，而正弦函数（$a\sin(bx)$）无解析解，只能采用无限逼近的方法求得近似解。

3. 叶曲线函数检验

根据曲线弧长公式，可求出原点到叶尖点的弧长，即叶长模拟值。叶曲线方程参数求解过程仅用到叶切角、叶弦角、叶弦长，未用到叶长实测值。因此，可用叶长实测值和 3 种叶曲线假设函数的模拟值作 1∶1 图（图 4-50），并进行统计检验（表 4-19），以筛选最优叶曲线方程。

表 4-19 2011—2012 年油菜主茎叶长实测值与模拟值比较的统计参数

Table 4-19 Comparison of statistical parameters of the observed and the stimulated leaf blade length on main stem in 2011—2012

函数式 $f(x)$	实测值与模拟值比较的统计参数 Statistic parameters of simulation and observation					
	n	d_a（cm）	d_{ap}（%）	$RMSE$（cm）	r	显著性 Significance
ax^2+bx	509	2.521	10.426	3.974	0.956***	$r_{(507,0.001)}=0.145$
$a\sin(bx)$	509	3.730	15.427	6.083	0.904***	$r_{(507,0.001)}=0.145$
axb^x	509	4.693	19.410	6.749	0.889***	$r_{(507,0.001)}=0.145$

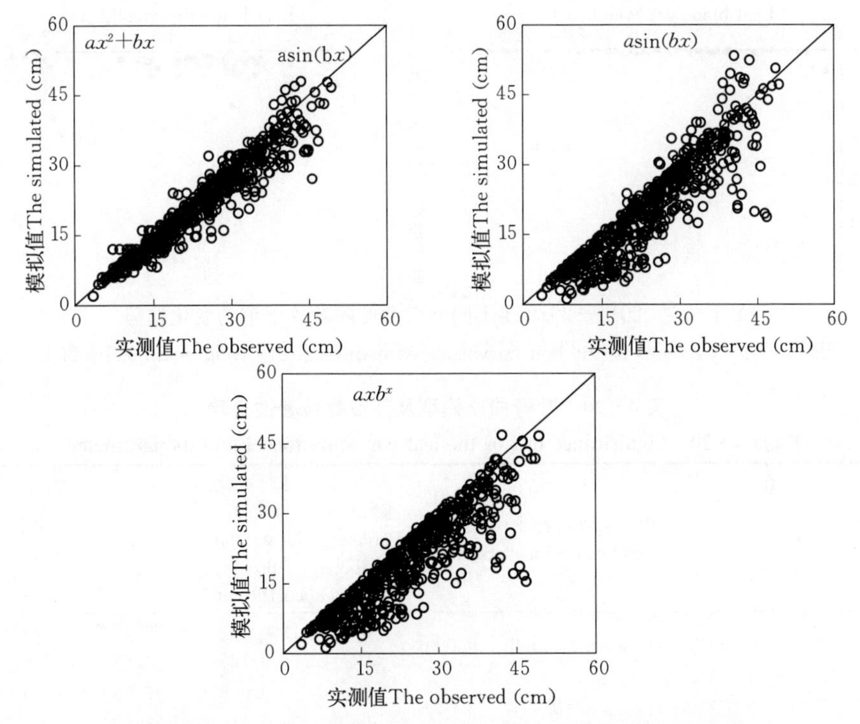

图 4-50　2011—2012 年油菜主茎叶长实测值与模拟值比较

Fig. 4-50　Comparison of the observed and the stimulated leaf length on main stem in 2011—2012

结果显示，3 种假设函数中，二次函数（ax^2+bx）的各项检验统计指标均最好，拟合效果最佳，且二次项系数和一次项系数均有明确的生物学意义，因此，本研究用二次函数模拟油菜叶曲线：

$$f(x)=Lc_i \cdot x^2+\cot(TA) \cdot x \qquad (4.3-43)$$

式中，Lc_i 为出苗后第 i 天叶片弯曲度。

4. 基于生物量的叶弯曲度模拟

2011—2012 年试验数据表明，油菜主茎叶片定长后衰老前弯曲度变化较为规律，不同叶位叶片弯曲度均随叶片生物量增加而减小，即叶曲线方程二次项系数随叶片生物量的增大而增大（图 4-51），可用倒数函数拟合（统计参数见表 4-20）：

$$Lc_i=\frac{Lc_a}{DWLB_i}+Lc_b \qquad (4.3-44)$$

式中，$DWLB_i$ 为出苗后第 i 天叶片的干重，Lc_a 和 Lc_b 为方程参数，其取值及显著性检验见表 4-20。

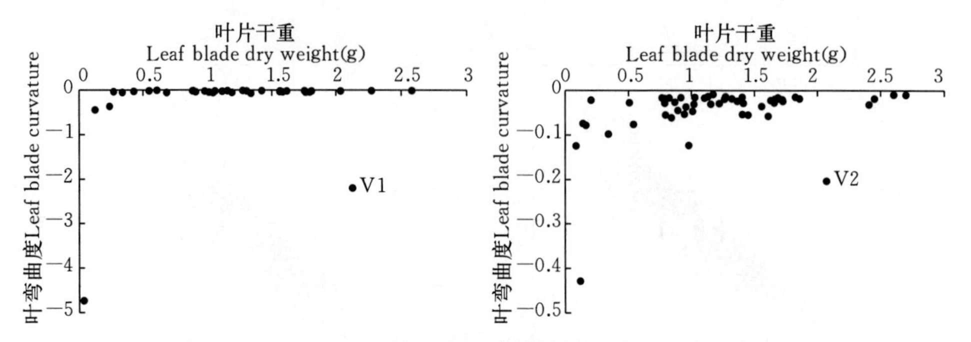

图 4-51　2011—2012 年不同叶弯曲度随叶片干重的变化趋势

Fig. 4-51　Changes in the leaf curvature with the leaf dry weight in 2011—2012

表 4-20　叶弯曲度模型及其参数显著性检验

Table 4-20　Significance test of the leaf curvature model and its parameter

品种 Cultivar	n	r	相关系数显著性 Significance for r	F 值显著性 Significance for F	参数符号 Parameter symbolic	未标准化参数值 Unstandardized coefficients	t	显著性 Significance
V1	34	0.974***	$r_{(32,0.001)}=0.539$	0.000	Lc_a	−0.165	−24.127***	0.000
					Lc_b	0.163	4.625***	0.000
V2	51	0.637***	$r_{(49,0.001)}=0.447$	0.000	Lc_a	−0.018	−5.789***	0.000
					Lc_b	−0.015	−1.826	0.074

（三）模型检验

利用 2012—2013 年的实测值和模拟值作 1∶1 图（图 4-52，图 4-53）[7]，并进行统计检验（表 4-21），结果表明，各品种直叶片概率和叶弯曲度实测值与模拟值的相关系数（r）均达 $P<0.001$ 显著水平，d_a 的绝对值均在 0.01 以内、d_{ap} 均在 10%以内，说明上述模型模拟效果较好。

表 4-21　2012—2013 年油菜主茎直叶片概率和叶弯曲度模型实测值与模拟值比较的统计参数

Table 4-21　Comparison of statistical parameters of simulation and observation in the probability for straight leaves and curvature for curving leaves on main stem in 2012—2013

模型 Models	品种 Cultivar	实测值与模拟值比较的统计参数 Statistic parameters of simulation and observation					
		n	d_a	d_{ap}（%）	$RMSE$	r	显著性 Significance
直叶片概率 The straight leaf probability	V1，V2	52	0.001	0.245	0.191	0.762***	$r_{(50,0.001)}=0.443$
叶弯曲度 The leaf blade curvature	V1	93	0.007	−9.196	0.060	0.648***	$r_{(91,0.001)}=0.336$
	V2	99	−0.005	−7.000	0.042	0.541***	$r_{(97,0.001)}=0.326$

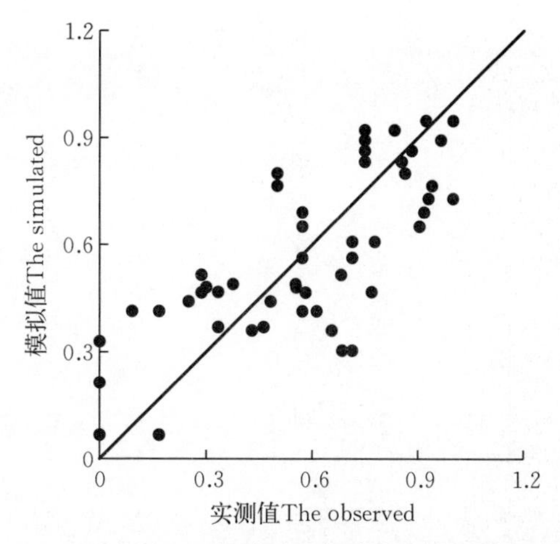

图 4-52　2012—2013 年直叶片概率实测值与模拟值比较

Fig. 4-52　Comparison of the observed and the stimulated probability for straight leaves in 2012—2013

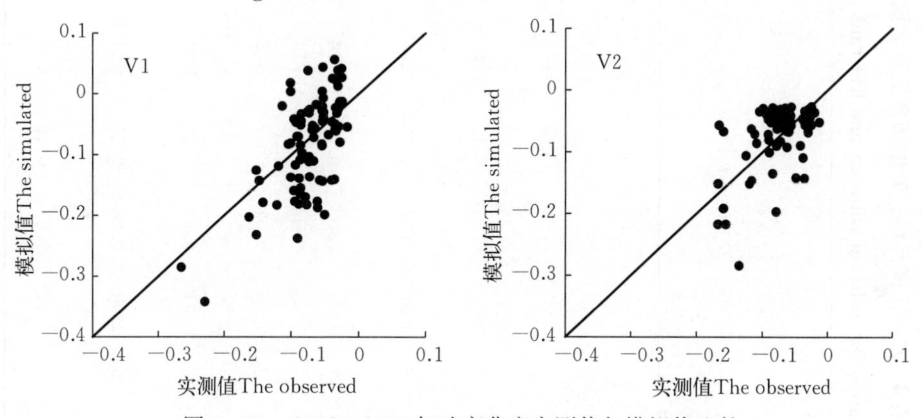

图 4-53　2012—2013 年叶弯曲度实测值与模拟值比较

Fig. 4-53　Comparison of the observed and the stimulated leaf curvature for curving leaves in 2012—2013

四、基于生物量的油菜叶片颜色模型

油菜叶片颜色 r、g、b 值指数，$g/(r+g+b)$、r/g、b/g、$g/(r+b)$ 均可用于品种间差异性分析；$g/(r+g+b)$、r/g、$g/(r+b)$、$(g-r)/(g+r)$ 均可用于不同氮素水平间差异性分析；同样得出，$g/(r+g+b)$、$b/(r+g+b)$、$r/(g+b)$、$b/(g+r)$ 可用于不同密度间差异性分析，见表 4-22、表 4-23、表 4-24。

表 4-22 不同品种、叶位颜色值及其指数方差分析

Table 4-22 Leaf color values for different cultivars and leaf rank, and variance analysis of their indices

日期 Date	叶位 Leaf rank	r	g	b	H	S	V	$r/(r+g+b)$	$g/(r+g+b)$	$b/(r+g+b)$	r/g	b/g	$r/(g+b)$	$g/(r+b)$	$b/(g+r)$	$(g-r)/(g+r)$	$(g-b)/(g+b)$	$\|g-b\|$
12/21	5	0.33	0.62	0.37	0.00	0.01	0.75	0.00	0.00	0.00	0.00	0.00	0.00	0.00	0.00	0.00	0.00	0.00
	6	0.00	0.11	0.00	0.00	0.07	0.05	0.00	0.00	0.20	0.00	0.00	0.00	0.00	0.19	0.00	0.00	0.03
1/16	8	0.52	0.88	0.56	0.31	0.09	0.07	0.04	0.01	0.15	0.01	0.07	0.04	0.01	0.14	0.01	0.07	0.63
	9	0.19	0.30	0.07	0.35	0.53	0.68	0.21	0.01	0.13	0.04	0.04	0.21	0.01	0.13	0.04	0.04	0.84
2/23	12	0.17	0.21	0.11	0.17	0.00	0.19	0.08	0.02	0.00	0.14	0.00	0.08	0.02	0.00	0.15	0.00	0.00
	13	0.02	0.02	0.01	0.03	0.02	0.02	0.06	0.02	0.02	0.03	0.02	0.06	0.02	0.02	0.03	0.02	0.05
3/10	13	0.18	0.02	0.20	0.02	0.02	0.03	0.04	0.01	0.02	0.01	0.01	0.04	0.01	0.02	0.01	0.01	0.01
	14	0.43	0.00	0.93	0.03	0.18	0.00	0.00	0.08	0.20	0.04	0.14	0.00	0.07	0.20	0.04	0.13	0.04
	15	0.01	0.00	0.89	0.04	0.12	0.00	0.34	0.03	0.19	0.00	0.10	0.34	0.03	0.19	0.01	0.10	0.02

表 4-23　不同品种、叶位、施氮处理颜色值及其指数方差分析

Table 4-23　Leaf color values for different cultivars, leaf rank, and nitrogen treatments, and variance analysis of their indices

日期 Date	叶位 Leaf rank	r	g	b	H	S	V	$r/(r+g+b)$	$g/(r+g+b)$	$b/(r+g+b)$	r/g	b/g	$r/(g+b)$	$g/(r+b)$	$b/(g+r)$	$(g-r)/(g+r)$	$(g-b)/(g+b)$	$\|g-b\|$
11/23	4	0.02	0.06	0.01	0.01	0.01	0.05	0.02	0.01	0.00	0.01	0.00	0.01	0.03	0.00	0.02	0.00	0.19
	5	0.18	0.00	0.14	0.79	0.56	0.00	0.82	0.71	0.69	0.81	0.70	0.84	0.62	0.69	0.78	0.69	0.00
12/21	5	0.09	0.77	0.20	0.02	0.69	0.18	0.10	0.02	0.33	0.03	0.07	0.11	0.02	0.33	0.03	0.06	0.17
	6	0.96	0.02	0.89	0.01	0.38	0.67	0.01	0.01	0.17	0.01	0.04	0.01	0.01	0.16	0.01	0.03	0.00
1/26	8	0.10	0.28	0.19	0.87	0.54	0.43	0.01	0.01	0.26	0.00	0.26	0.01	0.01	0.27	0.00	0.25	0.41
	9	0.06	0.07	0.08	0.95	0.65	0.61	0.04	0.04	0.54	0.02	0.41	0.04	0.05	0.55	0.02	0.40	0.09
2/23	11	0.15	0.31	0.06	0.17	0.00	0.30	0.55	0.00	0.00	0.03	0.00	0.55	0.00	0.00	0.03	0.00	0.06
	12	0.21	0.11	0.48	0.12	0.08	0.12	0.21	0.03	0.14	0.05	0.05	0.21	0.03	0.14	0.05	0.05	0.01
	13	0.54	0.31	0.70	0.45	0.68	0.33	0.49	0.57	0.71	0.48	0.65	0.48	0.57	0.70	0.48	0.66	0.07
3/10	13	0.19	0.04	0.06	0.21	0.79	0.06	0.13	0.35	0.95	0.17	0.71	0.14	0.36	0.94	0.17	0.72	0.18
	14	0.76	0.19	0.80	0.09	0.21	0.24	0.28	0.10	0.32	0.10	0.17	0.28	0.10	0.32	0.10	0.17	0.04
	15	0.30	0.22	0.25	0.11	0.18	0.24	0.32	0.11	0.31	0.09	0.19	0.32	0.11	0.31	0.09	0.19	0.12

表 4-24　苗期至越冬期叶色指数与叶干重间初步建模

Table 4-24　Preliminary modeling of leaf color indices with leaf dry weight from seedling to overwintering stage

模型 Model	等式 Equation	R^2	未标准化系数 Unstandardized coefficients (B)	t	显著性 Significance
1	$g/(r+g+b)=A*LDW+B$	0.535	0.359	7.586***	0.000
			0.446	45.044***	0.000
2	$g/(r+b)=A*LDW+B$	0.565	1.592	8.059***	0.000
			0.812	19.654***	0.000
3	$g/(r+g+b)=A*\ln(LDW)+B$	0.490	0.041	6.924***	0.000
			0.602	36.990***	0.000
4	$g/(r+b)=A*\ln(LDW)+B$	0.511	0.182	7.227***	0.000
			1.502	21.849***	0.000
5	$\ln[g/(r+b)]=A*LDW+B$	0.539	1.465	0.810***	0.000
			0.810	14.624***	0.000
6	$g/(r+g+b)=A*LDW^2+B*LDW+C$	0.549	−0.464	−1.226	0.226
			0.560	3.287**	0.002
			0.436	33.619***	0.000
7	$g/(r+b)=A*LDW^2+B*LDW+C$	0.578	−1.952	−1.235	0.223
			2.436	3.428**	0.001
			0.768	14.217***	0.000

参考文献

[1] 刘后利．实用油菜栽培学．上海：上海科学技术出版社，1987.

[2] 岳延滨．油菜植株形态结构模型及可视化．南京：南京农业大学，2010.

[3] 岳延滨，朱艳，曹宏鑫．基于几何参数模型和 OpenGL 的油菜角果可视化研究．江苏农业科学，2011，27（1）：438-440.

[4] 岳延滨，朱艳，曹宏鑫．基于几何参数模型和 OpenGL 的油菜花朵可视化研究．江苏农业学报，2011，27（2）：264-270.

[5] 张伟欣．基于生物量的油菜植株地上部形态结构模型．南京：南京农业大学，2014.

[6] 张伟欣，曹宏鑫，朱艳，等．基于生物量的油菜越冬前植株叶片空间形态结构模型．作物学报，2015，41（2）：318-328.

[7] 张文宇，张伟欣，葛道阔，等．基于生物量的油菜叶曲线模型．江苏农业学报，2014，30（6）：1259-1266.

第五章　油菜主要气象灾害模型

冬油菜气象灾害主要包括冻害、冷害、渍害、干旱及倒伏等[1]。本章仅涉及渍害与干旱胁迫下油菜生长及产量模型。

以江苏省为例，在油菜等夏收作物生产上，旱涝天气灾害较频繁。干旱主要表现为秋旱与春旱。秋季降水多寡影响到油作的耕地质量、播种质量和出苗质量。入秋后降水明显减少，而蒸发力下降缓慢，土壤失墒快，除苏南外，全省秋旱概率较高[2]。

据统计，我国长江流域易涝易渍耕地面积达 540 万 hm^2，约占长江流域总耕地面积的 25%；我国南方 14 省涝渍地面积近 1 000 万 hm^2，占该区各类中低产田面积的 86%。经过不同程度治理的涝渍地仅占涝渍地总数的 31%。并且国内以与水稻轮作的冬油菜为主，分布于长江流域（湖北、湖南、安徽、四川、贵州、重庆、江西等 9 省市），占全国油菜总面积的 85%以上，在水稻收获后进行直播或移栽，生长季节为秋、冬、春季。由于长江流域秋季和春季气候湿润多雨，土壤黏重、地下水位高、排水困难，土壤表面易积水，使油菜在生长关键时期（苗期和花期）常常遭受渍害，造成严重减产（17%～42%）[3-4]，成为长江流域油菜产区重大农业气象灾害[5]。因此，定量研究渍害与干旱影响下的油菜生长及产量，对预报及防控油菜渍害与干旱影响具有重要意义。

第一节　施肥和花期渍水胁迫对油菜产量及其形成影响的量化研究

一、花期不同渍水时间和不同施肥处理对油菜产量及其构成的影响

（一）籽粒产量

盆栽条件下，无施肥处理的宁油 18 和宁杂 19 花期渍水处理 3 d 单株产量显著减少，且随着渍水时间增加，产量损失逐渐增大。在施肥处理下，宁油 18 在花期渍水处理 3 d 单株产量显著下降，而宁杂 19 在花期渍水处理 6 d 单

株产量才开始显著下降，这说明施肥在渍水处理 3 d 情况下对宁杂 19 有缓解作用。不施肥条件下，花期渍水处理 3、6 和 9 d，宁油 18 分别减产 21%、33%和 51%，宁杂 19 分别减产 26%、34%和 53%；施肥条件下，花期渍水处理 3、6 和 9 d，宁油 18 分别减产 10%、31%和 52%，宁杂 19 分别减产 7%、31%和 49%（图 5-1）[6]。

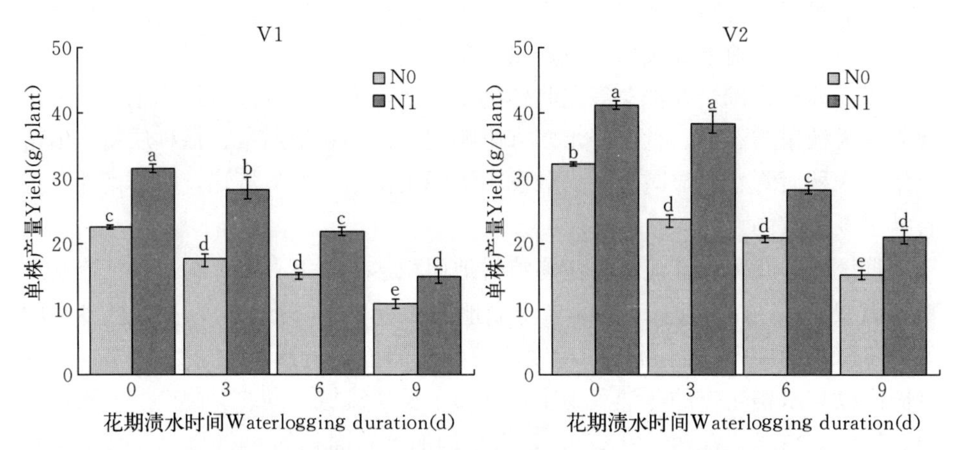

图 5-1　花期不同渍水时间不同施肥处理对油菜单株产量的影响（盆栽）

Fig. 5-1　Effects of waterlogging and nitrogen application at flowering stage on leaf numbers of two cultivars of rapeseed after treatment (pot experiment)

V1：宁油 18，V2：宁杂 19；N0：不施肥，N1：施肥；a、b、c、d、e 等小写字母代表在 0.05 水平显著性。下同。

V1: Ningyou18, V2: Ningza19; N0: No fertilizer, N1: Fertilizer; a, b, c, d, e, etc. represents the significant level at $P<0.05$, the same below.

池栽条件下渍水对油菜产量的影响总体小于盆栽，大部分渍水处理 6 d 单株产量才发生显著减产。宁油 18 在无施肥（N0）和施肥（N1）条件下花期渍水处理 3 d 分别减产 24%和 12%，渍水处理 6 d 分别减产 34%和 27%；宁杂 19 表现与宁油 18 类似，在无施肥（N0）和施肥（N1）条件下渍水处理 3 d 分别减产 26%和 11%，渍水处理 6 d 减产 35%左右。在短期渍水处理 3 d 条件下，施肥可以缓解产量损失，产量减产不显著，且相对于无施肥处理，减产幅度小；当渍水处理达到 6 d，无施肥（N0）和施肥（N1）条件下油菜都发生显著减产（图 5-2）[6]。

（二）籽粒产量构成因素

无论施肥还是无施肥处理，2 个品种的地上部干物质重、产量结构及收获

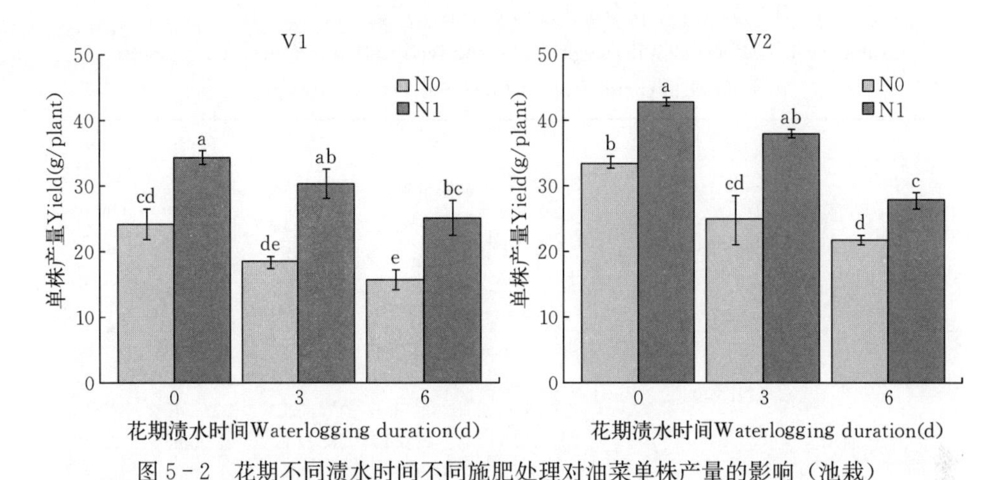

图 5-2　花期不同渍水时间不同施肥处理对油菜单株产量的影响（池栽）

Fig. 5-2　Effects of waterlogging and nitrogen application at flowering stage on leaf numbers of two cultivars of rapeseed after treatment (pool experiment)

指数都随渍水时间延长而减少，其中，各个指标在施肥条件下的值均高于无施肥条件。无施肥（N0）条件下花期渍水处理 3、6 和 9 d 地上部干物质分别减少 14%～18%、23%～25%和 33%～46%，有施肥（N1）条件下花期渍水处理 3、6 和 9 d 地上部干物质减少 3%～9%、21%～23%和 35%～40%。单株有效角果数、每角果粒数和千粒重是构成油菜产量的三因素，其中，无施肥条件下渍水处理 3 d 的单株角果数都显著减少，千粒重和角果粒数则大部分渍水处理 6 d 甚至 9 d 才发生显著减少。各处理渍水胁迫对单株角果数影响最大，其次是角果粒数和千粒重，这表明花期渍水后造成花器受精不良甚至脱落，角果数及角粒数明显降低，已完成受精的角果充实受阻，千粒重显著下降；施肥在短期渍水中提高产量结构的作用大于长期渍水，花期渍水处理 3、6 和 9 d，单株角果数分别下降 3%～17%、16%～25%和 28%～36%。相对于无施肥条件，渍水处理 3 d 施肥减缓角果数损失 10%～13%，6 d 减缓损失 1%～6%，9 d 最大减缓损失 3%。所有处理下，花期不同持续时间渍水胁迫减少每角果粒数 2%～22%，减少千粒重 0～13%（表 5-1）[6]。

收获指数（harvest index，HI）是作物经济产量与生物产量之间的比值，是用来评价作物光合作用产物转化为经济产量的重要指标。花期渍水胁迫下，植株生长发育受阻，源向库光合作用转化受阻，籽粒充实不饱满，收获指数降低。无施肥条件下，不同持续时间渍水胁迫降低收获指数 9%～39%，施肥条件下减少收获指数 6%～36%，其中，施肥在渍水处理 3 d 时缓解收获指数减少的幅度仍然最大（表 5-1）[6]。

表 5-1　不同施肥水平花期渍水胁迫对冬油菜产量构成因素的影响（盆栽）

Table 5-1　Effects of waterlogging time and fertilization treatment on rapeseed grain yield components at flowering（pot experiment）

年份 Year	品种 Variety	施肥 Fertilization	渍水天数 Treatment (d)	地上部干物质重 Total aboveground dry matter (g/plant)	单株角果数 Pod per plant	每角果粒数 Grain per pod	千粒重 1 000-grain weight (g)	收获指数 Harvest index (g/g)
2015	宁油 18 Ningyou 18	N1	0	120.26a	462.97a	20.36a	4.05a	0.32a
			3	120.04a	450.30a	20ab	4.06a	0.30ab
			6	109.84a	379.05b	17.80cd	3.68ab	0.24bc
			9	101.05ab	319.52cd	16.73de	3.56abc	0.19c
		N0	0	104.44ab	389.67b	18.43bc	3.27bcd	0.23bc
			3	102.97ab	330.67c	16.69de	3.03cd	0.17c
			6	91.94ab	300.00cd	16.45de	2.99cd	0.17c
			9	77.49b	277.00d	15.30e	2.76d	0.15c
	宁杂 19 Ningza 19	N1	0	137.13a	494.00a	20.98a	3.95a	0.30a
			3	132.19a	465.33ab	20.32a	3.84ab	0.28ab
			6	117.44ab	400.00c	19.93ab	3.77abc	0.26abc
			9	100.08ab	353.33d	16.93cd	3.44bcd	0.21bc
		N0	0	129.62a	446.67b	18.03bc	3.56abcd	0.23abc
			3	119.45a	391.67cd	17.03cd	3.33cd	0.2bc
			6	108.5ab	352.33d	16.37cd	3.21d	0.18c
			9	76.61b	285.33e	15.57d	3.12d	0.18c
2016	宁油 18 Ningyou 18	N1	0	117.70a	434.75a	19.65a	3.77a	0.27a
			3	112.76a	412.84ab	19.25a	3.60ab	0.25ab
			6	102.95b	353.81cd	17.70b	3.50abc	0.21c
			9	92.26c	300.25ef	15.36cd	3.33bcd	0.17d
		N0	0	88.51c	381.67bc	17.57b	3.35bcd	0.26ab
			3	76.61d	324.88de	16.70bc	3.28bcd	0.23bc
			6	72.69d	312.37de	15.46cd	3.16cd	0.21c
			9	64.74e	255.29f	14.26d	3.04d	0.17d
	宁杂 19 Ningza 19	N1	0	144.35a	474.44a	22.33a	3.98a	0.29a
			3	141.19a	460.59ab	21.32ab	3.77ab	0.27a
			6	124.68b	397.41c	19.03cd	3.74ab	0.23b
			9	116.16bc	335.93d	17.82cd	3.52b	0.18cd
		N0	0	123.33b	426.3bc	19.94bc	3.57ab	0.26a
			3	112.47cd	352.96d	19.47bcd	3.52b	0.21bc
			6	102.93de	334.44d	18.40cd	3.47b	0.21bc
			9	95.69e	271.48e	17.37d	3.33b	0.16d

注：不同字母表示 0.05 水平差异。

Note：The different letters are the significant level at $P<0.05$。

总体上，从单因素主效应看，两年试验中，年份对产量及产量构成因素影响不大，只显著影响地上部干物质重和单株角果数；同样，盆栽和池栽的栽培方式对产量影响不显著，但是显著影响了单株角果数和每角果粒数。施肥水平和渍水时间都显著影响了产量和产量结构，品种对收获指数的影响不显著。从各因素交互作用看，施肥和渍水时间的交互作用显著影响了产量、地上部干物质重、收获指数和单株角果数，但是对每角果粒数和千粒重的影响不显著。另外渍水时间和品种的互作效应也比较大，显著影响了产量、地上部干物质重、单株角果数和每角果粒数。三因素互作中，年份、施肥处理和渍水时间显著影响产量、收获指数和单株角果数；渍水、施肥和品种间的互作、施肥渍水和栽培方式间的互作都显著影响了产量。四因素互作对产量及产量结构都不构成显著影响（表 5－2）[6]。

表 5－2　不同施肥水平花期渍水胁迫下产量和产量结构方差分析的 *P* 值

Table 5－2　Probability value of the analysis of variance for yield and yield component under waterlogging and fertilization treatment

变异来源 Source of variation	产量 Yield	地上部干物质重 Total aboveground dry matter (g)	收获指数 Harvest index (g/g)	单株角果数 Pod numbers per plant	每角果粒数 Grain numbers per pod	千粒重 1 000-grain weight (g)
试验年份 Year	ns	0.005	ns	0.001	ns	ns
施肥水平 N	<0.001	<0.001	<0.001	<0.001	<0.001	<0.001
渍水时间 D	<0.001	<0.001	<0.001	<0.001	<0.001	<0.001
品种 V	<0.001	<0.001	ns	<0.001	<0.001	0.001
栽培方式 L	ns	ns	ns	<0.001	<0.001	ns
试验年份×施肥水平 Year×N	0.008	ns	0.003	ns	ns	0.006
试验年份×渍水时间 Year×D	ns	ns	ns	ns	ns	ns
试验年份×品种 Year×V	<0.001	<0.001	ns	0.001	<0.001	ns
试验年份×栽培方式 Year×L	ns	ns	ns	ns	ns	ns
施肥水平×渍水时间 N×D	<0.001	0.012	0.023	<0.001	ns	ns
施肥水平×品种 N×V	ns	ns	ns	ns	ns	ns
施肥水平×栽培方式 N×L	ns	0.005	ns	ns	ns	ns
渍水时间×栽培方式 D×L	ns	ns	ns	ns	ns	ns
试验年份×栽培方式 V×L	ns	ns	ns	ns	ns	ns
试验年份×施肥水平×渍水时间 Year×N×D	<0.001	ns	0.007	0.01	ns	ns
试验年份×施肥水平×栽培方式 Year×N×L	ns	ns	ns	ns	ns	ns

（续）

变异来源 Source of variation	产量 Yield	地上部干物质重 Total aboveground dry matter (g)	收获指数 Harvest index (g/g)	单株角果数 Pod numbers per plant	每角果粒数 Grain numbers per pod	千粒重 1 000-grain weight (g)
施肥水平×品种×渍水时间 N×V×D	<0.001	ns	ns	0.001	ns	ns
施肥水平×渍水时间×栽培方式 N×D×L	<0.001	0.048	ns	0.001	ns	ns
试验年份×施肥水平×渍水时间×品种 Year×N×D×V	ns	ns	ns	ns	ns	ns
施肥水平×渍水时间×品种×栽培方式 N×D×V×L	ns	ns	ns	ns	ns	ns

注：数字表示主体间或相互间效应显著；ns 表示不显著（$P>0.05$）。

Note：Numbers in the table indicates the P values of main and interaction effects for which at least one variable was detected as significant；ns：not significant（$P>0.05$）.

二、不同施肥与花期渍水对油菜产量及其构成的影响的量化

（一）基于普通回归模型的量化

图 5－3 和图 5－4 是分别运用普通线性回归和二次曲线回归量化不同施肥水平渍水胁迫对油菜产量、收获指数和单株角果数的影响。图 5－5 是应用普通线性回归下量化不同施肥水平渍水胁迫对油菜角粒数和千粒重的影响。由于不同年份与栽培方式下油菜的产量和产量结构绝对值相差较大，所以把所有处理进行归一化，各测试指标相对值等于处理测定值/对照测定值（渍水 0 d）。从线性方程可知，随着渍水时间延长，油菜的相对产量及相对产量结构指标呈下降趋势，且渍水每增加 1 d，施肥处理和无施肥处理下，产量及产量结构下降的程度比较一致。渍水时间每增加 1 d，相对产量下降 5.6%～5.7%，相对收获指数下降 3.9%～4.0%，其中产量结构中下降最多的是相对单株角果数，下降 3.4%～3.6%。从简单线性方程看，施肥并没有有效缓解渍水胁迫对产量及产量结构的负效应。为了更加精确地反映施肥的效应，又用二次曲线模拟了渍水胁迫对相对产量（图 5－3B）、相对收获指数（图 5－3D）和相对角果数（图 5－4B）的影响。结果表明，短时间渍水胁迫下，施肥能够缓解渍水胁迫对产量、收获指数和角果数的负效应，随着渍水时间延长，施肥缓解渍水胁迫负效应的能力减弱，当渍水达到 9 d 时，无施肥和施肥处理下，渍水对产量、收获指数和角果数的影响比较一致[6]。

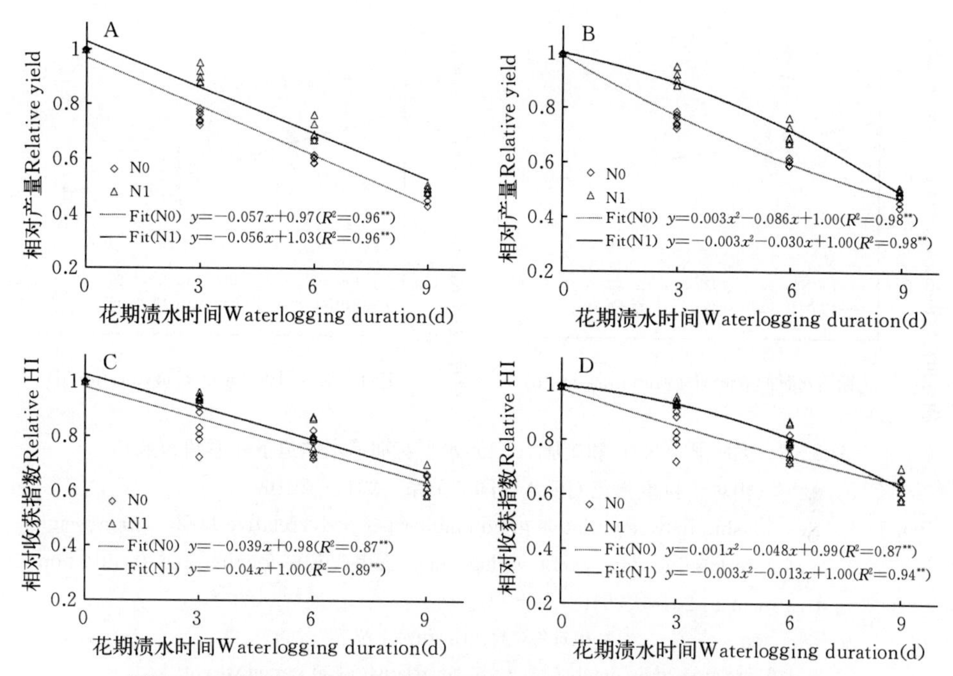

图 5-3　无施肥（N0）和施肥（N1）水平花期渍水胁迫下相对产量、相对收获指数与花期渍水时间的关系（2014—2016）

Fig. 5-3　Relationship between relative yield，relative harvest index and waterlogging days at flowering stage under waterlogging and fertilization treatment in 2014—2016

A、B：相对产量；C、D：相对收获指数。**表示在 0.01 水平差异极显著；* 表示在 0.05 水平差异显著。下同。

A，B：Relative yield；C，D：Relative harvest index. **is the significant level at $P<0.01$；* is the significant level at $P<0.05$. the same below.

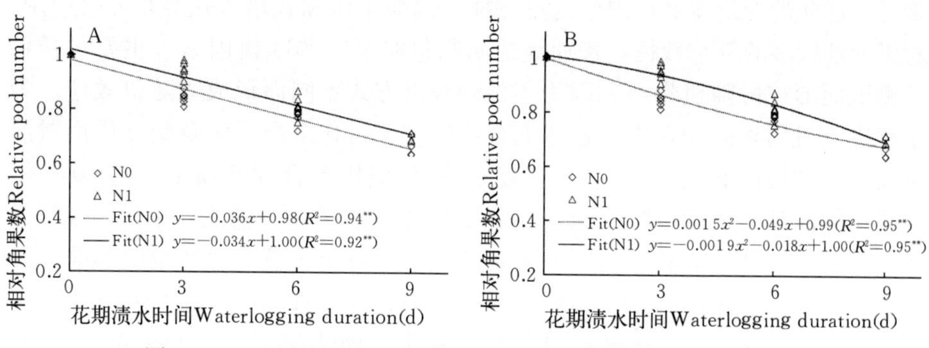

图 5-4　无施肥（N0）和施肥（N1）水平花期渍水胁迫下相对角果数与花期渍水时间的关系（2014—2016）

Fig. 5-4　Relationship between relative pod number and waterlogging days at flowering stage under water logging and fertilization treatment in 2014—2016

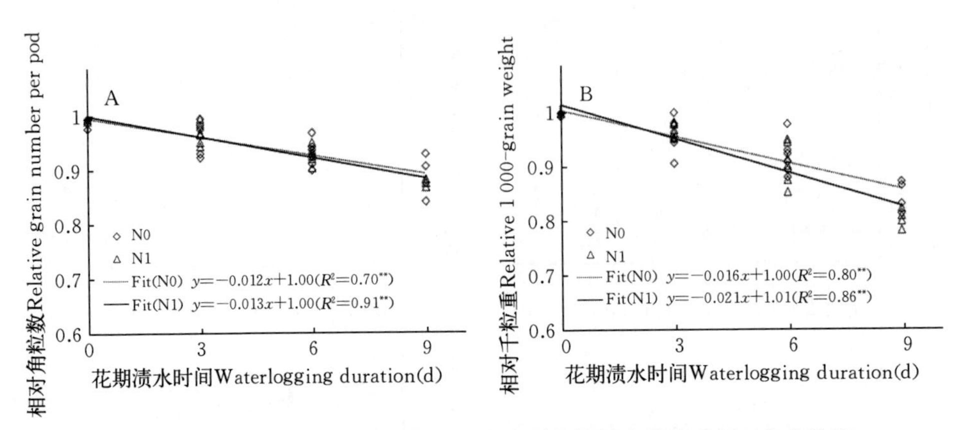

图 5-5 无施肥（N0）和施肥（N1）水平花期渍水胁迫下相对角粒数和相对千粒重与花期渍水时间的关系（2014—2016）

Fig. 5-5 Relationship between relative grain number per pod，relative 1 000-grain weight and waterlogging days at flowering stage under waterlogging and fertilization treatment in 2014—2016

A：相对角粒数；B：相对千粒重

A：relative grain number per pod；B：relative 1 000-grain weight

（二）基于混合线性模型的量化

在多因素量化的统计回归模型中大致可以分为 2 个方向：一个是交互效应方向；一个是随机性方向（固定效应、随机效应）。交互效应较多探究的是变量之间的网络关系，会有很多变量及多变量之间的关系，在表 5-2 已分析过；而随机性探究的是变量自身的关联，当需要着重顾及某变量存在太大的随机因素时（这样的变量就好比内生变量一样，比如年份和栽培方式等）才会使用。对于处理较多的复杂数据，普通线性回归忽略了一些随机因素，主要包括重复测试而形成的随机噪声和因为年份和栽培方式不同而形成的随机效应。为了解决随机因素问题，本文运用混合线性模型量化多个因子及交互作用对产量及产量结构的影响。表 5-3 和表 5-4 是应用混合线性模型，把 2015 年盆栽条件品种宁油 18 渍水 0 d 不施肥处理作为对照，分别比较年份、栽培方式以及年份和栽培方式作为随机变量情况下，各个主效应对产量的影响，并通过赤池信息准则（akaike information criterion，AIC）和贝叶斯信息准则（bayesian information criterion，BIC）比较这 3 种情况下模型的表现。其中，表 5-3 把渍水天数当成离散变量，表 5-4 把渍水天数当成连续变量，分别比较不同处理方式下，渍水时间和不同施肥处理及其交互作用对产量的影响[6]。

从表 5-3 可知[6]，3 个混合模型如将年际效应年份当成随机效应时，AIC 和 BIC 最小，模型表现最好。当把年际效应年份当成随机因子后，渍水 3、6 和 9 d 产量分别下降 6.76、9.53 和 14.22 g/株，施肥和品种效应分别提高产量 10.79 和 5.69 g/株；池栽虽然比盆栽更加耐渍，但是差异不显著。从渍水时间与施肥的交互关系看，渍水 3 d 时，渍水与施肥的交互作用能显著提高产量 3.17 g/株，能够缓解产量损失；当渍水 6 d 时，渍水与施肥交互作用减少产量 2.29 g/株，但未达到显著水平；当渍水 9 d 时，渍水与施肥交互作用显著降低产量 4.78 g/株，加重产量损失。

表 5-3　3 种混合线性模型下不同施肥与花期渍水时间对产量的影响比较
（以渍水天数为离散变量时）

Table 5-3　Effects of waterlogging time and fertilization treatment on rapeseed grain yield at flowering by using three different Mixed-effect Liner Model（taking the waterlogging days at flowering stage as discrete variable)

固定效应 Fixed effects	随机效应：年份 Random influence：Year		随机效应：栽培方式 Random influence：Cultivation mode		随机效应：年份＋栽培方式 Random influence：Year＋Cultivation mode	
	效应值 Effect value	*P*	效应值 Effect value	*P*	效应值 Effect value	*P*
截距 Intercept	23.4	<0.001	25.16	<0.001	24.64	<0.001
渍水 3 d Waterlogging of 3 days	−6.76	<0.001	−6.76	<0.001	−6.76	<0.001
渍水 6 d Waterlogging of 6 days	−9.53	<0.001	−9.53	<0.001	−9.53	<0.001
渍水 9 d Waterlogging of 9 days	−14.22	<0.001	−14.43	<0.001	−14.5	<0.001
施肥 Fertilization	10.79	<0.001	10.79	<0.001	10.79	<0.001
品种宁杂 19 Cultivar Ningza 19	5.69	<0.001	5.69	<0.001	5.69	<0.001
栽培方式 Cultivation mode	0.92	ns	—	—	—	—
试验年份 Year	—	—	−0.28	ns	—	—
渍水 3 d×施肥 Waterlogging of 3 days×Fertilization	3.17	0.01	3.17	0.01	3.17	0.01
渍水 6 d×施肥 Waterlogging of 6 days×Fertilization	−2.29	ns	−2.29	ns	−2.29	ns
渍水 9 d×施肥 Waterlogging of 9 days×Fertilization	−4.78	<0.001	−4.78	0.001	−4.78	0.001
AIC	654.2		656.9		657.1	
BIC	688.8		691.5		691.7	

从表 5-4 可知[6]，当把渍水当成连续变量时，仍然是只将年份当成随机变量时模型表现最好。当把年份当成随机变量时，渍水每增加 1 d，产量显著减少 1.52 g/株，施肥增产 12.71 g/株，渍水和施肥的交互作用显著减产 0.62 g/株，总体而言，施肥并没有缓解渍水所带来的产量损失，栽培方式对产量的影响不显著。

表 5-4 3 种混合线性模型下不同施肥与花期渍水时间对产量的影响比较
（以渍水天数为连续变量时）

Table 5-4 Effects of waterlogging time and fertilization treatment on rapeseed grain yield at flowering by using three different Mixed-effect Liner Model (taking the waterlogging days at flowering stage as continuous variable)

固定效应 Fixed effects	随机效应：年份 Random influence: Year		随机效应：栽培方式 Random influence: Cultivation mode		随机效应：年份+栽培方式 Random influence: Year+Cultivation mode	
	效应值 Effect value	*P*	效应值 Effect value	*P*	效应值 Effect value	*P*
截距 Intercept	22.49	<0.001	24.4	<0.001	23.91	<0.001
渍水时间 Waterlogging days	−1.52	<0.001	−1.54	<0.001	−1.54	<0.001
施肥 Fertilization	12.71	<0.001	12.71	<0.001	12.71	<0.001
品种宁杂 19 Cultivar Ningza 19	5.69	<0.001	5.69	<0.001	5.69	<0.001
栽培方式 Cultivation mode	1	ns	—	—	—	—
试验年份 Year	—	—	−0.27	ns	—	—
渍水时间×施肥 Waterlogging days×Fertilization	−0.62	<0.001	−0.62	0.01	−0.62	<0.001
AIC	664.3		667.2		667.4	
BIC	687.4		690.3		690.4	

表 5-5 和表 5-6 是应用混合线性模型年份当随机变量，分别把渍水时间当成离散变量和连续变量时，不同渍水时间与施肥处理对产量结构的影响。渍水 3 d 显著影响收获指数、单株角果数，但对每角果粒数和千粒重没有显著影响；渍水 6 d 和 9 d 都显著降低了收获指数、单株角果数、每角果粒数和千粒重。施肥显著提高了收获指数、单株角果数、每角果粒数和千粒重。栽培方式可显著影响每角果粒数。从渍水时间和施肥处理的交互作用看，施肥下花期渍水 3 d 时显著提高了单株角果数 39.16，但渍水 6 d 和 9 d，渍水和施肥的交互

作用都没有显著影响产量结构，这说明长时间渍水，施肥并不能减轻渍水对产量结构的伤害。表 5－6 显示花期渍水时间每增加 1 d，收获指数下降 0.008，单株角果数下降 14.71，每角果粒数降低 0.29，千粒重下降 0.04 g；施肥则显著增加油菜产量结构，品种效应显著提高单株角果数、每角果粒数和千粒重，栽培方式只显著提高每角果粒数。渍水时间和施肥的交互作用没有显著影响产量结构，说明施肥并不能显著缓解渍水对产量结构的影响[6]。

表 5－5　混合线性模型下花期不同施肥与渍水时间处理下产量结构的影响（以渍水天数为离散变量时）

Table 5－5　Effects of waterlogging time and fertilization treatment on rapeseed grain yield composition at flowering by using Mixed-effect Liner Model (taking the waterlogging days at flowering stage as discrete variable)

固定效应 Fixed effects	收获指数 HI		单株角果数 Pod numbers per plant		每角果粒数 Grain numbers per pod		千粒重 1 000-grain weight (g)	
	效应值 Effect value	*P*	效应值 Effect value	*P*	效应值 Effect value	*P*	效应值 Effect value	*P*
截距 Intercept	0.24	<0.001	408.4	<0.001	16.02	<0.001	3.36	<0.001
渍水 3 d Waterlogging of 3 days	−0.04	<0.001	−62.58	<0.001	−0.73	ns	−0.1	ns
渍水 6 d Waterlogging of 6 days	−0.05	<0.001	−86.18	<0.001	−1.51	<0.001	−0.22	0.01
渍水 9 d Waterlogging of 9 days	−0.08	<0.001	−140.14	<0.001	−2.7	<0.001	−0.36	<0.001
施肥 Fertilization	0.05	<0.001	56.41	<0.001	2.44	<0.001	0.51	<0.001
品种宁杂 19 Cultivar Ningza 19	0.01	ns	36.2	<0.001	1.63	<0.001	0.15	<0.001
栽培方式 Cultivation mode	−0.002	ns	−14.1	<0.001	1.49	<0.001	−0.02	ns
渍水 3 d×施肥 Waterlogging of 3 days × Fertilization	0.03	ns	39.16	<0.001	0.01	ns	−0.02	ns
渍水 6 d×施肥 Waterlogging of 6 days × Fertilization	−0.003	ns	−3.08	ns	−0.5	ns	−0.05	ns
渍水 9 d×施肥 Waterlogging of 9 days × Fertilization	−0.03	ns	−1.44	ns	−1.36	0.02	−0.11	ns

表 5-6　混合线性模型下花期不同施肥与渍水时间处理下产量结构的影响（以渍水天数为连续变量时）

Table 5-6　Effects of waterlogging time and fertilization treatment on rapeseed grain yield composition at flowering by using Mixed-effect Liner Model (taking the waterlogging days at flowering stage as continuous variable)

固定效应 Fixed effects	收获指数 HI		单株角果数 Pod numbers per plant		每角果粒数 Grain numbers per pod		千粒重 1 000-grain weight (g)	
	效应值 Effect value	P	效应值 Effect value	P	效应值 Effect value	P	效应值 Effect value	P
截距 Intercept	0.23	<0.001	401.24	<0.001	15.96	<0.001	3.36	<0.001
渍水时间 Waterlogging days	−0.008	<0.001	−14.71	<0.001	−0.29	<0.001	−0.04	<0.001
施肥 Fertilization	0.07	<0.001	71.79	<0.001	2.65	<0.001	0.51	<0.001
品种宁杂 19 Cultivar Ningza 19	0.01	ns	36.2	<0.001	1.63	<0.001	0.15	<0.001
栽培方式 Cultivation mode	−0.001	ns	−13.13	0.02	1.59	<0.001	−0.01	ns
渍水时间×施肥 Waterlogging days×Fertilization	−0.003	ns	−1.4	ns	−0.14	0.03	−0.01	ns

第二节　渍害下的油菜生长及产量模型

一、模型描述

（一）花期渍害胁迫下油菜植株地上部单株干重模型

2011—2012 年水分控制田间试验结果表明[7]，与对照相比，随渍害天数增加，油菜单株干重呈曲线下降趋势（图 5-6），拐点为 9 d 左右，即渍害天数持续 9 d 以上时，油菜单株干重会下降至最低水平。

据此，以与对照相比渍害干物重下降比率作为渍害干物重影响因子，随渍害天数增加，渍害干物重影响因子呈曲线增加趋势（图 5-7），可拟合为一元二次方程式（5.2-1）（$r=0.924^{**}$，$r_{(4,0.01)}=0.917\ 2$；$R^2=0.854$）。方程相关系数 r 达 0.01 显著水平，拟合度较高，但 F 值未达显著水平（$P<0.05$），除一次项系数 t 检验达显著水平（$P<0.05$）外，常数项和二次项系数均未达显著水平（$P<0.05$）。因此，渍害胁迫下油菜植株地上部单株干重可表达为式（5.2-2）。

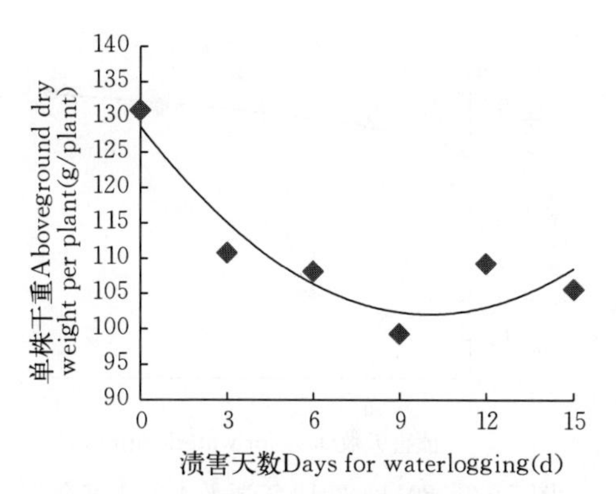

图 5-6　2011—2012 年花期渍害下浙平 4 号地上部单株干重随渍害天数的变化（4 月 22 日）

Fig. 5-6　The changes in the aboveground dry weight per plant by the anthesis waterlogging days for ZP4 in 2011—2012（22 Apr.）

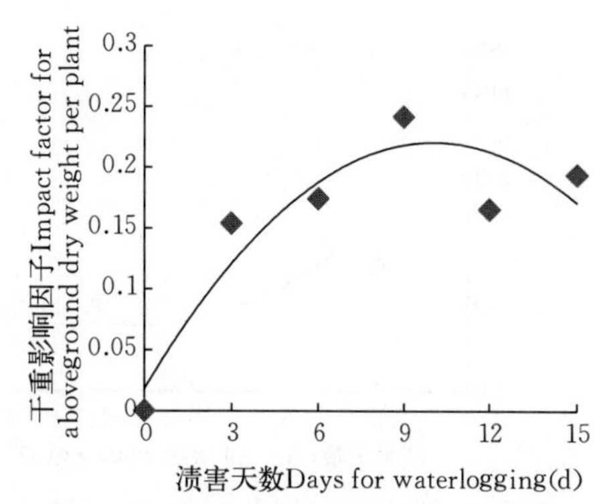

图 5-7　2011—2012 年浙平 4 号渍害干重影响因子随花期渍害天数的变化（4 月 22 日）

Fig. 5-7　The changes in waterlogging impact factor for the aboveground dry weight per plant by the anthesis waterlogging days for ZP4 in 2011—2012（22 Apr.）

$$F_{DW}=0.018+0.040\ D_{WL}-0.002\ D_{WL}{}^2 \tag{5.2-1}$$

$$DW_{WL}=DW\ (1-F_{DW}) \tag{5.2-2}$$

式中，F_{DW}为渍害干物重影响因子；D_{WL}为渍害天数（d）；DW和DW_{WL}分别为正常和渍害胁迫下油菜植株地上部单株干重（g/株）。

（二）花期渍害胁迫下油菜产量模型

2011—2012 年水分控制田间试验结果表明[7]，与对照相比，随渍害天数增加，油菜产量呈曲线下降趋势（图 5-8），拐点为 9～10 d，即渍害天数持续 9～10 d 以上时，油菜产量下降至最低水平。

据此，以与对照相比渍害产量下降比率作为渍害产量影响因子，随渍害天数增加，渍害产量影响因子呈曲线增加趋势（图 5-9），可拟合为对数方程（5.2-3）（$r=0.990^{**}$，$r_{(3,0.01)}=0.9587$；$R^2=0.981$）。方程相关系数 r 达 0.01 显著水平，拟合度较高，方程 F 值、系数 t 检验均达极显著水平（$P<0.001$）。因此，渍害影响下油菜产量可表达为式（5.2-4）。

$$F_Y=0.486+0.092\ \ln\ (D_{WL}) \tag{5.2-3}$$

$$Y_{WL}=Y\ (1-F_Y) \tag{5.2-4}$$

式中，F_Y 为渍害产量影响因子；Y 和 Y_{WL} 分别为正常与渍害影响下每 666.67 m^2 产量（kg）。其余符号含义同前。

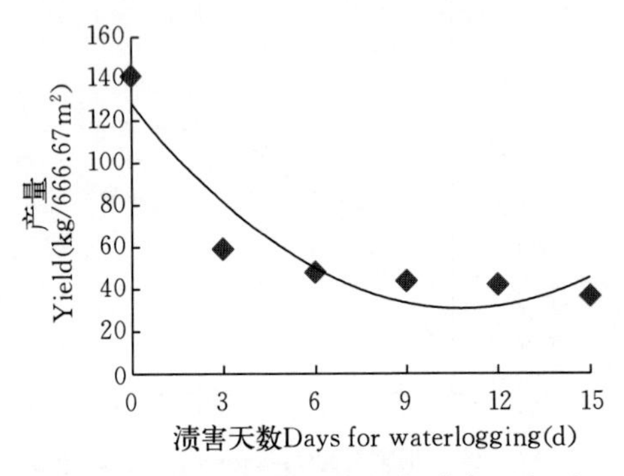

图 5-8　2011—2012 年花期渍害下浙平 4 号产量随渍害天数的变化

Fig. 5-8　The changes in the yield by the anthesis waterlogging days for ZP4 in 2011—2012

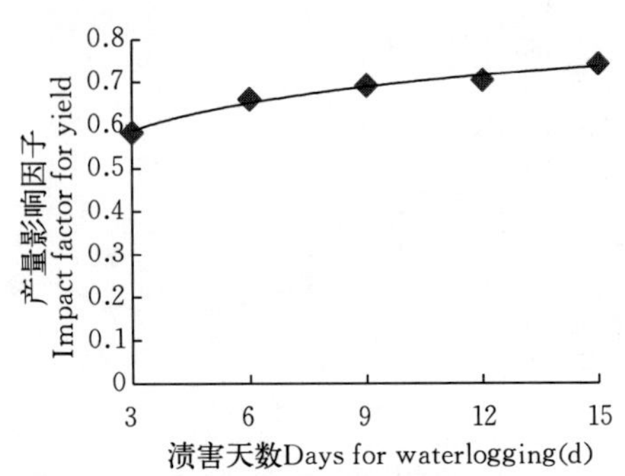

图 5-9　2011—2012 年浙平 4 号渍害产量影响因子随渍害天数的变化

Fig. 5-9　The changes in waterlogging impact factor for the yield by the anthesis waterlogging days for ZP4 in 2011—2012

（三）花期渍害胁迫下油菜产量构成模型

2011—2012 水分控制田间试验结果表明[7]，渍害处理角数与角粒数明显减小，而千粒重变化略增（除 6 d 渍害处理外）（表 5-7）。其中，角数随渍害天数增加呈直线下降趋势；角粒数减小幅度相对稳定，当渍害天数 3～6 d 时，角粒数减小约 10 粒/角；当渍害天数 9～15 d 时，角粒数减小 7.3～7.8 粒/角；千粒重增加也以 9 d 为拐点，之前较小，之后稍大。

表 5-7　2011—2012 水分控制田间试验各处理产量结构

Table 5-7　The yield component for various treatments during 2011—2012 field experiment

渍害天数 Days for waterlogging (d)	每 666.67 m² 角数 Pod numbers per 666.67 m² (PN)（×10⁴）	±(PN-CK)（×10⁴/666.67 m²）	角粒数 Seed numbers per pod (GN)	±(GN-CK)	千粒重 1 000-grain weight (TW) (g)	±(TW-CK) (g)
3	158.7	−9.4	10.9	−10.5	3.4	0.11
6	137.5	−30.6	11.27	−10.13	3.1	−0.19
9	82.9	−85.2	14.1	−7.3	3.73	0.44
12	82.9	−85.2	14.1	−7.3	3.59	0.3
15	73	−95.1	13.65	−7.75	3.64	0.35
0 (CK)	168.1	0	21.4	0	3.29	0

据此，以与对照相比渍害角数下降比率作为渍害角数影响因子，随渍害天数增加，渍害角数影响因子呈直线增加趋势（图 5-10），可表达为一元一次方程式（5.2-5）（$r=0.953^{**}$，$r_{(4,0.01)}=0.9172$；$R^2=0.908$）。方程相关系数 r 达 0.01 显著水平，拟合度较高，方程 F 值达极显著水平（$P<0.01$），除一次项系数 t 检验达极显著水平（$P<0.01$）外，常数项不显著（$P<0.05$）。因此，花期渍害影响下油菜角数可表达为式（5.2-6）。

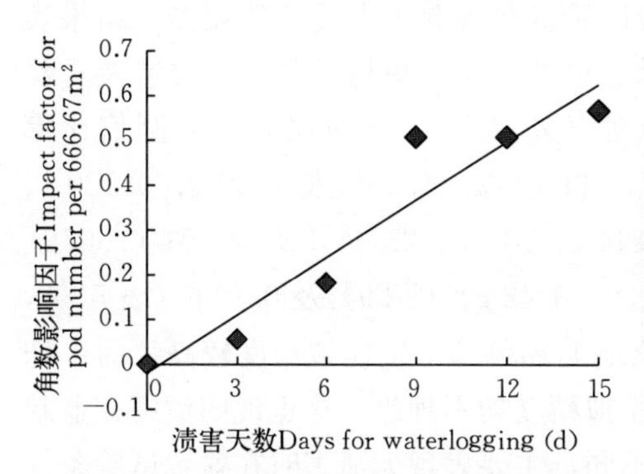

图 5-10 2011—2012 年浙平 4 号渍害角数影响因子随渍害天数的变化

Fig. 5-10 The changes in waterlogging impact factor for the pod numbers per 666.67 m² by the anthesis waterlogging days for ZP4 in 2011—2012

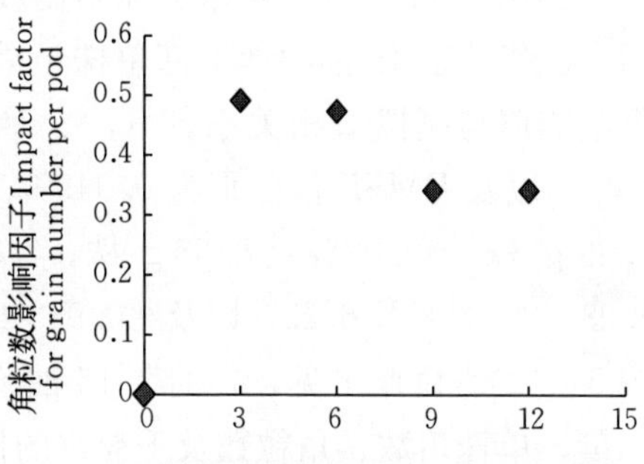

图 5-11 2011—2012 年浙平 4 号渍害角粒数影响因子随渍害天数的变化

Fig. 5-11 The changes in waterlogging impact factor for the seed numbers per pod by the anthesis waterlogging days for ZP4 in 2011—2012

$$F_{PN}=0.043\,D_{WL}-0.019 \tag{5.2-5}$$

$$PN_{WL}=PN\,(1-F_{PN}) \tag{5.2-6}$$

式中，F_{PN} 为渍害角数影响因子；PN 和 PN_{WL} 分别为正常与渍害影响下每 666.67 m² 角数（$\times10^4$）。其余符号含义同前。

由于渍害角粒数影响因子变化相对稳定（图 5-11），千粒重影响因子变化幅度较小（表 5-7），因此均采用分段参数表达如下：

$$F_{GN}=\begin{cases}0.4825 & 3\text{d}\leqslant D_{WL}\leqslant 6\text{d}\\ 0.3481 & 6\text{d}<D_{WL}\leqslant 15\text{d}\end{cases} \tag{5.2-7}$$

$$GN_{WL}=GN\,(1-F_{GN}) \tag{5.2-8}$$

$$F_{TW}=\begin{cases}0.0334 & 3\text{d}\leqslant D_{WL}\leqslant 6\text{d}\\ 0.0912 & 6\text{d}<D_{WL}\leqslant 15\text{d}\end{cases} \tag{5.2-9}$$

$$TW_{WL}=TW\,(1+F_{TW}) \tag{5.2-10}$$

式中，F_{GN} 为渍害角粒数影响因子；GN 和 GN_{WL} 分别为正常与渍害影响下角粒数；F_{TW} 为渍害千粒重影响因子；TW 和 TW_{WL} 分别为正常与渍害影响下千粒重（g）；其余符号含义同前。

二、模型检验

利用 2011—2012 年水分控制盆栽试验资料检验了上述所建模型，结果表明[7]，华油杂 16 油菜地上部单株干重、单株产量、单株角数、角粒数及千粒重实测值与模拟值相关系数（r）、绝对误差（d_a）、绝对误差占实测值比率（d_{ap}）以及 $RMSE$ 值分别为 0.949 9、0.89 g/株、4.55%及 1.09 g；0.920 1、7.89 g/株、39.02%及 8.58 g/株；0.214 4、103.2、23.46%及 224.5；0.307 1、5.23、29.94%及 6.25；以及−0.943 4、−0.42 g、12.29%及 0.52 g（表 5 - 8，图 5 - 12）。由此可见，华油杂 16 油菜地上部单株干重模拟精度较高，而单株产量、单株角数、角粒数及千粒重的模拟精度均不理想，这也说明渍害在盆栽试验条件下的表现与田间试验有明显不同，主要表现无渍害时在盆栽试验条件下华油杂 16 与田间试验条件下浙平 4 号产量水平有明显差异，前者单株产量较后者高 33.9%（表 5 - 9）。

表 5 - 8　花期渍害胁迫下华油杂 16 油菜生长及产量模型检验

Table 5 - 8　Statistical parameters of simulation and observation in rapeseed growth and yield models for HYZ16 at flowering under waterlogging

项目 Item	r	R^2	d_a	d_{ap} (%)	$RMSE$	备注 Note
地上部单株干重 Aboveground dry weight per plant	0.949 8	0.902 1	0.89	4.55	1.09	$r_{(2,0.05)}=0.950\,0$
单株产量 Yield per plant	0.920 1	0.846 6	7.89	39.02	8.58	$r_{(2,0.05)}=0.950\,0$
单株有效角果数 Pod number per plant	0.214 4	0.046 0	103.19	23.46	224.5	$r_{(2,0.05)}=0.950\,0$
角粒数 Grain number per pod	0.307 1	0.094 3	5.23	29.94	6.25	$r_{(2,0.05)}=0.950\,0$
千粒重 1 000-grain weight	−0.943 4	0.890 0	−0.42	12.29	0.52	$r_{(2,0.05)}=0.950\,0$

注：d_a 和 $RMSE$ 单位，地上部单株干重、单株产量：g/株；千粒重：g。

Note：The unit for da and $RMSE$ are g/plant for aboveground dry weight per plant，and yield per plant，g for 1 000-grain weight.

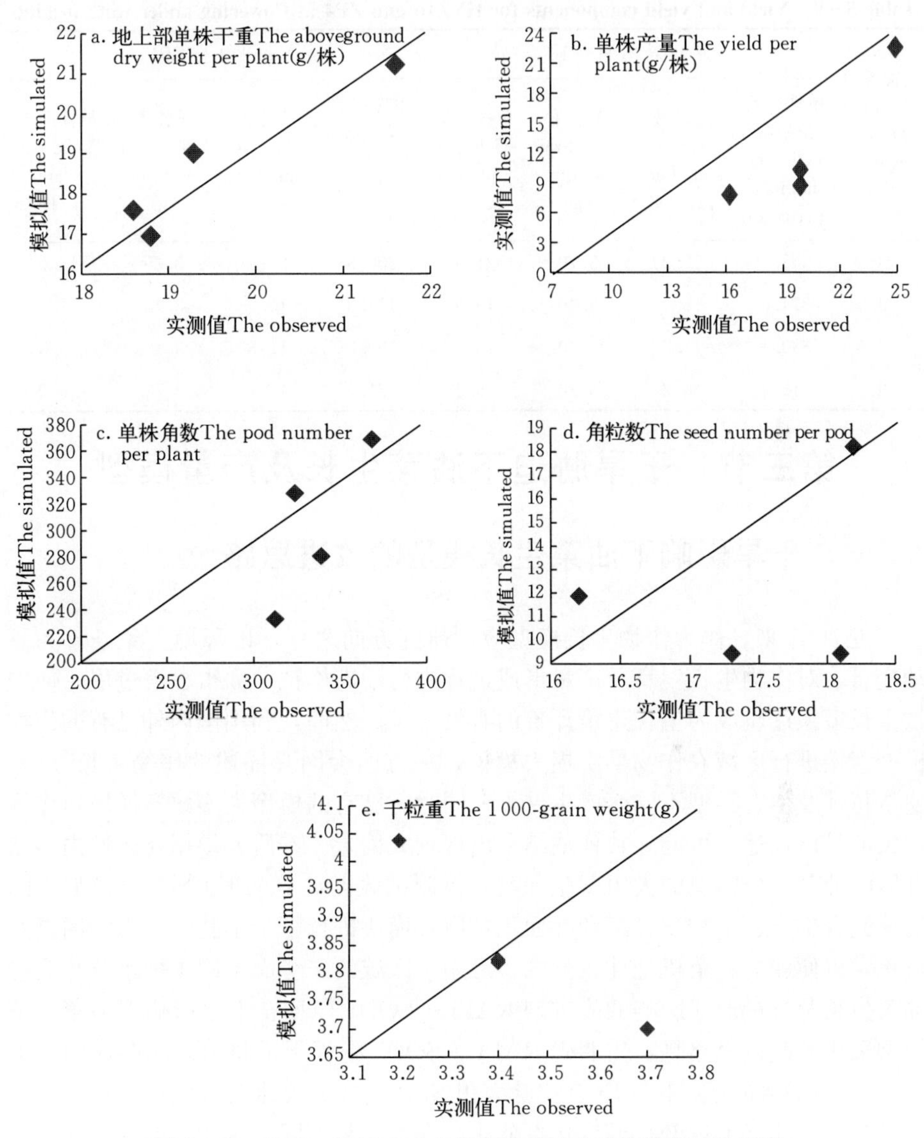

图 5－12　2011—2012 年水分控制盆栽试验花期渍害胁迫下华油杂 16 油菜产量及产量构成实测值与模拟值比较

Fig. 5－12　Comparison of observation and simulation in the yield and yield components for HYZ16 in 2011—2012 pot experiment for water control under anthesis waterlogging stress

表 5-9 花期渍害胁迫下华油杂 16 与浙平 4 号产量及产量构成

Table 5-9 Yield and yield components for HYZ16 and ZP4 at flowering under waterlogging

渍害天数 Days for waterlogging (d)	华油杂 16 HYZ16				浙平 4 号 ZP4			
	单株有效角果数 Valid pod number per plant	角粒数 Grain number per pod	千粒重 1 000-grain weight (g)	单株产量 Yield per plant (g/株)	单株有效角果数 Valid pod number per plant	角粒数 Grain number per pod	千粒重 1 000-grain weight (g)	单株产量 Yield per plant (g/株)
0 (ck)	368.3	18.2	3.70	24.9	209.3	21.4	3.29	18.6
3	324.0	18.1	3.40	19.9	181.3	10.9	3.40	7.8
6	339.1	17.3	3.40	19.9	109.3	11.3	3.10	6.3
9	312.4	16.2	3.20	16.2	221.7	14.1	3.73	5.7

第三节 干旱胁迫下油菜生长及产量模型

一、干旱影响下油菜生长模型的改进思路

近 30 年来，作为作物生长模型应用研究方向之一，以环境气象条件为驱动变量，对作物生长发育及产量形成过程进行动态模拟，取得显著进展，使作物生长模型逐步成为生长定量评价的有效工具。然而，利用国内外已有的作物模型直接进行区域农作物旱涝损失模拟，一方面会因其描述的作物生长过程、遗传特性及生态类型不同而产生差异，同时，已有的模型大多缺乏逆境对作物生长的具体描述，可能导致评估结果出现较大偏差。本研究根据在区域内多点开展的油菜水分胁迫的大田试验和盆栽控制试验，对 RAPE-CSODS 模型中的油菜光合生产、干物质分配和叶面积扩展等模块进行了干旱胁迫等影响因素的订正，以便建立一个机理性较强的、可用于区域的、考虑不同土壤水分状况对油菜生长及产量形成影响的改进型 RAPE-CSODS 模型。干旱影响下油菜生长模型采用的改进思路是：①明确 RAPE-CSODS 中受干旱胁迫影响明显的若干变量，如油菜净光合速率 Pn、比叶面积 SLA 等，开展水分控制试验；②通过统计分析，建立上述变量的变化百分比（变率）与不同土壤相对湿度差（干旱胁迫下与水分适宜的油菜田土壤相对湿度的差值）之间的统计方程式，通过相关性检验确定统计显著性；③利用试验研究建立的上述方程式对 RAPE-CSODS 中相关机理模型进行订正；④重点对干旱胁迫下油菜全生育期天数和最终产量的模拟结果进行验证，检验模型的改进效果；⑤建立具有自主知识产权的计算机软件：基于作物生长模型的油菜干旱评估系统（RAPE-CSODS ODAS v1.0），在油菜生产上推广应用。

二、油菜生长模型 RAPE-CSODS 改进的检验方法

RAPE-CSODS 模型中虽然有关于大田土壤水分对油菜生长发育的影响模块，但往往是建立在针对油菜生长发育过程的一般经验描述，模拟效果常存在偏差。本研究利用江苏兴化、安徽天长（2014—2017）的试验数据建立水分影响油菜生育进程、光合、干物质分配以及叶面积增长过程等方面的关系式，以此改进 RAPE-CSODS 模型。本研究采用 Janssen 等[8] 提出的比较模拟值与实测值的标准化方法，选取 MAE（绝对平均误差）及 $NRMSE$（标准根均方差）和 IoA（一致性系数）评价与测试水分订正前后模型的预测性与精准度。其 MAE 和 $NRMSE$ 越小、IoA 越大，则表明误差越小，本模型的预测性越好、精准度越高。

$$MAE = \frac{\sum |(P_i - O_i)|}{N} \tag{5.3-1}$$

$$NRMSE = \sqrt{\frac{\sum_{i=1}^{N}(P_i - O_i)^2}{N}} / \overline{O} \tag{5.3-2}$$

$$IoA = 1 - \frac{\sum_{i=1}^{N}(P_i - O_i)^2}{\sum_{i=1}^{N}[|P'_i| + |O'_i|]^2} \tag{5.3-3}$$

式中，N 为样本数；P_i 和 O_i 分别为预测值和实测值；$\overline{O}$为实测值的平均值；$P'_i = P_i - \overline{O}$，$O'_i = O_i - \overline{O}$。用线性方程的斜率 a、截距 b 和决定系数 R^2 验证模型模拟值与实测值的相关性，R^2 越接近 1，说明模拟值与实测值的相关性越好。

三、干旱影响下油菜生长模型相关变量的测定与建模

（一）油菜净光合速率（Pn_i）的测定与建模

比较干旱试验中不同水分处理代表性观测日（出苗后第 i 天，下同）的净光合速率（Pn_i），发现水分适宜时 Pn_i 为最大值 Pn_{max}，可以认为，Pnmax 与不同干旱水平下 Pn_i 的差值即为水分亏缺导致 Pn_i 的损失。以干旱条件下净光合速率相对于适宜条件下的油菜最大净光合速率（μmol/m^2 · s）的变率（$\Delta f(Pn_i)$）与实测土壤湿度与适宜土壤相对湿度的差（Δsm_i）求相关（图 5-13），拟合为方程式（5.3-4）。结果显示，较大幅度的土壤湿度变化将明显影响 Pn_i，土壤湿度降低导致油菜光合能力降低，两者间呈线性关系。因此，干旱条件下

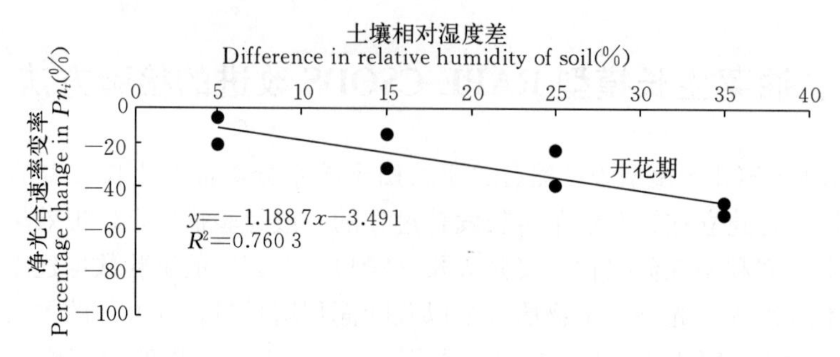

图 5-13　土壤湿度对油菜叶片净光合速率的影响

Fig. 5-13　Effect of soil moisture on the net photosynthetic rate of rapeseed leaves

油菜的光合速率（Pn_i）可表达为式（5.3-5）。

$$\Delta f(Pn_i) = -1.201 \cdot \Delta sm_i + 91.526 \quad (5.3-4)$$

$$Pn_i = \Delta f(Pn_i)/100 + 1 \quad (5.3-5)$$

（二）油菜叶面积系数与比叶面积的测定与建模

与干旱胁迫下油菜净光合速率（Pn_i）测定及拟合方法类似，以代表性测定日油菜叶面积系数相对于适宜条件下的油菜叶面积系数的变率（$\Delta f(LAI_i)$）与实测土壤湿度与适宜土壤相对湿度的差（Δsm_i）求相关，由图 5-14 可见，随着土壤干旱加剧，$\Delta f(LAI_i)$ 呈曲线下降趋势，可拟合为一元二次方程式（5.3-6）（$r=0.950^{**}$，$r_{(6,0.001)}=0.924\ 9$）。方程相关系数 r 达 0.001 显著水平，拟合度高。因此，干旱胁迫下油菜叶面积系数可表达为式（5.3-7）。

$$\Delta f(LAI_i) = -0.007\ 5 \cdot (\Delta sm_i)^2 + 0.121 \cdot \Delta sm_i - 1.032\ 5 \quad (5.3-6)$$

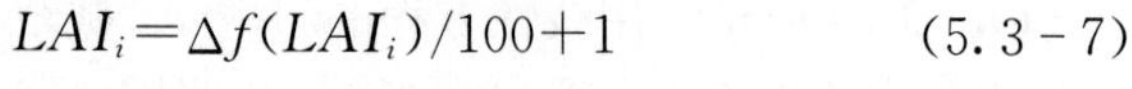

$$LAI_i = \Delta f(LAI_i)/100 + 1 \quad (5.3-7)$$

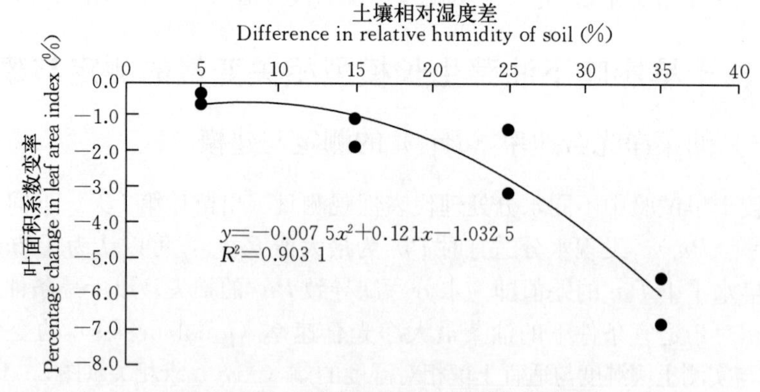

图 5-14　土壤湿度对叶面积系数的影响

Fig. 5-14　Effect of soil moisture on the leaf area index

同时，由图 5-15 可以看出，在代表性测定日不同干旱条件下，随着土壤相对湿度的差增加，油菜比叶面积呈直线上升趋势。土壤相对湿度差 Δsm_i 增加，将导致比叶面积增加，使叶片变薄，从而在一定程度上弥补了由于干旱胁迫导致光合产物不足引起的叶片扩张乏力，这也可能是油菜叶片生长对逆境的适应。干旱影响油菜比叶面积变率 $\Delta f(SLA_i)$ 可拟合为一元一次方程式 (5.3-8) ($r=0.761^{**}$，$r_{(6,0.05)}=0.7067$)。方程相关系数 r 达 0.05 显著水平，拟合度较高。干旱胁迫下油菜叶面积系数则可表达为式 (5.3-9)。

$$\Delta f(SLA_i)=-0.0721\cdot\Delta sm_i+1.0453 \qquad (5.3-8)$$

$$SLA_i=\Delta f(SLA_i)/100+1 \qquad (5.3-9)$$

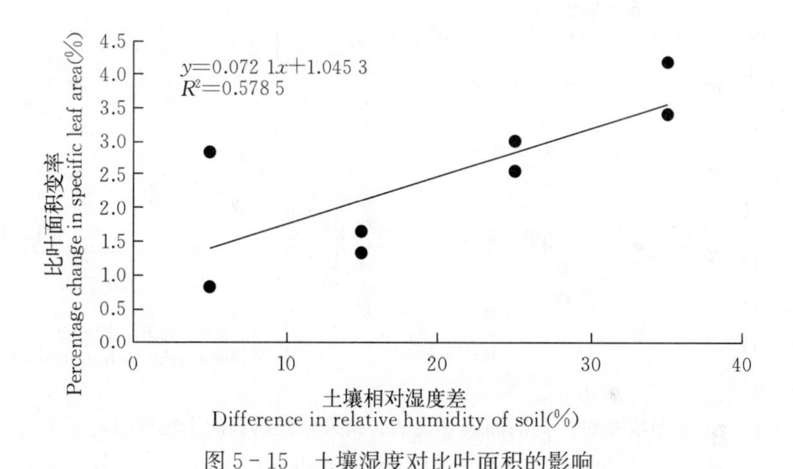

图 5-15　土壤湿度对比叶面积的影响

Fig. 5-15　Effect of soil moisture on the specific leaf area

（三）油菜干物质分配系数的测定与建模

采用与上述 P_n 测定及拟合方法类似，分别建立干旱胁迫条件下油菜叶、茎、角果和根器官的干物质分配系数（某器官干物重占总干重的比例）变率与土壤湿度差 Δsm_i 间的定量关系。可以看出，在油菜营养生长阶段，土壤水分降低将导致光合产物更多得向茎秆而减少向叶片的分配（图略）。油菜生殖阶段的土壤水分降低使光合产物减少向贮存器官分配而增加向茎秆和根的分配（图 5-16）。由此分别建立了干旱影响油菜干物质分配关系式：

$$\Delta f(PCL_i)=-0.1742\cdot\Delta sm_i-1.9097 \qquad (5.3-10)$$

$$PCL_i=\Delta f(PCL_i)/100+1 \qquad (5.3-11)$$

$$\Delta f(PCS_i)=0.0892\cdot\Delta sm_i+1.7036 \qquad (5.3-12)$$

$$PCS_i=\Delta f(PCS_i)/100+1 \qquad (5.3-13)$$

$$\Delta f(PCP_i)=-0.0882\cdot\Delta sm_i-2.8638 \qquad (5.3-14)$$

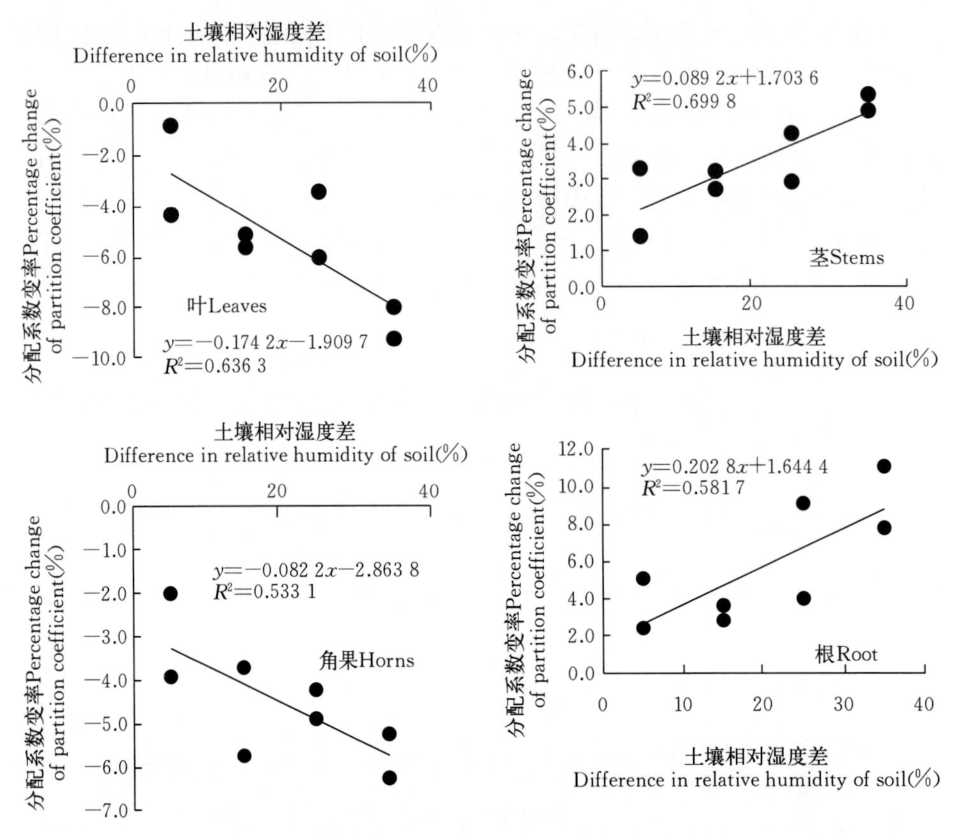

图 5-16 土壤湿度差对结实期油菜叶、茎、角果和根器官的干物质分配系数的影响

Fig. 5-16 Effect of the soil moisture difference on the dry matter partition coefficient of rapeseed leaves, stems, horns, and root organs at seed-setting stage

$$PCP_i=\Delta f(PCP_i)/100+1 \quad (5.3-15)$$

$$\Delta f(PCR_i)=0.2028\cdot\Delta sm_i+1.6444 \quad (5.3-16)$$

$$PCR_i=\Delta f(PCR_i)/100+1 \quad (5.3-17)$$

式中，$\Delta f(PCL_i)$、$\Delta f(PCS_i)$、$\Delta f(PCP_i)$ 和 $\Delta f(PCR_i)$ 分别为干旱条件下叶、茎、角果和根干物质分配系数与适宜条件下的油菜对应器官分配系数的变率，PCL_i、PCS_i、PCP_i、PCR_i 分别为代表性测定日干旱胁迫条件下油菜叶、茎、角果和根器官的分配系数，均分别拟合为一元一次方程式（5.3-10）、（5.3-12）、（5.3-14）和（5.3-16），（r=0.797 7**、0.836 5**、0.730 1**、0.762 7**，$r_{(6,0.05)}$=0.706 7，$r_{(6,0.01)}$=0.834 3）。各方程相关系数 r 达 0.01 或 0.05 显著水平，拟合度较高。因此，干旱胁迫下，油菜叶、茎、角果和根器官的分配系数可分别表达为式（5.3-11）、（5.3-13）、（5.3-15）和（5.3-17）。在上述各式通过统计显著性检验的基础上，进一步计算 PC_g（油菜地上部的分配系

数）和 PC_l（叶干重占地上部干重的分配系数），以便完成以下叶面积模型的改进部分式（5.3－22）运算。

四、干旱影响下油菜生长模型的改进

（一）油菜发育期模型的改进

在 RAPE-CSODS 中，借鉴了水稻“钟模型”[9-10]原理，建立了油菜发育期基本模型[11]，重点考虑了影响油菜发育进程的主要环境因子，即温度和光照。模型将油菜全生育期划分为播种至出苗、出苗至抽薹、抽薹至初花以及初花至成熟 4 个生育阶段，不同阶段所需温、光界限值不同。其中，出苗-抽薹为春化和光照阶段，需调用春化模型，同时考虑温光效应，其他阶段均忽略光照效应。田间试验发现，土壤水分对发育进程也有延缓或促进作用。采用干旱胁迫因子对油菜发育期基本模型中的环境因子影响函数进行订正：

$$dP_j/dt=1/D_{Sj}=f(D_{Sj})\cdot f(E_j) \tag{5.3-18}$$

$$f(E_j)=(T_{ebj})^{pj}\cdot(T_{euj})^{qj}\cdot(P_{ej})^{Gj}\cdot f(E_{Ci})\cdot f(E_{wi}) \tag{5.3-19}$$

式中，$f(E_j)$ 为环境因子影响函数；T_{ebj} 和 T_{euj} 均为温度效应因子；pj 和 qj 均为温度反应特性遗传系数；P_{ej} 为光周期效应因子；Gj 为光周期反应特性遗传系数；$f(E_{Ci})$ 为栽培措施因子（如播种深度）影响函数。在江苏兴化、安徽天长开展的大田油菜水分控制试验（2014—2017 年）中发现，干旱胁迫对油菜发育进程、尤其是播种至抽薹阶段有较大影响，故对 RAPE-CSODS 中环境因子影响函数式（5.3－19）增加土壤干旱胁迫订正项 $f(E_{wi})$，通过油菜生育期差 $\Delta f(Di)$（干旱胁迫下的生育期 $f(Di)$ 与适宜水分下的生育期 $f(D0)$ 之差）和土壤相对湿度差 Δsm_i 关系构建土壤水分影响油菜生育期进程的关系式（5.3－20）（$r=0.872^{**}$，$r_{(6,0.01)}=0.8343$）。方程相关系数 r 达 0.01 显著水平，拟合度较高。因此，干旱胁迫下油菜发育期天数可分别表达为式（5.3－21）。

$$\Delta f(Di)=0.1106\cdot\Delta sm_i+0.1004 \tag{5.3-20}$$

$$f(E_{wi})=(\Delta f(Di)+f(D0))/f(D0) \tag{5.3-21}$$

由图 5－17 可以看出，土壤湿度的降低显著减缓油菜播种至抽薹阶段的发育速度，导致蕾薹期推迟。水分控制试验还显示，干旱胁迫对油菜其他生育阶段发育速度的影响似乎不明显。

（二）油菜叶面积模型的改进

土壤水分的多寡均加剧油菜叶片不同程度和形式的衰老，土壤干旱条件下的 LAI 采用干物质分配法计算[12-13]：

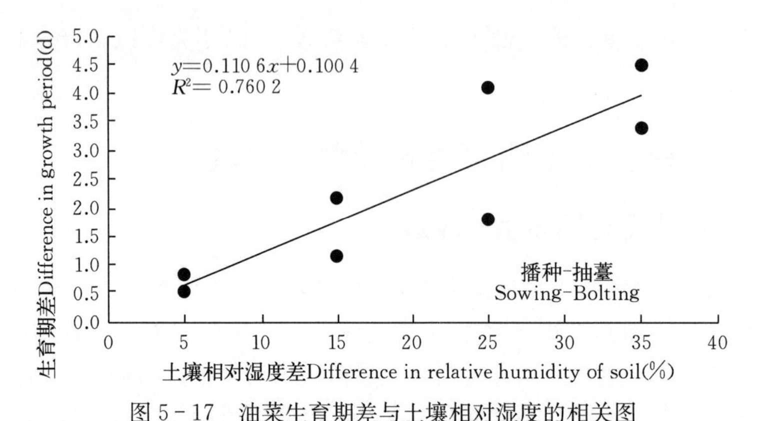

图 5-17　油菜生育期差与土壤相对湿度的相关图

Fig. 5-17　Correlation diagram of the difference in growth period of rapeseed and relative humidity of soil

$$LAI_{i+1}=LAI_i+\Delta W\cdot PC_g\cdot PC_l\cdot SLA_i-L_s\cdot LAI_i \tag{5.3-22}$$

式中，PC_g 为油菜地上部的分配系数；PC_l 为叶干重占地上部干重的比例；L_s 为绿叶的相对日衰老速率，随发育阶段而变化，并经干旱胁迫影响订正[12]，SLA_i 为出苗后第 i 天的比叶面积；ΔW 为第 $i+1$ 天的干物质累积量。

（三）油菜群体光合生产与干物质积累模型的改进

油菜的产量形成主要取决于干物质积累及其对角果籽粒的分配[14]。油菜植株干物质积累量模型如下：

$$W(t)=W(t-1)+\Delta W(t) \tag{5.3-23}$$

式中，$\Delta W(t)$ 第 t 天净光合日变化量，其求算关系式如下：

$$\Delta W(t)=\beta\cdot PCG\cdot MIN(WF, NF)-R \tag{5.3-24}$$

式中，β 为 CO_2 与碳水化合物之间的转换系数；PCG 为冠层光合作用强度 [$g\ CO_2/(m^2\cdot h)$]，WF、NF 为水分和氮素等因子；R 为群体呼吸消耗。主要通过以上干旱影响下油菜生长模型相关变量的测定部分建立的叶面积指数 LA_i 和光合速率 Pn_i 和消光系数 K 等关系式，对 PCG 进行订正。

五、干旱胁迫下油菜生长模型的检验结果

对干旱胁迫下油菜全生育期天数和最终产量的模拟的准确性是模型改进效果的重要表征，故将模型改进前后的全生育期天数和最终产量的模拟值分别与对应实测值相比较，对结果进行验证。如图 5-18 所示，不考虑和考虑干旱胁

迫时，油菜发育期天数模拟结果的 *NRMSE*、*MAE* 和 *IoA* 分别为：0.010 29、2.13 和 0.999 97，0.004 89、1.00 和 0.999 99，其中，绝对平均误差由 2.13 d 降低到 1 d，决定系数从 0.507 提高到 0.772，表明油菜发育期模型经水分影响改进后，模拟精度明显提高；由图 5－19 可见，模型改进前后的模拟产量也类似，*NRMSE*、*MAE* 和 *IoA* 分别为：0.105 61、20.61 和 0.997 50，0.042 40、7.437 50 和 0.999 50，例如，绝对平均误差由 20.61 kg 降低到 7.44 kg，尤其是，原模型由于不能从机理上反映不同程度的干旱胁迫，干旱条件下往往模拟产量偏高，导致实测和模拟产量决定系数偏低，仅为 0.274，经改进，二者决定系数提高到 0.911，同步性、准确性得到提升。

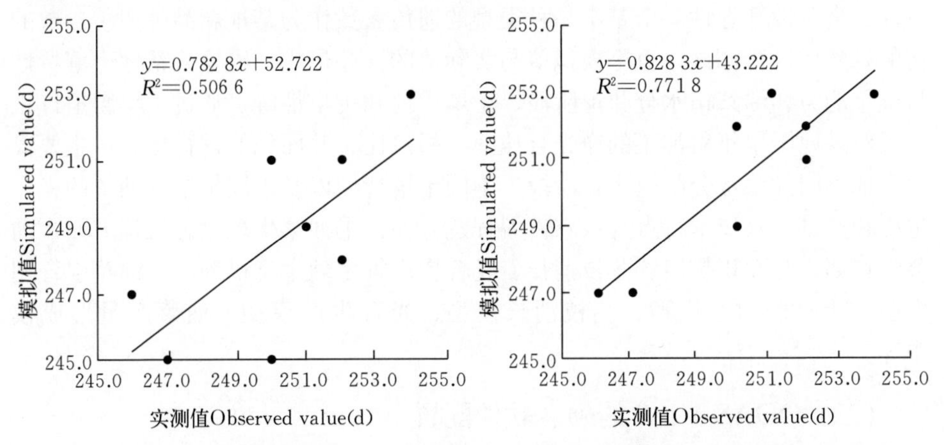

图 5－18　改进前（左）和改进后（右）发育期模拟结果对比图

Fig. 5－18　Comparison of simulated values of the growth period before and after the model improvement

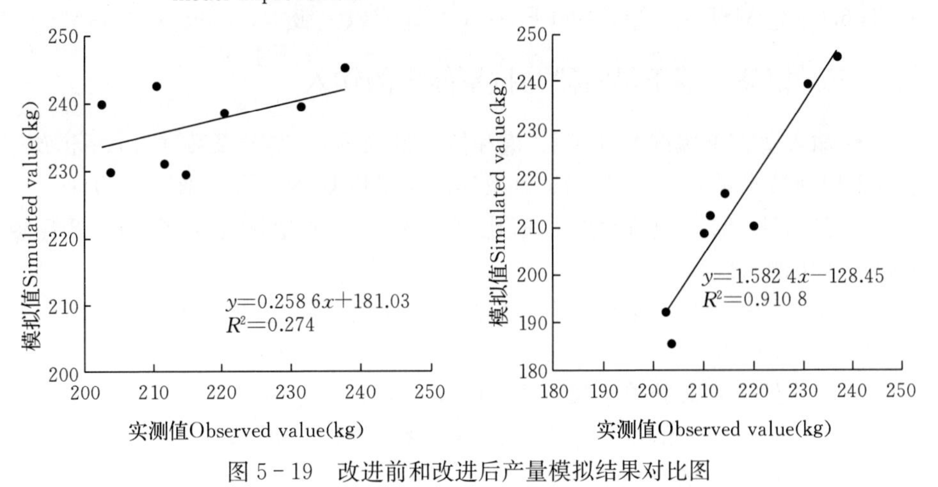

图 5－19　改进前和改进后产量模拟结果对比图

Fig. 5－19　Comparison of simulated values of the yield before and after the model improvement

六、基于作物生长模型的油菜干旱评估系统（RAPE-CSODS ODAS v1.0）

（一）ODAS v1.0 简介

ODAS是“基于作物生长模型的油菜干旱评估系统”的英文名称“Oil Crop Drought Assessment System Based on Crop Growth Model”的缩写。其主要功能是：首先通过“油菜品种参数系统”，按照品种选择—地点选择—品种实际栽培数据—品种参数调整顺序对新品种的遗传参数进行调试、确定。以冬性、半冬性和春性3个基本品种类型的遗传参数作为某地新品种遗传参数的初值，然后进行调试，直至模拟值与实际值的误差最小。再输入某地土壤特性与抗旱能力和油菜田水分胁迫阶段、土壤质地和抗旱性等。通过干旱胁迫订正因子对某地干旱年份油菜的净光合速率、根冠比、叶面积等进行计算，主要模拟某地不同油菜水分胁迫生长阶段、不同土壤特性以及不同抗旱性油菜的光合生产和产量。其技术特点为：软件编程建立在：①油菜生理生态机理方面：油菜生育期、叶面积扩展、茎枝消长、光合生产等生理生态机理。②油菜生育期模型、叶面积动态模型、茎枝消长模型、光合生产模型、油菜产量形成模型等。

（二）ODAS V1.0 的硬、软件配置

由于ODAS-VB2016版本采用Visual Basic语言编程，普通个人计算机（PC）均可运行。除需有全套ODAS-VB2016软件外，尚需有以下软件支持：①VB 6.0，②MSDN，③Visual FoxPro 6.0或以上版本，④Excel。

（三）相关土壤干旱阶段与抗旱能力的输入

• 输入适宜土壤湿度（%）、饱和持水量（%）、凋萎系数（%）、土壤含水量占田间持水量百分比（%）、油菜实际抗旱恢复率（%）（图5-20）；

• 输入某一流域（地区）山区比例（%）、平原地区比例（%）、低丘陵平原地区比例（%）；

• 输入某一流域（地区）有效灌溉面积比例（%）、植被覆盖率（%）和旱涝保收面积比例（%）。

• 输入油菜水分胁迫生长阶段（图5-21）：

“1. 苗期　2. 现蕾期　3. 始花期　4. 终花期　5. 成熟期”；

• 输入油菜土壤质地：

“1. 砂土　2. 砂壤土　3. 壤土　4. 黏壤土　5. 黏土”；

• 输入回答油菜品种抗旱性："1. 较强　2. 中等　3. 较弱"。

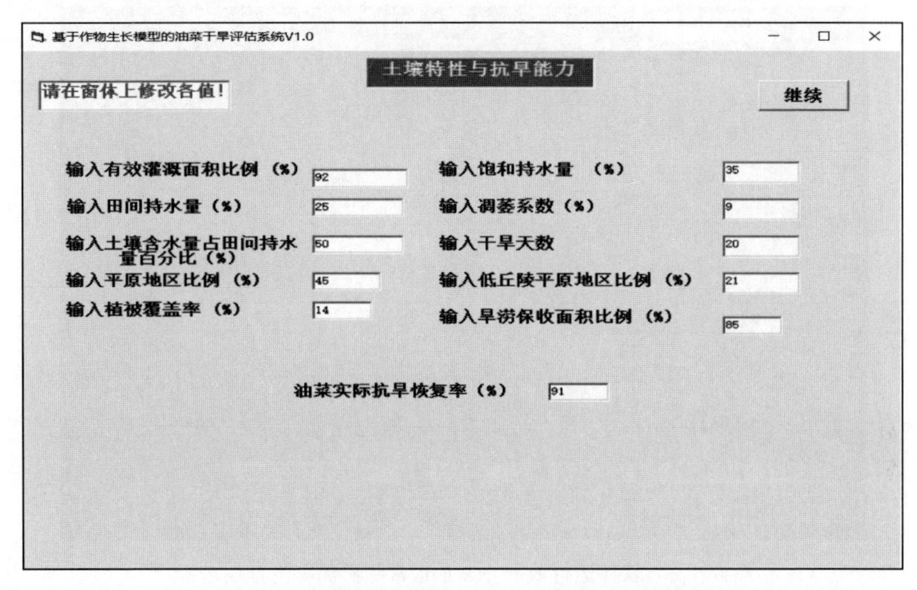

图 5 - 20　软件运行截图：输入土壤特性与抗旱能力

Fig. 5 - 20　Screenshot of the software operation: Enter soil characteristics and capacity for drought resistance

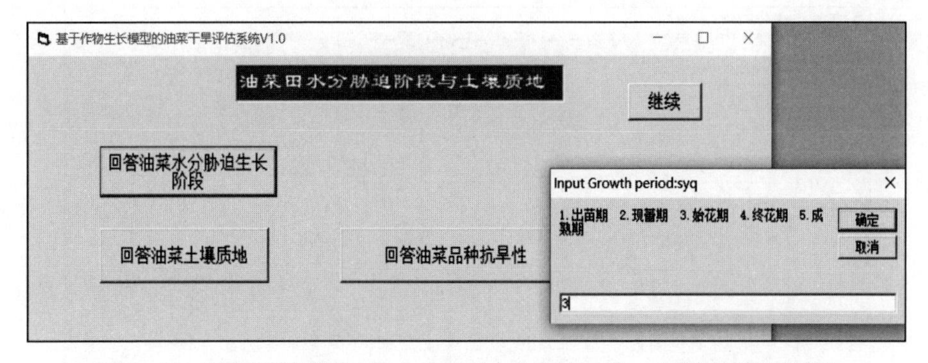

图 5 - 21　软件运行截图：输入油菜田水分胁迫阶段、土壤质地和抗旱性

Fig. 5 - 21　Screenshot of the software operation: Enter the water stress stage, soil texture and capacity for drought resistance in the rapeseed field

（四）决策结果的呈现形式

决策结果打印成"干旱年油菜产量预测评估图"（图 5 - 22～图 5 - 25），如需要在 A3 纸上打印模式图，要求配备宽行打印机；如仅要求在 A4 纸上打印模式图，则普通打印机即可。

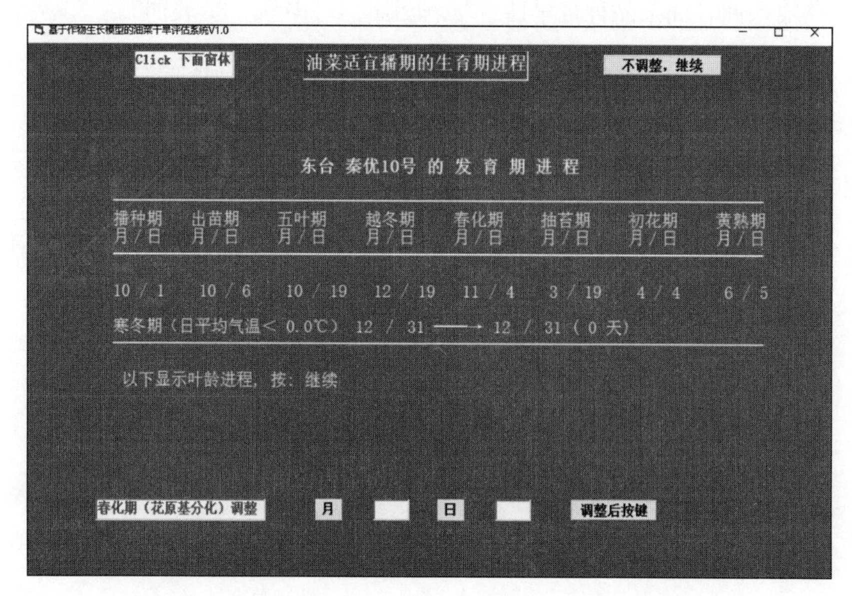

图 5-22 软件运行截图：显示正常年份油菜生育期进程

Fig. 5-22 Screenshot of the software running: shows the rapeseed growth period in the normal years

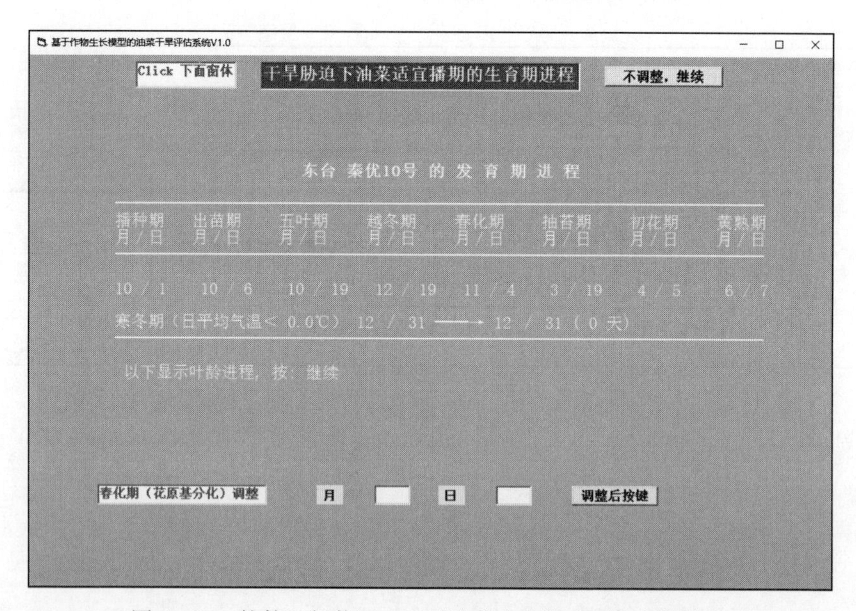

图 5-23 软件运行截图：显示油菜水分胁迫下生育期进程

Fig. 5-23 Screenshot of the software running: shows the rapeseed growth period under water stress

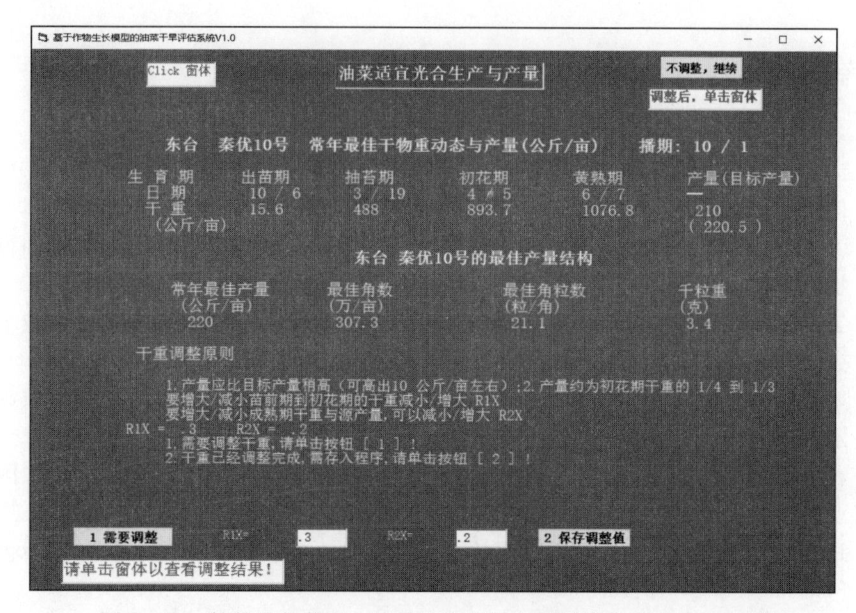

图 5-24　软件运行截图：显示正常年份油菜适宜光合生产与产量

Fig. 5-24　Screenshot of the software operation: Shows the photosynthetic production and yield of rapeseed in the normal years

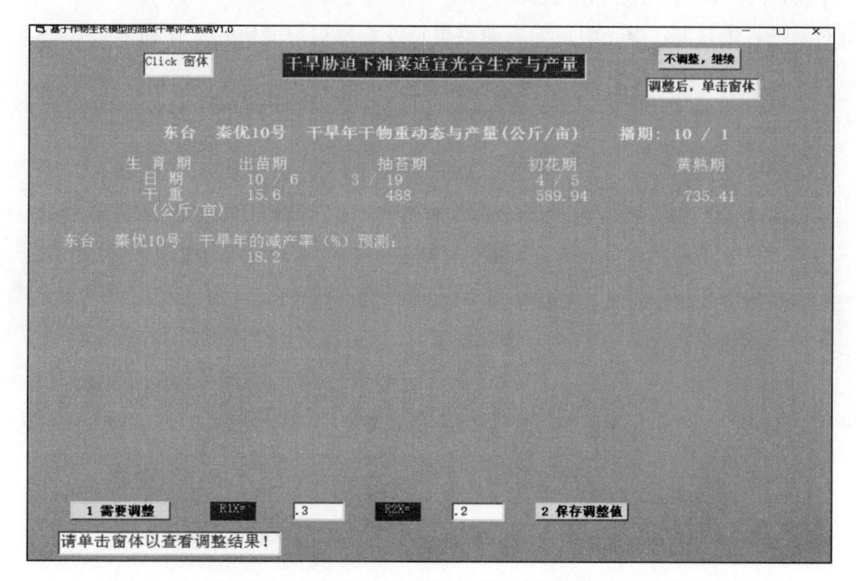

图 5-25　软件运行截图：显示水分胁迫下油菜光合生产与产量

Fig. 5-25　Screenshot of the software operation: Shows photosynthetic production and yield of rapeseed under water stress

参考文献

[1] 刘后利．实用油菜栽培学．上海：上海科学技术出版社，1987.

[2] 江苏省气象局《江苏气候》编写组．江苏气候．北京：气象出版社，1991.

[3] 何激光，官春云．油菜耐渍的生理研究．作物研究，2009，23（5）：323－327.

[4] 王琼，张春雷，李光明，等．渍水胁迫对油菜根系形态与生理活性影响．中国油料作物学报，2012，34（2）：157－162.

[5] 王石立，霍治国，郭建平，等．农林重大病虫害和农业气象灾害的预警及控制技术研究．中国气象科学研究院年报（英文版），2005，1（1）：8－11.

[6] 宋楚崴．施氮水平和花期渍水胁迫对油菜产量形成的影响研究．南京：南京农业大学，2017.

[7] 曹宏鑫，杨太明，蒋跃林，等．花期渍害影响下冬油菜生长及产量模拟研究．中国农业科技导报，2015，17（1）：137－145.

[8] Janssen P H M，Heuberger P S C. Calibration of process－oriented models. Ecological Modeling，1995，83：55－66.

[9] 高亮之，金之庆，黄耀，等．水稻栽培计算机模拟优化决策系统．北京：中国农业科学技术出版社，1992：21－40.

[10] 高亮之，金之庆，郑国清，等．小麦栽培模拟优化决策系统（WCSODS）．江苏农业学报，2000，16（2）：65－72.

[11] 曹宏鑫，张春雷，李光明，等．油菜生长发育模拟模型研究．作物学报，2006，32（10）：1530－1536.

[12] 金之庆，石春林．江淮平原小麦渍害预警系统（WWWS）．作物学报，2006，32（10）：1458－1465.

[13] 葛道阔，曹宏鑫，张利华，等．基于干旱涝渍胁迫的 WCSODS 模型订正与检验．江苏农业学报，2013，29（3）：490－495.

[14] 官春云，王国槐，赵均田．油菜生态特性研究：1. 油菜（*Brassica napus* L.）对温度和日长反应的初步研究．作物学报，1985，11（2）：115－120.

第六章　油菜生长感知

油菜生长感知主要包括基于光谱的油菜生长（叶面积指数、角果皮面积指数、生物量）、生理（叶片气孔导度）、营养（叶片氮含量）动态的快速监测，本章分三节描述。

第一节　基于光谱的油菜长势快速无损监测

一、冠层反射光谱特征与叶面积指数的关系

（一）油菜叶面积指数（LAI）的变化趋势

LAI 是衡量油菜群体是否合理的重要栽培生理参数，一定时期内可反映群体光合势的大小，直接影响生物产量和经济产量。由图 6-1 可见[1]，生育期间 LAI 的增长呈单峰曲线，在移栽初期，随油菜的生长发育，LAI 随时间推移而缓慢增加；春季返青后，随着气温逐渐回升，油菜恢复生长，LAI 迅速增加，施肥处理在始花期（2008 年 3 月 27 日）达到最大值，对照在终花期（2008 年 4 月 14 日）达到最大值，且施肥处理大于对照；开花后，油菜角果大量形成，叶片的养分开始向角果转移，叶片内部组织结构开始发生变化，下部叶片开始变黄脱落，LAI 呈下降趋势直到成熟。

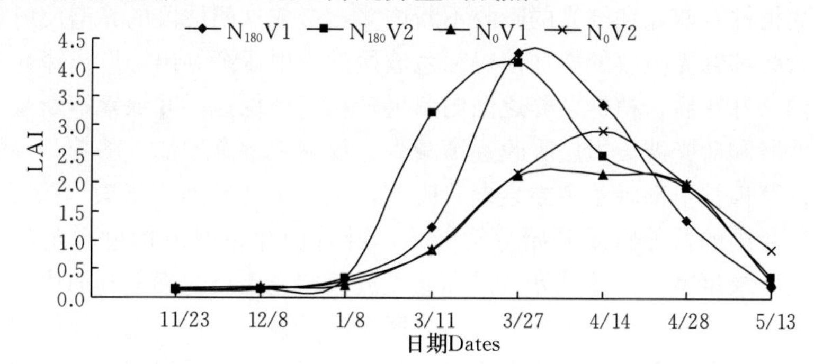

图 6-1　整个生育期油菜叶面积指数的变化趋势

Fig. 6-1　The changes in leaf area index of rapeseed throughout the growth stage

（二）不同波段光谱特征

以 2007—2008 年试验中油菜在 4 个处理水平下结实期冠层高光谱反射率

为例[1]，说明不同处理水平下油菜冠层高光谱反射率的特征（图 6-2）。从图可以看出[1]，在近红外平台（750～1 300 nm）施肥处理的光谱反射率高于无肥的，品种间差异较小；而在可见光部分，不同处理水平下光谱反射率值都比较低，且比较接近，其中，在 450～650 nm 范围内，冠层反射光谱呈单峰曲线，550 nm 左右反射率最大，这是由于植被在 400～700 nm 波段范围内的反射光谱主要由叶绿素和其他色素的吸收决定[2]，表现了叶绿素的强反射特征。

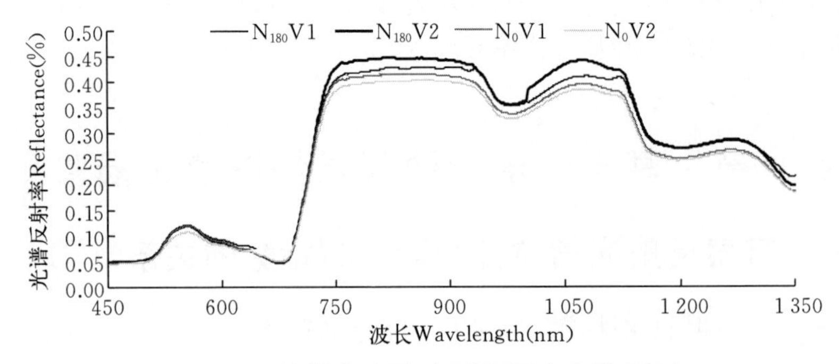

图 6-2　不同施氮水平下油菜冠层高光谱反射率

Fig. 6-2　Hyperspectral reflectance of rapeseed canopy under different N rates

2014—2015 年 N2（180 kg/hm²）水平下不同油菜品种（宁油 18（常规，V1）、宁油 16（常规，V2）和宁杂 19（杂交，V3））不同发育时期冠层光谱反射率变化见图 6-3[3]。从中可以看出，3 个品种在同一氮水平下表现相似的光谱变化趋势，在可见光区，油菜从移栽后到开花，油菜生物量和叶面积指数随着油菜植株不断生长发育而不断增加，促使油菜整个群体的光合能力不断增强，油菜植株对蓝光和红光的吸收不断增多，造成这两波段的光谱反射率不断减小，蓝光和红光吸收的增加使得绿色波段的反射逐渐突出，形成绿光波段反射峰，油菜开花后，植株营养逐渐向角果转移，植株冠层叶绿素不断减小，这时红光波段和蓝光波段冠层吸收逐渐减少，反射率逐渐增加，随着荚果的不断成熟，油菜植株下部叶片不断衰老、脱落，油菜植株叶面积指数（LAI）逐渐下降，叶片内的营养物质开始分解转移，叶片由绿色变成黄色，光合作用减弱，冠层叶绿素减少，使红光波段和蓝光波段的光谱反射率上升加快，而此时绿光区域的光谱反射率大于红光和蓝光区域的反射率，在可见光处仍有一个绿光反射峰，随着油菜不断生长发育红光与蓝光区域光谱反射率逐渐增加，在红边至近红外区，从油菜苗期到荚果成熟期，随着油菜植株 LAI 和生物量的增加，近红外光谱反射率呈现先增加，当 LAI 达到一定值时，光谱反射率趋于稳定，最后逐渐下降的趋势，持续到油菜成熟。由此可见，油菜在不同生育时期的光谱变化规律与油菜随生长发育推进群体变化特征是相互对应的。

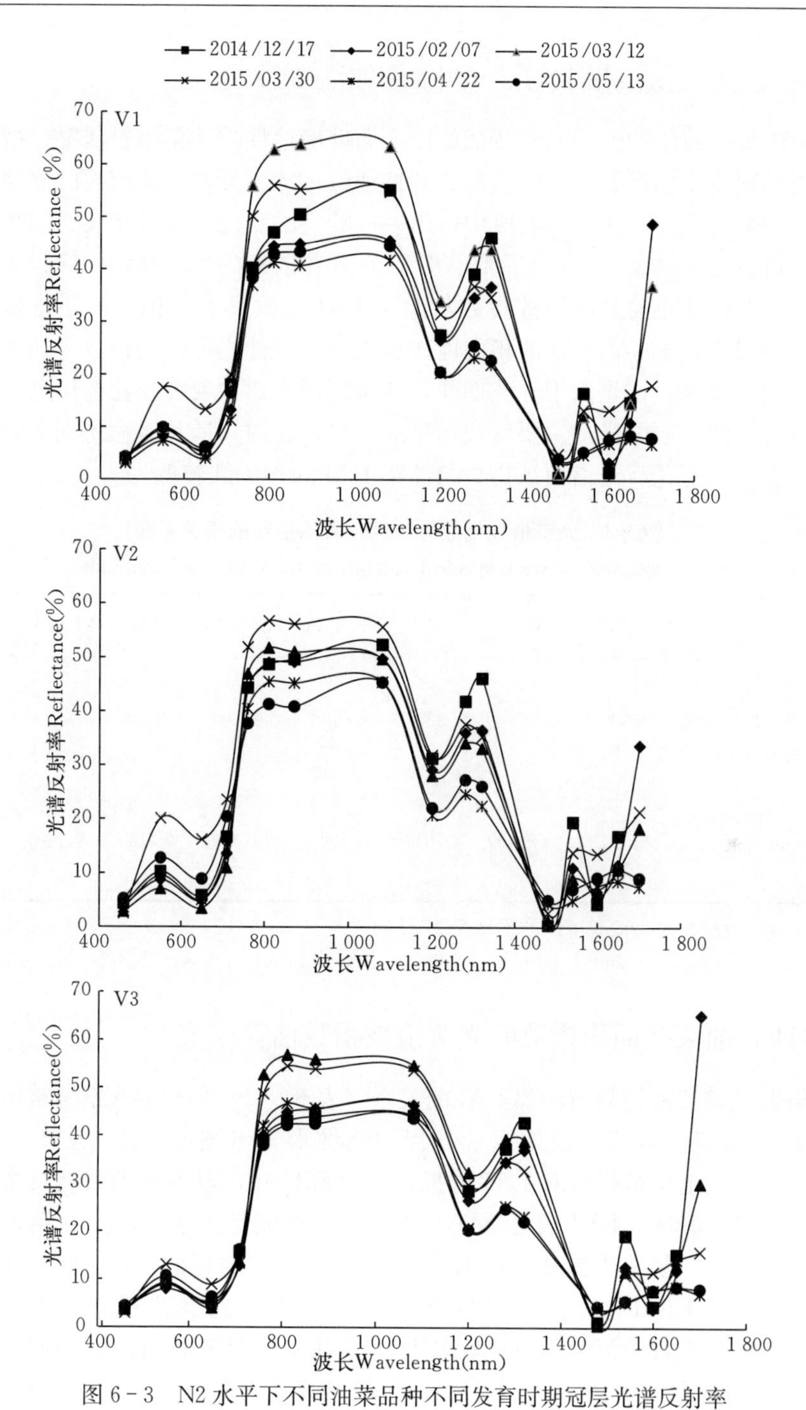

图 6-3　N2 水平下不同油菜品种不同发育时期冠层光谱反射率

Fig. 6-3　The canopy reflectance of under N2 levels of the different rapeseed varieties and phenophase periods

（三）光谱植被指数与油菜叶面积指数的关系

由于单一波段的油菜光谱特征难以全面准确地反映油菜生长状况。植被指数是由不同波段的反射信息组合而成的特征量，能够反映绿色植被的覆盖程度和作物的生长状况。在敏感波段中选出一些特定的波段，通过相互之间组合形成多种植被指数（表 6－1），它们与 LAI 在开花前期的相关性均较好。从表中可以看出[1]，开花前光谱植被指数与油菜 LAI 呈极显著正相关；开花后则相反，除 BNDVI 与油菜 LAI 的相关性达显著外，其他光谱植被指数与油菜 LAI 相关性均不显著，这是由于开花期间，油菜冠层光谱主要反映花的信息，而角果形成后，油菜冠层光谱主要反映角果的信息，此时，叶片对冠层光谱的影响减少。因此，开花后光谱植被指数与油菜 LAI 的相关性较低。

表 6－1　光谱植被指数与油菜叶面积指数的相关系数

Table 6－1　The correlation between spectral vegetation index and leaf area index of rapeseed

	RVI	NDVI	GNDVI	BNDVI	GRNDVI	GBNDVI	RBNDVI	PNDVI
开花前 Before flowering stage （n=20）	0.909**	0.866**	0.890**	0.898**	0.899**	0.903**	0.892**	0.901**
开花后 After flowering stage （n=12）	−0.124	−0.197	0.014	0.676*	−0.099	0.232	0.031	0.028

注：* 和** 分别表示 0.05 和 0.01 水平显著性，下同。

Note：The symbol ＊ and ＊＊ are 0.05 and 0.01 significant level respectively. The same below.

（四）油菜叶面积指数的光谱植被指数估算模型

根据光谱植被指数与油菜 LAI 的关系（表 6－1），可建立光谱植被指数对油菜 LAI 的拟合方程，最佳拟合方程为线性形式（图 6－4）。从图中可看出[1]，各种光谱植被指数对 LAI 的拟合效果都较好，但不同光谱植被指数也有一定差别，其中，RVI 较之 NDVI 更好，这可能是由于 NDVI 在植被覆盖度相对较高时，易发生饱和，而 RVI 不易发生饱和的现象[4]，因此，在开花前期估算油菜 LAI 时，选 RVI 比较好。由红、绿、蓝光各波段组合构成的植被指数（GNDVI、BNDVI、GRNDVI、GBNDVI、RBNDVI、PNDVI）对油菜 LAI 拟合方程的 R^2 相差不大，但拟合效果都好于常规 NDVI；由绿蓝光波段以及红绿蓝波段构成的 GBNDVI 和 PNDVI 相对其他几个植被指数（GNDVI、BNDVI、GRNDVI 和 RBNDVI）对油菜 LAI 具有较好的估算效果。

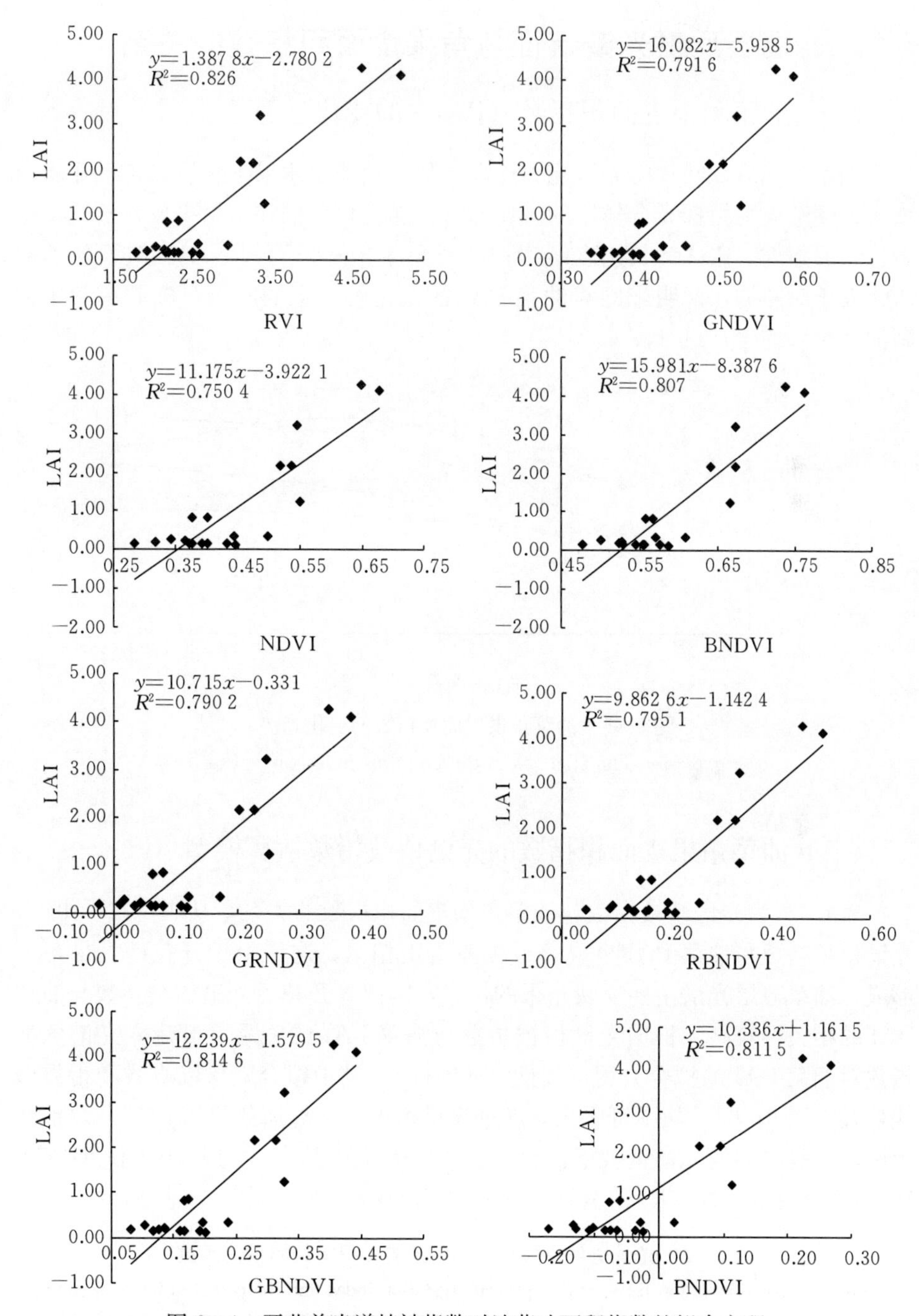

图 6-4　开花前光谱植被指数对油菜叶面积指数的拟合方程

Fig. 6-4　Fitted regression equation between spectral vegetation index and leaf area index of rapeseed before the flowering stage

二、冠层反射光谱特征与角果皮面积指数的关系

（一）油菜角果皮面积指数（PAI）的变化趋势

油菜终花后，叶片的光合能力逐渐下降，随油菜角果生长发育，PAI迅速增大，逐渐成为植株光合作用的主要器官，随发育期推移，角果发育已基本定型进入成熟期，PAI增长速度缓慢；油菜角果生长发育过程中，施肥处理的PAI大于对照的，说明施肥对油菜PAI的变化有一定的影响，施肥有利于提高油菜角果的生长量（图6－5）[1]。

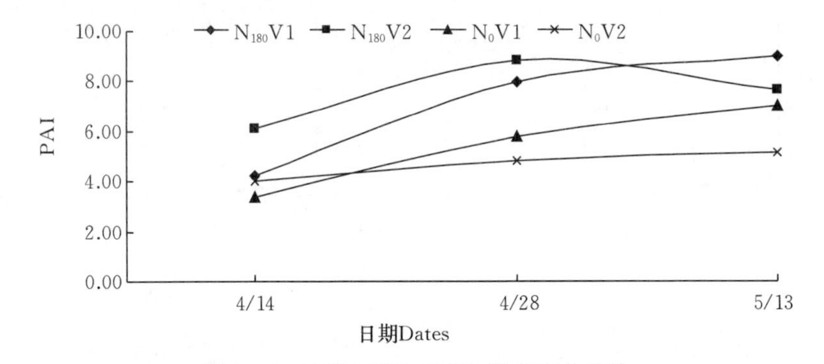

图6－5　油菜角果皮面积指数的变化趋势

Fig. 6－5　The changes in the pod area index of rapeseed

（二）油菜角果皮面积指数的光谱植被指数估算模型

表6－2为光谱植被指数与油菜角果皮面积指数的关系，从表可以看出[1]，光谱植被指数与油菜PAI呈显著或极显著正相关，这是由于开花后大量角果形成，油菜冠层光谱主要反映角果的信息，因此，开花后光谱植被指数与油菜PAI的相关性较高。根据光谱植被指数与油菜PAI的关系，可建立光谱植被指数对油菜PAI的拟合方程（线性和非线性），其中拟合效果以直线和指数形式最好（图6－6）。从图可看出，各种光谱植被指数对油菜PAI的拟合效果都很好，但是不同的光谱植被指数也存在一定差别，其中，GBNDVI和RBNDVI的拟合效果最好，R^2 值分别达0.817 7和0.851 3。

表6－2　光谱植被指数与油菜角果皮面积指数的相关系数

Table 6－2　The correlation between the spectral vegetation index and the pod area index of rapeseed

	RVI	NDVI	GNDVI	BNDVI	GRNDVI	GBNDVI	RBNDVI	PNDVI
PAI (n=8)	0.903**	0.874**	0.812*	0.809*	0.852**	0.891**	0.910**	0.884**

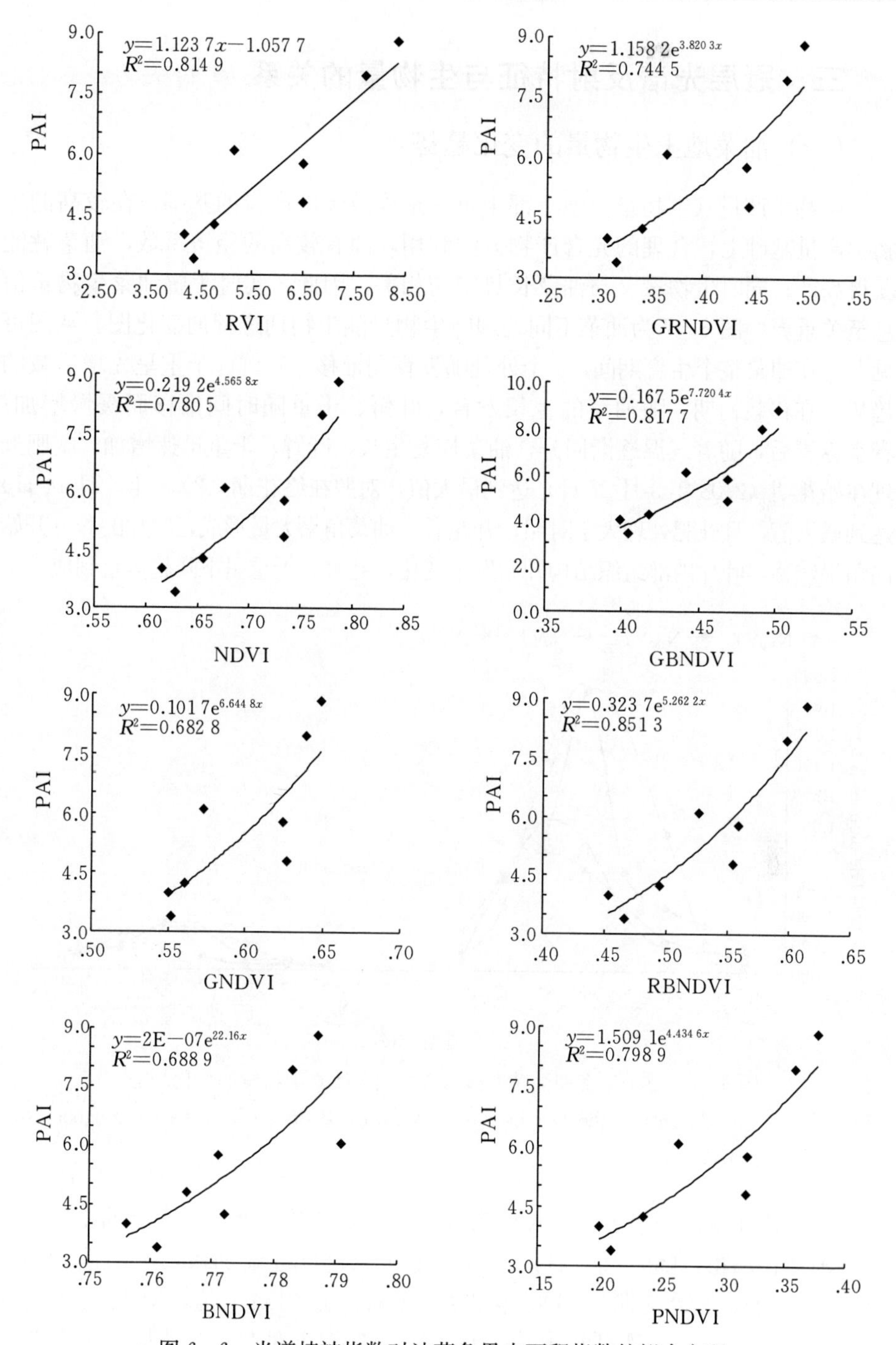

图 6-6　光谱植被指数对油菜角果皮面积指数的拟合方程

Fig. 6-6　Fitted regression equation between the spectral vegetation index and the pod area index of rapeseed

三、冠层光谱反射特征与生物量的关系

(一) 油菜地上生物量的变化趋势

生物学产量(生物量一地上部干重)是构成经济产量的基础,在较高的生物学产量基础上,合理的光合产物分配利用,即有较高的经济系数,油菜就能获得高产;同时生物量又与油菜长势密切相关,因此,实时了解油菜生物量信息至关重要。图 6-7 为油菜不同处理叶生物量随生物期进程的变化图,从图可见[1],在油菜整个生育期间,4 个处理随发育期推移,叶鲜、干重呈先增后减的趋势。在移栽初期,随油菜的生长发育,叶鲜、干重随时间推移而缓慢增加;春季返青后,随着气温逐渐回升,油菜恢复生长,叶鲜、干重迅速增加,施肥处理在始花期(2008 年 3 月 27 日)达到最大值,对照在终花期(2008 年 4 月 14 日)达到最大值,且施肥处理大于对照;开花后,油菜角果大量形成,叶片的养分开始向角果转移,叶片内部组织结构开始发生变化,叶鲜、干重呈下降趋势直到成熟。

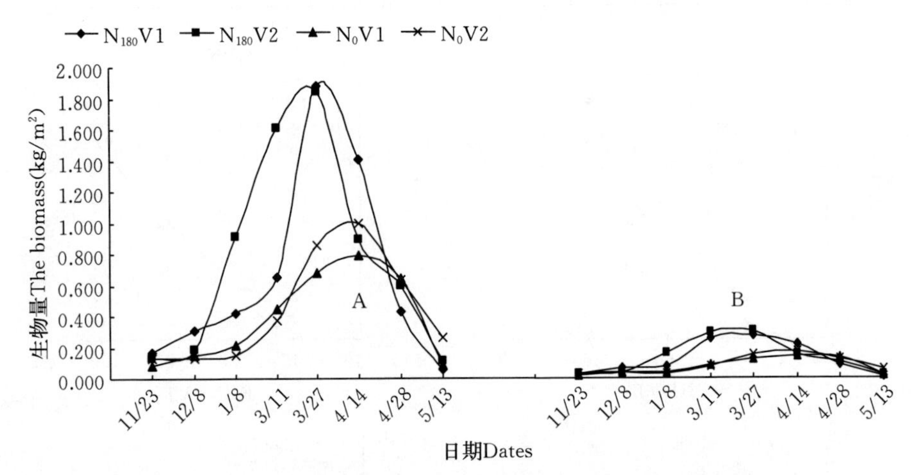

图 6-7 整个生育期油菜叶鲜(A)、干(B)生物量的变化趋势

Fig. 6-7 The changes in the leaf biomass (A. fresh, B. dry) of rapeseed throughout the growth stage

冬油菜在苗期一般主茎生长极为缓慢,茎鲜重缓慢上升;次年抽薹后,主茎逐渐伸长加粗,随着气温日渐上升,茎生长速度逐渐加快,茎鲜重急剧上升,施肥处理在始花期(2008 年 3 月 27 日)达到最大值,对照在终花期(2008 年 4 月 14 日)达到最大值,且施肥处理大于对照;开花期,由于茎生长发育基本定型,茎鲜重下降直到成熟。开花前茎干重缓慢增加,开花后,茎秆大量积累和贮藏营养物质,充实内部组织,干重迅速上升;终花期至成熟

期，茎秆干物质重量及各种糖分均显著下降，导致茎干重下降（图 6－8）。

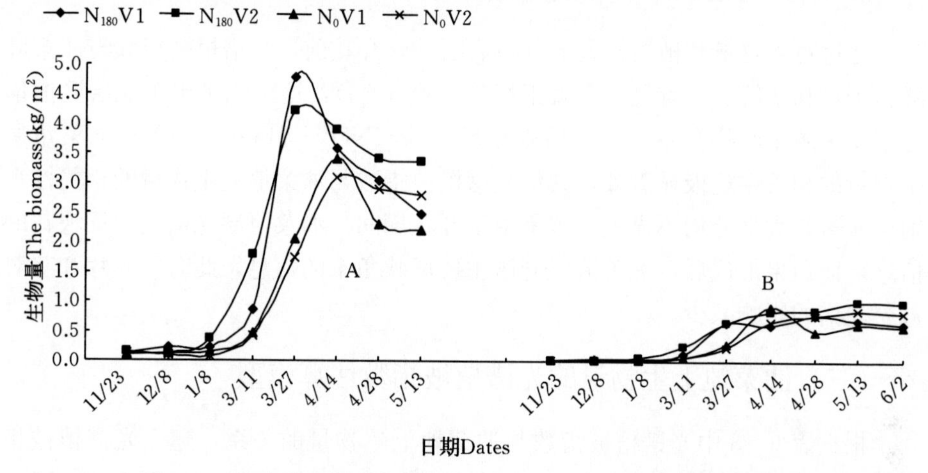

图 6－8　整个生育期油菜茎鲜（A）、干（B）生物量的变化趋势

Fig. 6－8　The changes in the stem biomass（A. fresh，B. dry）of rapeseed throughout the growth stage

油菜角果鲜、干重的变化趋势如图 6－9 所示[1]，开花后，油菜角果大量形成，鲜重逐渐增加，在 2008 年 4 月 28 日达到最大值，随发育期推移，角果发育已基本定型，进入成熟期，角果鲜重下降。开花后，随角果的生长发育，营养物质不断积累，角果干重呈上升趋势。

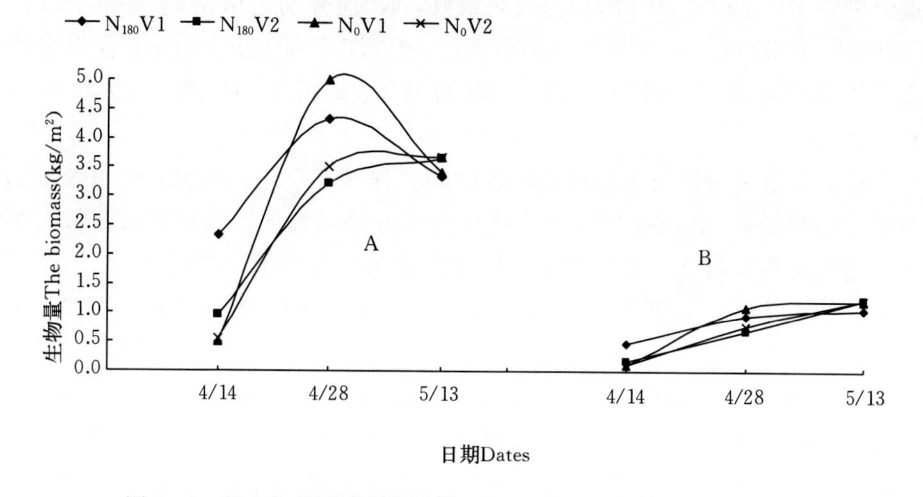

图 6－9　整个生育期油菜角果鲜（A）、干（B）生物量的变化趋势

Fig. 6－9　The changes in the pod biomass（A. fresh，B. dry）of rapeseed throughout the growth stage

（二）光谱植被指数与油菜地上部生物量的关系

通过对生物量和植被指数的分析表明[1]，开花前，光谱植被指数与油菜叶鲜、干重和茎鲜、干重呈极显著正相关（表 6－3），这可能是由于冠层光谱信息主要来源于叶片和茎。开花后则相反，除 GNDVI 和 GRNDVI 与油菜角果生物量的相关性达极显著外，其他光谱植被指数与油菜地上生物量的相关性个别达显著，大部分均不显著，这是由于开花期间，油菜冠层光谱主要反映花的信息，而角果形成后，油菜冠层光谱主要反映角果的信息，此时，叶片和茎对冠层光谱的影响减少。

（三）油菜地上生物量的光谱植被指数估算模型

根据表 6－3 中光谱植被指数与油菜地上生物量的关系，建立光谱植被指数对油菜地上生物量的拟合方程（线性和非线性），如表 6－4、表 6－5、表 6－6 所示，这里只建立光谱植被指数对开花前油菜叶、茎生物量和开花后油菜角果生物量的拟合方程，原因是开花前冠层光谱信息主要来源于叶片和茎，开花后角果大量形成，油菜冠层光谱主要反映角果的信息。从表 6－4 可以看出[1]，光谱植被指数变量回归的 R^2 值，叶干重除 RVI 以对数形式最好外，其他以直线形式最好，各种光谱植被指数对油菜叶生物量的拟合效果都相当不错，但是不同的光谱植被指数也存在一定的差别，其中，叶鲜、干重分别以 RVI 和 GNDVI 的拟合效果最好，R^2 值分别达 0.848 9 和 0.873 2；GNDVI、BNDVI、GRNDVI、GBNDVI、RBNDVI 和 PNDVI 的拟合效果次之，R^2 值都在 0.810 3 以上；而 NDVI 的拟合效果较差，R^2 值分别为 0.800 0 和 0.812 4。

从油菜茎生物量与光谱植被指数回归方程（表 6－5）可见，光谱植被指数变量回归的 R^2 值，除 RVI 以直线形式最好外，其他以指数形式最好，各种光谱植被指数对油菜茎生物量的拟合效果都相当不错，R^2 值都在 0.794 6 以上，其中茎鲜、干重都以 RVI 的拟合效果最好，R^2 值分别达 0.872 0 和 0.887 5。

表 6－6 为光谱植被指数对油菜角果生物量的拟合方程，从表中可以看出，光谱植被指数对油菜角果生物量的最佳拟合方程为乘幂形式，除 BNDVI 外，其他光谱植被指数对油菜角果生物量的拟合效果都相当不错，R^2 值都在 0.700 1 以上，其中角果鲜、干重都以 GRNDVI 的拟合效果最好，R^2 值分别达 0.761 2 和 0.762 4。

表 6-3　光谱植被指数与油菜地上生物量的相关性

Table 6-3　The correlation between the spectral vegetation index and the aboveground biomass of rapeseed

		RVI	NDVI	GNDVI	BNDVI	GRNDVI	GBNDVI	RBNDVI	PNDVI
开花前 Before flowering stage （n=20）	叶鲜重 Leaf fresh weight	0.925**	0.894**	0.903**	0.900**	0.909**	0.909**	0.907**	0.914**
	叶干重 Leaf dry weight	0.901**	0.901**	0.934**	0.909**	0.923**	0.928**	0.911**	0.923**
	茎鲜重 Stem fresh weight	0.934**	0.867**	0.867**	0.888**	0.883**	0.889**	0.891**	0.896**
	茎干重 Stem dry weight	0.942**	0.868**	0.868**	0.889**	0.885**	0.890**	0.894**	0.899**
开花后 After flowering stage （n=8）	叶鲜重 Leaf fresh weight	−0.734*	−0.725*	−0.774*	−0.273	−0.749*	−0.741*	−0.696	−0.734*
	叶干重 Leaf dry weight	−0.764*	−0.744*	−0.773*	−0.372	−0.760*	−0.763*	−0.728*	−0.754*
	茎鲜重 Stem fresh weight	−0.229	−0.333	−0.455	0.394	−0.385	−0.308	−0.239	−0.323
	茎干重 Stem dry weight	0.083	0.021	−0.019	0.239	0.008	0.044	0.059	0.035
	角果鲜重 Pod fresh weight	0.783*	0.834*	0.856**	0.296	0.843**	0.808*	0.792*	0.821*
	角果干重 Pod dry weight	0.778*	0.830*	0.856**	0.276	0.841**	0.803*	0.786*	0.816*

表 6-4 开花前油菜叶生物量与光谱植被指数的回归方程

Table 6-4 Regression equation between the leaf biomass of rapeseed and the spectral vegetation index before the flowering stage

植被指数 Vegetation index		叶鲜重 Leaf fresh weight		叶干重 Leaf dry weight	
		回归方程 Regression equation	决定系数 R^2	回归方程 Regression equation	决定系数 R^2
RVI	线性 Linear	$y=0.5944x-1.0793$	0.848 9	$y=0.0856x-0.1435$	0.812 4
	对数 Logarithm	$y=1.8522\ln(x)-1.2424$	0.827 3	$y=0.2723\ln(x)-0.1723$	0.824 4
	乘幂 Power	$y=0.0198x^{2.9902}$	0.764 5	$y=0.0044x^{2.7333}$	0.752 3
	指数 Exponential	$y=0.028e^{0.9213x}$	0.723 1	$y=0.0063e^{0.8374x}$	0.703 5
NDVI	线性 Linear	$y=4.8751x-1.6078$	0.800 0	$y=0.7235x-0.2291$	0.812 4
	对数 Logarithm	$y=2.1379\ln(x)+2.3479$	0.731 2	$y=0.3206\ln(x)+0.3608$	0.758 5
	乘幂 Power	$y=7.3828x^{3.6292}$	0.747 2	$y=1.0144x^{3.322}$	0.737 2
	指数 Exponential	$y=0.01e^{8.033x}$	0.770 2	$y=0.0024e^{7.3584x}$	0.761 0
GNDVI	线性 Linear	$y=6.8999x-2.4457$	0.816 3	$y=1.0509x-0.3652$	0.873 2
	对数 Logarithm	$y=3.0633\ln(x)+3.1471$	0.782 1	$y=0.4691\ln(x)+0.4888$	0.846 0
	乘幂 Power	$y=29.37x^{5.2288}$	0.808 0	$y=3.8764x^{4.8772}$	0.827 9
	指数 Exponential	$y=0.0023e^{11.536x}$	0.809 1	$y=0.0006e^{10.762x}$	0.829 2
BNDVI	线性 Linear	$y=6.7662x-3.4344$	0.810 3	$y=1.0063x-0.5014$	0.826 6
	对数 Logarithm	$y=4.0589\ln(x)+2.7304$	0.781 1	$y=0.60771\ln(x)+0.4176$	0.807 5
	乘幂 Power	$y=13.46x^{6.799}$	0.777 1	$y=1.7962x^{6.264}$	0.776 8
	指数 Exponential	$y=0.0005e^{11.143x}$	0.779 3	$y=0.0001e^{10.255x}$	0.777 3

（续）

植被指数 Vegetation index		叶鲜重 Leaf fresh weight		叶干重 Leaf dry weight	
		回归方程 Regression equation	决定系数 R^2	回归方程 Regression equation	决定系数 R^2
GRNDVI	线性 Linear	$y=4.6286x-0.0352$	0.825 9	$y=0.6925x+0.0036$	0.852 6
	指数 Exponential	$y=0.1335e^{7.605x}$	0.790 6	$y=0.0256e^{7.0199x}$	0.793 2
GBNDVI	线性 Linear	$y=5.2075x-0.5575$	0.826 1	$y=0.7826x-0.0753$	0.860 5
	对数 Logarithm	$y=1.0617\ln(x)+2.3005$	0.708 1	$y=0.1621\ln(x)+0.3584$	0.761 2
	乘幂 Power	$y=7.3956x^{1.0527}$	0.764 5	$y=1.0483x^{1.715}$	0.771 5
	指数 Exponential	$y=0.0563e^{8.5809x}$	0.795 3	$y=0.0114e^{7.954x}$	0.804 7
RBNDVI	线性 Linear	$y=4.2389x-0.381$	0.822 7	$y=0.627x-0.0465$	0.830 0
	对数 Logarithm	$y=0.7764\ln(x)+1.8479$	0.623 3	$y=0.1173\ln(x)+0.2872$	0.656 1
	乘幂 Power	$y=3.4008x^{1.3626}$	0.680 7	$y=0.4943x^{1.2416}$	0.665 6
	指数 Exponential	$y=0.0765e^{6.9115x}$	0.775 5	$y=0.0154e^{6.3373x}$	0.767 8
PNDVI	线性 Linear	$y=4.4294x+0.6091$	0.834 8	$y=0.6592x+0.0999$	0.852 8
	指数 Exponential	$y=0.3846e^{7.22x}$	0.786 5	$y=0.0679e^{6.6541x}$	0.786 6

表 6-5 开花前油菜茎生物量与光谱植被指数的回归方程

Table 6-5 Regression equation between the stem biomass of rapeseed and the spectral vegetation index before the flowering stage

植被指数 Vegetation index		茎鲜重 Stem fresh weight		茎干重 Stem dry weight	
		回归方程 Regression equation	决定系数 R^2	回归方程 Regression equation	决定系数 R^2
RVI	线性 Linear	$y=1.4323x-3.0557$	0.872 0	$y=0.1884x-0.4014$	0.887 5
	对数 Logarithm	$y=4.3316\ln(x)-3.3208$	0.800 6	$y=0.567\ln(x)-0.4335$	0.806 7
	乘幂 Power	$y=0.0055x^{4.2746}$	0.818 5	$y=0.001x^{4.0333}$	0.805 0
	指数 Exponential	$y=0.009e^{1.3339x}$	0.794 0	$y=0.0015e^{1.2682x}$	0.792 9
NDVI	线性 Linear	$y=11.229x-4.0982$	0.750 9	$y=1.4661x-0.5336$	0.752 9
	对数 Logarithm	$y=4.814\ln(x)+4.921$	0.656 0	$y=0.6267\ln(x)+0.6424$	0.653 8
	乘幂 Power	$y=25.34x^{5.1065}$	0.775 0	$y=2.7025x^{4.7658}$	0.745 7
	指数 Exponential	$y=0.0022e^{11.412x}$	0.814 2	$y=0.0004e^{10.726x}$	0.794 6
GNDVI	线性 Linear	$y=15.747x-5.9648$	0.752 3	$y=2.0551x-0.7769$	0.753 6
	对数 Logarithm	$y=6.8919\ln(x)+6.7157$	0.700 5	$y=0.8976\ln(x)+0.8764$	0.698 9
	乘幂 Power	$y=182.04x^{7.3915}$	0.845 9	$y=17.932x^{6.9602}$	0.828 6
	指数 Exponential	$y=0.0003e^{16.435x}$	0.860 3	$y=6E-05e^{15.527x}$	0.843 8
BNDVI	线性 Linear	$y=15.871x-8.4752$	0.788 9	$y=2.072x-1.1049$	0.790 8
	对数 Logarithm	$y=9.4067\ln(x)+5.9247$	0.742 3	$y=1.2259\ln(x)+0.7738$	0.741 5
	乘幂 Power	$y=69.606x^{9.8967}$	0.859 1	$y=7.1018x^{9.261}$	0.834 5
	指数 Exponential	$y=2E-05e^{16.266x}$	0.870 0	$y=6E-06e^{15.306x}$	0.851 0

（续）

植被指数 Vegetation index		茎鲜重 Stem fresh weight		茎干重 Stem dry weight	
		回归方程 Regression equation	决定系数 R^2	回归方程 Regression equation	决定系数 R^2
GRNDVI	线性 Linear	$y=10.688x-0.4798$	0.779 2	$y=1.3967x-0.0614$	0.782 6
	指数 Exponential	$y=0.0878e^{10.848x}$	0.842 6	$y=0.0135e^{10.236x}$	0.828 8
GBNDVI	线性 Linear	$y=12.104x-1.7028$	0.789 7	$y=1.5815x-0.2211$	0.792 9
	对数 Logarithm	$y=2.3713\ln(x)+4.7824$	0.625 0	$y=0.3082\ln(x)+0.6236$	0.620 9
	乘幂 Power	$y=26.146x^{2.6246}$	0.803 7	$y=2.7855x^{2.4501}$	0.773 8
	指数 Exponential	$y=0.0248e^{12.391x}$	0.868 8	$y=0.0041e^{11.702x}$	0.856 0
RBNDVI	线性 Linear	$y=9.9038x-1.304$	0.794 7	$y=1.2944x-0.1691$	0.798 4
	对数 Logarithm	$y=1.7208\ln(x)+3.7497$	0.541 8	$y=0.2234\ln(x)+0.4889$	0.536 9
	乘幂 Power	$y=8.539x^{1.9191}$	0.707 3	$y=0.9512x^{1.7735}$	0.667 4
	指数 Exponential	$y=0.0389e^{9.9521x}$	0.842 4	$y=0.0063e^{9.3762x}$	0.826 1
PNDVI	线性 Linear	$y=10.332x+1.0091$	0.803 7	$y=1.3512x+0.1332$	0.808 5
	指数 Exponential	$y=0.3974e^{10.387x}$	0.852 8	$y=0.056e^{9.8103x}$	0.840 3

表 6-6 开花后油菜角果生物量与光谱植被指数的回归方程

Table 6-6 Regression equation between the pod biomass of rapeseed and the spectral vegetation index after the flowering stage

植被指数 Vegetation index		角果鲜重 Pod fresh weight		角果干重 Pod dry weight	
		回归方程 Regression equation	决定系数 R^2	回归方程 Regression equation	决定系数 R^2
RVI	线性 Linear	$y=0.8765x-2.6664$	0.612 9	$y=0.1711x-0.5372$	0.606 2
	对数 Logarithm	$y=5.4699\ln(x)-7.0444$	0.666 8	$y=1.0685\ln(x)-1.3931$	0.660 4
	乘幂 Power	$y=0.0099x^{2.9889}$	0.705 0	$y=0.0014x^{3.1522}$	0.705 3
	指数 Exponential	$y=0.1089e^{0.4787x}$	0.647 4	$y=0.017e^{0.5051x}$	0.648 4
NDVI	线性 Linear	$y=22.292x-13.053$	0.696 1	$y=4.3557x-2.5676$	0.689 7
	对数 Logarithm	$y=15.66\ln(x)+8.1964$	0.707 2	$y=3.0598\ln(x)+1.5843$	0.700 7
	乘幂 Power	$y=41.57x^{8.5852}$	0.752 6	$y=8.9765x^{9.0469}$	0.751 7
	指数 Exponential	$y=0.0004e^{12.199x}$	0.738 1	$y=4E-05e^{12.859x}$	0.737 7
GNDVI	线性 Linear	$y=35.567x-18.668$	0.731 8	$y=6.9837x-3.6852$	0.732 3
	对数 Logarithm	$y=21.278\ln(x)+13.587$	0.737 8	$y=4.178\ln(x)+2.6483$	0.738 3
	乘幂 Power	$y=668.22x^{11.322}$	0.739 7	$y=171.45x^{11.975}$	0.744 4
	指数 Exponential	$y=2E-05e^{18.918x}$	0.733 1	$y=2E-06e^{20.013x}$	0.738 0
BNDVI	线性 Linear	$y=40.615x-28.861$	0.086 6	$y=7.4361x-5.2698$	0.075 3
	对数 Logarithm	$y=31.927\ln(x)+10.758$	0.089 3	$y=5.8519\ln(x)+1.9856$	0.077 9
	乘幂 Power	$y=774.94x^{23.418}$	0.170 2	$y=146.3x^{23.542}$	0.154 7
	指数 Exponential	$y=2E-10e^{29.915x}$	0.166 3	$y=3E-11e^{30.053x}$	0.151 0

（续）

植被指数 Vegetation index		角果鲜重 Pod fresh weight		角果干重 Pod dry weight	
		回归方程 Regression equation	决定系数 R^2	回归方程 Regression equation	决定系数 R^2
GRNDVI	线性 Linear	$y=19.308x-5.1886$	0.711 5	$y=3.7806x-1.0341$	0.707 9
	对数 Logarithm	$y=7.7467\ln(x)+9.7568$	0.731 7	$y=1.5167\ln(x)+1.8921$	0.728 0
	乘幂 Power	$y=93.516x^{4.1989}$	0.761 2	$y=21.21x^{4.4306}$	0.762 4
	指数 Exponential	$y=0.0287e^{10.435x}$	0.735 7	$y=0.0042e^{11.017x}$	0.737 8
GBNDVI	线性 Linear	$y=35.654x-13.452$	0.652 4	$y=6.9645x-2.6447$	0.646 1
	对数 Logarithm	$y=16.024\ln(x)+15.442$	0.661 0	$y=3.1303\ln(x)+2.9995$	0.654 6
	乘幂 Power	$y=2204.6x^{8.7832}$	0.703 1	$y=582.47x^{9.2408}$	0.700 1
	指数 Exponential	$y=0.0003e^{19.517x}$	0.692 2	$y=3E-05e^{20.54x}$	0.689 6
RBNDVI	线性 Linear	$y=23.361x-9.9074$	0.627 7	$y=4.5482x-1.9443$	0.617 5
	对数 Logarithm	$y=12.476\ln(x)+10.462$	0.641 0	$y=2.4292\ln(x)+2.0216$	0.630 7
	乘幂 Power	$y=156.72x^{6.974}$	0.709 2	$y=35.754x^{7.3232}$	0.703 4
	指数 Exponential	$y=0.0018e^{13.026x}$	0.691 0	$y=0.0002e^{13.683x}$	0.685 9
PNDVI	线性 Linear	$y=21.052x-3.4622$	0.673 5	$y=4.1128x-0.6935$	0.667 2
	对数 Logarithm	$y=5.9631\ln(x)+10.175$	0.698 3	$y=1.1649\ln(x)+1.9706$	0.691 6
	乘幂 Power	$y=124.42x^{3.2782}$	0.747 3	$y=28.369x^{3.4509}$	0.744 9
	指数 Exponential	$y=0.0701e^{11.517x}$	0.713 8	$y=0.0108e^{12.134x}$	0.712 7

第二节　基于冠层反射光谱的油菜生理指标监测

一、油菜叶片气孔导度的变化趋势

在油菜整个生育期，随发育期推移，4 个处理的叶片气孔导度呈“双峰”(图 6－10)[1,5]。在移栽初期，叶片气孔导度随时间缓慢增加，在越冬前第一次达到高峰（2007 年 12 月 8 日）；进入越冬期后，由于油菜停止生长，在 2008 年 1 月 8 日叶片气孔导度最小；春季返青后，油菜恢复生长，叶片气孔导度迅速增加，2008 年 3 月 27 日再次达到高峰，成为全生育期最大值；开花后，油菜角果大量形成，叶片养分开始向角果转移，叶片内部组织结构开始发生变化，叶片光合作用减小。研究表明，在形成油菜籽粒产量的营养物质中，大约有三分之一来源于叶片光合作用，三分之二来源于角果光合作用[6－8]，因此，叶片气孔导度呈下降趋势直到成熟。另外，4 个处理油菜的叶片气孔导度差异较小，仅有以下趋势：越冬前，施肥处理的叶片气孔导度高于对照，施肥区 V1 大于 V2，无肥区 V2 大于 V1；越冬后，无论施肥区还是无肥区，叶片气孔导度基本上是 V2 大于 V1。

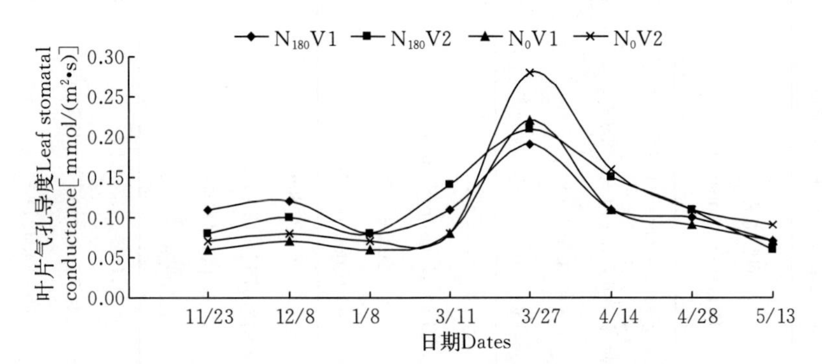

图 6－10　整个生育期油菜叶片气孔导度的变化趋势

Fig. 6－10　The changes in the leaf stomatal conductance of rapeseed throughout the growth stage

二、光谱植被指数与油菜叶片气孔导度的关系

光谱植被指数与油菜叶片气孔导度间的相关分析表明[1,5]，开花前，光谱植被指数与油菜叶片气孔导度呈极显著正相关；开花后，则相反，除 BNDVI 与油菜叶片气孔导度显著相关外，其他光谱植被指数与油菜叶片气孔导度相关性均不显著（表 6－7），这是由于开花期间，油菜冠层光谱主要反映花的信息，而角

果形成后，油菜冠层光谱主要反映角果的信息，此时，叶片对冠层光谱的影响减少。因此，开花后光谱植被指数与油菜叶片气孔导度的相关性较低。

表 6-7　光谱植被指数与油菜叶片气孔导度的相关性

Table 6-7　Correlation between the spectral vegetation index and the leaf stomatal conductance of rapeseed

	RVI	NDVI	GNDVI	BNDVI	GRNDVI	GBNDVI	RBNDVI	PNDVI
开花前（n=20）Before flowering stage	0.710**	0.732**	0.743**	0.756**	0.738**	0.749**	0.743**	0.743**
开花后（n=12）After flowering stage	−0.165	−0.250	−0.039	0.616*	−0.153	0.176	−0.029	−0.030

三、油菜叶片气孔导度的光谱植被指数估算模型

根据光谱植被指数与叶片气孔导度的关系（表 6-7），可建立光谱植被指数对叶片气孔导度的拟合方程（线性和非线性）（表 6-8）。由表可见[1,5]，光谱植被指数变量回归的 R^2 值，除 RVI 以乘幂形式最好外，其他以指数形式最好，各种光谱植被指数对叶片气孔导度的拟合效果都较好，但不同光谱植被指数也有一定差别，其中，以 BNDVI 对油菜叶片气孔导度的拟合效果最好，R^2 值为 0.646 2；GBNDVI、GNDVI、PNDVI、RBNDVI、GRNDVI 和 NDVI 的拟合效果次之，R^2 都在 0.600 1 以上；而 RVI 的拟合效果较差，R^2 值为 0.567 6。

四、油菜冠层叶片气孔导度的光谱植被指数估算模型

冠层叶片气孔导度对于大面积（航空、航天尺度）遥感监测有重要意义，它是植物水分监测、光合生产力调查的重要手段。通过进一步分析光谱植被指数与油菜冠层叶片气孔导度（即近似为油菜叶片气孔导度和叶面积指数的乘积）的关系，其相关顺序与光谱植被指数和油菜叶片气孔导度的相关性一致（表 6-9），光谱植被指数对冠层叶片气孔导度的最佳拟合方程为线性和指数形式（图 6-11），且光谱植被指数对油菜冠层叶片气孔导度的拟合效果好于对油菜叶片气孔导度，原因是试验中光谱参数来源于冠层反射光谱值，其对植物冠层生长参数更敏感。从图 6-11 可看出[1,5]，除 GNDVI 和 GBNDVI 以指数形式最好外，其他以直线形式最好，R^2 值都在 0.727 0 以上，其中，RVI 变量回归方程的 R^2 值达 0.807 4。

表 6-8　开花前油菜叶片气孔导度与光谱植被指数的回归方程

Table 6-8　Regression equation between the leaf stomatal conductance of rapeseed and the spectral vegetation index before the flowering stage

植被指数 Vegetation index	回归方程 Regression equation		决定系数 R^2	植被指数 Vegetation index	回归方程 Regression equation		决定系数 R^2
RVI	线性 Linear	$y=0.0492x-0.0216$	0.5043	BNDVI	线性 Linear	$y=0.6096x-0.2459$	0.5711
	对数 Logarithm	$y=0.1593\ln(x)-0.041$	0.5315		对数 Logarithm	$y=0.3704\ln(x)+0.312$	0.5647
	乘幂 Power	$y=0.0302x^{1.2505}$	0.6001		乘幂 Power	$y=0.4842x^{2.9127}$	0.6401
	指数 Exponential	$y=0.0353e^{0.3853x}$	0.5676		指数 Exponential	$y=0.006e^{4.7898x}$	0.6462
NDVI	线性 Linear	$y=0.4276x-0.0762$	0.5343	GBNDVI	线性 Linear	$y=0.4608x+0.0151$	0.5617
	对数 Logarithm	$y=0.1921\ln(x)+0.2746$	0.5123		对数 Logarithm	$y=0.0976\ln(x)+0.274$	0.5197
	乘幂 Power	$y=0.3609x^{1.5107}$	0.5808		乘幂 Power	$y=0.36x^{0.7692}$	0.5915
	指数 Exponential	$y=0.0229e^{3.3598x}$	0.6044		指数 Exponential	$y=0.0469e^{3.6247x}$	0.6369
GNDVI	线性 Linear	$y=0.6086x-0.1511$	0.5516	RBNDVI	线性 Linear	$y=0.3725x+0.0313$	0.5517
	对数 Logarithm	$y=0.2749\ln(x)+0.3461$	0.5468		对数 Logarithm	$y=0.0713\ln(x)+0.2323$	0.4570
	乘幂 Power	$y=0.6354x^{2.1657}$	0.6221		乘幂 Power	$y=0.2589x^{0.5615}$	0.5188
	指数 Exponential	$y=0.0126e^{4.7945x}$	0.6272		指数 Exponential	$y=0.0533e^{2.9258x}$	0.6237
GRNDVI	线性 Linear	$y=0.4034x+0.0621$	0.5447	PNDVI	线性 Linear	$y=0.3865x+0.1183$	0.5518
	指数 Exponential	$y=0.0678e^{3.1721x}$	0.6172		指数 Exponential	$y=0.1055e^{3.0374x}$	0.6246

表 6-9 光谱植被指数与油菜冠层叶片气孔导度的相关系数

Table 6-9 Correlation between the spectral vegetation index and the canopy leaf stomatal conductance of rapeseed

	RVI	NDVI	GNDVI	BNDVI	GRNDVI	GBNDVI	RBNDVI	PNDVI
开花前（n=20） Before flowering stage	0.898**	0.853**	0.863**	0.879**	0.870**	0.880**	0.876**	0.882**
开花后（n=12） After flowering stage	−0.249	−0.326	−0.117	0.601*	−0.231	0.108	−0.098	−0.104

冠层叶片气孔导度Canopy leaf stomatal conductance[mmol/(m²•s)]
1.00 0.80 0.60 0.40 0.20 0.00 (0.200)
y=0.286 2x−0.609 1
R^2=0.807 4
1.50 2.50 3.50 4.50 5.50
RVI

冠层叶片气孔导度Canopy leaf stomatal conductance[mmol/(m²•s)]
1.20 1.00 0.80 0.60 0.40 0.20 0.00
y=1E−05e$^{19.254x}$
R^2=0.783 2
.30 .40 .50 .60
GNDVI

冠层叶片气孔导度Canopy leaf stomatal conductance[mmol/(m²•s)]
1.00 0.80 0.60 0.40 0.20 0.00 (0.200) (0.400)
y=2.294 6x−0.840 1
R^2=0.727
.20 .30 .40 .50 .60 .70
NDVI

冠层叶片气孔导度Canopy leaf stomatal conductance[mmol/(m²•s)]
1.00 0.80 0.60 0.40 0.20 0.00 (0.200) (0.400)
y=2.187 4x−0.101 2
R^2=0.756 9
−.05 .05 .15 .25 .35 .45
GRNDVI

冠层叶片气孔导度Canopy leaf stomatal conductance[mmol/(m²•s)]
1.40 1.20 1.00 0.80 0.60 0.40 0.20 0.00
y=0.002 2e$^{14.462x}$
R^2=0.785 1
.00 .10 .20 .30 .40 .50
GBNDVI

冠层叶片气孔导度Canopy leaf stomatal conductance[mmol/(m²•s)]
1.00 0.80 0.60 0.40 0.20 0.00 (0.200) (0.400)
y=2.021 4x−0.268 6
R^2=0.767 8
.00 .20 .40 .60
RBNDVI

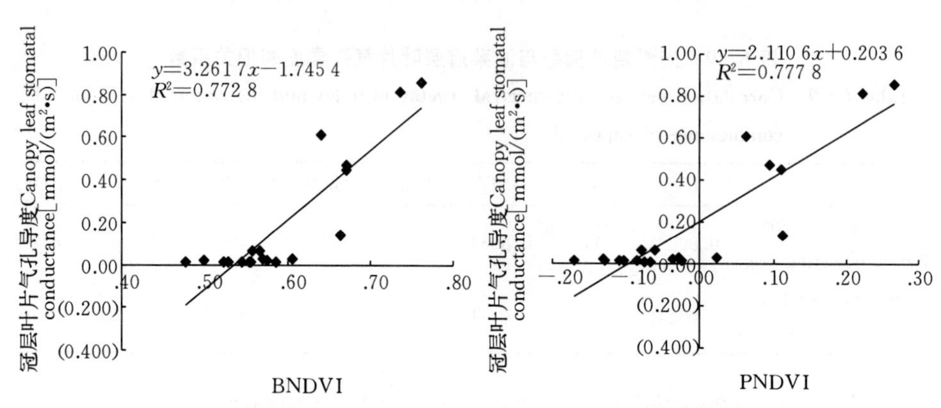

图 6-11 开花前光谱植被指数对油菜冠层叶片气孔导度的拟合方程

Fig. 6-11 Fitted regression equation between the spectral vegetation index and the canopy leaf stomatal conductance of rapeseed before the flowering stage

第三节 基于冠层反射光谱的油菜叶片氮素状况监测

一、功能叶片氮素状况

叶片氮含量和氮累积量是表征油菜群体氮素状况的主要指标。表 6-10 和表 6-11 分别列出了 2007—2008 年试验中整个生育期油菜叶片氮含量和氮累积量。从表 6-10 可见[1]，油菜在抽薹以前（即营养生长旺盛的阶段），叶片氮素浓度较高；抽薹以后，随着生长中心转移到花角，营养器官组织纤维程度加剧，叶片氮素浓度开始下降，随着角果发育，种子形成，油菜进入成熟期，叶片的含氮量降至最低值。从表 6-11 可见[1]，油菜在移栽初期，叶片氮素累积量较少；春季返青后，随着气温逐渐回升，油菜对氮素的吸收量明显上升，氮素累积量呈上升趋势，比越冬期提高 2 倍多，达到一生中高峰，施肥处理在蕾薹期达到最大值，对照在终花期达到最大值；结实阶段（终花至成熟）油菜继续吸收与积累氮素，但积累强度比上一阶段明显下降，氮素在植株体内的分布发生极大的变化，营养器官的氮素迅速向角果集中，最后集中于种子。

二、功能叶片氮素状况与 SPAD 值的关系

（一）功能叶片 SPAD 值状况

从图 6-12 可知[1]，SPAD 值与施肥量基本上呈正相关关系，施肥处理的 SPAD 值明显高于无肥处理，品种之间差异较小。施肥处理的 SPAD 值在越冬期达到最大，可能是由于增施腊肥的原因。无肥处理在蕾薹期达到最大，可能

是由于温度、光照等适宜，在该生长阶段叶片进行光合作用，叶片生长旺盛的原因。此后随生长阶段的推移，SPAD值逐渐变小，在油菜进入结实期时，SPAD值开始急剧下降，其主要原因是在角果发育成熟时，叶片已开始出现衰老，绿色叶片内的营养物质向角果转移，叶绿素分解，叶片开始转黄。

表 6-10　油菜整个生育期的叶片氮含量

Table 6-10　Leaf nitrogen concentrations of rapeseed throughout the growth stage

品种 Variety	施氮水平 N rate (kg N/hm²)	叶片氮含量 Leaf nitrogen concentration (g/kg)						
		苗期 Seedling	越冬 Over-Winter	蕾薹 Elongation	初花 Early blossoming	终花 End blossoming	结实 Pod	成熟 Ripe
宁油 18	N_0	13.328	9.577	14.229	12.445	13.122	10.133	8.506
Ningyou18	N_{180}	10.848	12.139	16.628	14.197	14.017	10.273	8.496
宁油 16	N_0	9.925	9.815	13.608	12.671	13.314	10.734	8.925
Ningyou16	N_{180}	12.096	12.857	17.283	13.723	12.950	9.761	6.928

表 6-11　油菜整个生育期的叶片氮累积量

Table 6-11　Leaf nitrogen accumulation of rapeseed throughout the growth stage

品种 Variety	施氮水平 N rate (kg N/hm²)	叶片氮累积量 Leaf nitrogen accumulation (g N/m²)						
		苗期 Seedling	越冬 Over-Winter	蕾薹 Elongation	初花 Early blossoming	终花 End blossoming	结实 Pod	成熟 Ripe
宁油 18	N_0	0.435	0.350	1.052	1.370	1.598	1.161	0.150
Ningyou18	N_{180}	0.641	0.799	3.624	3.418	2.653	0.765	0.098
宁油 16	N_0	0.286	0.251	0.843	1.669	1.938	1.158	0.443
Ningyou16	N_{180}	0.375	1.748	4.388	3.640	1.663	0.910	0.113

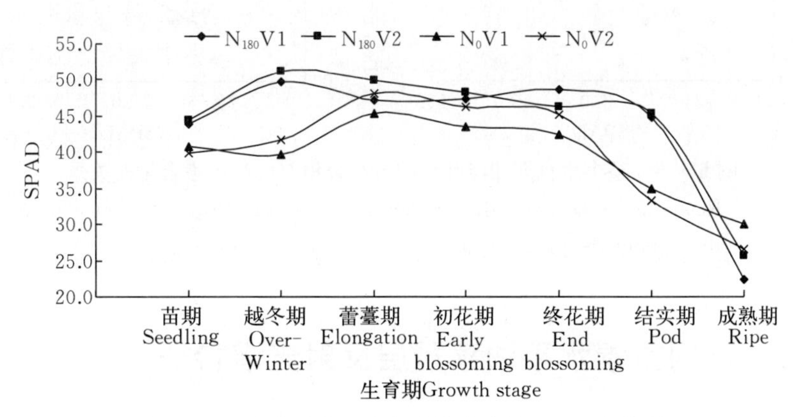

图 6-12　油菜整个生育期功能叶片的 SPAD 值状况

Fig. 6-12　Leaf SPAD values of rapeseed throughout the growth stage

（二）功能叶片氮素状况与 SPAD 值的关系

叶绿素仪测定的 SPAD 值反映叶片叶绿素的相对含量，而叶绿素含量又与叶片氮素含量密切相关。因此，叶片 SPAD 值与叶片的氮素状况也密切相关，通过测定叶片 SPAD 值可以了解叶片氮素状况。由图 6-13 和图 6-14 可知[1]，功能叶片 SPAD 值与氮含量和氮累积量相关密切，均达到显著水平，且 SPAD 值对氮含量和氮累积量的拟合方程均以指数形式最好，R^2 值分别为 0.649 8 和 0.553 6。

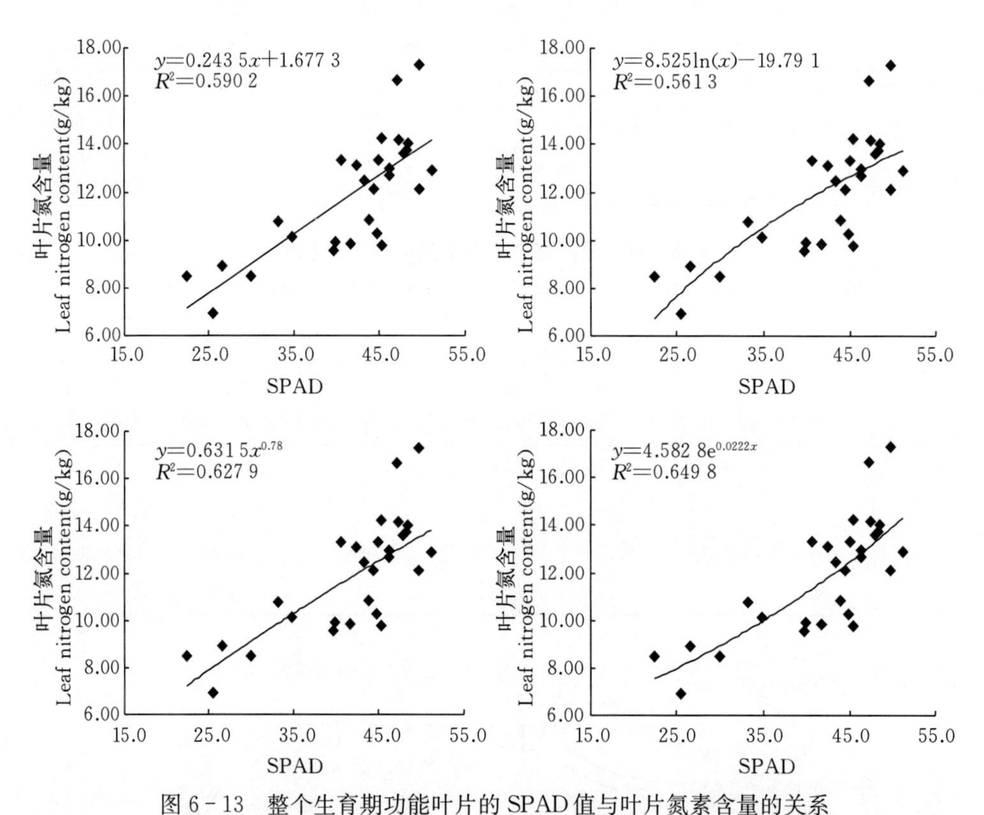

图 6-13 整个生育期功能叶片的 SPAD 值与叶片氮素含量的关系

Fig. 6-13 Relationship between the SPAD value and the Leaf nitrogen concentrations throughout the growth stage

三、不同氮素水平油菜冠层反射光谱特征

图 6-15 和图 6-16 为 2014 年 12 月 17 日和 2015 年 3 月 30 日田间试验测得油菜苗期和开花结果期，不同品种（V1、V3）在不同供氮水平下油菜冠层光谱

反射率。从图中可知[3]，不同供氮水平油菜冠层光谱表现明显的差异，2 个品种在同一时期光谱曲线表现出来相似的变化趋势，在可见光处，随着供氮水平的提高光谱反射率降低，在近红外波段光谱反射率随着供氮水平的提高而提高，这是由于供氮量提高油菜植株 LAI 和叶绿素含量随着供氮量的提高而提高，所以可以通过光谱反射率及其相关参数的运算，可以区分不同供氮量水平生长的油菜。

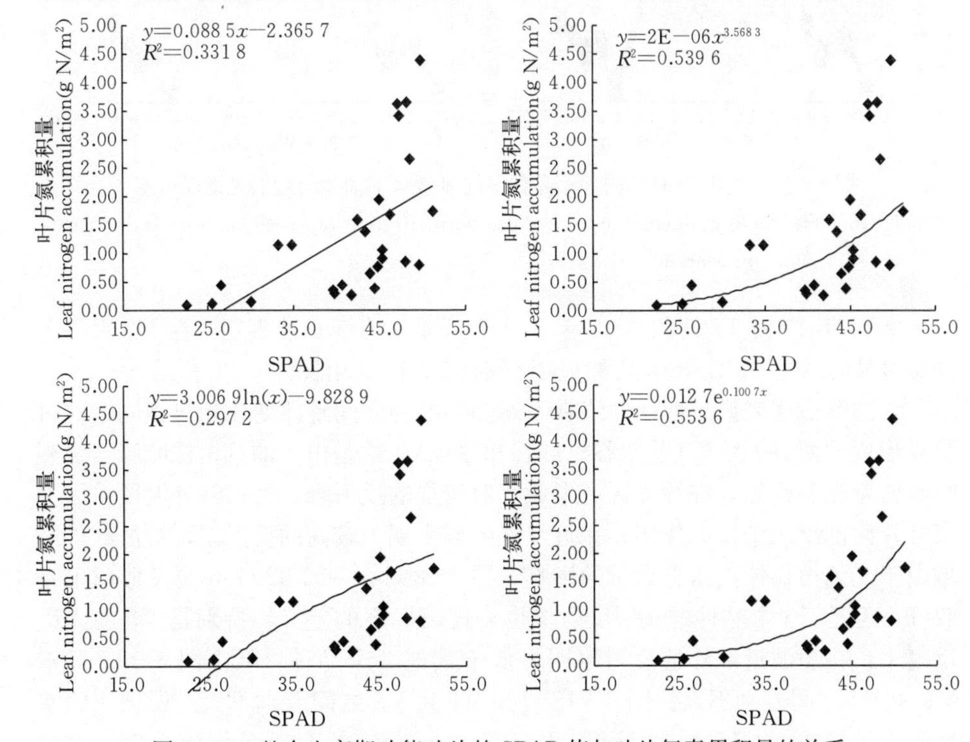

图 6 - 14　整个生育期功能叶片的 SPAD 值与叶片氮素累积量的关系

Fig. 6 - 14　Relationship between the SPAD value and the Leaf nitrogen accumulation throughout the growth stage

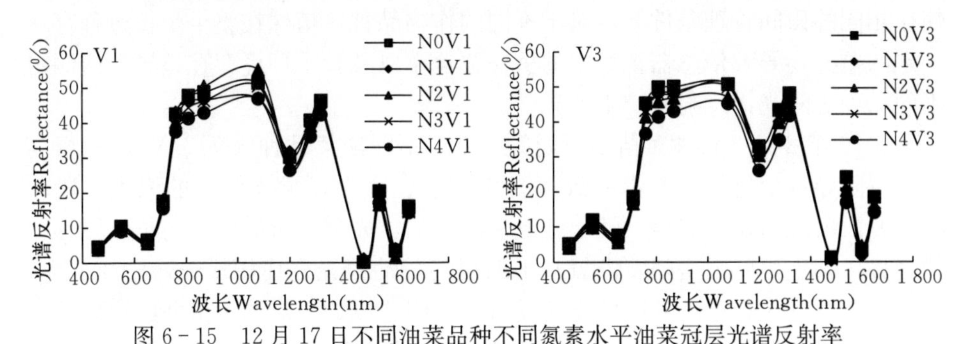

图 6 - 15　12 月 17 日不同油菜品种不同氮素水平油菜冠层光谱反射率

Fig. 6 - 15　The canopy reflectance of rapeseed with different rapeseed varieties and N treatments on Dec. 17

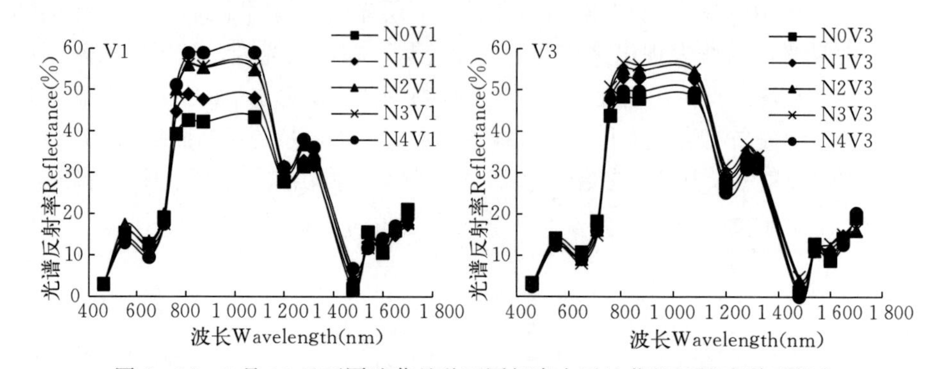

图 6-16　3 月 30 日不同油菜品种不同氮素水平油菜的冠层光谱反射率

Fig. 6-16　The canopy reflectance of rapeseed with different rapeseed varieties and N treatments on Mar. 30

2014 年 12 月 17 日和 2015 年 2 月 7 日油菜苗期和抽薹期，在 N2 水平下油菜（V1、V2、V3）3 个品种冠层反射光谱特征由图 6-17 和图 6-18 所示[3]，油菜冠层光谱反射率曲线在不同油菜品种之间整体变化趋势相同，在可见光形成“两谷一峰”（蓝紫谷、红谷和绿峰），这是由于油菜植株叶绿素强烈吸收蓝紫光和红光，在绿光区域形成相对较强的反射峰，在近红外波段，因油菜叶片内部组织结构的作用，在近红外区域表现为较高的反射率，短波红外区域由于受到植株体内水分含量的影响，在 1 080 nm 和 1 320 nm 波段形成了吸收峰，但是，3 个品种的冠层反射率也表现出一定的差异，特别是 V3 的光谱反射率，在短波近红外的反射率明显低于其他 2 个品种，从由图 6-17 可知 V1 和 V2 之间差别不大。图 6-18 可知 V1 和 V3 之间差别不大，根据实验室所测农学参数，2014 年 12 月 17 日 V1、V2 和 V3 的 LAI 分别为 3.78、4.63 和 2.82，2015 年 2 月 7 日 V1、V2 和 V3 的 LAI 分别为 2.71、6.69 和 3.21。同时再考虑 V1、V2 和 V3 苗期受到三者的背景土壤及杂草覆盖率的影响，即使在相同的田间管理条件下，对于不同的作物品种，植株在整个生长过程存在一定的差异，导致传感器视场中的植株覆盖率以及背景环境存在差异，使测得不同品种之间光谱反射率产生差异。

2016 年 2 月 3 日油菜苗期不同氮水平下不同油菜品种（V1、V3）冠层高光谱一阶导数变化规律基本一致（图 6-19）[3]，在可见光区域的绿光波段和红光波段出现明显的波峰。随着施氮量的增加，光谱一阶导数有向长波段移动的趋势，其主要原因是随着供氮水平的提高，油菜光合作用增强，LAI 变大，使叶片在可见光和近红外区域光谱反射率不同造成的。对油菜苗期红边区域特征进行分析（图 6-20），油菜冠层光谱一阶导数在红光区域，供氮量不同出现显著的差异。随着供氮量的提高，红光区域的“双峰”现象越明显，这是由

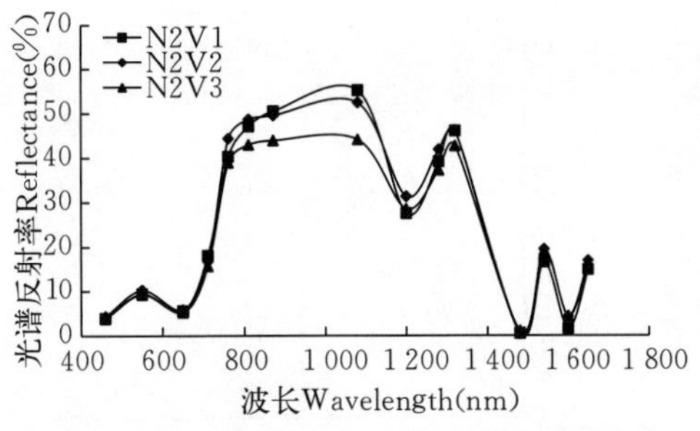

图 6－17　12 月 17 日 N2 水平下不同油菜品种冠层光谱反射率

Fig. 6－17　The canopy reflectance of under N2 levels of different rapeseed varieties on Dec. 17

光谱反射率Reflectance(%)
N2V1
N2V2
N2V3
波长Wavelength(nm)

图 6－18　2 月 7 日 N2 水平下不同油菜品种冠层光谱反射率

Fig. 6－18　The canopy reflectance of under N2 levels of different rapeseed varieties on Feb. 7

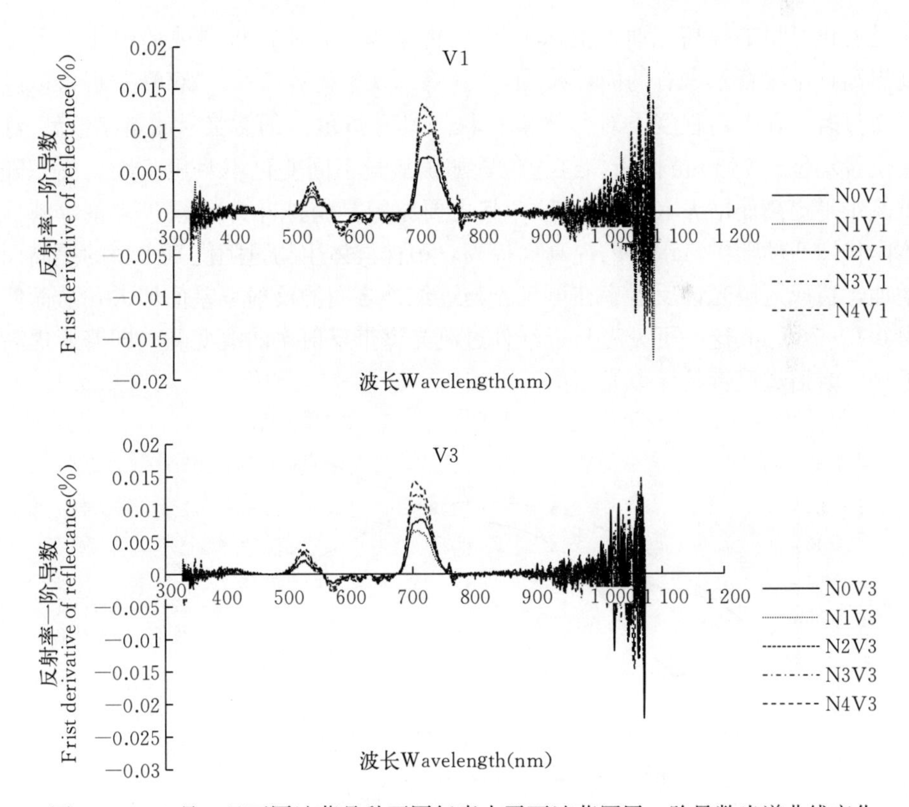

图 6－19　2 月 3 日不同油菜品种不同氮素水平下油菜冠层一阶导数光谱曲线变化

Fig. 6－19　The variation of rapeseed first derivation reflectance carves in different nitrogen treatments and rapeseed varieties on Feb. 3

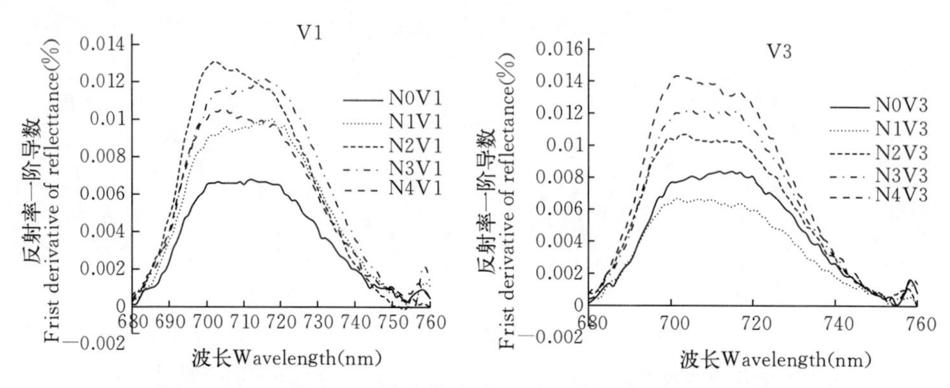

图 6-20　2 月 3 日不同油菜品种不同氮素水平下红边区域特征

Fig. 6-20　Charateristics of red edge area with different nitrogen treatments and rapeseed varieties on Feb. 3

于随着供氮量的提高，油菜植株 LAI 生物量越大，使得仪器视场中作物覆盖度提高，土壤背景占有的面积减少，“双峰”现象显著[9-10]。“双峰”现象以及是否显著，在一定程度上对作物生长状态具有指示性的意义[11]，油菜冠层红边位置均位于 713 nm 附近，红边位置随供氮量不同变化不明显。红边面积随供氮水平提高而增大（图 6-21），其主要原因是植株叶片叶绿素含量、植株体内代谢活动随供氮水平的提高而提高，植株群体生物量随供氮水平的提高而增加，造成冠层光谱反射率在可见光与近红外之间的反射率差值增大，从而使得 680～760 nm 这一可见光与近红外过渡光谱带反射率曲线变陡（即普遍提高了这一光谱过渡带的导数光谱值）。

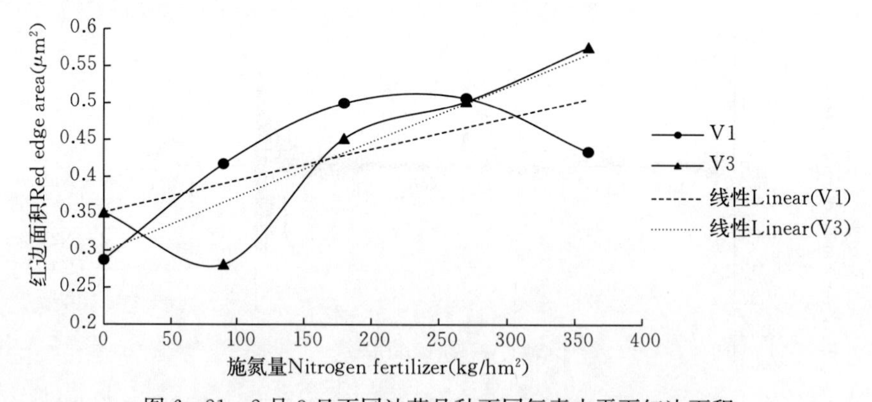

图 6-21　2 月 3 日不同油菜品种不同氮素水平下红边面积

Fig. 6-21　The red edge area of different nitrogen treatments and rapeseed varieties on Feb. 3

四、不同氮素水平下油菜苗期叶片全氮含量

叶片全氮含量是对油菜冠层群体氮素状况反应的主要指标，2014 年 12 月 17 日油菜（V1、V3）不同品种和氮素水平油菜苗期叶片全氮含量由图 6－22 所示[3]，所有供试油菜品种在苗期叶片全氮含量都因施氮水平的不同而表现出了差异，V3 叶片全氮含量随施氮量的增加呈现先增加后下降再上升的趋势，这种现象可能由于在田间小区施氮不均造成的，V1 叶片全氮含量随施氮量的增加而上升的趋势。总之，油菜在最低至最高施氮水平范围（0～360 kg/hm^2 纯氮），不同品种在苗期的叶片氮含量变化范围为 0.61%～1.08%，苗期内叶片氮含量的浓度差异为 0.17%～0.36%。

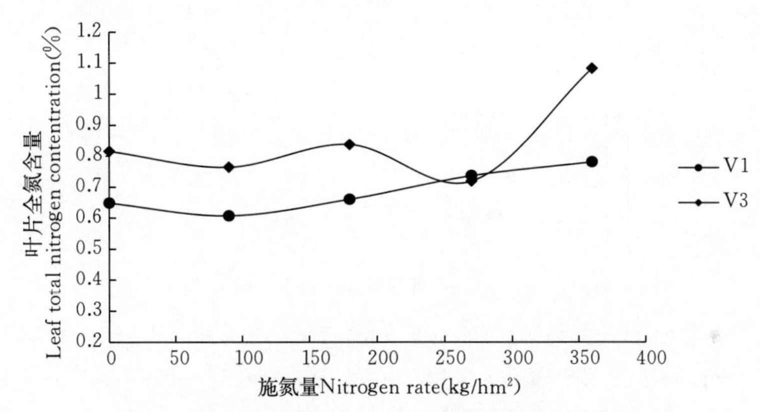

图 6－22　不同品种和氮素水平油菜苗期叶片氮含量

Fig. 6－22　The leaf nitrogen content in the different varieties and nitrogen treatments of rapeseed seedlings

五、油菜叶片氮含量与冠层反射率之间的关系

2014 年 12 月 17 日不同油菜（V1、V3）品种和氮素水平下，油菜苗期叶片全氮含量与单波段冠层反射率之间的关系如图 6－23 所示[3]，油菜苗期叶片全氮含量除在近红外长波段 1 480、1 600 nm 波段呈正相关外，在可见光区各波段及近红外区域的反射率均呈负相关，表 6－12 列出了与油菜叶片全氮含量相关性较好的 7 个波段。油菜叶片全氮含量与 760、810、870、1 280、1 320 nm 单波段反射率均呈极显著负相关，与 1 280、1 320 nm 单波段反射率均呈显著负相关。其中，760、810、870、1 280、1 320 nm 的决定

系数均在 0.600 以上，而 1 080 和 1 200 nm 的决定系数 R^2 较 760、810、870、1 280 和 1 320 nm 有明显降低，均在 0.500 以下。进一步分析冠层单波段反射率与油菜叶片全氮含量之间的关系，分析比较各波段对应的回归模型（表 6-13），可以看出，各波段对应的多项式回归模型的决定系数呈现 $R^2_{多项式}>R^2_{对数}>R^2_{线性}>R^2_{乘幂}>R^2_{指数}$ 的规律，这 7 个波段对应多项式回归模型的决定系数，除 $R_{1\,200}$ 的决定系数低于 0.700 以外，其他波段对应多项式回归模型的决定系数均大于 0.700，且 R_{870} 和 $R_{1\,320}$ 分别达到了 0.730 和 0.795，其拟合的方程如图 6-24、图 6-25 所示，所以可以采用 870 和1 320 nm 波段对应多项式回归模型来表征冠层单波段反射率与油菜叶片氮含量之间的定量关系。

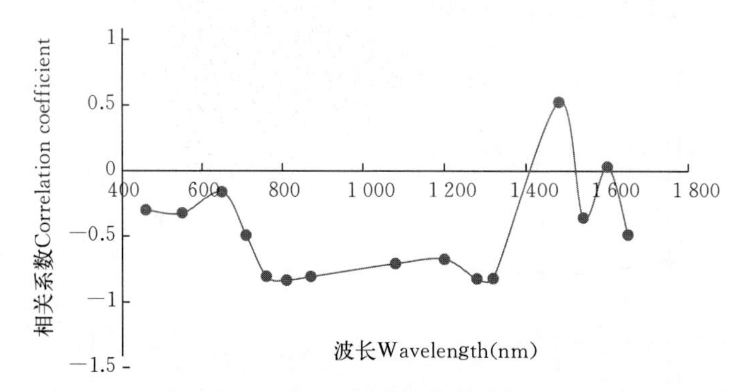

图 6-23 油菜苗期叶片氮含量与冠层反射率之间的关系

Fig. 6-23 The relationship between the rapeseed seedlings leaf nitrogen content and the canopy reflectance

表 6-12 光谱反射率与叶片氮含量的相关性

Table 6-12 The correlation between the spectral reflectance and the leaf nitrogen content

波长 Wavelength (nm)	相关系数 Correlation coefficient (r)	决定系数 Coefficient of determination (R^2)
760	−0.803**	0.646
810	−0.833**	0.695
870	−0.807**	0.651
1 080	−0.706*	0.499
1 200	−0.672*	0.452
1 280	−0.822**	0.675
1 320	−0.818**	0.670

表 6-13　油菜叶片氮量（y）与单波段冠层光谱反射率（x）之间回归模型

Table 6-13　The regression model equations between the rapeseed leaf total nitrogen（y）and the single-band canopy spectral reflectance（x）

波长 Wavelength（nm）	回归模型 Regression equation		决定系数 Coefficient of determination（R^2）
R_{760}	线性 Linear	$y=-0.03972x+2.3535$	0.646
	对数 Logarithm	$y=-1.5595\ln(x)+6.5141$	0.664
	多项式 Polynomial	$y=0.00534x^2-0.45486x+10.383$	0.743
	指数 Exponential	$y=5.0897e^{-0.0477x}$	0.627
	乘幂 Power	$y=735.38x^{-1.8665}$	0.641
R_{810}	线性 Linear	$y=-0.03932x+2.5171$	0.695
	对数 Logarithm	$y=-1.7183\ln(x)+7.2857$	0.707
	多项式 Polynomial	$y=0.00435x^2-0.41696x+10.686$	0.755
	指数 Exponential	$y=6.3088e^{-0.04763x}$	0.687
	乘幂 Power	$y=1990.6x^{-2.075}$	0.695
R_{870}	线性 Linear	$y=-0.03726x+2.4669$	0.651
	对数 Logarithm	$y=-1.7149\ln(x)+7.3158$	0.673
	多项式 Polynomial	$y=0.00481x^2-0.47492x+12.376$	0.783
	指数 Exponential	$y=5.9954e^{-0.04534x}$	0.650
	乘幂 Power	$y=2143.9x^{-2.0814}$	0.668
R_{1080}	线性 Linear	$y=-0.02609x+2.0158$	0.499
	对数 Logarithm	$y=-1.3029\ln(x)+5.8042$	0.528
	多项式 Polynomial	$y=0.0039x^2-0.40691x+11.259$	0.711
	指数 Exponential	$y=3.4367e^{-0.03159x}$	0.493
	乘幂 Power	$y=332.15x^{-1.5735}$	0.519
R_{1200}	线性 Linear	$y=-0.04256x+1.9716$	0.452
	对数 Logarithm	$y=-1.2259\ln(x)+4.8622$	0.477
	多项式 Polynomial	$y=0.01094x^2-0.65963x+10.627$	0.625
	指数 Exponential	$y=3.2571e^{-0.05154x}$	0.447
	乘幂 Power	$y=105.51x^{-1.4779}$	0.467
R_{1320}	线性 Linear	$y=-0.05249x+3.0487$	0.670
	对数 Logarithm	$y=-2.2803\ln(x)+9.3659$	0.687
	多项式 Polynomial	$y=0.00882x^2-0.81091x+19.318$	0.795
	指数 Exponential	$y=11.842e^{-0.06326x}$	0.655
	乘幂 Power	$y=23373x^{-2.7413}$	0.669

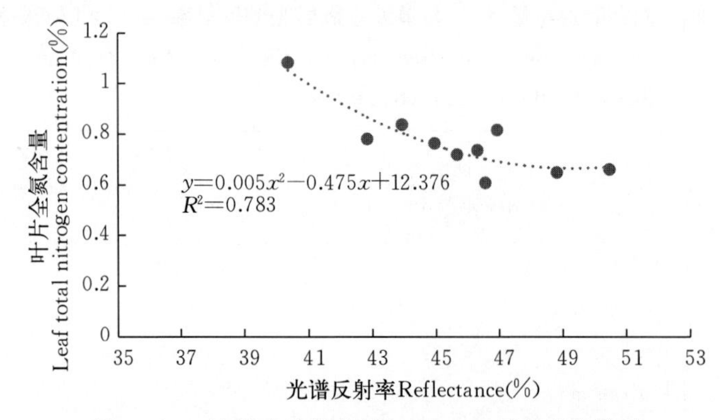

图 6-24 油菜叶片氮含量与 870 nm 反射率的关系

Fig. 6-24 The relationship between the canopy reflectance at 870 nm and the leaf nitrogen content in rapeseed

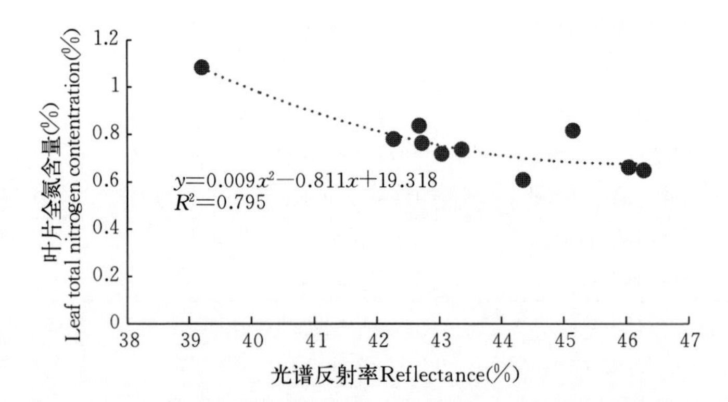

图 6-25 油菜叶片氮含量与 1 320 nm 反射率的关系

Fig. 6-25 Relationship between the canopy reflectance at 1 320 nm and the leaf nitrogen content in rapeseed

六、油菜叶片氮素状况与光谱植被指数的关系

光谱植被指数与油菜叶片氮素状况间的相关分析表明[1]，开花前光谱植被指数与油菜叶片氮素状况的 R^2 均在 0.511 以上，最高达 0.898，主要是因为构成植被指数的红光波段和近红外波段既包含了叶片中叶绿素的信息，又包含了叶片组织机构方面的信息，所以植被指数与叶片氮素营养指标相关的 R^2 较高；开花后则相反，除 BNDVI 与油菜叶片氮素累积量显著相关外，其他光谱植被指数与油菜氮素含量和氮素累积量相关性均不显著（表 6-14 和表 6-15），

这是由于开花期间，油菜冠层光谱主要反映花的信息，而角果形成后，油菜冠层光谱主要反映角果的信息，此时，叶片对冠层光谱的影响减少。因此，开花后光谱植被指数与油菜叶片氮素状况的相关性较低。

表 6-14 光谱植被指数与油菜叶片氮含量的相关系数

Table 6-14 The correlation between the spectral vegetation index and the leaf nitrogen concentration of rapeseed

	RVI	NDVI	GNDVI	BNDVI	GRNDVI	GBNDVI	RBNDVI	PNDVI
开花前 Before flowering stage ($n=16$)	0.511*	0.579*	0.653**	0.631**	0.603*	0.635**	0.590*	0.602*
开花后 After flowering stage ($n=8$)	−0.356	−0.433	−0.197	0.574	−0.328	0.037	−0.197	−0.196

表 6-15 光谱植被指数与油菜叶片氮素累积量的相关系数

Table 6-15 The correlation between the spectral vegetation index and the leaf nitrogen accumulation of rapeseed

	RVI	NDVI	GNDVI	BNDVI	GRNDVI	GBNDVI	RBNDVI	PNDVI
开花前 Before flowering stage ($n=16$)	0.841**	0.862**	0.898**	0.871**	0.881**	0.887**	0.869**	0.879**
开花后 After flowering stage ($n=8$)	−0.284	−0.349	−0.150	0.577*	−0.260	0.072	−0.126	−0.135

通过分析不同品种与氮素水平油菜苗期叶片全氮含量与光谱参数（DVI、OSAVI、SAVI、SAVI、NDVI、RVI）之间的关系，筛选出光谱参数与油菜叶片全氮含量相关性显著的光谱参数组合如表 6-16 所示[3]，可知油菜叶片氮含量与 DVI（810，460 nm）、DVI（870，460 nm）、DVI（810，550 nm）、DVI（810，650 nm）、DVI（870，650 nm）、DVI（1 280，650 nm）、DVI（1 320，650 nm）、DVI（810，710 nm）、DVI（810，460＋550 nm）、DVI（810，550＋650 nm）、DVI（810，710＋550 nm）、OSAVI（810，650 nm）、OSAVI（810，710 nm）、SAVI（870，650 nm）、SAVI（870，710 nm）达到极显著水平，与 DVI（1 080，460 nm）、DVI（1 200，460 nm）、DVI（1 200，

550 nm)、DVI（1 280，710 nm)、NDVI（1 080，710 nm)、RVI（810，710 nm)、RVI（870，710 nm)、RVI（1 080，710 nm）达到显著水平，所选光谱参数与油菜叶片全氮含量 R^2 达到 0.460 以上，最高 SAVI（870，710 nm）达 0.86，主要是因为构建构成植被指数的红、绿、蓝光波段和近红外波段既包含了叶片中叶绿素、叶片组织机构方面的信息，同时 SAVI 可以减少油菜苗期土壤背景的影响，所以植被指数与油菜叶片全氮含量相关的 R^2 较高。

表 6-16　光谱参数与叶片氮含量的相关性

Table 6-16　The correlation between the leaf nitrogen content and the spectral parameters

光谱参数 Spectral parameters	光谱组合 Spectral composition（nm）	相关系数 Correlation coefficient（r）	决定系数 Coefficient of determination（R^2）
DVI	810，460	−0.860**	0.740
	870，460	−0.799**	0.638
	1 080，460	−0.681*	0.464
	1 200，460	−0.697*	0.486
	810，550	−0.885**	0.784
	870，550	−0.792**	0.629
	1 280，550	−0.874**	0.764
	1 200，550	−0.710*	0.486
	1 320，550	−0.805**	0.648
	810，650	−0.880**	0.775
	870，650	−0.809**	0.655
	1 280，650	−0.869**	0.755
	1 320，650	−0.832**	0.693
	810，710	−0.880**	0.773
	870，710	−0.879**	0.773
	1 280，710	−0.799*	0.639
	810，460+550	−0.888**	0.789
	810，550+650	−0.895**	0.801
	810，710+550	−0.803**	0.645
	870，710+550	−0.830**	0.690
OSAVI	810，650	−0.888**	0.788
	810，710	−0.887**	0.787

（续）

光谱参数 Spectral parameters	光谱组合 Spectral composition（nm）	相关系数 Correlation coefficient（r）	决定系数 Coefficient of determination（R^2）
SAVI	870，650	−0.781**	0.609
	870，710	−0.927**	0.860
NDVI	810，710	−0.733*	0.538
	1 080，710	−0.645*	0.416
RVI	810，710	−0.720*	0.518
	870，710	−0.822*	0.676
	1 080，710	−0.633*	0.676

七、油菜叶片氮素状况的光谱植被指数估算模型

经过分析比较光谱植被指数对油菜氮素状况的线性和非线性拟合方程，得出最佳估算模型如图 6-26、图 6-27 所示。从图中可以看出[1]，除在 GRNDVI 和 PNDVI 回归方程中以指数形式最好外，其他以乘幂形式最好，各种光谱植被指数对油菜叶片氮含量的拟合效果都很好，但是不同的光谱植被指数也存在一定的差别，其中，GBNDVI 的拟合效果最好，R^2 值达 0.486 3；GNDVI、BNDVI、RBNDVI、GRNDVI、PNDVI 和 NDVI 的拟合效果次之，R^2 值都在 0.370 6 以上；而 RVI 的拟合效果较差，R^2 值为 0.330 8。从图 6-27 可以看出，除在 GRNDVI、RBNDVI 和 PNDVI 回归方程中以指数形式最好外，其他以乘幂形式最好，各种光谱植被指数对油菜叶片氮累积量的拟合效果都相当不错，R^2 值都在 0.805 5 以上，因此，开花前油菜叶片氮累积量可以用不同光谱植被指数估测。

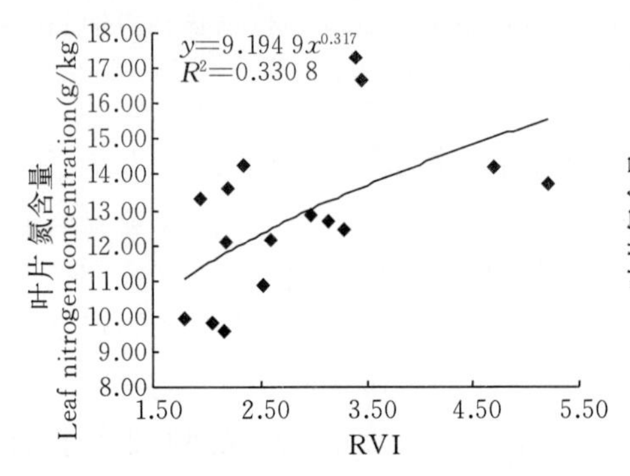

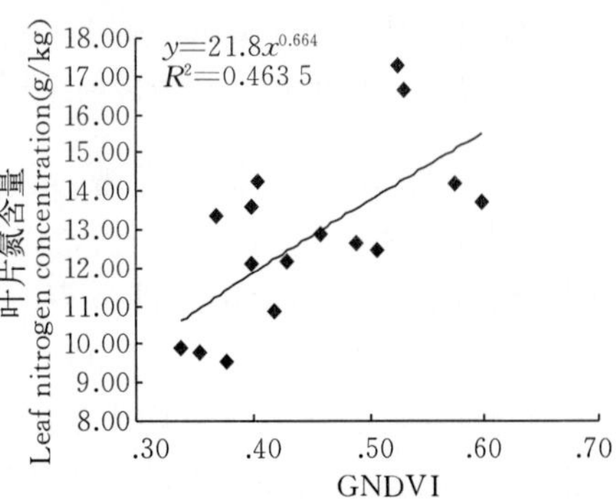

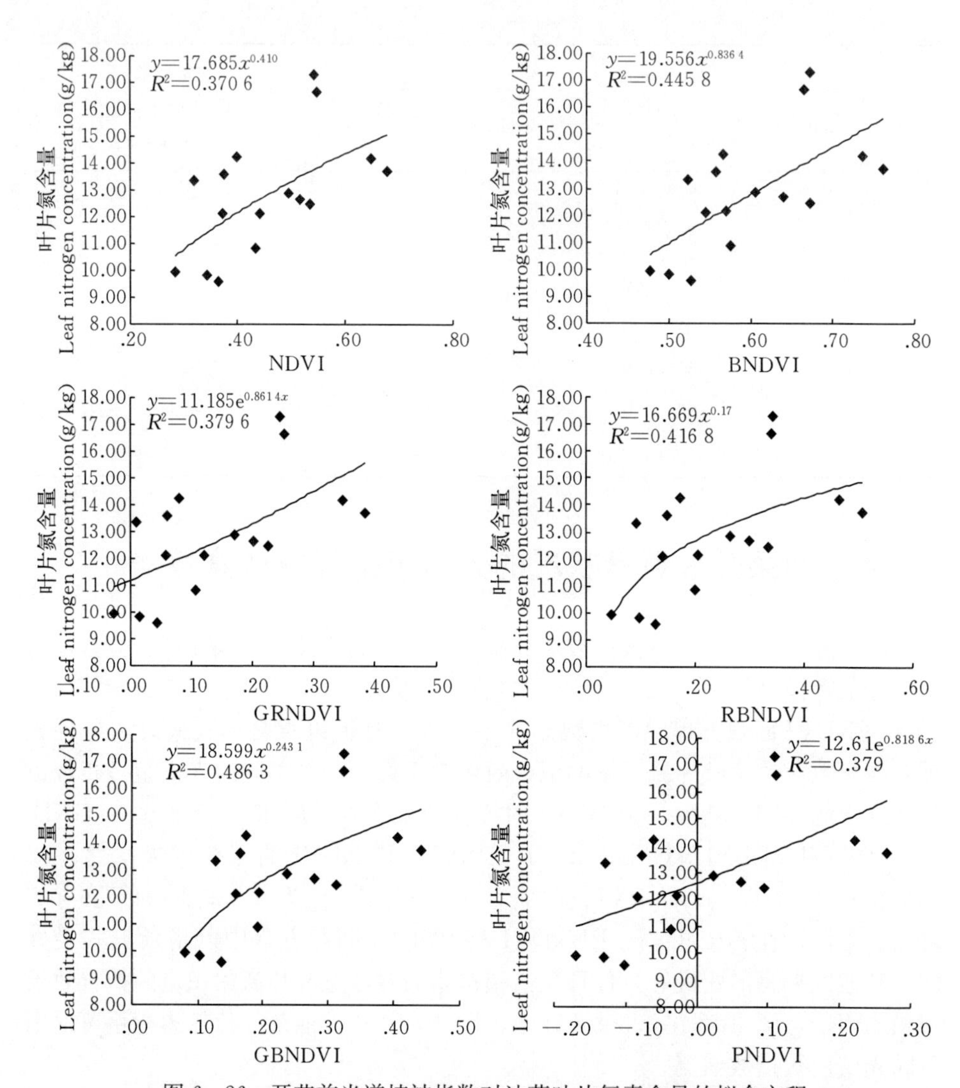

图 6-26　开花前光谱植被指数对油菜叶片氮素含量的拟合方程

Fig. 6-26　Fitted regression equation between the spectral vegetation index and the leaf nitrogen concentration of rapeseed before the flowering stage

为更精确诊断上述优选光谱参数组合，在分析其与油菜叶片全氮相关性时，利用线性和非线性回归分析，以光谱参数为自变量（x），叶片全氮含量为因变量（y），分别采用线性方程、对数方程、多项式方程、幂方程和指数方程构建不同监测模型（表 6-17）。结果表明，不同回归分析方法间优选光谱参数与油菜叶片全氮含量均表现出较好相关性，达到显著水平。与直线方程相比，除了有些光谱参数指数方程的拟合效果稍微降低外，其他回归模型拟合

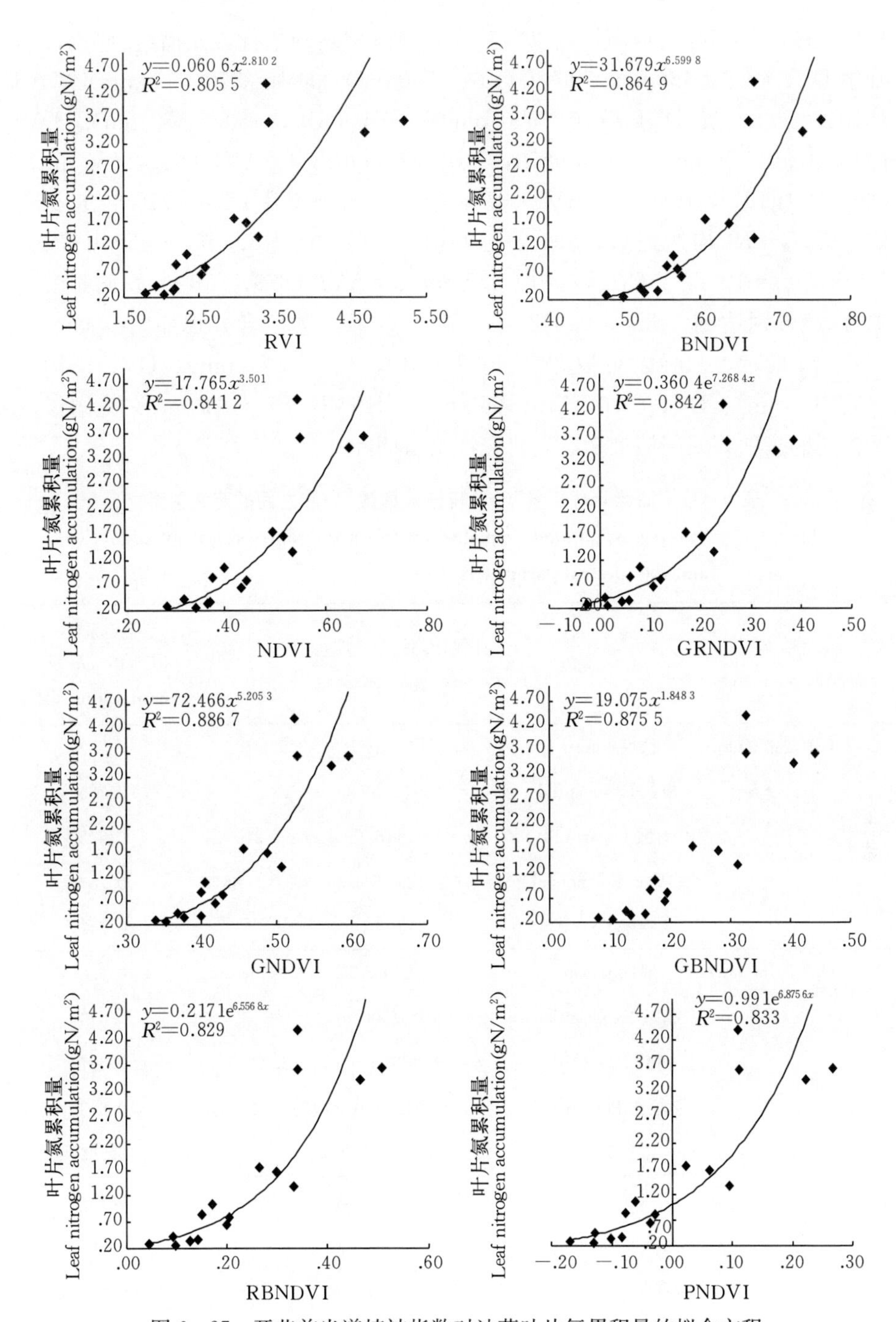

图 6-27　开花前光谱植被指数对油菜叶片氮累积量的拟合方程

Fig. 6-27　Fitted regression equation between the spectral vegetation index and the leaf nitrogen accumulation of rapeseed before the flowering stage

精度（R^2）均有显著提高，且以多项式回归模型表现最优。光谱组合参数间，其中 DVI（870，460 nm）、DVI（810，550 nm）、DVI（870，550 nm）、DVI（810，650 nm）、DVI（870，650 nm）、DVI（810，460＋550 nm）、DVI（810，550＋650 nm）、DVI（870，710＋550 nm）、OSAVI（810，650 nm）、OSAVI（810，710 nm）、SAVI（870，650 nm）、SAVI（870，710 nm）拟合效果较好的 R^2 均达到 0.8 以上，且 DVI（810，460＋550 nm）、DVI（810，550＋650 nm）、DVI（870，710＋550 nm）、SAVI（870，710 nm）回归模型拟合 R^2 分别达到 0.856、0.862、0.859、0.882，其拟合方程如图 6－28 至图 6－31 所示[3]，所以可以采用 DVI（810，460＋550 nm）、DVI（810，550＋650 nm）、DVI（870，710＋550 nm）、SAVI（870，710 nm）光谱参数所构建的多项式回归模型来定量研究油菜苗期叶片全氮的时空变化。

表 6－17　油菜叶片氮量（y）与植被指数（x）之间的定量关系

Table 6－17　The regression model equations between the rapeseed leaf nitrogen（y）and the spectral parameters（x）

光谱参数 Spectral parameters	回归模型 Regression equations		决定系数 Coefficient of determination（R^2）
DVI（810，460 nm）	线性 Linear	$y=-0.04418x+2.5451$	0.740
	指数 Exponential	$y=6.5593e^{-0.05363x}$	0.735
	对数 Logarithm	$y=-1.7459\ln(x)+7.215$	0.753
	多项式 Polynomial	$y=0.00412x^2-0.36793x+8.8842$	0.787
	乘幂 Power	$y=1854.4x^{-2.1129}$	0.742
DVI（870，460 nm）	线性 Linear	$y=-0.03855x+2.3616$	0.638
	指数 Exponential	$y=5.3009e^{-0.04704x}$	0.640
	对数 Logarithm	$y=-1.6316\ln(x)+6.8373$	0.667
	多项式 Polynomial	$y=0.00551x^2-0.49683x+11.856$	0.813
	乘幂 Power	$y=1219.2x^{-1.9847}$	0.665
DVI（1 080，460 nm）	线性 Linear	$y=-0.02548x+1.878$	0.464
	指数 Exponential	$y=2.9167e^{-0.03092x}$	0.460
	对数 Logarithm	$y=-1.1792\ln(x)+5.2157$	0.497
	多项式 Polynomial	$y=0.00434x^2-0.41606x+10.606$	0.715
	乘幂 Power	$y=164.72x^{-1.4267}$	0.490

（续）

光谱参数 Spectral parameters		回归模型 Regression equations	决定系数 Coefficient of determination（R^2）
DVI（1 200，460 nm）	线性 Linear	$y=-0.050\ 09x+1.971\ 6$	0.486
	指数 Exponential	$y=3.275\ 8e^{-0.060\ 9x}$	0.484
	对数 Logarithm	$y=-1.223\ 3\ln(x)+4.653\ 7$	0.512
	多项式 Polynomial	$y=0.01202x^2-0.625\ 56x+8.823\ 4$	0.629
	乘幂 Power	$y=83.277x^{-1.479\ 3}$	0.504
DVI（810，550 nm）	线性 Linear	$y=-0.049\ 19x+2.468\ 7$	0.784
	指数 Exponential	$y=6.024\ 2e^{-0.059\ 94x}$	0.784
	对数 Logarithm	$y=-1.671\ 5\ln(x)+6.686\ 7$	0.798
	多项式 Polynomial	$y=0.004\ 18x^2-0.332\ 25x+7.234\ 2$	0.826
	乘幂 Power	$y=1\ 000.5x^{-2.029\ 2}$	0.792
DVI（870，550 nm）	线性 Linear	$y=-0.039\ 94x+2.193\ 1$	0.629
	指数 Exponential	$y=4.346e^{-0.048\ 93x}$	0.636
	对数 Logarithm	$y=-1.479\ 8\ln(x)+6.054\ 3$	0.665
	多项式 Polynomial	$y=0.006\ 52x^2-0.512\ 52x+10.716$	0.847
	乘幂 Power	$y=481.36x^{-1.806\ 5}$	0.668
DVI（1 280，550 nm）	线性 Linear	$y=-0.054\ 85x+2.304\ 8$	0.764
	指数 Exponential	$y=4.890\ 7e^{-0.066\ 54x}$	0.757
	对数 Logarithm	$y=-1.493\ 2\ln(x)+5.740\ 2$	0.778
	多项式 Polynomial	$y=0.004\ 67x^2-0.308\ 64x+5.726$	0.798
	乘幂 Power	$y=306.46x^{-1.802\ 4}$	0.763
DVI（1 200，550 nm）	线性 Linear	$y=-0.050\ 09x+1.971\ 6$	0.486
	指数 Exponential	$y=3.275\ 8e^{-0.060\ 9x}$	0.484
	对数 Logarithm	$y=-1.223\ 3\ln(x)+4.653\ 7$	0.512
	多项式 Polynomial	$y=0.01202x^2-0.625\ 56x+8.823\ 4$	0.629
	乘幂 Power	$y=83.277x^{-1.479\ 3}$	0.504
DVI（1 320，550 nm）	线性 Linear	$y=-0.058\ 76x+2.738\ 4$	0.648
	指数 Exponential	$y=8.302\ 6e^{-0.071\ 37x}$	0.644
	对数 Logarithm	$y=-1.99\ln(x)+7.755\ 4$	0.668
	多项式 Polynomial	$y=0.010\ 39x^2-0.754x+14.339$	0.770
	乘幂 Power	$y=3\ 585.1x^{-2.409\ 8}$	0.660
DVI（810，650 nm）	线性 Linear	$y=-0.045\ 61x+2.523\ 5$	0.775
	指数 Exponential	$y=6.405\ 4e^{-0.055\ 44x}$	0.771
	对数 Logarithm	$y=-1.715\ 1\ln(x)+7.024\ 9$	0.784
	多项式 Polynomial	$y=0.003\ 06x^2-0.274\ 87x+6.802\ 6$	0.801
	乘幂 Power	$y=1\ 482.6x^{-2.077\ 3}$	0.775

（续）

光谱参数 Spectral parameters	回归模型 Regression equations		决定系数 Coefficient of determination（R^2）
DVI（870，650 nm）	线性 Linear	$y=-0.039\,01x+2.312\,9$	0.655
	指数 Exponential	$y=5.005\,2e^{-0.047\,66x}$	0.658
	对数 Logarithm	$y=-1.581\ln(x)+6.580\,7$	0.685
	多项式 Polynomial	$y=0.005\,26x^2-0.458\,36x+10.63$	0.821
	乘幂 Power	$y=898.01x^{-1.924\,8}$	0.684
DVI（1 280，650 nm）	线性 Linear	$y=-0.050\,46x+2.379\,2$	0.755
	指数 Exponential	$y=5.325\,5e^{-0.061\,05x}$	0.745
	对数 Logarithm	$y=-1.563\,7\ln(x)+6.179\,9$	0.768
	多项式 Polynomial	$y=0.004\,03x^2-0.299\,57x+6.203\,6$	0.788
	乘幂 Power	$y=513.74x^{-1.883\,4}$	0.751
DVI（1 320，650 nm）	线性 Linear	$y=-0.057\,48x+2.920\,4$	0.693
	指数 Exponential	$y=10.267e^{-0.069\,58x}$	0.685
	对数 Logarithm	$y=-2.152\,6\ln(x)+8.564\,2$	0.712
	多项式 Polynomial	$y=0.008\,11x^2-0.659\,66x+14.066$	0.786
	乘幂 Power	$y=9\,264.5x^{-2.598\,4}$	0.698
DVI（810，710 nm）	线性 Linear	$y=-0.053\,64x+2.264\,5$	0.773
	指数 Exponential	$y=4.645\,6e^{-0.064\,98x}$	0.765
	对数 Logarithm	$y=-1.444\,2\ln(x)+5.570\,8$	0.784
	多项式 Polynomial	$y=0.003\,66x^2-0.250\,52x+4.893\,2$	0.795
	乘幂 Power	$y=247.99x^{-1.741\,1}$	0.768
DVI（870，710 nm）	线性 Linear	$y=-0.053\,64x+2.264\,5$	0.773
	指数 Exponential	$y=4.645\,6e^{-0.064\,98x}$	0.765
	对数 Logarithm	$y=-1.444\,2\ln(x)+5.570\,8$	0.784
	多项式 Polynomial	$y=0.003\,66x^2-0.250\,52x+4.893\,2$	0.795
	乘幂 Power	$y=247.99x^{-1.741\,1}$	0.768
DVI（1 280，710 nm）	线性 Linear	$y=-0.051\,47x+1.865\,9$	0.639
	指数 Exponential	$y=2.842\,9e^{-0.06196x}$	0.624
	对数 Logarithm	$y=-1.076\,8\ln(x)+4.058\,1$	0.669
	多项式 Polynomial	$y=0.006\,53x^2-0.321\,63x+4.633$	0.721
	乘幂 Power	$y=38.733x^{-1.287\,3}$	0.644
DVI（810，460+550 nm）	线性 Linear	$y=-0.052\,53x+2.360\,5$	0.789
	指数 Exponential	$y=5.310\,1e^{-0.064\,2x}$	0.794
	对数 Logarithm	$y=-1.580\,1\ln(x)+6.154\,8$	0.810
	多项式 Polynomial	$y=0.005\,36x^2-0.372\,53x+7.114\,5$	0.856
	乘幂 Power	$y=-0.052\,53x^{2.360\,5}$	0.789

（续）

光谱参数 Spectral parameters	回归模型 Regression equations		决定系数 Coefficient of determination（R^2）
DVI（810，550+650 nm）	线性 Linear	$y=-0.052\,54x+2.269\,3$	0.801
	指数 Exponential	$y=4.76e^{-0.064\,29x}$	0.808
	对数 Logarithm	$y=-1.485\,7\ln(x)+5.744\,5$	0.822
	多项式 Polynomial	$y=0.005\,02x^2-0.334\,88x+6.212\,8$	0.862
	乘幂 Power	$y=325.03x^{-1.809\,4}$	0.821
DVI（810，710+550 nm）	线性 Linear	$y=-0.057\,15x+1.534\,4$	0.645
	指数 Exponential	$y=1.911\,3e^{-0.068\,95x}$	0.632
	对数 Logarithm	$y=-0.742\,96\ln(x)+2.689\,5$	0.685
	多项式 Polynomial	$y=0.005\,87x^2-0.209\,81x+2.507\,5$	0.704
	乘幂 Power	$y=7.497\,4x^{-0.885\,95}$	0.656
DVI（870，710+550 nm）	线性 Linear	$y=-0.055\,2x+1.822\,3$	0.690
	指数 Exponential	$y=2.769\,5e^{-0.067\,82x}$	0.701
	对数 Logarithm	$y=-1.087\ln(x)+3.969\,1$	0.736
	多项式 Polynomial	$y=0.009\,99x^2-0.440\,95x+5.509\,2$	0.859
	乘幂 Power	$y=37.882x^{-1.328\,2}$	0.740
OSAVI（810，650 nm）	线性 Linear	$y=-7.053\,6x+6.542\,4$	0.788
	指数 Exponential	$y=818.32e^{8.531\,2x}$	0.776
	对数 Logarithm	$y=-5.727\,1\ln(x)-0.379\,2$	0.790
	多项式 Polynomial	$y=59.393x^2-103.38x+45.582$	0.806
	乘幂 Power	$y=0.189\,61x^{-6.919\,5}$	0.778
OSAVI（810，710 nm）	线性 Linear	$y=-5.323\,4x+4.686\,9$	0.787
	指数 Exponential	$y=84.975e^{-6.410\,3x}$	0.768
	对数 Logarithm	$y=-3.858\,9\ln(x)-0.415\,62$	0.790
	多项式 Polynomial	$y=28.618x^2-46.764x+19.672$	0.800
	乘幂 Power	$y=0.182\,75x^{-4.638\,9}$	0.769
SAVI（870，650 nm）	线性 Linear	$y=-4.178x+3.207\,9$	0.609
	指数 Exponential	$y=15.028e^{-5.114\,2x}$	0.615
	对数 Logarithm	$y=-2.494\,8\ln(x)-0.575\,9$	0.629
	多项式 Polynomial	$y=68.853x^2-85.253x+27.034$	0.807
	乘幂 Power	$y=0.146\,82x^{-3.047\,8}$	0.633
SAVI（870，710 nm）	线性 Linear	$y=-7.080\,5x+3.512\,2$	0.860
	指数 Exponential	$y=21.337e^{-8.610\,5x}$	0.857
	对数 Logarithm	$y=-2.701\ln(x)-1.794\,7$	0.867
	多项式 Polynomial	$y=50.837x^2-45.792x+10.865$	0.881
	乘幂 Power	$y=0.033\,9x^{-3.275\,2}$	0.859

（续）

光谱参数 Spectral parameters	回归模型 Regression equations		决定系数 Coefficient of determination（R^2）
NDVI（810，710 nm）	线性 Linear	$y=-6.2696x+3.628$	0.538
	指数 Exponential	$y=23.674e^{-7.5436x}$	0.524
	对数 Logarithm	$y=-2.8789\ln(x)-1.4931$	0.549
	多项式 Polynomial	$y=96.295x^2-93.936x+23.559$	0.618
	乘幂 Power	$y=0.05035x^{-3.4529}$	0.532
NDVI（1 080，710 nm）	线性 Linear	$y=-5.1637x+3.2691$	0.416
	指数 Exponential	$y=15.429e^{-6.2207x}$	0.407
	对数 Logarithm	$y=-2.5245\ln(x)-1.0634$	0.425
	多项式 Polynomial	$y=294.12x^2-289.99x+72.154$	0.656
	乘幂 Power	$y=0.08351x^{-3.0409}$	0.415
RVI（810，710 nm）	线性 Linear	$y=-0.90978x+3.2065$	0.518
	指数 Exponential	$y=14.488e^{-1.1007x}$	0.511
	对数 Logarithm	$y=-2.4694\ln(x)+3.201$	0.532
	多项式 Polynomial	$y=2.205x^2-12.753x+19.087$	0.607
	乘幂 Power	$y=14.233x^{-2.9762}$	0.520
RVI（870，710 nm）	线性 Linear	$y=-1.2712x+4.2619$	0.676
	指数 Exponential	$y=53.672e^{-1.5498x}$	0.677
	对数 Logarithm	$y=-3.4922\ln(x)+4.2972$	0.686
	多项式 Polynomial	$y=3.8201x^2-22.135x+32.723$	0.756
	乘幂 Power	$y=55.508x^{-4.2483}$	0.683
RVI（1 080，710 nm）	线性 Linear	$y=-1.2712x+4.2619$	0.676
	指数 Exponential	$y=53.672e^{-1.5498x}$	0.677
	对数 Logarithm	$y=-3.4922\ln(x)+4.2972$	0.686
	多项式 Polynomial	$y=3.8201x^2-22.135x+32.723$	0.756
	乘幂 Power	$y=55.508x^{-4.2483}$	0.683

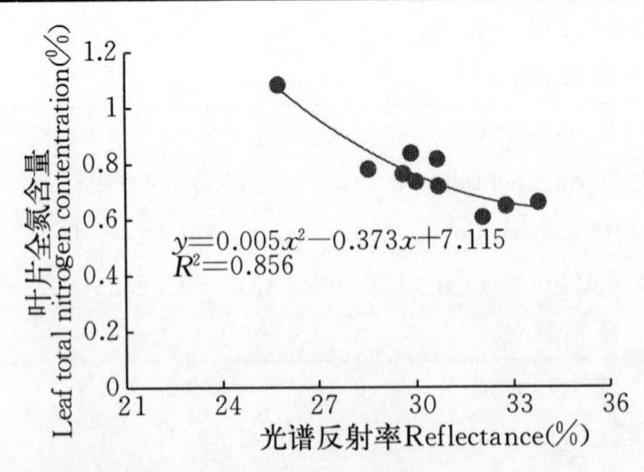

图 6-28 油菜叶片氮含量与 DVI（810，460+550 nm）的关系

Fig. 6-28 The relationship between the DVI（810，460+550 nm）and the leaf nitrogen content in rapeseed

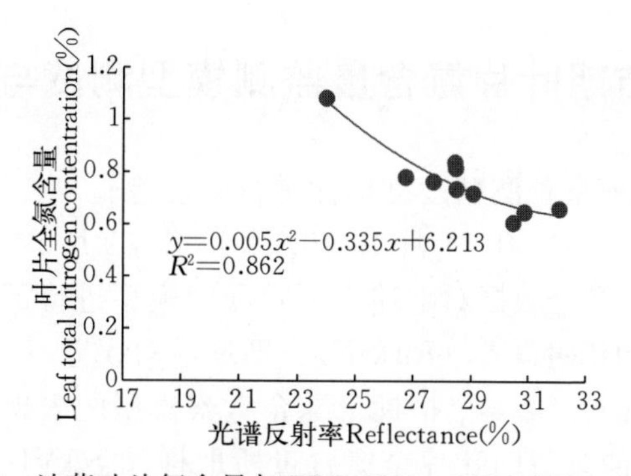

图 6-29 油菜叶片氮含量与 DVI（810，550+650 nm）的关系
Fig. 6-29 The relationship between the DVI（810，550+650 nm）and the leaf nitrogen content in rapeseed

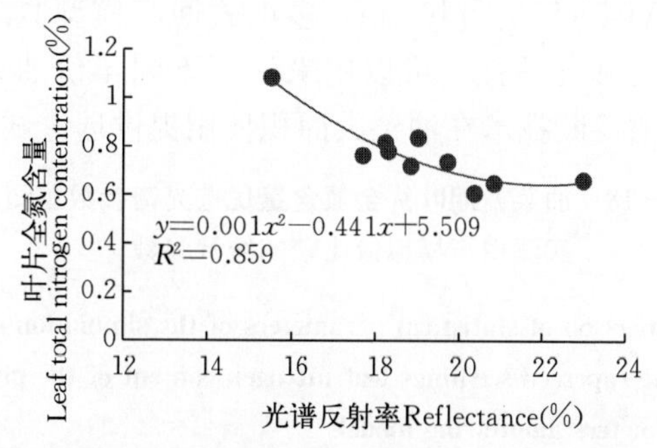

图 6-30 油菜叶片氮含量与 DVI（870，710+550 nm）的关系
Fig. 6-30 The relationship between the DVI（870，710+550 nm）and the leaf nitrogen content in rapeseed

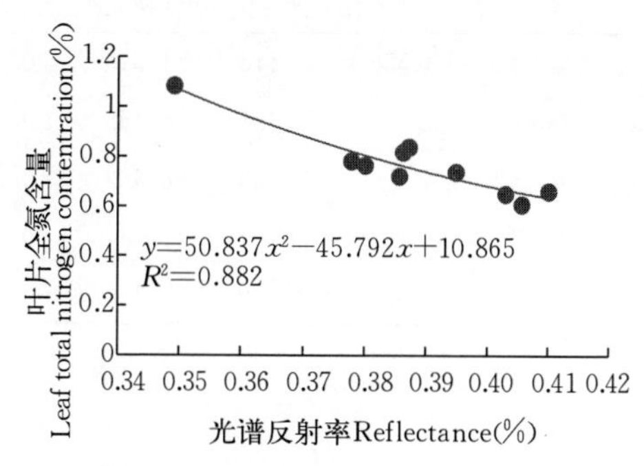

图 6-31 油菜叶片氮含量与 SAVI（870，710 nm）的关系
Fig. 6-31 The relationship between the SAVI（870，710 nm）and the leaf nitrogen content in rapeseed

八、油菜苗期叶片氮含量监测模型测试与精度检验

通过对所构建模型预测精度准确性进行验证检验[3]，利用 2015—2016 年所获取的试验数据，2014 年 11 月 13 日、2015 年 11 月 12 日、12 月 3 日油菜苗期叶片全氮含量 28 个数据对上述多项式回归模型进行了测试和检验，以绝对系数（R^2）、根均相对误差（$RMSE$）、平均绝对误差（d_a）、实测值平均数的比值（d_{ap}）（表 6－18）4 个指标来综合考察模型的表现，结果表明，与其他光谱参数相比，油菜苗期叶片全氮含量所取样品 SAVI（870，710 nm）的实测值和预测值多项式回归模型分析的 R^2 均高于同时间和其他时间所取样品的光谱参数，达到极显著水平，SAVI（870，710 nm）的 R^2、$RMSE$（%）、d_a（%）、d_{ap}（百分点）值分别为 0.351、2.391%、2.199%、53.175 百分点。这说明利用 SAVI（870，710 nm）多项式回归模型监测和诊断油菜叶片全氮具有较高的精度和普适性，可以用来估测不同年份油菜苗期叶片全氮含量，为探求无损光谱诊断技术在油菜大面积使用提供理论试验基础。

表 6－18　油菜苗期叶片全氮含量优选光谱参数监测模型实测值与模拟值比较的统计参数

Table 6－18　Comparison of statistical parameters of the simulation and the observation in the rapeseed seedlings leaf nitrogen content of the preferably spectral parameters monitoring model

光谱参数 Spectral parameters	实测值与模拟值比较统计参数 Comparison of statistical parameters of simulation and observation				
	R^2	$RMSE$（%）	d_a（%）	d_{ap}（百分点）	r
R_{870}	0.005	2.556	2.246	54.319	0.071，$r_{(26,0.05)}=0.374$
DVI（810，460+550 nm）	0.085	2.795	2.335	56.466	0.292，$r_{(26,0.05)}=0.374$
DVI（810，550+650 nm）	0.131	2.74	2.336	56.482	0.362，$r_{(26,0.05)}=0.374$
DVI（870，710+550 nm）	0.124	2.201	1.862	45.011	0.352，$r_{(23,0.05)}=0.396$
SAVI（870，710 nm）	0.351	2.391	2.199	53.175	0.592***，$r_{(26,0.05)}=0.374$

参考文献

[1] 孙金英．基于冠层反射光谱的油菜生长与氮素营养监测研究．重庆：西南大学，2009.
[2] Mutanga O，Skidmore A K，Wieren S. Discrimination tropical grass（*Cenchrus ciliaris*）

canopies grown under different nitrogen treatment using spectroradiometry. Journal of Photogrammetry and Remote Sensing，2003，57：263-272.

[3] 陈魏涛．基于光谱的油菜植株氮素养分监测模型研究．杨凌：西北农林科技大学，2016.

[4] Rouse J W，Haas R H，Schell J A，et al. Monitoring the vernal advancement of retrogradation of natural vegetation. NASA/GSFC，TypeⅢ. Final Report，Greenbelt，MD，USA，1974：1-371.

[5] 孙金英，曹宏鑫，黄云．油菜叶片气孔导度与冠层光谱植被指数的相关性．作物学报，2009，35（6）：1131-1138.

[6] 刘后利．实用油菜栽培学．上海：上海科学技术出版社，1987.

[7] 官春云．油菜优质高产栽培技术．长沙：湖南科学技术出版社，1992：76-88.

[8] 赵合句，张春雷，李光明，等．油菜高产规律研究与应用．湖北农业科学，2002（6）：45-48.

[9] Horler D N H，Dockray M，Barber J. The red edge of plant leaf reflectance. International Journal of Remote Sensing，1983，4（2）：273-288.

[10] Boochs F，Kupfer G，Dockter K，et al. Shape of the red edge as vitality indicator for plants. Remote Sensing，1990，11（10）：1741-1753.

[11] 张雪红，刘绍民，何蓓蓓．不同氮素水平下油菜高光谱特征分析．北京师范大学学报：自然科学版，2007，43（3）：245-249.

第七章　油菜环境感知与病虫害无人化防控

基于传感器技术研制不同尺度油菜长势（叶面积、干物重、叶氮含量、倒伏、产量及产量构成、品质等）、主要气象灾害（渍害）及病虫害（菌核病、霜霉病、菜青虫）与环境（土壤、气象）数据采集田间服务器。

第一节　油菜小气候感知

一、基于田间服务器的油菜生长监测大数据系统设计

油菜生长监测大数据系统包含田间服务器及其组网系统、互联网传输系统、大数据平台、油菜生长模型系统、油菜生长监测智能决策系统[1]（图7-1）。

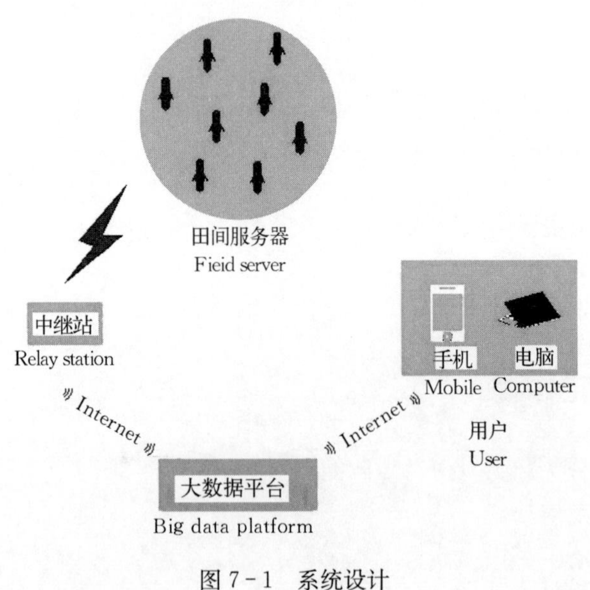

图7-1　系统设计

Fig. 7-1　System design

二、田间服务器架构

田间服务器由微控制器平台、远程通信模块、组网通信模块、各种传感器、相机、光谱仪、超高辉度 LED 照明、供电系统、机械结构等组成，其中，传感器由空气温度/湿度传感器、光照传感器、CO_2 浓度传感器、土壤温度传感器、pH 传感器以及摄像头构成的传感阵列组成（图 7-2）。

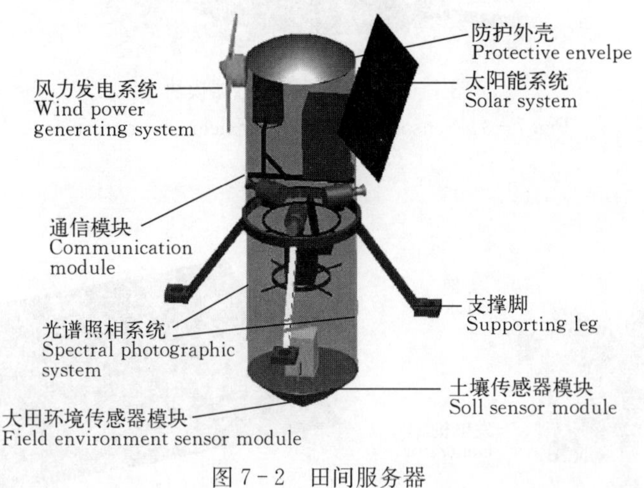

图 7-2　田间服务器

Fig. 7-2　Field server

三、传感器模块

传感器模块主要由大田环境传感器模块和土壤传感器模块组成。大田环境传感器工作时暴露在空气中，主要有温度、CO_2 浓度、UV 和光照强度传感器等；土壤传感器工作时埋于地下，主要有湿度和土壤水分传感器等（图 7-3）。

四、供电模块

供电模块分为风力发电和太阳能发电（图 7-4 和图 7-5），并配备电力线接口和电池供电模块。

五、图像与光谱模块

图像与光谱模块采用三套装置阵列排列，保证 360°无死角（图 7-6）。

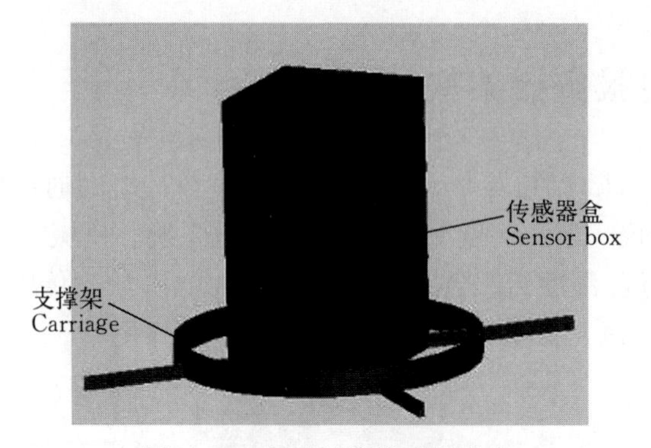

图 7-3　大田环境传感器模块

Fig. 7-3　Sensor modules under field environment

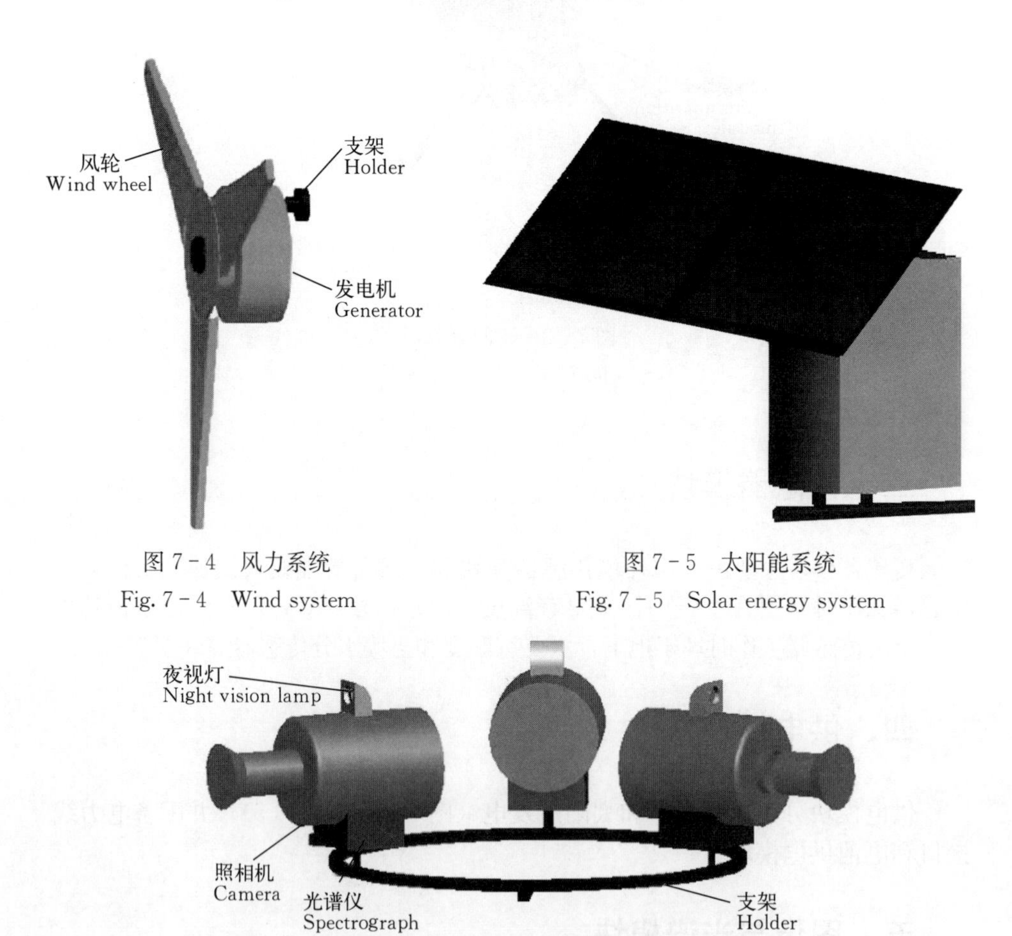

图 7-4　风力系统

Fig. 7-4　Wind system

图 7-5　太阳能系统

Fig. 7-5　Solar energy system

图 7-6　图像与光谱模块

Fig. 7-6　Image and spectral modules

六、环境适应模块

环境适应模块即不锈钢外壳，底部采用锥形结构，方便更好地与地面结合，外部采用支撑脚固定，使用时，支撑脚以下部位埋于地下，脚部用地脚螺栓固定，方便可靠。

（一）田间服务器系统集成技术研究

1. 基于 WSN 的传感器网络

无线传感网络（wireless sensor networks，WSN）是由部署在监测区域内小型或微型的各类集成化传感器节点协作实时感知、监测各种环境或目标对象信息，通过嵌入式系统对信息进行智能处理，并通过随机自组织无线通信网络以多跳中继方式将所感知的信息传送到用户终端，无线传感网络将现代的先进微电子技术、微细加工技术、系统芯片 SOC 设计技术、纳米材料技术、现代信息通讯技术、计算机网络技术等融合，以实现其小型化或微型化、集成化、多功能化、系统化、网络化，特别是实现传感网络特有的超低功耗系统设计（图 7－7）。

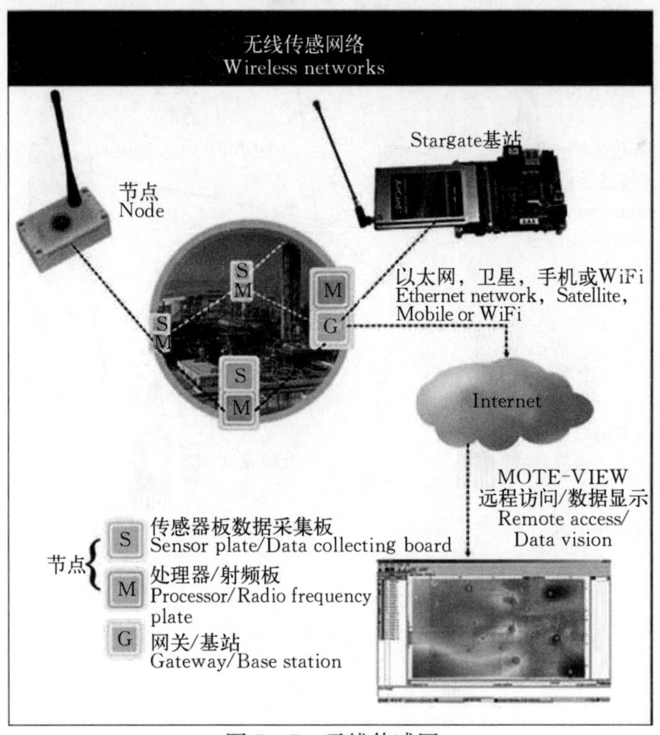

图 7－7　无线传感网
Fig. 7－7　Wireless sensor network

2. 传感器信息采集

在传感器网络中，传感器部署以结点为单位，每个采集节点搭载一个传感器阵列，每个传感器阵列由光照传感器、空气温湿度传感器和土壤温湿度传感器组成。对于每个结点，传感器阵列与结点控制器 STC89C52RC 和数据传输部件，实现对所在采集点环境数据的采集，封包和传输功能（图 7－8）。微控制器 STC89C52RC 经过处理获得每项环境指标，将它们按照“节点号光照空气温湿度土壤温湿度结束位”的格式封装成有效信息数据包，输出到串口。微控制器的串口在物理上连接 ZB－GPS 模块，该模块对接收到的有效信息数据包增加数据包向中继结点传输的地址等信息，再次封装成符合 SMAC 协议的无线传感器网络数据包，通过 SMAC 协议输出到中继结点。中继结点包含结点控制器 STC89C52RC 和支持 SMAC 协议的 ZB－GPS 模块以及实现 TCP/IP 通信的 GPRS 模块组成。

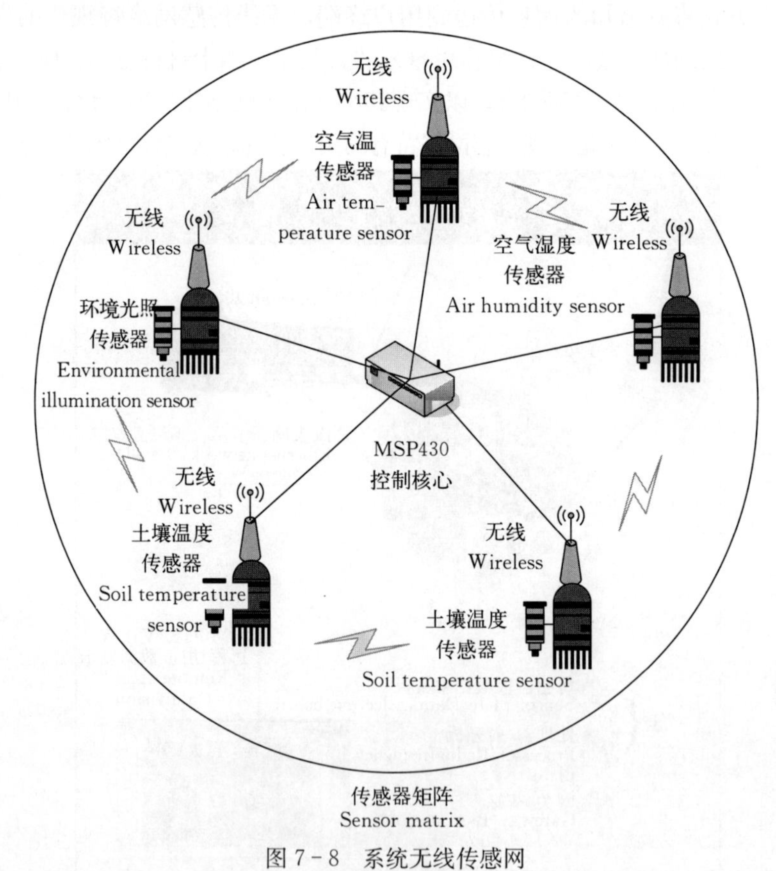

图 7－8　系统无线传感网

Fig. 7－8　System wireless sensor network

3. 系统传感器网络设计

(1) 传感器构成 田间传感器阵列部署在2个独立的数据采集节点上，由89C52RC单片机分别控制数据的采集周期和发送频率，2个采集节点通过SMAC协议分别向中继节点发送数据。其中，采集节点0上部署的传感器为：光照、空气温湿度传感器：用于采集节点所在位置的光照数据、空气温度和空气湿度（图7-9）；采集节点1上部署了光照、空气温湿度、土壤温湿度传感器：用于采集该节点所在位置的光照、空气温度、空气湿度、土壤温度和土壤湿度（图7-10）。

图7-9 采集节点0
Fig. 7-9 Acquisition node 0

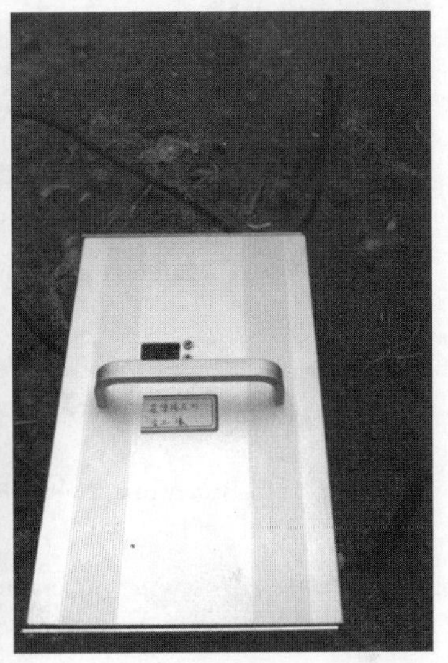

图7-10 采集节点1
Fig. 7-10 Acquisition node 1

(2) 采集节点的业务逻辑 采集节点0和采集节点1分别安装在大棚的不同位置，独立采集所在位置的农业数据。采集节点内部组件图如图7-11所示。

采集节点的组件包括以下部分（图7-12）：

控制单元：MSP430（89C52RC）单片机作为整个采集节点的处理核心。

其主要功能是：当物理串口接收到固定的传感器数据查询需求字符串“0＃%”后，向传感器阵列发送查询命令，通过计算得出各传感器采集的环境指标。将数据流按照“节点编号/光照/空气温度/空气湿度/土壤温度/土壤湿度/结束标志”格式封装数据发送到串口。

传感器阵列：2个节点搭载的传感器有所不同，其中节点0包括：空气温湿度和光照传感器；节点1增加了土壤温湿度传感器。2个传感器阵列部署在单独的节点上，分别负责采集每个节点所在位置的环境指标数据。

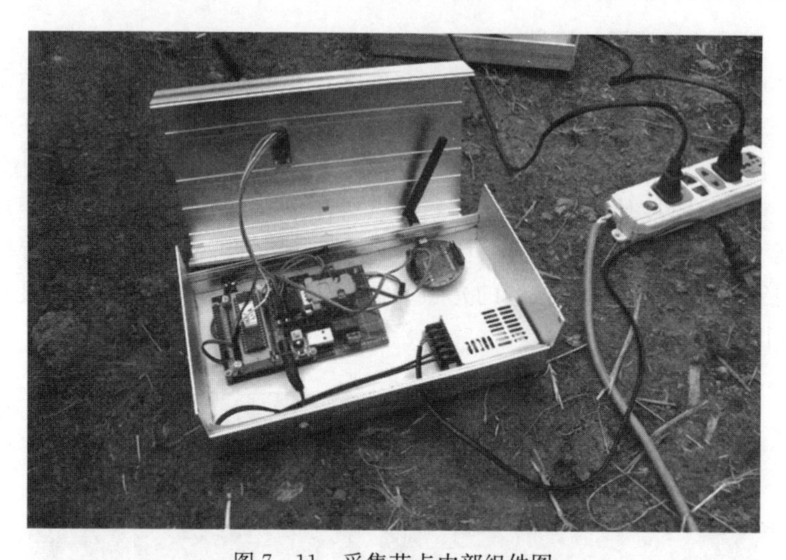

图 7-11　采集节点内部组件图

Fig. 7-11　Internal components diagram of acquisition node

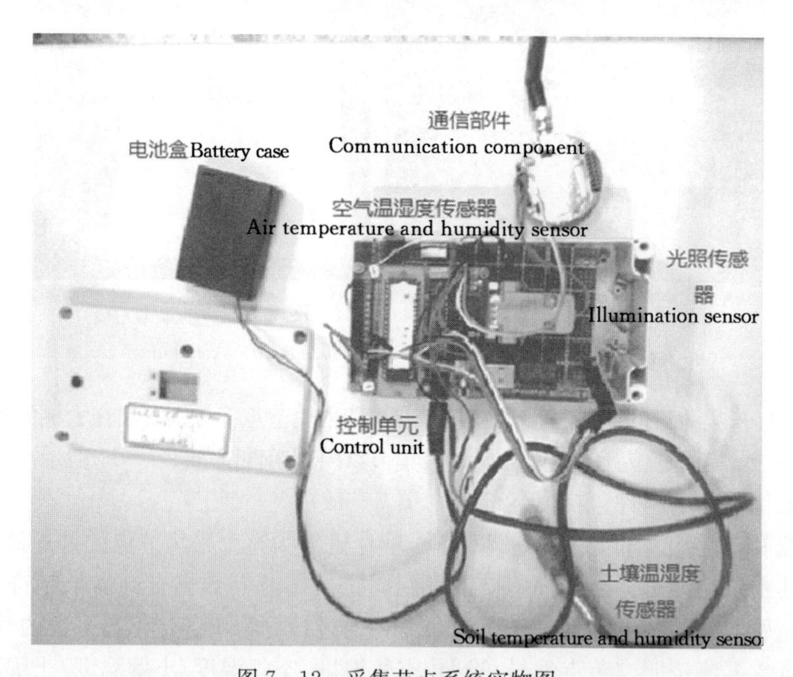

图 7-12　采集节点系统实物图

Fig. 7-12　System physical diagram of Acquisition node

通信部件：通信部件采用 ZB-GPS 模块，通过串口与控制单元进行连接。通信部件之间使用 SMAC 协议组网通信。其主要功能是：负责采集节点与中继节点之间的数据交互通信。

（3）中继节点：中继节点的硬件构成包括：

控制单元：采用 89C52RC 单片机作为中继节点的控制单元。其主要功能是：①作为传感器阵列采集节点与网站服务器之间的媒介，负责通过串口定时发出传感器数据采集命令，并通过串口接收到采集节点发送的数据流。②解析数据包，提取数据信息，控制显示单元进行显示。③建立与网站数据库更新上位机的联系，将数据流发到指定的 IP 和端口上。

显示单元：使用 LCD12864 液晶显示屏进行实时采集到的节点传感器数据信息。数据显示格式为："节点编号/光照/空气温度/空气湿度/土壤温度/土壤湿度"。

物联网通信部件：该部件通过串口与控制单元相接，采用 ZB－GPS 模块与采集节点的该模块形成网络，将串口得到的数据查询命令通过 SMAC 协议转发到采集节点；并从采集节点接收到数据信息流，发送回串口。

服务器通信部件：该部件通过串口（控制单元进行模拟）与控制单元实现交互，采用 GPRS 模块与网站数据库更新上位机进行通信。其主要功能是：建立与上位机的网络连接，单向传送传感器阵列的数据流。

（4）中继节点的业务逻辑　如图 7－13 所示的是中继节点完整的组件图。各部分的业务逻辑如下述步骤。

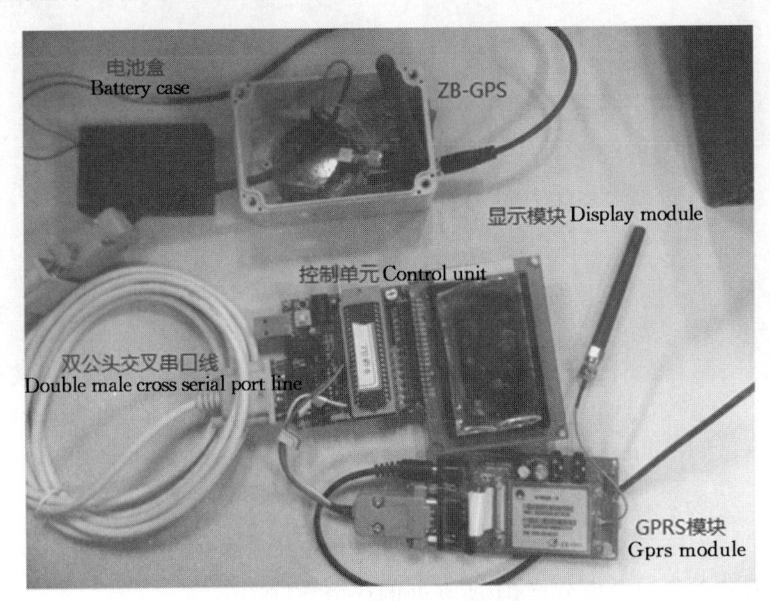

图 7－13　中继节点完整组件图

Fig. 7－13　Complete components diagram of relay node

Step1：中继节点控制单元向串口发送传感器数据查询命令字符串“0＃％”。

Step2：物联网模块 ZB－GPS 模块接收到串口发送的查询命令，向子组网（各采集节点）中通过 SMAC 协议进行广播。

Step3：各采集节点通过 SMAC 协议的子组网向中继节点的物联网模块进行数据反馈发送。

Step4：物联网模块 ZB－GPS 模块接收数据流，发向串口。

Step5：控制单元串口接收到数据产生中断，将数据流进行拆解，获得有效的数据流信息。发送到显示模块，显示模块显示各传感器数据信息。

Step6：服务器通信部件呼叫数据库更新上位机，建立连接；将数据流封装成 IP 包发送到指定的 IP 地址和端口号。

图 7－14 为中继节点运行时状态图。显示的信息含义为：采集节点编号：光照量/空气温度/空气湿度/土壤温度/土壤湿度，采集节点 0 不搭载土壤温湿度传感器，故显示为默认值（0，0）。

图 7－14　中继节点运行时状态图

Fig. 7－14　Runtime screen by relay node

图 7－15　中继节点 00 采集的环境数据

Fig. 7－15　Collected environmental data by relay node 00

图 7－15 所示为中继节点液晶显示采集节点 00 的环境数据，图 7－16 所示为中继节点显示采集节点 01 所在处的环境数据。

4. 上位机开发

（1）上位机环境设置

开发环境：

- 编程语言：C#
- 开发工具：VS2010
- 依赖架构：. net framework 4.0

运行环境：

- Windows XP/Win7
- 网络连通性良好
- 具备独立公网 IP 地址，且端口允许

图 7－16　中继节点 01 采集的环境数据

Fig. 7－16　Collected environmental data by relay node 01

（2）上位机编程逻辑

网络编程技术：引用 TCPListener 类，采用套接字技术，进行网络通信功能。使用文本读取技术，允许动态输入 IP 地址和端口号，进行服务器设置。启动上位机后，通过建立独立线程始终侦听来自设置端口的连接请求和数据发送请求。通过软件后台进行数据库 MySQL 的更新操作。不断插入新的传感器数据（图 7－17）。

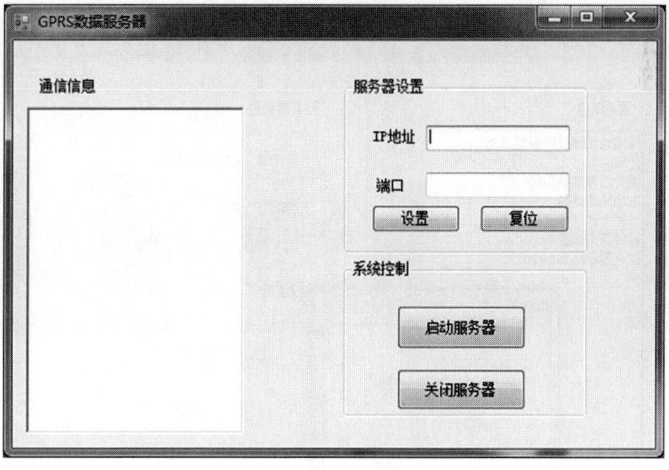

图 7－17　上位机的操作界面

Fig. 7－17　Operation interface of host computer

（3）上位机业务逻辑。在服务器设置区输入服务器的 IP 地址和端口号，并点击“设置”，后台读入服务器信息并建立通信套接字。点击复位后可清空

设置进行重写。在系统控制区点击“启动服务器”按钮，后台建立新的线程，绑定套接字，进行端口侦听，等待来自中继节点的 GPRS 模块的连接请求。通信信息区域动态显示服务器的实时状态，并在连接成功后解析数据格式，显示传感器阵列的信息。

如图 7 - 18 所示为上位机运行状态图，图 7 - 19 显示的为上位机更新后的监测网站数据库结果图。

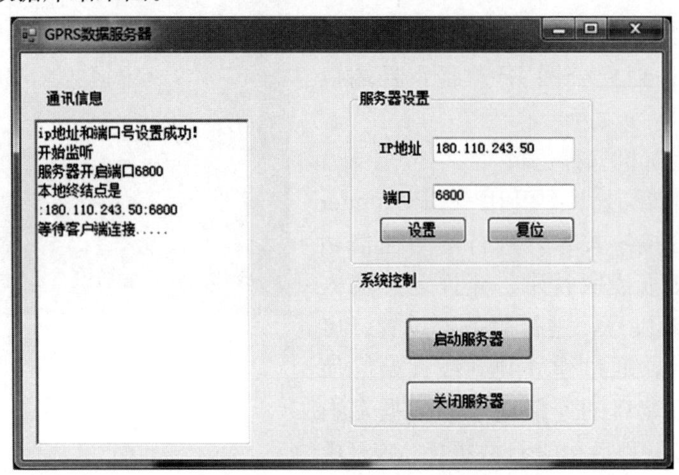

图 7 - 18　上位机运行状态图

Fig. 7 - 18　Running State Diagram of host computer

图 7 - 19　上位机更新监测网站的数据库

Fig. 7 - 19　The host computer updates the database of monitoring website

（二）油菜长势、主要气象灾害及病虫害与环境数据采集田间服务器研发

1. 田间服务器逻辑控制技术研究

田间服务器节点作为控制节点要求能够实时采集田间作物的环境因素与生长因素，并且能够通过GPRS/GPS以及WiFi实现田间服务器节点之间的互联，以为将采集的传感数据传输到云平台和大数据中心，并且数据可以保存到本地数据库中，实现大面积农田精确监控与作物生长环境感知信息的实时采集与保存。

（1）田间服务器总体架构

田间服务器功能架构包含：工业控制核心、传感器族群、光谱图像采集、无线网络和便携式太阳能发电系统（图 7－20）。

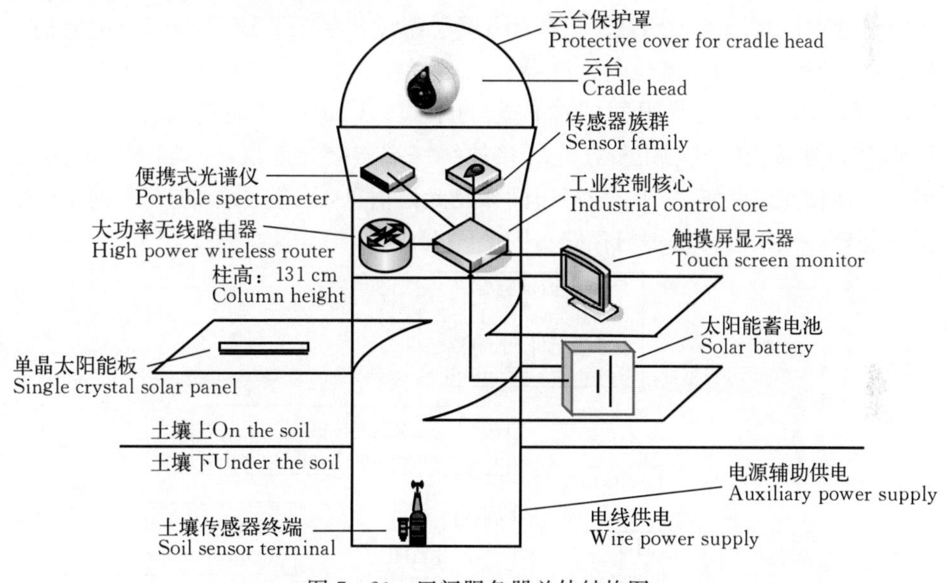

图 7－20　田间服务器总体结构图

Fig. 7－20　Field server of overall structure diagram

①工业控制核心包括：PCM－3362 工业控制核心主板和 15 英寸触摸屏显示器。

②数据采集由现场传感器族群实现。传感器对多个环境要素进行监测，实时采集环境数据。包括空气温湿度传感器、土壤温湿度传感器、光照传感器等。

③现场传感器族群使用 MSP430 作为核心控制器，每个族群由传感器设备组成，MSP430 核心控制器组成。

④MSP430 将传感器采集的监测数据，通过 RS－232 接口传输至 PCM－3362 核心板。并将传感器采集的数据存入核心主板的 SQLServer 数据库。

⑤监控云台，无线摄像头通过网线连接路由器以及连接核心主板，采集田

间作物图像信息，并将采集的图片信息保存至数据库。

⑥USB4000 便携式光纤光谱仪连接核心主板，其中光纤连接一端连接光谱仪，一端连接农用便携式一体化光谱装置[1]，用于采集作物生长反射和吸收光谱信息，并将采集的光谱信息保存到本地数据库中。

⑦便携式太阳能发电系统，包含高效单晶太阳能板、免维护蓄电池。

（2）田间服务器逻辑结构设计

田间服务器逻辑设计中包含硬件：PCM－3362 工业控制核心主板采用 3 个 USB 接口、1 个 RS－232 串行接口和一个 VGA 接口。15 英寸触摸屏显示器连接 VGA 接口。传感器族群使用 MSP430 作为核心控制器，搭载传感设备。传感器 MSP430 核心控制器通过 RS－232 串行接口与控制核心主板连接，用于传输传感器族群采集的传感数据。AD7705 芯片进行模数转换，SHT11 为空气温湿度传感器，SHLT－1 为土壤温湿度传感器，BH1750 为环境光照传感器，MG811 为二氧化碳传感器。云台摄像头驱动程序采用C++和 Open CV 函数库编写，进行田间图像信息的采集。USB4000 便携式光谱仪通过 USB 接口连接控制核心主板，光纤接插线一端连接光谱仪，一端连接农用便携式一体化光谱装置，用于采集田间作物光谱信息，并将采集的光谱数据传输至控制核心主板进行显示与存储（图 7－21）。

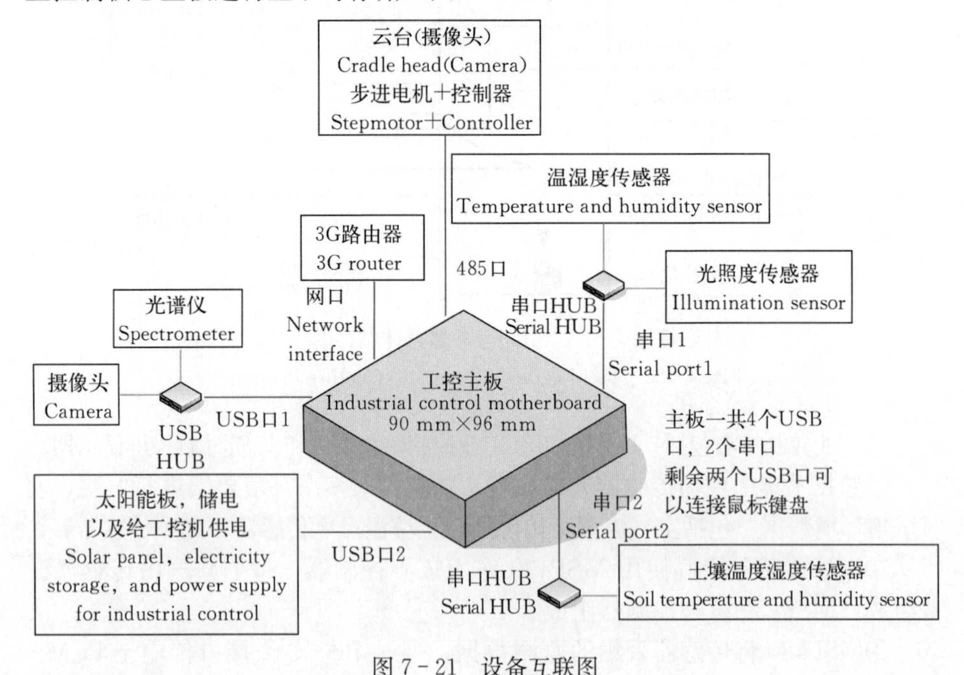

图 7－21　设备互联图

Fig. 7－21　Devices interconnection diagram

（2）田间服务器设备

① 装置容器。针对田间服务器的结构特点，项目组设计了田间服务器装置容器（图 7－22），容器高 131 cm，内径 14.5 cm，可容纳田间服务器的设备，并且方便安装与移动。

图 7－22　设备容器

Fig. 7－22　Device container

② 工业控制核心。本项目的工业控制核心采用研华科技公司基于 PC104 总线的工业控制主板（图 7－23），该主板采用 Intel atom 455 处理器，运行 Windows XP 操作系统，提供 4 个 USB 接口和 2 个串行接口，2G 内存，2G 存储空间，可满足系统开发与运行要求。－40～85 ℃宽温设计，可满足设备在田间恶劣环境下正常使用。主板设计尺寸 96 mm×90 mm，迷你尺寸可以放置在较小的容器之内。

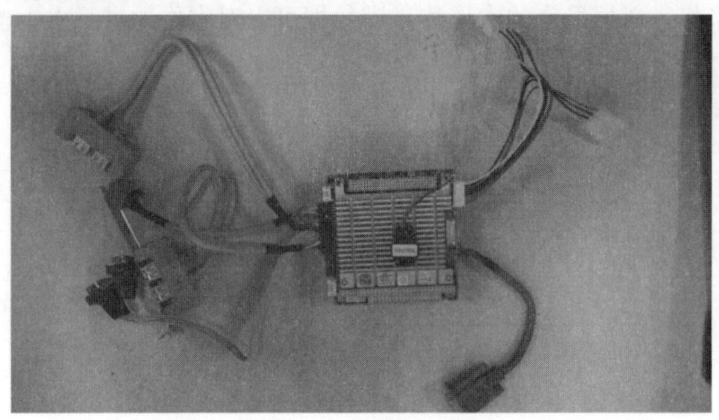

图 7－23　工业控制主板

Fig. 7－23　Mainboard of industrial control

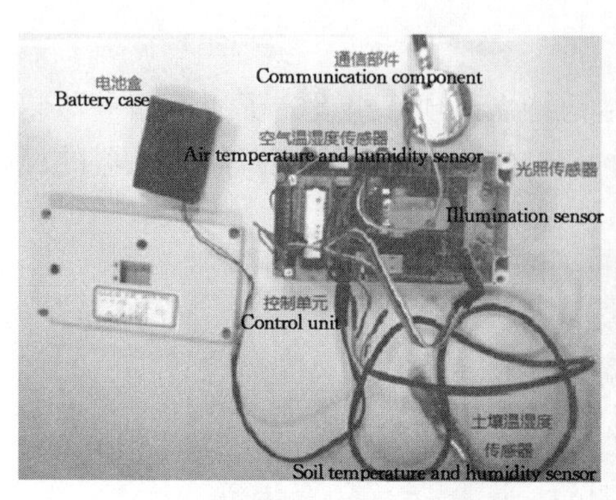

图 7-24　传感器列阵

Fig. 7-24　Sensor arrays

③ 传感器列阵。传感器列阵中 SHT 20 传感器可以测量空气和土壤中的温湿度（图 7-24），传感器经过特殊防水防尘处理，可以长期埋在土壤里而不会损坏。传感器数字信号输出，湿度测量范围：0～100%RH，湿度测量精度：±4.5%RH，温度测量范围：-40～123.8 ℃，温度测量精度：±0.5 ℃。BH1 750 光照传感器接近于视觉灵敏度的分光特性，可对广泛的亮度进行 1 lx 的高精度测定，光照度范围：0～65 535 lx，传感器内置 16bitAD 转换器，可直接数字输出信号。

④ 光谱采集装置。项目组采用海洋光学 USB4000 微型光纤光谱仪作为作物反射/吸收光谱采集装置，该光谱仪具有 16 位 A/D 转换，4 种触发模式，根据温度变化的暗噪声校正和 22 针的连接口（包括 8 个用户可编程 GPIO 端口）。可兼容 Linux、Mac 或 Windows 等多种操作系统（图 7-25）。USB4000 光谱仪可以响应从 200～1 100 nm 的光谱范围，可以为上千种吸收、反射和发射测量应用搭建各具特色的系统。通过主板 USB 口连接光谱仪，可以进行农作物光谱采集，根据采集的农作物光谱数据可以对农作物进行虫害检测。

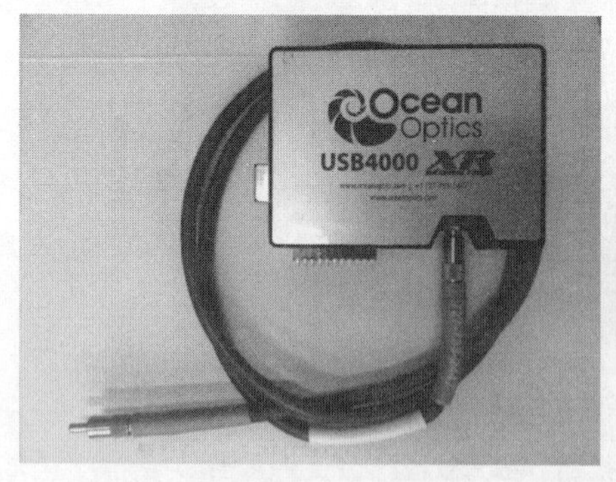

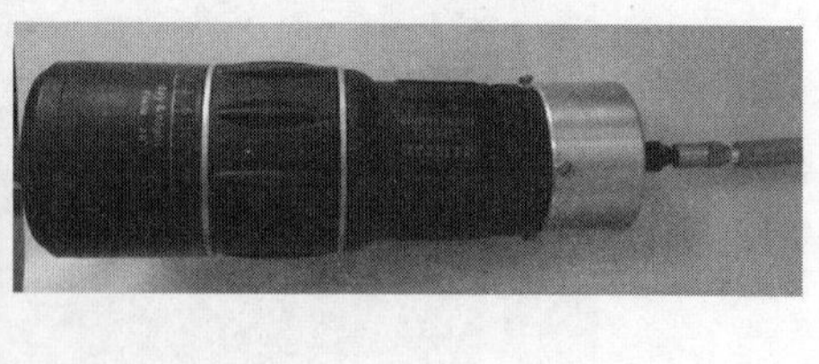

图 7-25　光谱仪与光谱获取装置

Fig. 7-25　Spectrometer and spectral acquisition device

在光谱采集中对目标光谱数据的采集是在光谱仪的采集波长范围内获取采集目标的反射光强度。光谱仪的光谱采集是将光谱仪延伸出的光纤头对准采集对象，通过光纤头采集目标对象的反射光，并沿光纤传输至光谱仪，光谱仪分析计算得到对应波长的反射光强度（图 7-25）。光谱仪在距离采集目标指定范围内采集的数据精度可以接受，距离超过指定距离采集的数据将出现失真，为了解决光谱仪采集距离过短的问题，项目组利用外接式远距离光谱获取装置（专利号：201410480717.0）辅助完成光谱采集，该装置和光谱仪可以固定在容器上，通过试验证明该装置能够达到采集远距离目标反射光的要求，从而解决了光谱仪采集距离不足的问题。

⑤ 云台。使用带有无线网络摄像头的云台可以实时对田间情况进行图像与视频信息采集，并通过互联网传输到本地客户端。同时云台摄像头可以360°旋转，对于田间作物的生成情况进行实时监控。

⑥ 田间服务器互连。采用无线网卡和大功率无线路由器结合的方式将田间服务器之间互连（图 7-26）。通过在工控主板上加装无线网卡，同时利用大功率无线路由组建田间局域网，无线网卡连接局域网实现局域网互联，实现监控节点之间的网络通信。

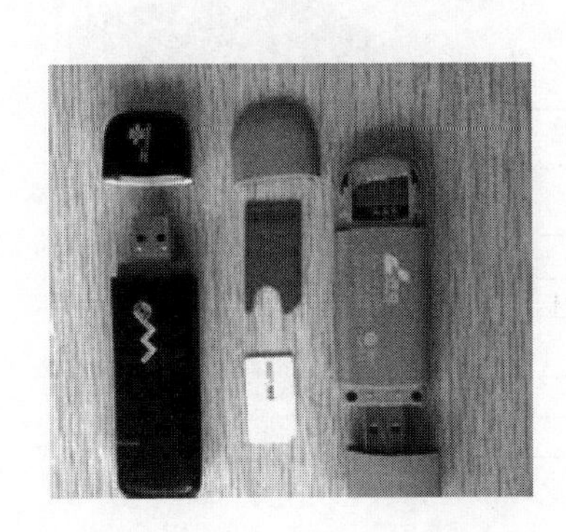

图 7-26　无线网卡与无线路由器

Fig. 7-26　Wireless network card and wireless router

⑦ 太阳能系统。太阳能系统内置免维护蓄电池和单晶太阳能板，12 V/4 路输出，2 路 220 V 输出，有过充过放保护装置和过载保护、高温保护、断路保护等功能，2 个直流电输出口，5 V/12 V/220 V 电压输出（图 7-27）。50 W 的太阳能板，充满电是 6～8 h，集成充电以后可为工控主板进行供电（图 7-27，图 7-28）。

⑧ 上位机开发。

开发环境：编程语言：C＃；开发工具：VS2010；依赖架构：.net framework 4.0。

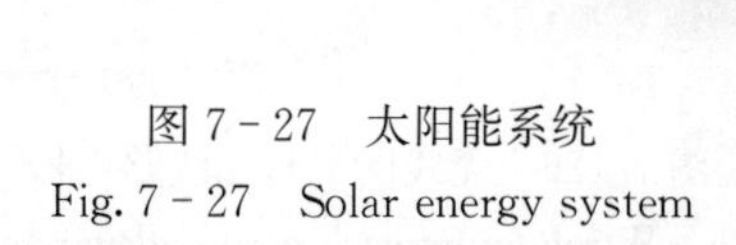

图 7-27　太阳能系统

Fig. 7-27　Solar energy system

运行环境：Windows XP/Win7。

上位机通过串口读取传感器矩阵采集的作物环境与生长信息，并通过界面展示（图 7-29）。摄像头驱动程序采用 C++和 Open CV 函数库编写，进行田间图像信息的采集，并控制摄像头转动。光谱仪采集软件采用 J2EE 编写，并提供 API 接口，供上位机调用，进行作物光谱的采集与现实。上位机安装 SQLServer 数据库，可以自动实时地存储采集的传感、图像与光谱数据。

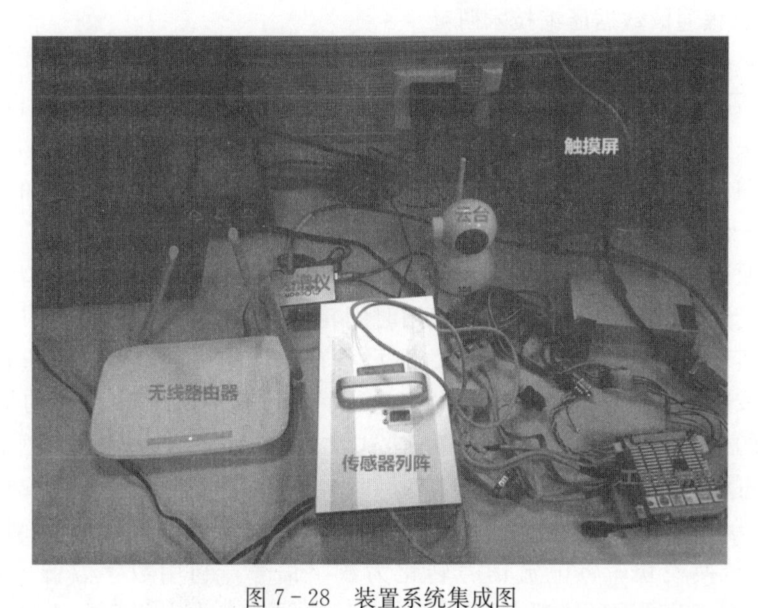

图 7-28　装置系统集成图

Fig. 7-28　Device system integration diagram

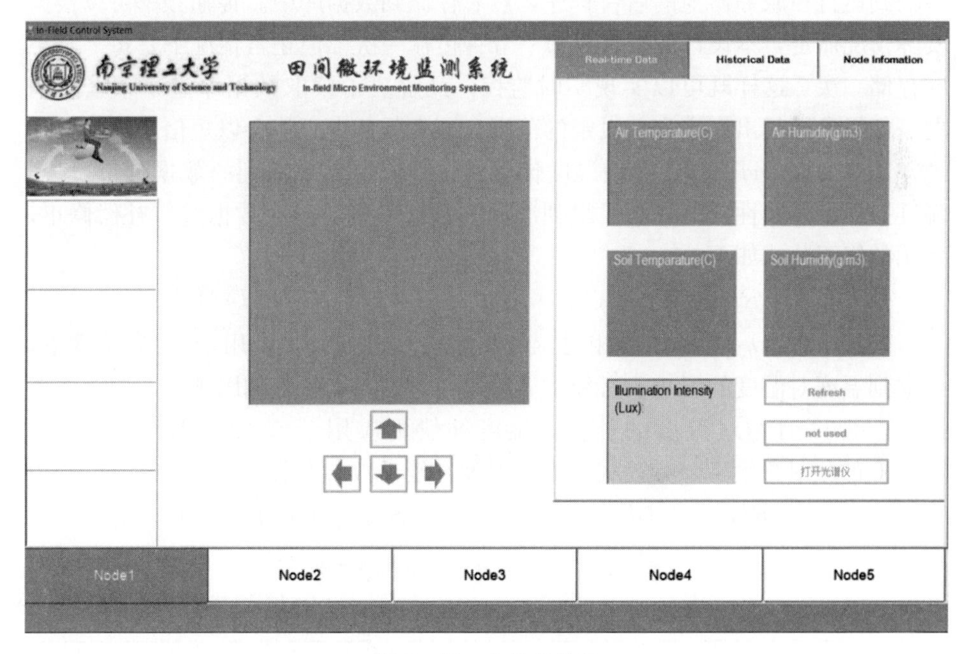

图 7-29　上位机软件

Fig. 7-29　Host computer software

2. 远程通信数据压缩技术研究

（1）远程数据通信

① 网络图像采集。为了提高网络图像数据压缩和传输效率，项目组设计了视频采集模块。OV9650 是图像传感器，价格低廉，普通手机上也是使用的这一类图像传感器，通过摄像头 OV9650 采集视频图像，并与 arm9 的 camera interface 相连接，把采集到的数据放入内存的某段区域中，采用 DCT 编程模式。方便连接一些 USB 接口的传感器，比如 USB 摄像头，也用于扩展系统的功能。USB 采用了分时处理机制，用时间轮转的方式处理任务，接口标准统一，可实现外设即插即用功能。USB 设备在插入主机时，要对其进行配置，也就是按照 USB 协议，对主机和设备进行问答过程。USBl. 1 使用的是一个 4 针插头的标准化插头，采用串口连接方式，将多个设备进行连接，数据传输速度最快可以达到 12 Mbps。

② 传感数据采集。将温湿度传感器通过 GPIO 端口，连接到 ARM 上，通过 A/D 转换模块，将电流信号转化为数字信号，利用数字温湿度传感器 DHT90 实现对周围环境温湿度的测控。传感器将它收集的数据传输到终端，由末梢终端的软件对其进行校正处理，所得到的结果最终通过 SOCKET 程序传输到运行在服务器上的后台程序，然后存储到数据库中。传输频率可以根据实际情况而定，本设计的处理是每一分钟传输一次，但正常情况下是每一个小时存储一次，这样既可以实现实时监控，又解决了读取数据库过于频繁的问题。如果参数超出用户先前设定的范围，那么服务中心将会以短信或邮件方式通知用户。在 DHT90 数字温湿度传感器工作时，对采集到的数据分析发现，湿度数据呈非线性变化，为了得到准确的数据，要对湿度数据进行补偿修正，使用的修正公式如下：

$$RH_{linear} = c_1 + c_2 \cdot SO_{RH} + c_3 \cdot SO_{RH}^2 (\%RH) \quad (7.1-1)$$

公式中，SO_{RH} 为传感器相对湿度测量值，上述公式使用于 25 ℃条件下，考虑到温度对湿度的影响，必须将温度也包含到湿度的影响因子中，这时要考虑相对温度对相对湿度的补偿，温度补偿可应用于 0.12% RH/℃ ~50% RH/℃的相对湿度下，其公式如下（温度补偿系数参考表 7-1）：

$$RH_{true} = (T-25) \cdot (t_1 + t_2 \cdot SO_{RH}) + RH_{linear} \quad (7.1-2)$$

表 7-1 湿度转换及温度补偿系数

Table 7-1 Humidity conversion and temperature compensation coefficient

SO_{RH}	c_1	c_2	c_3	t_1	t_2
12 bit	−2.046 8	0.036 7	−1.595 5E-6	0.01	0.000 08
8 bit	−2.046 8	0.587 2	−4.084 5E-4	0.01	0.001 28

$$T = d_1 + d_2 \cdot SO_T \qquad (7.1-3)$$

表 7-2　温度转换系数

Table 7-2　Temperature conversion coefficient

VDD（V）	d_1（℃）	SO_T	d_2（℃）
5	−40.1		
4	−39.8	14 bit	0.01
3.5	−39.7		
3	−39.6	12 bit	0.04
2.5	−39.4		

从公式（7.1-3）中可以看出，温度的转换系数（d_1，d_2）与工作电压（VDD）和测量位数（SO_T）有关，在本系统中，工作电压为 5 V。

通过对温度和湿度的测量可以发现，DHT90 体积小，测量结果准确，耗能低，在整个系统中，能提供较为准确的数据参考。对于整个系统的运用和扩展都将是一个重要的元件。

③ 网络传输模块。在传统的 ARM 开发中，涉及的网络传输大多以网线连接的形式将 ARM 与路由器连接，本系统为了减少网络连接方式对 ARM 开发系统的限制，采用了 WiFi 连接方式。目前，无线技术分为 WiFi、红外线、ZigBee、蓝牙、NFC 等。红外线传输效率太低。ZigBee 与蓝牙技术都会受到空间物体的影响。NFC 适用于超短距离传输。以上原因都限制了这些技术在本系统中的应用。对于 WiFi 技术，路由器已经广泛使用，接口标准统一，连接方便，传输距离远，适用于本系统的设计。

系统采用 SDIO 的 WiFi 模块，功耗基于 3.3 V 供电，支持 IEEE 802.11b/g，IEEE 802.11 g 标准中 54/48/36/24/18/12/9/6M 自适应，IEEE 802.11b 标准下 11/5.5/2/1M 自适应，常规功耗：180 mA（接收）/270 mA（发送）。

当然，在这个模块下，需要事先预设好路由器的 IP 地址，这是一个要解决的问题，除此之外，系统也运用有线连接。

在网线连接部分采用 WM-G-MR-09 网络芯片，同样支持 IEEE802.11b/g 协议，与无线传输相比，它的速度可达到 54 Mbps。这个网卡模块的电压为 +3.3 V，接受工作电流为 180 mA，发送工作电流为 270 mA。以网线形式连接虽然会受到网线的限制，不过其传输效率高，连接方式简单。

（2）图像信息编码技术的选择与改进

① JPEG 的基本框架。JPEG 标准中包含了编码器和解码器，同时规定了

交换格式。编码器和解码器都是处理编码程序的硬件实体，它们实现了图像的形式转化。编码器把源图像以及各种定义表格压缩成占有带宽少的图像信息。其架构如图 7－30。

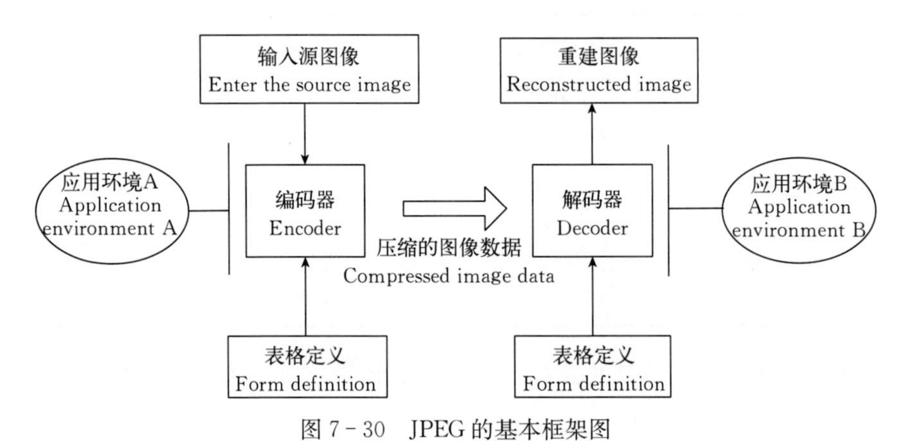

图 7－30　JPEG 的基本框架图

Fig. 7－30　Basic frame diagram of JPEG

② 基于小波变换图像编码方法。小波变换算法的基本思想是用一组基函数来表示一个函数或信号，这个基函数也就是小波。如果函数 $\Psi(x)$ Î$L^2(R)$，将任意的连续时域函数 $f(x)$，使得 $f(x)$Î$L^2(R)$ 在小波基下进行展开，则称这个函数 $f(x)$ 为“基小波”，连续小波变换表达式为：

$$W_f(a,\ b) = \langle f,\ \Psi_{a,b} \rangle = \int_{-\infty}^{+\infty} f(x)\Psi_{a,b}(x)\mathrm{d}x \quad (7.1-4)$$

由于温度测量是呈线性变化，可以认为温度测量相对准确，可以作为一个变量，因此，温度即可通过公式（7.1－5）形成数字数据，其中，a 是尺度因子，b 为平移因子。尺度因子反映了函数的可伸缩程度，平移因子是函数在 x 轴方向上平移的程度。$a \in R$，$b \in R$。

其相应的逆变换为：

$$W_f(m,\ n) = a_0^{-\frac{m}{2}} \int f(x)\Psi(a_0^{-m}x - nb_0)\mathrm{d}x \qquad (7.1-5)$$

若对式（7.1－5）中的 a、b 进行采样，取 $a = a_0^m$，$b = nb_0a_0^m$，可得到离散小波变换（DWT）：

$$f(x) = \frac{1}{C_\Psi}\int_{-\infty}^{+\infty} W_f(a,\ b)\Psi_{a,b}(x)\ \frac{1}{a^2}\mathrm{d}a\mathrm{d}b \qquad (7.1-6)$$

在对图像进行分析、处理的应用中，主要采用离散小波变换（DWT），一般选择 $a_0=2$，$b_0=1$，就变得相对简单，这个使用了常数的变化公式也称 DWT 多分辨率分析。Mallat 首先将多分辨率分析应用于图像数据的压缩领域，并同时给出了对信号进行分解与合成的塔式快速变换的小波算法，这个算法使得小波分析法真正得到了应用，在许多领域，本系统模拟中，微处理器在对图像进行压缩时，就是使用了这个算法。

（3）基于网络编码路径保护算法。网络编码（network coding，NC）方法能够有效地提高路径保护技术的保护效率。在网络中，节点故障或者链路故障是不可避免的，由它们引起的网络故障以及数据安全传输问题越来越得到人们的重视，这是一个值得研究的重要课题。目前，国内外对网络的保护机制主要是解决单链路故障问题，有 2 种解决方案，一种是基于路径的保护；另一种为基于链路的保护。

在这两种保护方案中，链路保护有利于缩小网络故障排除的范围，网络恢复时间短。但是在链路保护的过程中，需要预留大量链路保护资源，这些资源占用了许多带宽资源，反而造成了链路保护效率大大降低。与之相比，在建立路径保护时就设定了一条点对点的备用路径，在此备用路径上同时预留了足够的带宽资源，在发生故障时，不用重新占用资源，因此大大提升了网络恢复的效率。

结合网络编码到链路故障保护的理念可以追溯到到 1990 年和 1993 年，比网络上的第一篇论文编码还要早。该技术被称为分集编码，编码中，N 主链路使用携带在每个主链路的模 2 和数据信号上单独的 N+1 保护链路进行保护。如果所有 N+1 链接的是不相交的或物理异构，那么任何单个链路故障可从通过应用模 2 求和，将接收链路中得到恢复。假设在主链路数据是 B1，B2，B3，…，BN，校验主数据是：

$$\mathrm{c}_1 \oplus \bigoplus_{\substack{j=1\\ j=1}}^{N} \mathrm{b}_j = \mathrm{b}_i \oplus \bigoplus_{\substack{j=1\\ j=1}}^{N} (b_j \oplus b_j) = b_i \qquad (7.1-7)$$

在接收器的操作方面，如果检测到故障时，该解码器适用于模 2 相加的 N 条链路的剩余部分，并提取出故障的数据作为：

$$\mathrm{c}_1 = \mathrm{b}_1 \oplus \mathrm{b}_2 \oplus \cdots \oplus \mathrm{b}_N = \bigoplus_{j=1}^{N} b_j \qquad (7.1-8)$$

在这里，假设是双向的故障链路。这种操作根本不同于以重新路由为基础的保护方案，因为它不需要任何反馈信号。

采用一种新的编码技术，编码路径保护（CPP）提出了一个简单的策略（图 7 - 31）。编码路径保护速度更快，具有更少的信号复杂性，并拥有比任何更高的传输完整性的重新路由。编码路径保护的备用容量率（SCP）比共享路径保护 SCP 稍大。

采用网络编码之后，服务器发送的每一块数据包对于网络中的其他节点来说都是同等重要的，可以减少“最稀缺块”的出现概率。网络中，多个节点同时服务于一个节点，节点不会像 pull 策略产生无用的请求消息，这两个策略使得网络充分利用了节点的上/下行带宽，减少了对服务器的请求压力，可以有效地降低服务器的网络占用。传统的网络编码保护如图 7－32：

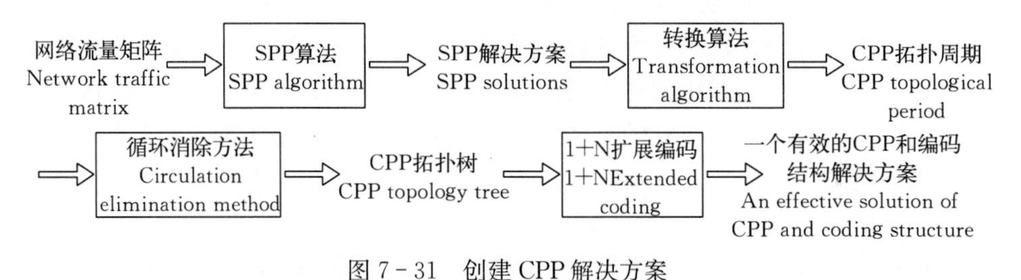

图 7－31　创建 CPP 解决方案

Fig. 7－31　Create CPP solutions

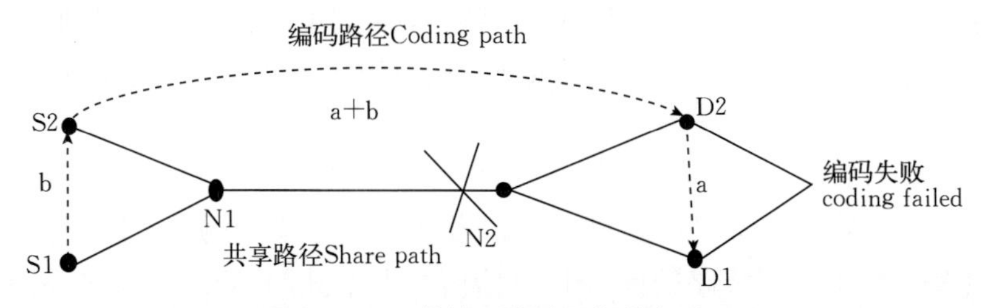

图 7－32　传统网络编码保护方式

Fig. 7－32　Traditional network coding protection strategy

从传统的网络编码保护方式可以发现，在（N1－N2）共享路径发送故障时，通过编码路径传输的数据，在 D1、D2 点无法进行数据解码。针对传统的网络编码保护方式中出现无法保护共享链路的问题，它的主要原因是因为端节点解码信息量缺失，不足以完成解码。对于基于 NC 解决共享链路问题，可以发现，虽然链路（N1，N2）发生故障后，使得整个路径无法正常传输信息，但是对于共享链路两端的剩余路径 S2－N1、S1－N1、N2－D1、N2－D2 都是没有故障的，因此，不需要建立保护路径。此时只要考虑建立一条全新的保护路径，即 N1－N2，将链路 N1－N2 加入到编码保护路径（图 7－33）。基于 NC 解决共享路径问题的具体实现过程是：将工作路径上的源节点（S1，S2），共享链路的端节点（N1，N2）和目的节点（D1，D2）组成一个节点集 R，并且找到一条最短路径，这条路径经过节点集 R 中所有节点（即 S1－S2－N1－N2－D2－D1）。此时，整个网络有 2 条路径，即工作路径和编码路径，在工作路径和保护路径上每个节点同时向外发送信息数据，工作路径上传输的是原始数据，在编码路径上传输的数据是原始数据经过与节点接收的数据进行异或处理的数据，再通过保护路径传输给下一个节点。在共享路径两端节点上的数据经过编解码过程，当路径 N1-N2（共享链路）发生故障时，可以加入新的节点 N1'、N2'，节点 N1'、N2' 代替原来的节点，根据故障前工作路径和编码路径上的数据进行信息解码，恢复出原来工作路径上传输的数据。

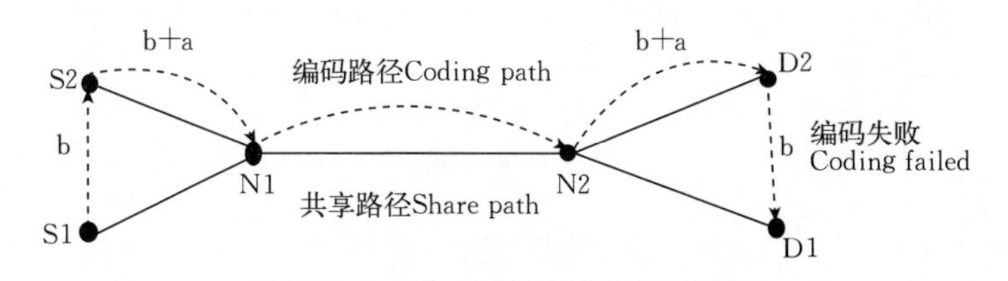

图 7-33　基于网络编码的路径保护

Fig. 7-33　Path protection based on network coding

以 COST239 网络为例进行研究（图 7-34），在图中，与节点相关联的数字表示节点索引，同时与边相关联的数字对应于所述边缘的距离（成本）。距离是用以计算出传播的延迟。SCP 代表备用容量率。

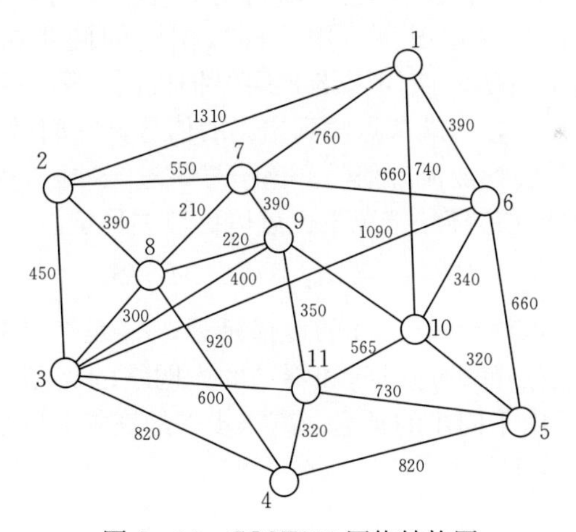

图 7-34　COST239 网络结构图

Fig. 7-34　COST239 networks structure diagram

通过对 SPP、CPP 以及 p 周期方法的恢复时间方面进行定量分析。在 XOR 运算中允许编码共享保护。CPP 的波长分配是将 SPP 的波长分配解决方案分解，因为 CPP 适合波长的连续性（表 7-3）。与此同时，在同一编码群中的保护路径使用相同波长。SPP 提出了一种全光网络的一些共享路径保护技术，p 周期技术利用光-电-光转换中的中间节点。

表 7-3 CPP 算法

Table 7-3 CPP algorithm

(i) 选择周期最长的环节。删除此链接及此周期其余数据代码上的数据。检查是否发生故障的每个连接的主路径和保护路径之间的链路不相交。
(ii) 如果是这样，选择下一个最长的链接，直到找到一个可以去除的链接，删除这条链接后不影响链路不相交性。
(iii) 如果没有这样的链接，查找周期分离点。在循环时，分离点是一个节点，其入射（导通周期）链路没有携带数据。即这个节点是在其 2 个事件链接的数据端节点。如果有这样一个分离点，这种环结构可以被看作是一个树结构，并保留了编码结构。
(iv) 如果在循环中没有分离点，需重新计算路由，找出导致链路不相交和循环特性之间的冲突保护路径部分。
(v) 如果没有发现冗余然后除去导致从编码组冲突的连接。通过 1+1 APS 操作来保护这些连接。

CPP 方案是一种主动机制，任何数据都会生成副本，并在固定时间延迟之后，由源节点传送到目的节点。主动保护机制的一个优点是在连续操作超过保护路径，这意味着没有必要配置和任何故障后测试一个 OXC。OXC 是配置和测试延迟路由保护机制的主要来源。此外，这种主动机制消除复杂信号的需要，并保证传输的完整性，因为该操作是全自动的。

尽管 CPP 是一种主动机制，它可以利用不透明光网络的信令能力，加速恢复过程。但是，在某些情况下，用不同数据流的同步机构可中和原有的 CPP 时间。为了这个目的，使用网络 2 层保护机制。第一步，保护提示，因为它是同步的。第二步，当端节点收到错误的信号，它们增加 1 位的控制信息到数据信号，这将其转换成流动信号。该信号跳过缓冲区，编码和编码是全零的数据流。CPP 即使在最坏的情况下也可以更快更稳定。

$$RT_{\mathrm{CPP1}} = d_{\mathrm{sd}} + h_b \times M + S \tag{7.1-9}$$

其中，d_{sd}是从节点 s 到节点 d 的传播延迟；h_b 是在 d 和 s 之间的保护路径的跳数。M 表示节点的处理时间和不同的光网络的类型。它是采取 0.3 ms 或者 10 μm。S 表示由于同步的延迟。第二步骤的恢复时间公式是：

$$RT_{\mathrm{CPP2}} = F + 2 \times d_{\mathrm{sd}} + (h_{is} + 1) \times M + (h_b + 1) \times M \tag{7.1-10}$$

其中，F 是故障检测时间，它取决于节点 i 和节点 s 之间的节点数目。CPP 的确切表述是：

$$RT_{\mathrm{CPP}} = \min(RT_{\mathrm{CPP1}};\ RT_{\mathrm{CPP2}}) \tag{7.1-11}$$

网络恢复技术 CPP 利用对称传输在同一编码群中的连接之间的保护路径和保障链路不相交性。通过修改的编码结构，并利用其弹性 SPP 一个典型的解决方案共享结构以简单的方式转换成的 CPP 编码结构。通过对几种保护方式进行仿真，得到各传输数据的时间延时（表 7-4）。

从表 7-4 中可以看出，用这种方法有可能快速实现接近最优的解决方案。通过分析操作的仿真结果，发现 CPP 算法具有以下属性。这种算法使得路径恢复速度比 SPP 和 p 周期技术快 2～3 倍；具有完整传输的完整性和稳定性；低信号的复杂性；路径保护是独立于任何单一链路故障情况的；模拟的复杂性显著降低了广义 1+N 编码；比对周期下的备用容量在波长连续性约束与权衡。但是它也有一些不足：超过 SPP 最多 6%～7%的额外备用容量；对比在密集网络对循环技术，这个算法有低的容量效率；占用额外的同步和缓冲。虽然本文使用的容量放置算法对 SPP 不是最佳的，但这并不影响转换算法的最优性。

表 7-4　COST239 网络中路径恢复时间

Table 7-4　Path recovery time among COST239 networks

COST239 网络，11 个节点，26 条路径 COST239 networks，11 nodes，26 pathes						
方案 Plan	SCP（%）	ESCP（%）	不同 X 下的恢复时间 Recovery time under different X			
			0.5 ms	1 ms	5 ms	10 ms
CPP	72.71	0	11.57	11.57	11.57	11.57
SPP1	64.67	0	17.86	18.36	22.36	27.36
SPP2	64.67	0	28.5	31.1	51.1	76.1
p-cycle	44.82	40～60	25.31	25.81	29.81	34.81

对于远程家庭监控系统，在管理层上，要实现视频显示、数据显示、数据存储、图标输出、地图定位等功能。实时数据包括温度读取、湿度读取、温湿度报警等参数（图 7-35）。

对数据进行进一步处理，可以显示每个终端用的温湿度曲线，还有根据用户设定的时间段查询该时间段内的温湿度变化。通过对数据库的管理和数据分析，为客户提供数据参考。客户也可以根据自己的需要设定报警参数，并且可以设置报警方式。

为了减少终端的能耗，增加可运行时间，将一些功能模块去除，留下有用模块。为了能够在夜晚可以查看摄像头情况，为摄像头增加了红外线灯组（图 7-36）。

在末梢终端，加入了红外摄像功能（图 7-37），在得到集中式服务器的连接后，客户与末梢之间形成了 P2P 模式，客户可以把远程图片保存在本地，也可以设置在服务器上存储末梢采集到的图像信息。

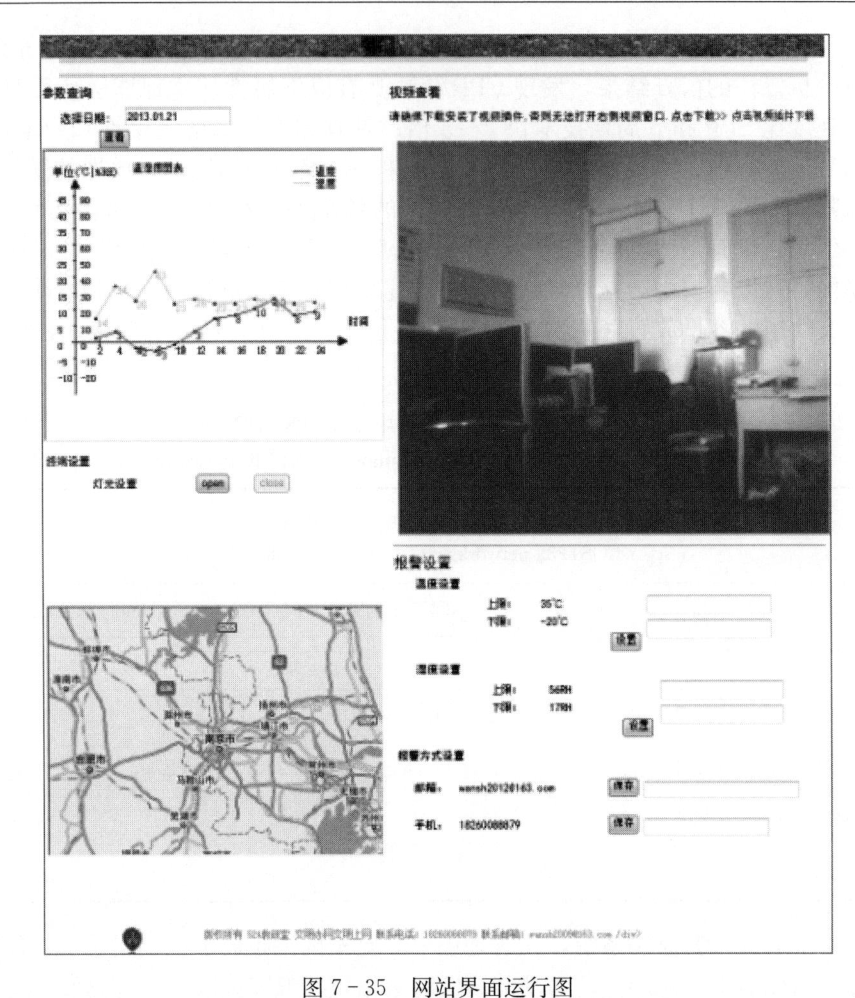

图 7-35　网站界面运行图

Fig. 7-35　Running interface of the website

图 7-36　摄像头增加红外线

Fig. 7-36　The camera adds infrared ray

图 7-37 红外线启动前后对比照片

Fig. 7-37 Before and after comparison photos by infrared ray startup

由于网络传输的时间和连接时间的损耗，图片大致延时 0.5 s，比传统的客户端—服务器—客户端模式节约了许多时间。对于末梢终端的操作与数据读取实现了在线化运行。

3. 基于田间信息的大数据平台技术研究

目前，对农作物的管理监测，需要在田间放置大规模的传感器网络，用户可以对农作物进行实时监测。这种方式提高了管控农作物生长状况的效率。但随着数据量指数级的增长，普通服务器在数据处理上越来越不能适应日益增长的数据，利用 Hadoop 云平台计算处理的思路便应运而生。利用 Hadoop 云平台计算处理旨在实现基于大数据下的高性能农作物云监测平台。

（1）大数据平台技术

①Hadoop。Hadoop 是 Apache 下的一个开源框架，可编写和运行分布式应用处理大规模数据。分布式计算是很宏大的研究方向，但 Hadoop 有如下几点不同之处：

方便——Hadoop 运行在大型集群上，或者各种云计算服务商提供的云计算服务之上。

健壮——Hadoop 致力于在一般商用硬件上运行。此类故障可以被解决。

可扩展——Hadoop 通过增加集群节点，可以行之有效地提高它的处理效能，从而处理更大的数据集。

简单——Hadoop 允许用户快速编写出高效的并行代码。

Hadoop 的方便和简单让其在很多方面有非常大的优势，诸如编写和运行分布式程序。Hadoop 集群的使用门槛被降低。与此同时，它拥有令人信服的健壮性和可扩展性，这足以让很多大型互联网公司放心地使用这套技术框架。这些特性使它在业界广受欢迎。

图 7-38 解释了 Hadoop 集群如何与客户机交互的情形。Hadoop 集群是

通过节点之间互连到网络上的一系列机器组。数据存储和处理在体系中完成。不同用户可以给 Hadoop 各自提交计算任务，这些客户端可以是与 Hadoop 集群远离的 PC。

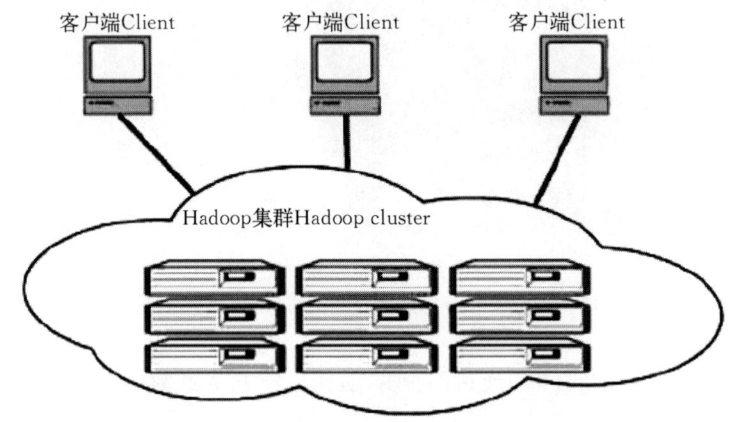

图 7-38　Hadoop 集群与客户机交互图题

Fig. 7-38　Interaction diagram between Hadoop cluster and client

②HDFS。HDFS（hadoop distributed file system）是一个分布式文件系统，是基于诸如处理超大文件的需求等初衷而开发的，运行在普通硬件上（图 7-39）。HDFS 具有高可扩展性、高可靠性、高容错、高获得性、高吞吐率等特征，在处理超大数据集（large data set）的应用时，提供了更多便利。

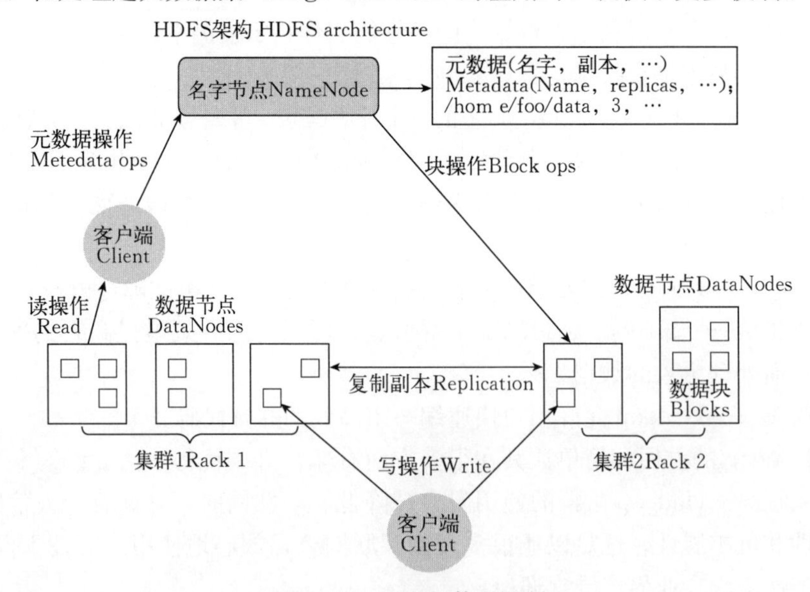

图 7-39　HDFS 体系图题

Fig. 7-39　HDFS systematic diagram

HDFS 系统中，文件的目录独立存储在 NameNode 上，对于具体的文件数据来说，数据拆分成多个块，这些块冗余存储在 DataNode 集合数据里。NameNode 负责执行文件系统的 Namespace 管理工作，主要包括关闭、打开和重命名数据文件和目录等操作。DataNode 节点主要完成了客户端的读写等功能。HDFS 是一个主/从（Master/Slave）体系结构，从用户的角度来看，它和传统的文件系统并无二致。通过它可以对文件执行 Create、Read、Update、Delete 等操作。但出于分布式存储的性质考虑，HDFS 集群包含一个 NameNode 和一些 DataNodes。NameNode 管理文件系统索引及路径，DataNodes 存储实际数据。客户端通过一起使用 NameNode 和 DataNodes 读取相应的文件。

文件写入：NameNode 根据文件大小和文件块配置情况，返回给客户它所在的 DataNode 相关参数信息。用户将所需写入的数据分块，并分别上传至不同的 DataNode 中，完成文件的写入功能。

文件读取：HDFS 典型的情况是在一个 PC 结点 NameNode，其他机器运行的是 DataNode；抑或所有的机器上不仅同时运行了 NameNode，也运行了 DataNode。可以根据不同的项目需求采用不同的技术方案。

③MapReduce。MapReduce 是数据处理模型，其最大的优点是易扩展。MapReduce 程序的执行分为 2 个阶段，Mapping 和 Reducing。每个阶段均定义为一个数据处理函数，分别被称为 Mapper 和 Reducer。在 Mapping 阶段，MapReduce 获取输入数据并将数据单元装入 Mapper。在 Reducing 阶段，Reducer 处理来自 Mapper 的所有输出，并给出最终结果。总体上，Mapper 将输入进行过滤与转换，使得 Reducer 可以完成聚合。

MapReduce 程序通过操作键/值对来处理数据，格式是键值对的形式。在 Hadoop 中，每个 MapReduce 任务都被初始化为一个 Job，每个 Job 又可以分为 2 种阶段：Map 阶段和 Reduce 阶段。这两个任务用函数表示，即 Map 函数和 Reduce 函数；Map 函数接受一个键值对形式的输入，产生一个键值对形式输出；Reduce 函数接收一个如＜key，（listofvalues）＞形式的输入，然后对这个结果集合整理，得出若干个结果输出（图 7-40）。

1）首先，输入数据块被分布到节点上。

2）节点上每个 Map 任务处理一个数据块。

3）之后，通过 Mapper 处理后输出中间数据。

4）交换各节点间的数据。

5）相同 key 的中间数据被安排进入相同的 Reducer。

6）存储 Reducer 的输出。

（2）大数据平台搭建　大数据平台介于田间服务器和终端用户之间，包括数据访问、存储与分析。通过分布式和并行计算与存储，提高数据访问与计算的效率。

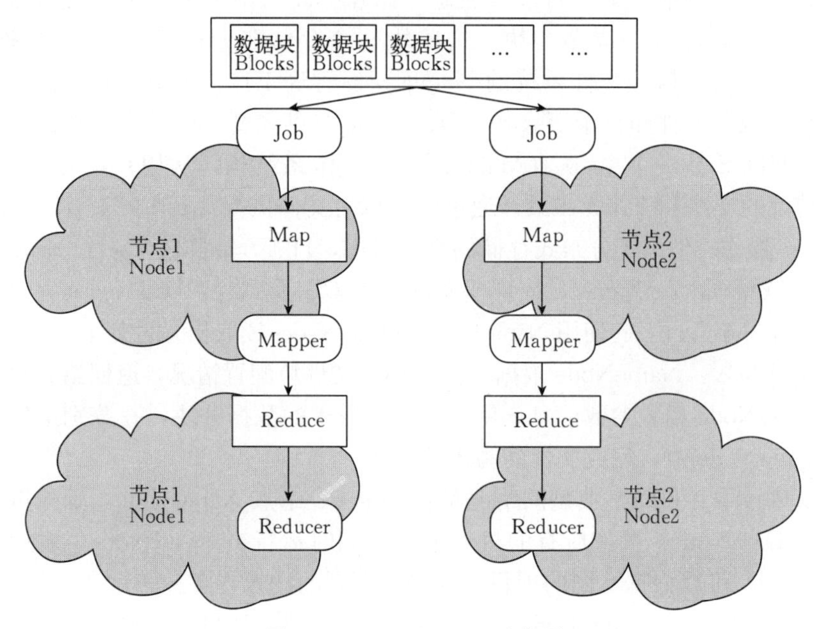

图 7-40　MapReduce 示意图

Fig. 7-40　MapReduce diagrammatic sketch

系统主要分为 3 个部分：田间服务器、大数据中心和应用系统（图 7-41）。

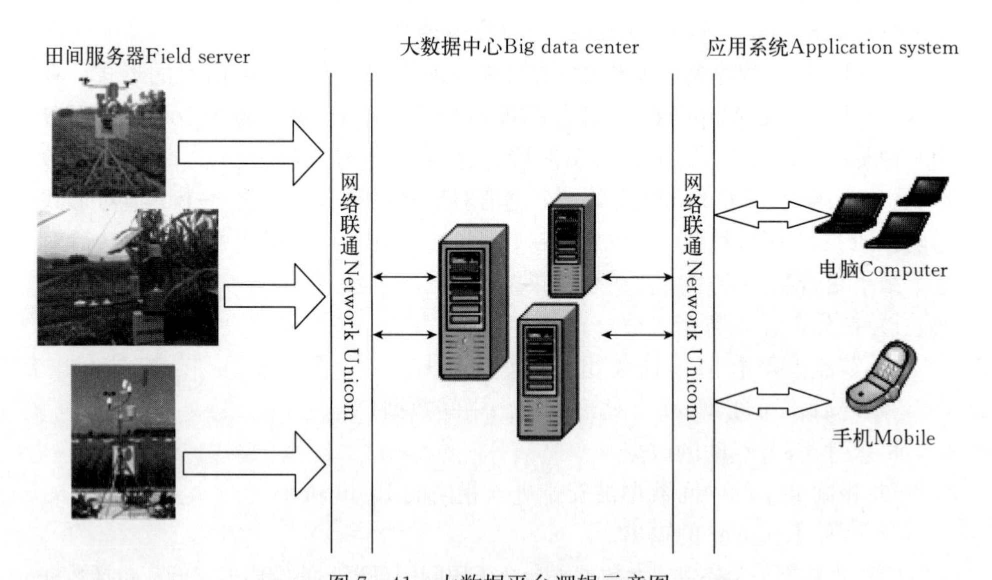

图 7-41　大数据平台逻辑示意图

Fig. 7-41　Logic diagram of big data platform

2015 年，在南京理工大学计算机学院 3006 房间搭建了大数据平台与云计算中心（图 7－42）。其中包含 6 台云平台计算机与存储器、1 台 WEB 服务器、1 台数据库服务器、1 台网关服务器以及 1 台边界路由器和 1 台三层核心交换机。大数据平台的网络拓扑如图 7－43 所示。

图 7－42　大数据平台

Fig. 7－42　Big data platform

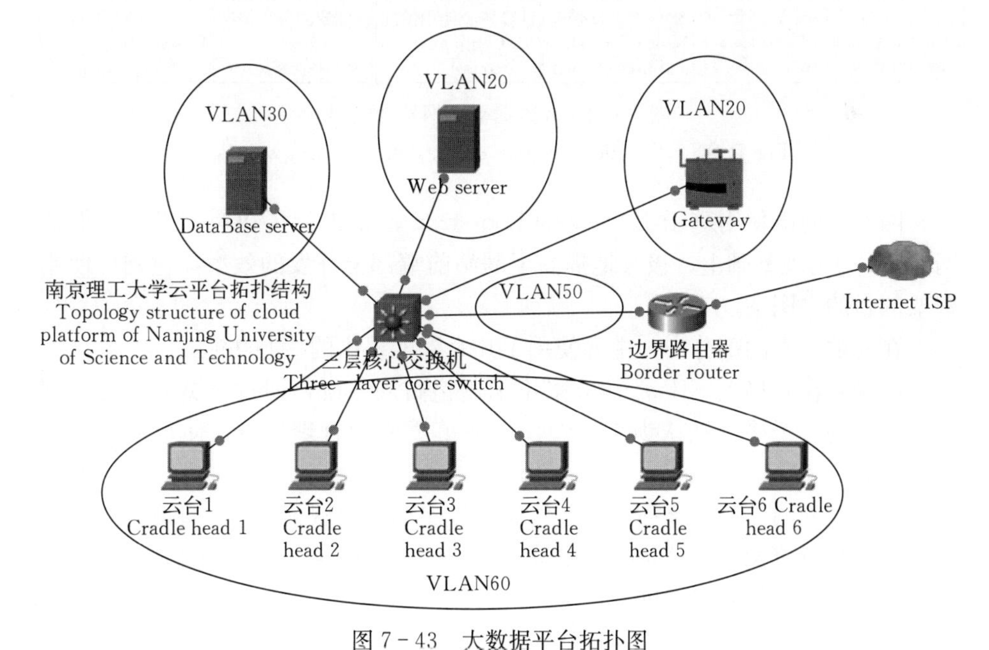

图 7－43　大数据平台拓扑图

Fig. 7－43　Big data platform topology

(3) 大数据平台设计与实现(图 7-44)

①Hadoop 模块设计思路。Hadoop 集群主要包含了 2 个部分的核心功能,分别为 Hdfs 和 MapReduce 模块。

②Hdfs 模块。利用 Hadoop 提供的 Hdfs API,以文件的形式将每日数据上传至服务器集群上,实现对文件的分布式存储。并在需要时,根据查询条件将文件选择性的读出,拷贝至本地文件系统中。

③MapReduce 模块。MapReduce 技术的应用主要在对 Hadoop 集群的文件进行查询时,通过 Mapper,将查询任务拆分;通过 Reducer,将查询结果合并。除此之外,在对查询结果进行进一步分析时,也利用到这个技术,极大地提升了查询的效率。

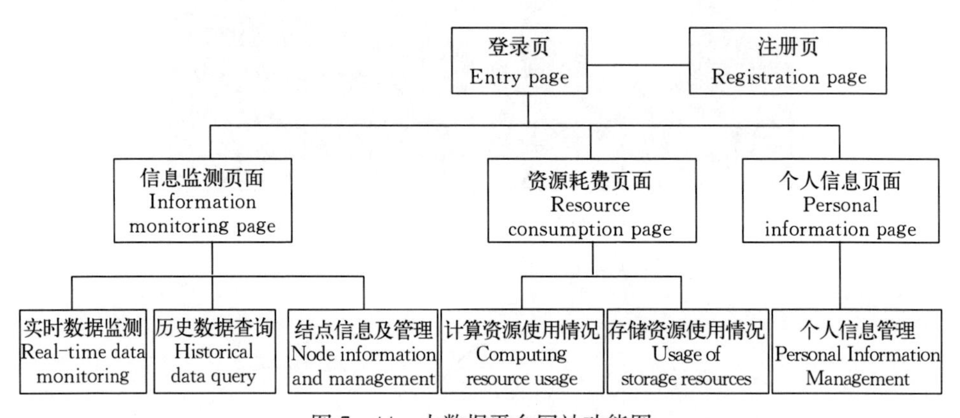

图 7-44 大数据平台网站功能图

Fig. 7-44 Function diagram of big data platform website

网站的前端使用基于 JQuery 的 Bootstrap 框架进行了快速开发,在保证网站 UI 的美观基础上,极大地提高了网站前端部分开发的效率,达到了使用框架的目的(图 7-45)。

在前端开发的部分中,主要使用了几个框架提供的核心功能:

布局:在布局上,Bootstrap 采用了栅格布局系统,通过将页面动态地划分成均分的若干格(默认为 12 格),保证了页面的合理划分,使页面布局美观、漂亮。

控件:网站使用了诸如表格、按钮、模态框、树状菜单栏、标题栏等诸多空间,通过反复调试,选定了非常舒适美观的空间颜色、大小等参数,最大限度地保证了网站的美观程度。

第三方插件:基于网站在功能上的需要,不得不借助一些开源的第三方控件来辅助开发,诸如包含丰富图表样式的 Chart. js、可以展示漂亮窗口的日期

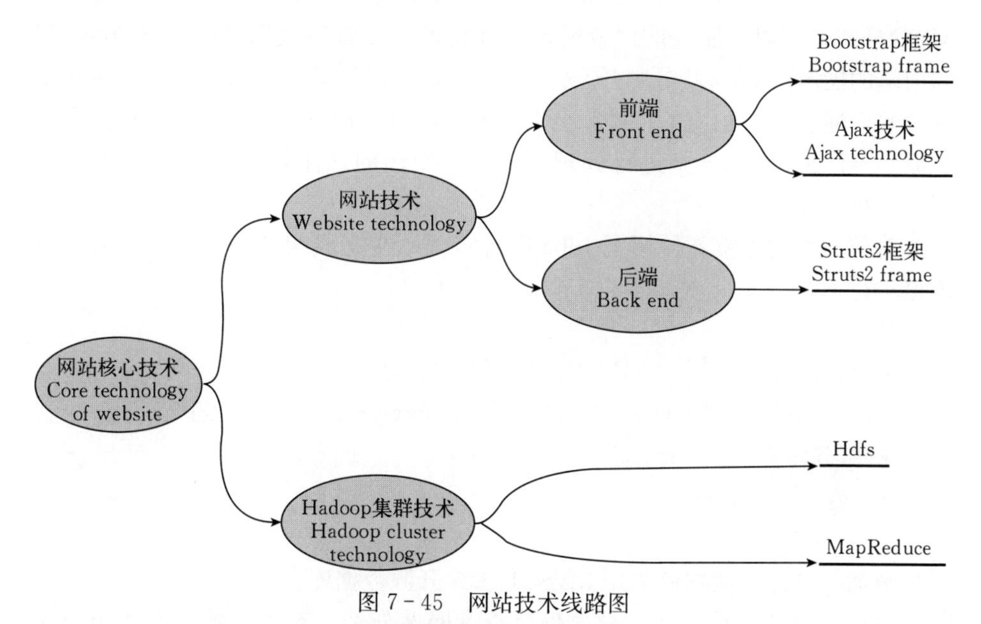

图 7-45　网站技术线路图

Fig. 7-45　Technical procedures diagram of the website

选择器 DatePicker. js、可以展示漂亮的动态开关库 Switch. js 等。除此之外，基于网站的功能是进行不断地监测，需要大量的刷新操作。为了进一步优化用户体验，消除进行刷新操作时产生的“刷新”效果，在开发时引入了 Ajax 技术，即异步刷新的功能。这个功能是通过 Javascript 的 Ajax 方法将整合的 Json 数据发送到对应的 Action 进行处理，返回的处理结果在 Struts2 的核心过滤器中并不进行分配跳转，而是直接回到 Javascript 的 Ajax 函数对结果进行后续处理。这种方法达到了只刷新局部页面，保证了用户体验。后端开发使用了当前较流行的 Struts2 框架，通过对框架体系的学习和使用，明显体会到框架下开发项目在诸多方面的优势，诸如：标准性、安全性等，以下是详细分析。

权限管理：在页面的权限管理中，使用 Struts2 框架提供的 StrutsPrepareAndExecuteFilter 核心控制器，可以将各种请求操作（Action）（诸如登陆、注册、表单提交、退出等）做出判断和决策，控制其最终跳转的页面。

通过 Filter Dispatcher 核心过滤器，可以将对网址的直接请求作以过滤，对符合用户身份的用户，给予相应的权限，并跳转到相应的网页；对于不符合条件的用户，跳转至报错提醒页面。

数据的增删改查：由于信息监测页面需要对数据的各项操作，所以项目中也经常使用到了对数据库的连接，以及对数据的增删改查。由于项目使用的MVC模式，所以按照当前比较流行的开发模式，将对数据的操作（Control）和前端的展示（View）分割开来，将对数据库的操作写在Action里，在使用的时候，通过点击相应的控件，会在核心控制器里进行分派，不同的操作会被分派到不同的Action里进行处理。最终，操作的结果返回到页面前端进行展示。

对数据库的连接，使用了Jdbc进行实现；在完成相应的功能操作后，将连接进行关闭。

开发环境

- 网站设计语言：J2EE，JSP网页开发技术
- 运行环境：Windows XP/Win7/Windows Server 2007及以上
- 服务器支持：tomcat7.0
- 数据库：MySQL 6.5
- 脚本语言：JavaScript

数据库设计：数据库采用MySQL 6.5开源数据库。

数据库更新上位机和传感器信息查询网站分别拥有对该数据库的访问权限与查询权限。通过上位机接收最新的数据并更新数据库，网站定时查询可以获得实时传感器阵列的数据，并更新相应的信息表，实现动态更新的功能。

数据结构：在数据库中，根据不同的采集节点，设置传感器阵列的信息数据表为：tb_sensorinfo_1和tb_sensorinfo_2，分别存储不同采集节点获取的环境指标。

每张数据表在设计时分为8个字段：

id：自增长的编号字段，用于区分数据流的到来时间，是网站查询时的排序依据。

date：区分记录的日期，为网页显示做记录。

time：记录数据到来的“小时：分：秒：毫秒”。

light：存储对应采集节点的光照数据值。

temp：存储对应采集节点的空气温度数据值。

humi：存储对应采集节点的空气湿度数据值。

soiltemp：存储对应采集节点的土壤温度数据值。

soilhumi：存储对应采集节点的土壤湿度数据值。

网站功能：

①定时查询或手动刷新功能。

②网站在login.jsp页面要求输入登录信息进行用户验证（图7-46）。

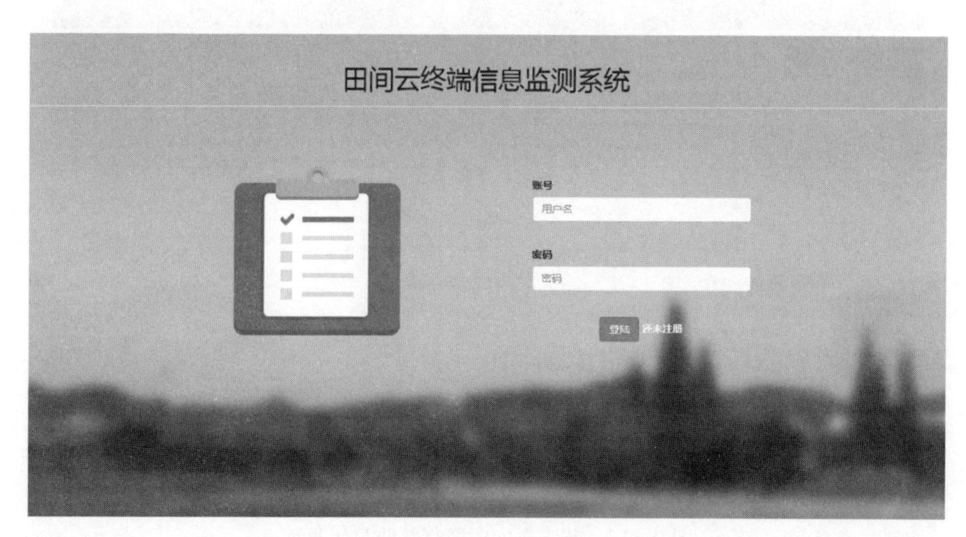

图 7－46　登录界面

Fig. 7－46　Login interface

③网站在 1. jsp 和 2. jsp 页面分别显示采集节点环境参数信息（图 7－47）。

④显示历史数据曲线功能。网站在每个节点的信息监控页面内均设置了实时数据的查询和历史数据的趋势显示图，对于每个参数均设置了最低和最高值预警线，分别可以查询 2 个传感器阵列的历史数据走势图（图 7－48）。

田间云终端信息监测系统

节点一
节点二
节点三
节点四
节点五
节点六
节点七
监控状态：正常

实时数据信息　历史数据信息　节点信息

采集日期	采集时间	环境光照(lx)	环境温度(°C)	环境湿度(g/m³)	土壤温度(°C)	土壤湿度(g/m³)	监控状态
2015-01-14	00:00:06	24560.0	32.1	67.0	29.9	80.0	指标正常
2015-01-14	00:00:08	24200.0	33.0	68.0	30.0	81.0	指标正常
2015-01-14	00:00:09	24500.0	33.2	70.0	30.5	82.0	指标正常
2015-01-14	00:00:10	24450.0	32.0	71.0	30.3	85.0	指标正常
2015-01-14	00:00:12	24210.0	32.4	68.0	29.8	88.0	指标正常
2015-01-14	00:00:14	24350.0	33.2	65.0	30.5	90.0	指标正常
2015-01-14	00:00:15	24200.0	33.0	70.0	31.0	89.0	指标正常
2015-01-14	17:12:49	24190.0	33.0	65.0	30.0	80.0	指标正常
2015-01-14	17:13:23	24320.0	34.1	66.0	30.1	82.0	指标正常
2015-01-14	17:13:57	24430.0	33.5	64.0	30.5	79.0	指标异常
2015-01-14	17:24:59	24550.0	33.0	65.0	31.3	80.0	指标正常
2015-01-14	17:25:23	24550.0	34.0	66.0	32.0	82.0	指标正常

实时监控根据传感器获得的数据自动刷新【默认时间：5分钟】

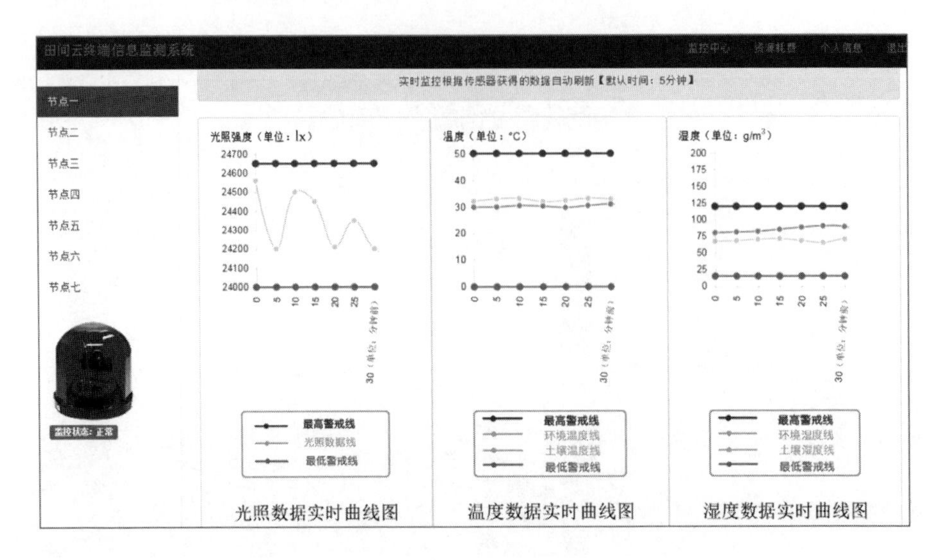

图 7-47 节点 1 实时数据接收显示页面

Fig. 7-47 Real time data receiving display page of node 1

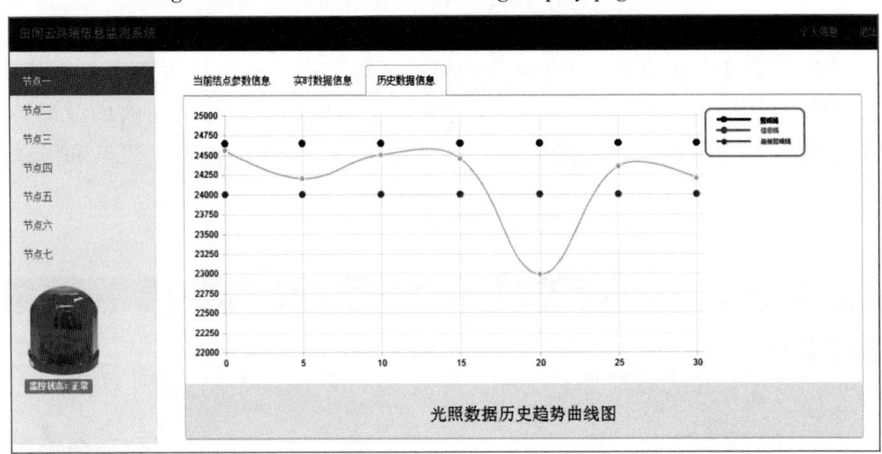

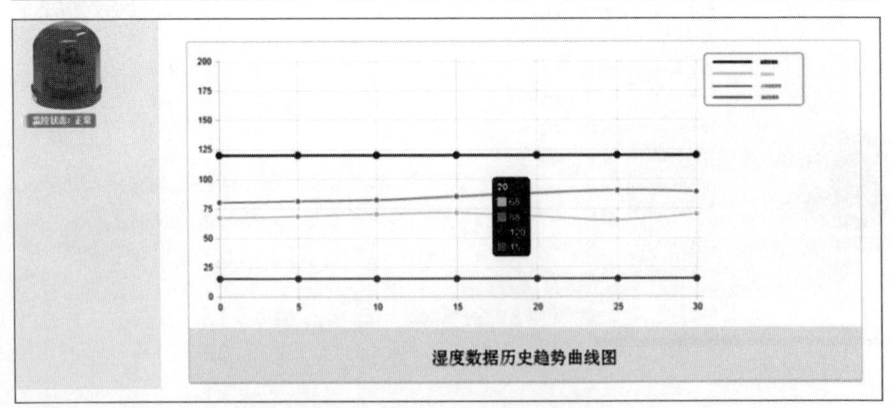

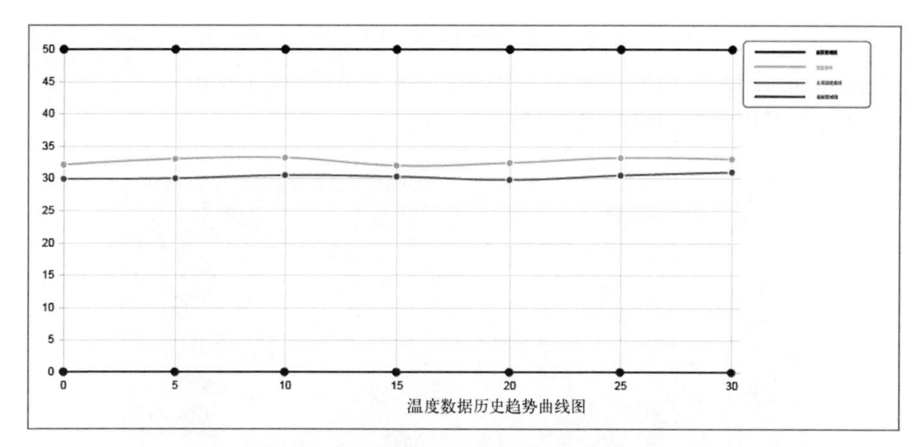

图 7－48　节点 1 的历史数据走势图

Fig. 7－48　Historical lighting data trend chart of node 1

⑤网页设置刷新周期为 5 min 自动刷新网页，重新查询数据库，以获得最新的传感器数据信息（图 7－49）。

a. 列表管理页面list management page

b. 添加管理页面Add management page

图 7－49　传感器管理页面

Fig. 7－49　Sensor list management page

用户可以通过PC端和手机端输入指定的IP地址进行访问，不受浏览器的限制。监控网站的访问页面为：http://www.hadoopnj.com。

项目组兴化实验田试验现场见图7-50。

图7-50 项目组兴化实验田实验现场

Fig. 7-50 Experimental fields and experimental site of project team in XingHua

第二节 油菜病虫害快速识别

一、不同时期油菜白斑病叶反射光谱变化

（一）田间病叶反射光谱变化

2013年，油菜叶片在田间群体背景下的反射光谱测定表明[2]，随生育期的推进，油菜田间叶片反射率呈下降趋势，初花期到终花期后17 d，田间叶片反射率最大值（810 nm附近）从45%降至30%左右，其中，白斑病叶反射率下降早于健康叶片。在初花期后11 d至终花期后9 d这段时间，健康叶片平均反射率最大值保持在35%左右，而白斑病叶平均反射率下降至30%左右，因此，这段时间是田间识别油菜白斑病的最佳时期，平均最大反射率在30%～35%为病害油菜叶片。在近红外波段（760～1 080 nm），健康叶片的反射率总体要高于病害叶片的反射率，短波红外（1 080～1 700 nm）反射率除1 500 nm左右水分吸收峰处，病害叶片的峰值要略高于健康叶片外，其余无明显差别。另外，在群体（低发病率）背景下，病叶与对照颜色差异不明显，因此，可见光波段（460～760 nm）病叶与健康叶的反射率无明显不同。从整体上看，油菜白斑病叶片与健康叶片的原始光谱反射率区别不明显，由于当年病害发生较

少，发病油菜并非整株显症，只有个别叶片出现病症，群体背景下可见光波段病叶反射率测定规律不明显（图 7 - 51）。

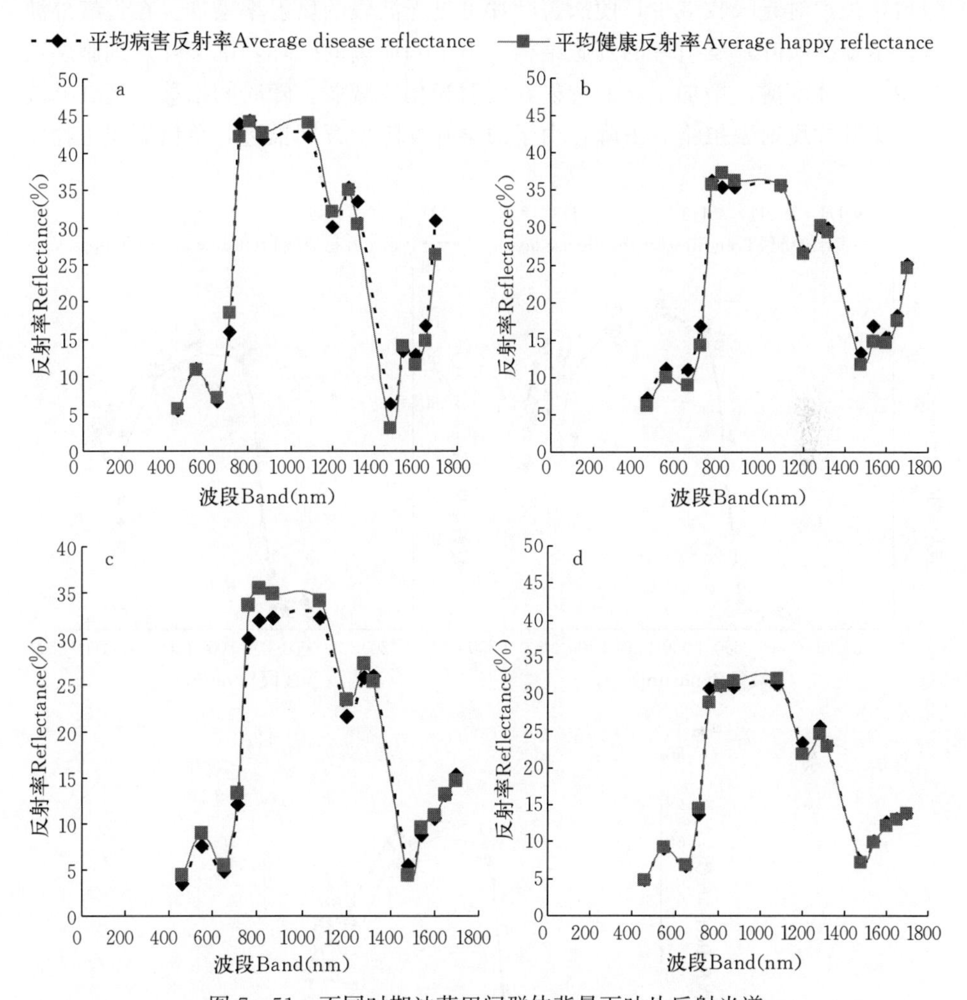

图 7 - 51　不同时期油菜田间群体背景下叶片反射光谱

Fig. 7 - 51　The reflectance spectrum of *Brassica napus* L. leaves under the background of field in the different periods

a：初花期；b：初花期后 11 d；c：终花期后 9 d；d：终花期后 17 d

a：Early anthesis；b：11days after the early anthesis；c：9days after the finish flowering；d：17days after the finish flowering

（二）离体单叶反射光谱变化

为了排除田间土壤等环境因子对叶片反射率的影响，采集室外自然光下各时期离体单叶的反射光谱（图 7－52）。由图可以看出[2]，在可见光波段，正常叶片反射率普遍低于病害叶片。因为白斑病出现病症（黄色小斑），破坏叶绿素，色素对光吸收减少，使病害叶片可见光波段的反射率增加。在近红外波段，主要影响叶片反射率的细胞结构，由于病原菌的破坏，油菜叶片细胞层数减少，叶片变薄，增加了光的透射，反射光相应减弱。随时间推移，近红外波段健康叶片反射率虽略有下降，由于油菜叶片随生育期推进，单位面积干物质

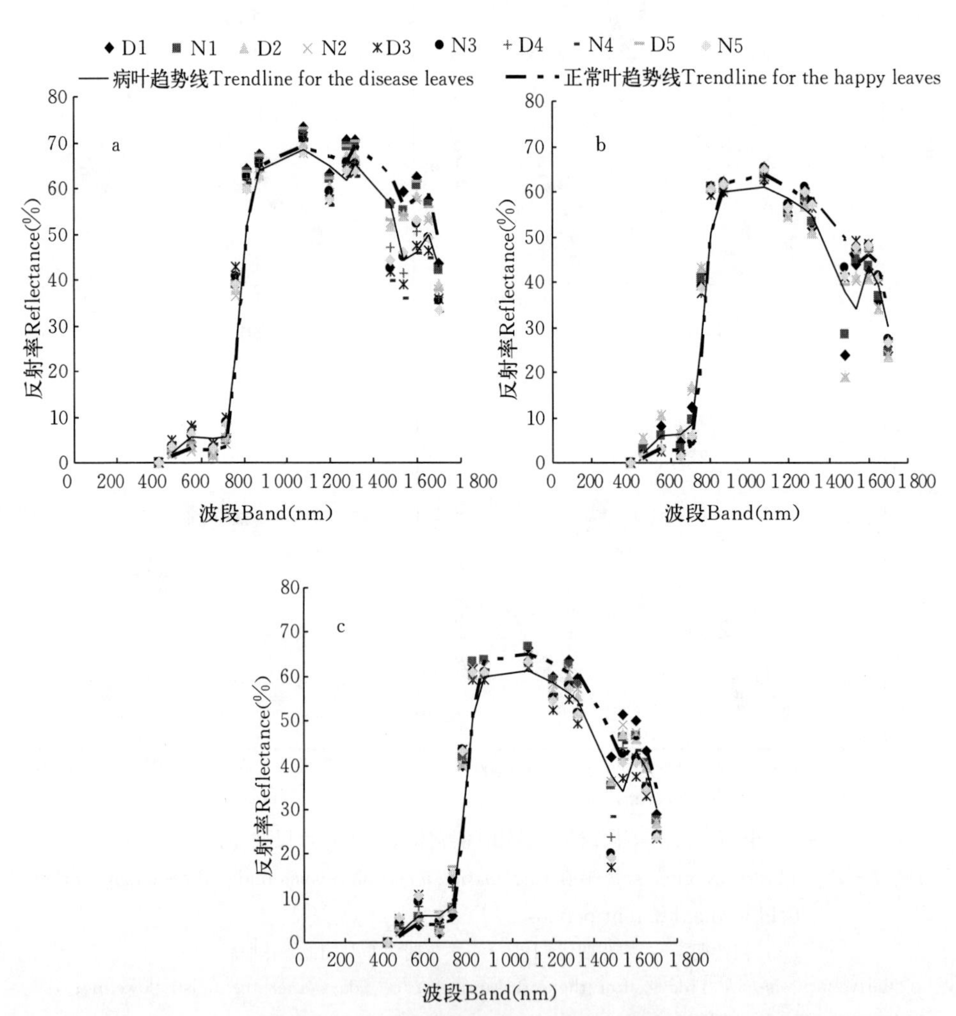

图 7－52　不同时期油菜单叶室外反射光谱

Fig. 7－52　The leaf reflectance under the natural light in the different periods

a：初花期；b：终花期后 1 d；c：终花期后 9 d

a：Early anthesis；b：1days after the finish flowering；c：9days after the finish flowering

注：D1、D2、D3、D4、D5 为病叶反射率；N1、N2、N3、N4、N5 为对应正常叶片反射率。

量减少，叶片变薄，细胞层数和细胞壁厚度减少，导致反射光减弱，其最大反射率由 70%降至 65%左右，但病害叶片下降明显，其反射率与健康叶片距离差距逐渐增大，总体低于对照。

二、病情指数、农学参数与反射率相关性分析

（一）病情指数、农学参数与反射率相关性分析

病害群体各个波段反射率与 DI 及农学参数间的相关系数见表 7－5。从表中可以看出[2]，病情指数与反射率相关性在 1 200、1 480 和 1 600 nm 达显著水平；叶片含水率与 1 320～1 650 nm 短波红外波段的反射率达极显著水平，其中 1 540 nm 处负相关性最高，达－0.810；叶片含氮量与 810～1 320 nm、1 540～1 700 nm 处的反射率达极显著水平，其中与近红外波段的 810、870 和 1 080 相关性超过 0.7；叶片叶绿素 SPAD 值与 1 200、1 280 和 1 540 nm 波长处反射率相关性达极显著水平。

表 7－5 病害样本各个波段反射率与 DI、农学参数间的相关系数（$n=22$）

Table 7－5 Correlation coefficients between the reflectance of disease samples and the DI，and the agronomic parameters

波段 Band（nm）	病情指数 Disease index	含水率 Moisture content	含氮量 Nitrogen content	SPAD
460	－0.173	0.471*	0.140	－0.063
550	－0.216	0.471*	0.171	－0.173
650	－0.113	0.299	0.153	－0.362
710	－0.191	0.449*	0.204	－0.171
760	－0.293	0.398	0.034	－0.030
810	0.344	0.199	－0.743**	－0.195
870	0.123	0.203	－0.730**	－0.191
1 080	－0.018	0.170	－0.719**	－0.230
1 200	0.470*	－0.465*	－0.593**	－0.640**
1 280	0.279	－0.471*	－0.660**	－0.593**
1 320	0.316	－0.657**	－0.566**	－0.506*
1 480	0.512*	－0.732**	－0.339	－0.496*
1 540	0.198	－0.810**	－0.679**	－0.555**

（续）

波段 Band（nm）	病情指数 Disease index	含水率 Moisture content	含氮量 Nitrogen content	SPAD
1 600	0.425*	−0.777**	−0.556**	−0.462*
1 650	0.303	−0.750**	−0.657**	0.116
1 700	0.014	−0.400	−0.670**	−0.339

注：* $P<0.05$，** $P<0.01$。下同。$r_{(20,0.05)}=0.423$，$r_{(20,0.01)}=0.537$

（二）农学参数随病情指数变化规律

2013年数据表明[2]，随病情指数增大，病害叶片的含水率、含氮量及SPAD值都有所下降（图7-53），表明油菜受白斑病影响，其叶片的多项生理指标都有所反应，其中SPAD值与病情指数间有较好相关性。在对病害叶片的含氮量与SPAD值相关性分析中，随病害叶片含氮量的增加，其SPAD值随之增加（图7-54），文献研究也表明植物叶片SPAD值与含氮量间存在较高相关性。因此，SPAD值可作为衡量油菜白斑病严重程度及油菜氮含量的重要指标。

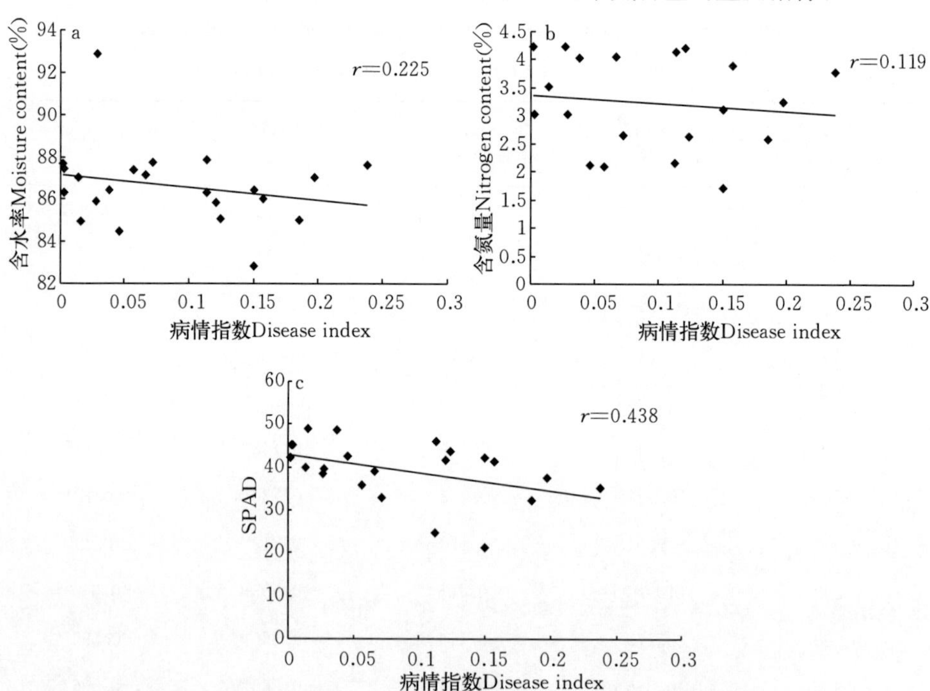

图7-53 农学参数（含水率、含氮量、SPAD）随病情指数变化图

Fig. 7-53 The changes in the agronomic parameters (leaf moisture content, leaf nitrogen content and SPAD value) with the DI

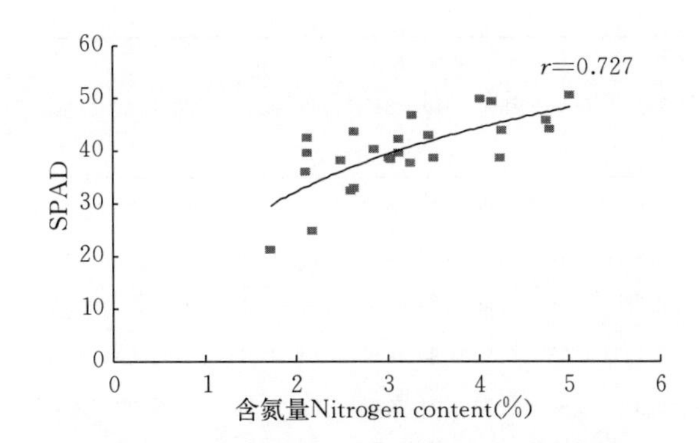

图 7-54　病害叶片含氮量与 SPAD 值关系图

Fig. 7-54　The relationship between the leaf nitrogen content and the SPAD value

三、基于光谱农学参数定量分析

（一）基于反射率的农学参数定量分析

1. 逐步回归

为了通过光谱定量油菜白斑病叶的各项生理指标（含水率、含氮量与叶片 SPAD 值等），需要建立油菜病叶含水率、含氮量和 SPAD 值与多光谱变量的回归模型。经相关性分析[2]，各波长之间相关性高，可能存在较严重的多重共线性问题（表 7-6）。为减小多重共线性的影响，采用多元逐步回归和主成分分析寻找病情指数与反射光谱间的回归方程。以各波长反射率作为自变量分别与各项参数进行逐步回归。

表 7-6　各波段间相关系数

Table 7-6　Correlation coefficients between the various bands

波段 Band (nm)	460	550	650	710	760	810	870	1 080	1 200	1 280	1 320	1 480	1 540	1 600	1 650	1 700
460	1.00															
550	0.96	1.00														
650	0.93	0.98	1.00													
710	0.86	0.95	0.97	1.00												
760	0.8	0.87	0.81	0.84	1.00											
810	−0.41	−0.41	−0.42	−0.42	−0.12	1.00										
870	−0.47	−0.42	−0.44	−0.40	−0.09	0.92	1.00									

（续）

波段 Band (nm)	460	550	650	710	760	810	870	1 080	1 200	1 280	1 320	1 480	1 540	1 600	1 650	1 700
1 080	−0.45	−0.38	−0.40	−0.34	−0.05	0.82	0.98	1.00								
1 200	−0.69	−0.78	−0.75	−0.79	−0.65	0.79	0.67	0.56	1.00							
1 280	−0.73	−0.76	−0.76	−0.76	−0.54	0.85	0.86	0.81	0.93	1.00						
1 320	−0.72	−0.74	−0.75	−0.75	−0.52	0.80	0.87	0.84	0.87	0.99	1.00					
1 480	−0.76	−0.85	−0.84	−0.89	−0.73	0.71	0.66	0.58	0.96	0.94	0.92	1.00				
1 540	−0.72	−0.81	−0.75	−0.79	−0.81	0.57	0.40	0.28	0.93	0.77	0.70	0.89	1.00			
1 600	−0.75	−0.83	−0.79	−0.82	−0.74	0.71	0.63	0.55	0.98	0.92	0.89	0.97	0.94	1.00		
1 650	−0.73	−0.79	−0.77	−0.79	−0.63	0.78	0.78	0.72	0.95	0.98	0.97	0.97	0.84	0.97	1.00	
1 700	−0.58	−0.57	−0.59	−0.55	−0.31	0.78	0.91	0.92	0.71	0.91	0.94	0.76	0.49	0.72	0.87	1.00

含水率定量模型以 1 540 nm 反射率为自变量（式 7.2－1），氮含量定量模型以 810 nm 为自变量（式 7.2－2），叶绿素 SPAD 值定量模型以 1 280、1 080 和 650 nm 反射率为自变量（式 7.2－3），模型自变量膨胀因子 VIF 值小于 10，反射率间容忍度大，可以共存。回归方程系数检验结果表明，方程有意义（表 7－7至表 7－8）[2]。

表 7－7 反射率与各参数逐步回归（n=20）

Table 7－7 Stepwise regression between the reflectance and the various parameters

参数 Parameter	回归方程 Model	F	显著性 Significance	决定系数 Coefficient of determination (R^2)	膨胀因子 Expansion factor (VIF)	等式 Equation
含水率 Leaf water content	$Y=112.7-0.6R_{1\,540}$	36.334	0.000	0.657	1.000	(7.2－1)
含氮量 Leaf nitrogen content	$Y=20.805-0.28R_{810}$	22.119	0.000	0.551	1.000	(7.2－2)
SPAD	$Y=-143.658-4.475R_{1\,280}+6.849R_{1\,080}-2.302R_{650}$	15.914	0.000	0.737	3.688	(7.2－3)

注：R_{650}、R_{810}、$R_{1\,080}$、$R_{1\,280}$、$R_{1\,540}$分别为 650、810、1 080、1 280 和 1 540 nm 处的反射率。

Note: R_{650}、R_{810}、$R_{1\,080}$、$R_{1\,280}$、$R_{1\,540}$ is the reflectance of 650、810、1 080、1 280、1 540 nm b and.

表 7-8　回归方程系数及 t 检验

Table 7-8　Coefficient of the equations and the t-test

模型参数 Parameter	未标准化系数 Unstandardized coefficients	对应项 Corresponding variable	t	显著性 Significance
含水率 Leaf water content	0.005	R_{760}	4.298	0.000
	0.638	常数	11.972	0.000
含氮量 Leaf nitrogen content	−0.28	R_{810}	−4.703	0.000
	20.805	常数	5.563	0.000
SPAD	−4.475	$R_{1\,280}$	−6.261	0.000
	6.849	$R_{1\,080}$	4.524	0.000
	2.302	R_{650}	−3.520	0.003
	−143.685	常数	−1.975	0.065

2. 曲线拟合

研究表明，以相同自变量拟合不同模型，结果差别较大[3-4]。为了筛选各农学参数与逐步回归提取的自变量波段间的最佳回归方程，分别选择线性（$y=ax+b$）、对数（$y=\log_a bx$）、二次（$y=ax^2+bx+c$）和指数（$y=a^{bx}$）方程对含水率和含氮量进行拟合，各方程决定系数如表 7-9[2]。

表 7-9　含水率和含氮量与提取波段的曲线估计

Table 7-9　Curve estimation of between the leaf moisture content, leaf nitrogen content and chosen bands

模型参数 Parameter	自变量 Argument	模型 Models	决定系数 Coefficient of determination (R^2)	F	显著性 Significance
含水率 Leaf water content	R_{760}	线性 Linear	0.480	18.472	0.000
		对数 Logarithm	0.460	17.069	0.001
		二次 Quadratic	0.620	15.487	0.000
		指数 Power	0.476	18.172	0.000
含氮量 Leaf nitrogen content	R_{810}	线性 Linear	0.551	22.119	0.000
		对数 Logarithm	0.550	21.998	0.000
		二次 Quadratic	0.553	10.498	0.001
		指数 Power	0.571	23.974	0.000

其中，含水率二次方程和含氮量的指数方程决定系数 R^2 最大，其方程各系数的 t 检验见表 7-10。结果表明，含氮量指数方程系数 a 未通过 t 检验，含水率回归二次方程各系数达 $P<0.05$ 水平显著，回归方程为 $Y=2.251-0.071R_{760}+0.001R_{760}{}^2$，因为小样本原因 $P<0.05$ 水平稳定性仍不高[2]，因此，得到的回归方程不理想。

表 7-10 回归方程系数检验

Table 7-10 Coefficient of the equations and the t-test

模型参数 Parameter	未标准化系数 Unstandardized coefficients	对应项 Corresponding variable	t	显著性 Significance
含水率	−0.071	一次项 b	−2.451	0.024
Leaf water content	0.001	二次项 a	2.642	0.016
	2.251	常数 c	3.675	0.002
含氮量	−0.096	指数 b	−4.896	0.000
Leaf nitrogen content	1 282.838	底数 a	0.813	0.427

3. 主成分分析

（1）含水率　选取与病害叶片含水率相关性较高的波段为 460 nm、550 nm、650 nm、710 nm、760 nm、1 480 nm 和 1 600 nm 进行降维，提取主成分（表 7-11）。提取特征值大于 1 的成分，其方差贡献率达 94.088%，表明该成分包含了原始数据 94.088%信息，其他各成分的总贡献率不足 6%，原信息能被第一个成分较全面地解释。因此，选择第一个主成分作为自变量与含水率进行回归分析（表 7-12）[2]。

表 7-11 总方差解释表（含水率）

Table 7-11 The total variance explained table (leaf moisture content)

成分 Composition	特征值 Eigenvalues	方差贡献率 Variance contribution rate (%)	累计贡献率 Cumulative contribution rate (%)
1	4.704	94.088	94.088
2	0.230	4.608	98.696
3	0.051	1.024	99.720
4	0.011	0.218	99.938
5	0.003	0.062	100.000

将成分 1 设为自变量 X，其表达式为：$X=0.927R_{460}+0.985R_{550}+$

$0.967R_{650}+0.969R_{710}+0.883R_{760}-0.922R_{1\,480}-0.9R_{1\,600}$。

表 7-12　含水率与主成分回归

Table 7-12　Regression of the leaf moisture content and the principal component

自变量 Argument	模型 Models	决定系数 Coefficient of determination (R^2)	F	显著性 Significance
X	线性 Linear	0.592	27.521	0.000
	二次 Quadratic	0.642	16.163	0.000
	三次 Cubic	0.651	10.589	0.000
	指数 Power	0.576	25.800	0.000

（2）含氮量　取与病害叶片含氮量相关性较高的波段 810 nm、870 nm、1 080 nm、1 280 nm、1 540 nm、1 650 nm、1 700 nm 进行降维，提取主成分（表 7-13）。提取特征值大于 1 的成分（成分 1），其方差贡献率达 81.397%[2]。

表 7-13　总方差解释表（含氮量）

Table 7-13　The total variance explained table (leaf nitrogen content)

成分 Composition	特征值 Eigenvalues	方差贡献率 Variance contribution rate (%)	累计贡献率 Cumulative contribution rate (%)
1	5.698	81.397	81.397
2	0.982	14.026	95.422
3	0.262	3.745	99.168
4	0.027	0.388	99.556
5	0.019	0.271	99.828
6	0.011	0.155	99.982
7	0.001	0.018	100.000

将成分 1 设为自变量 X，其表达式为：$X=0.911R_{810}+0.941R_{870}+0.893R_{1\,080}+0.979R_{1\,280}+0.671R_{1\,540}+0.941R_{1\,650}+0.943R_{1\,700}$。选择第一个主成分作为自变量与含氮量进行回归分析（表 7-14）[2]。

（3）SPAD 值　选取与病害叶片 SPAD 值相关性较高的波段 1 200 nm、1 280 nm、1 320 nm、1 540 nm 进行降维，提取主成分（表 7-15）。提取特征值大于 1 的成分（成分 1），其方差贡献率达 77.933%[2]。

表 7-14 含氮量与主成分回归

Table 7-14 Regression of the leaf nitrogen content and the principal component

自变量 Argument	模型 Models	决定系数 Coefficient of determination (R^2)	F	显著性 Significance
X	线性 Linear	0.525	19.881	0.000
	二次 Quadratic	0.536	9.802	0.001
	三次 Cubic	0.544	6.352	0.005
	指数 Power	0.536	20.797	0.000

表 7-15 总方差解释表（SPAD 值）

Table 7-15 Total variance explained table（leaf SPAD value）

成分 Composition	特征值 Eigenvalues	方差贡献率 Variance contribution rate（%）	累计贡献率 Cumulative contribution rate（%）
1	3.117	77.933	77.933
2	0.789	19.723	97.656
3	0.084	2.095	99.751
4	0.010	0.249	100.000

将成分 1 设为自变量 X，其表达式为：$X=0.875R_{1\,200}+0.935R_{1\,280}+0.944R_{1\,320}+0.766R_{1\,540}$。选择第一个主成分作为自变量与 SPAD 值进行回归分析（表 7-16）[2]。

表 7-16 主成分与 SPAD 值回归

Table 7-16 Regression of the leaf SPAD value and the principal component

自变量 Argument	模型 Models	决定系数 Coefficient of determination (R^2)	F	显著性 Significance
X	线性 Linear	0.400	12.653	0.002
	二次 Quadratic	0.474	8.105	0.003
	三次 Cubic	0.511	5.925	0.006
	指数 Power	0.396	12.448	0.002

（4）方程系数检验　对各主成分决定系数最高的回归方程系数进行检验后发现均不显著（表7-17），且其回归模型决定系数也低于逐步线性回归，因此，主成分回归不适用于多波段组合与农学参数进行回归[2]。

表 7-17　成分回归方程系数检验

Table 7-17　Coefficient of the equation and the t-test

模型 Model	未标准化系数 Unstandardized coefficients	对应项 Corresponding variable	t	显著性 Significance
含水率 Leaf water content	−0.001	一次项 Linear entries（c）	−1.768	0.095
	0.005	二次项 Quadric entries（b）	−1.233	0.234
	0.007	三次 Cubic entries（a）	−0.665	0.515
	0.861	常数 Constant（d）	90.769	0.000
含氮量 Leaf nitrogen content	−0.734	一次项 Linear entries（c）	−2.342	0.032
	−0.093	二次项 Quadric entries（b）	−0.716	0.485
	0.069	三次 Cubic entries（a）	0.531	0.603
	3.353	常数 Constant（d）	17.752	0.000
SPAD	−2.866	一次项 Linear entries（c）	−0.535	0.600
	−6.698	二次项 Quadric entries（b）	−1.874	0.078
	−3.619	三次 Cubic entries（a）	−1.139	0.271
	31.400	常数 Constant（d）	9.906	0.000

（5）模型检验　同种病害（白斑病）检验集样本采用未用于建模的 2013 年 4 月 12 日与 3 月 28 日部分数据，不同病害（病毒病）检验集样本采用 2014 年 4 月 9 日与 4 月 14 日数据。检验结果表明[2]，同一病害检验中（表 7-18），SPAD 值与含氮量模型的 d_a 与 d_{ap} 值较高，模型拟合度差。不同病害样本检验中（表 7-19），除含水率模型的 d_a 与 d_{ap} 值较小外，SPAD 模型的 d_a 与 d_{ap} 值较大，相关性较低，说明含水率模型能同时定量 2 种病害水分含量。其实测值与模拟值 1∶1 关系见图 7-55 和图 7-56。

表 7-18　相同病害样本逐步回归模型检验

Table 7-18　Stepwise regression models of the same disease samples test

模型参数 Parameters	n	d_a	d_{ap}（%）	r	t	显著性 Significance
SPAD	5	22.684	52.901	−0.512	7.247	0.002
含水率 Leaf water content	10	3.477%	4.138	0.810	−1.137	0.269
含氮量 Leaf nitrogen content	10	3.424%	85.465	0.748	0.520	0.616

表 7-19　不同病害样本逐步回归模型检验

Table 7-19　Stepwise regression models of the different diseases samples test

模型参数 Parameters	n	d_a	d_{ap}（%）	r	t	显著性 Significance
SPAD	21	20.260	76.849	0.775	−12.934	0.000
含水率 Leaf water content	21	5.268%	6.083	0.537	0.281	0.781

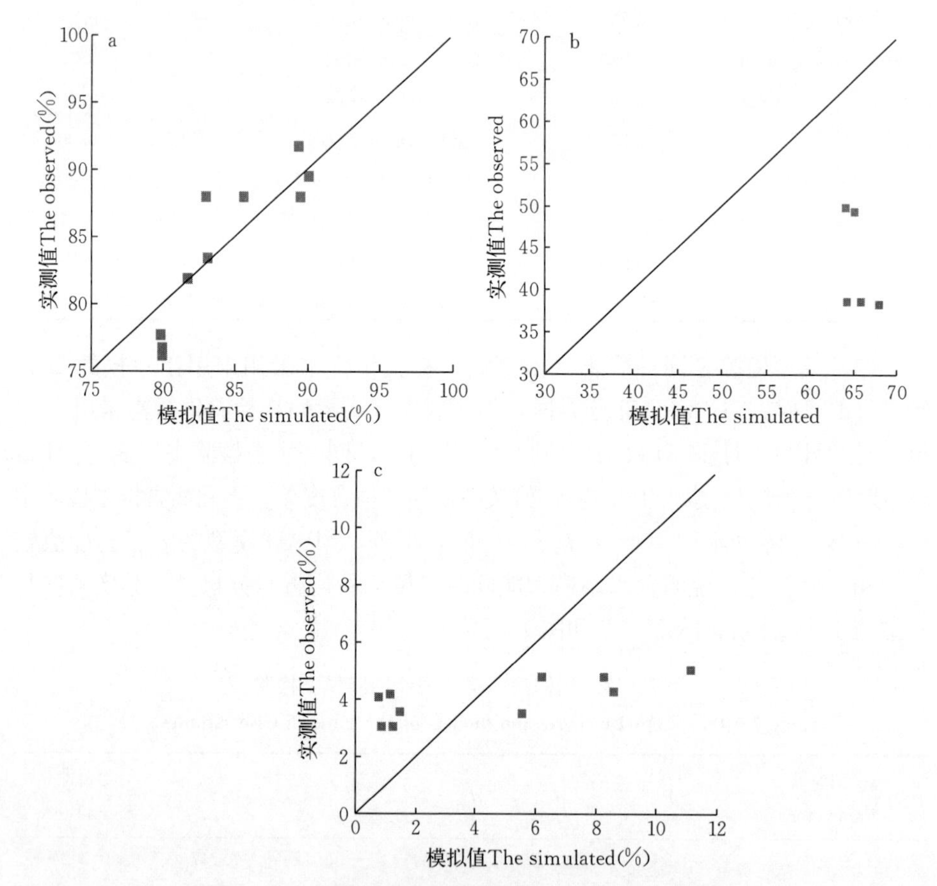

图 7-55　同种病害农学参数的模拟值与实测值比较

Fig. 7-55　Comparison of observation and simulation in the agronomic parameters of the same disease

a：含水率；b：SPAD 值；c：含氮量

a：Leaf moisture content；b：SPAD value；c：Leaf nitrogen content

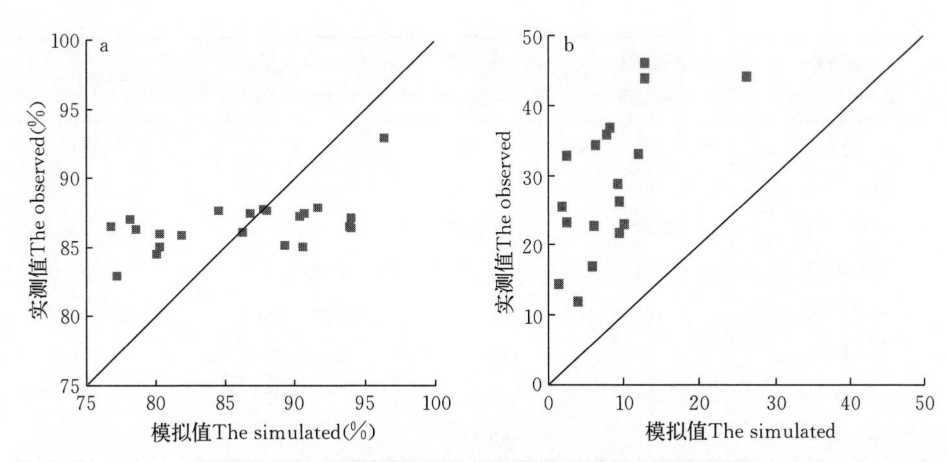

图 7－56　不同病害农学参数的模拟值与实测值比较

Fig. 7－56　Comparison of observation and simulation in the agronomic parameters of the different diseases

a：含水率；b：SPAD 值

a：Leaf moisture content；b：SPAD value

（二）基于植被指数的农学参数定量分析

1. 农学参数与植被指数相关性分析

为了提高光谱数据与病情指数、含水率等生理指标的相关性，增强估测模型的应用价值，选择多种常用植被指数以及第三章聚类效果高的 R_{1200}/R_{460} 与病害油菜的各项生理指标进行了相关性分析（表 7－20）[2]。

表 7－20　植被指数与各农学参数的相关性分析（$n=39$）

Table 7－20　Correlation coefficients between the vegetation index and the agronomic parameters

植被指数 Vegetation index	病情指数 Disease index	含水率 Moisture content	含氮量 Nitrogen content	SPAD
NDVI	0.134	−0.504**	−0.203	−0.210
DVI	0.293	−0.267	−0.581**	−0.430
RDVI	0.226	−0.402*	−0.411*	−0.336
RVI	0.314	−0.429	−0.135	−0.268
SAVI	0.135	−0.503**	−0.206	−0.212
MSAVI	−0.344	0.001	0.745**	0.505**
EVI	−0.090	−0.221	−0.090	0.039

（续）

植被指数 Vegetation index	病情指数 Disease index	含水率 Moisture content	含氮量 Nitrogen content	SPAD
TVI	0.247	−0.118	−0.650**	−0.421*
$R_{1\,200}/R_{460}$	0.365	−0.426	−0.081	−0.275
GRNDVI	0.210	−0.538**	−0.217	−0.259
GBNDVI	0.233	−0.539**	−0.222	−0.281
RBNDVI	0.171	−0.506**	−0.207	−0.244
PNDVI	0.217	−0.528**	−0.218	−0.271
GNDVI	0.236	−0.559**	−0.225	−0.273
BNDVI	0.191	−0.492**	−0.202	−0.261

表 7－20 中蓝光波段采用 460 nm 的反射率，绿光波段采用 550 nm 的反射率，红光波段采用 650 nm 的反射率，近红外及短波红外波段选择与各参数相关系数最高的 1 480 nm（病情指数）、1 540 nm（含水率）、810 nm（含氮量）和1 280 nm（SPAD 值）的反射率进行相关植被指数的计算。

由表可知，病情指数与各植被指数间相关性不强；含水率与 NDVI 和 SAVI 相关性极显著；含氮量与 *DVI*、*MSAVI*、*TVI* 相关性极显著；*SPAD* 值与 *MSAVI* 相关性极显著。

2. 曲线拟合

筛选出相关性较高的植被指数与病叶含水率、含氮量及 *SPAD* 值进行线性和非线性拟合，寻找决定系数较大的回归模型（表 7－21 至表 7－23）[2]。

表 7－21　含水率与植被指数回归分析

Table 7－21　Regression of the moisture content and the vegetation index

自变量 Argument	模型 Models	R^2	F	显著性 Significance
NDVI	线性 Linear	0.254	6.804	0.017
	对数 Logarithm	0.254	6.807	0.017
	二次 Quadratic	0.254	3.236	0.062
	指数 Power	0.257	6.910	0.016
SAVI	线性 Linear	0.253	6.764	0.017
	对数 Logarithm	0.253	6.765	0.017
	二次 Quadratic	0.253	3.216	0.063
	指数 Power	0.256	0.218	0.019

（续）

自变量 Argument	模型 Models	R^2	F	显著性 Significance
GRNDVI	线性 Linear	0.289	8.131	0.010
	对数 Logarithm	0.301	8.615	0.008
	二次 Quadratic	0.327	4.623	0.023
	指数 Power	0.291	8.223	0.010
GBNDVI	线性 Linear	0.290	8.172	0.010
	对数 Logarithm	0.304	8.733	0.008
	二次 Quadratic	0.345	5.011	0.018
	指数 Power	0.292	8.247	0.009
RBNDVI	线性 Linear	0.256	6.872	0.016
	对数 Logarithm	0.258	6.961	0.016
	二次 Quadratic	0.262	3.371	0.056
	指数 Power	0.258	6.963	0.016
PNDVI	线性 Linear	0.279	7.739	0.012
	对数 Logarithm	0.294	8.319	0.009
	二次 Quadratic	0.317	4.414	0.027
	指数 Power	0.281	7.827	0.011
GNDVI	线性 Linear	0.312	9.067	0.007
	对数 Logarithm	0.324	9.565	0.006
	二次 Quadratic	0.384	5.920	0.010
	指数 Power	0.314	9.141	0.007

表 7-22 含氮量与植被指数回归分析

Table 7-22 Regression of the nitrogen content and the vegetation index

自变量 Argument	模型 Models	R^2	F	显著性 Significance
DVI	线性 Linear	0.338	9.186	0.007
	对数 Logarithm	0.346	9.098	0.007
	二次 Quadratic	0.340	4.338	0.029
	指数 Power	0.355	9.916	0.006

（续）

自变量 Argument	模型 Models	R^2	F	显著性 Significance
MSAVI	线性 Linear	0.555	22.427	0.000
	二次 Quadratic	0.555	10.600	0.001
	指数 Power	0.576	24.497	0.000
TVI	线性 Linear	0.422	13.152	0.002
	对数 Logarithm	0.418	12.936	0.002
	二次 Quadratic	0.434	6.528	0.008
	指数 Power	0.435	13.866	0.002

表 7－23　SPAD 值与植被指数回归分析

Table 7－23　Regression of the SPAD value and the vegetation index

自变量 Argument	模型 Models	R^2	F	显著性 Significance
MSAVI	线性 Linear	0.255	6.829	0.017
	二次 Quadratic	0.376	5.730	0.011
	指数 Power	0.283	7.890	0.011

从表中可见[2]，除含氮量与 *MSAVI* 回归达极显著，决定系数较高外，各项参数与植被指数间回归的决定系数较小，显著性较低，模型回归意义不大，因此，只选取 *MSAVI* 与含氮量的回归模型进行检验。

3. 主成分分析

选取与病害叶片含水率相关性较高的植被指数[2]（*GRNDVI*、*GBNDVI*、*GNDVI*）进行降维，提取主成分（表 7－24）。提取特征值大于 1 的成分，其方差贡献率达 99.716%，表明该成分包含了原始数据 99.716%信息，其他各成分的总贡献率不足 1%，原信息能被第一个成分较全面地解释。因此，选择第一个主成分作为自变量与含水率进行回归分析。

将成分 1 设为自变量 X，其表达式为：$X=0.998GRNDVI+0.998GBNDVI+0.999GNDVI$。提取主成分的植被指数与含水率回归方程决定系数并没有提高，因此，主成分回归对植被指数与农学参数的方程回归作用不大（表 7－25）。

表 7-24　总方差解释表

Table 7-24　The total variance explained table

成分 Composition	特征值 Eigenvalues	方差贡献率 Variance contribution rate（%）	累计贡献率 Cumulative contribution rate（%）
1	2.991	99.716	99.716
2	0.007	0.239	99.956
3	0.001	0.044	100

表 7-25　含水率与主成分回归

Table 7-25　Regression of the moisture content and the principal component

自变量 Argument	模型 Models	R^2	F	显著性 Significance
X	线性 Quadratic	0.298	8.481	0.009
	二次 Quadratic	0.285	5.185	0.016
	三次 Triple	0.353	3.276	0.045
	指数 Power	0.300	8.562	0.008

从表 7-26 中可以看出只有一次函数通过了各回归系数检验，含氮量与 $MSAVI$ 间的回归方程可以表示为 $Y=11.959+0.001MSAVI$，$R^2=0.555$。

表 7-26　基于 MSAVI 油菜白斑病含氮量模型回归系数 t 检验

Table 7-26　coefficients of the diseases leaf nitrogen content equation with the MSAVI and its t-test

回归方程 Equations	未标准化系数 Unstandardized coefficients	对应变量 Corresponding variable	t	显著性 Significance
一次 Linear	0.001	一次项 Linear entries	4.736	0.000
	11.959	常数 Constant	6.470	0.000
二次 Quadratic	0.001	一次项 Linear entries	0.096	0.925
	0.000	二次项 Quadric entries	−0.094	0.927
	9.785	常数 Constant	0.420	0.680
指数 Power	0.000	底数 Base	4.949	0.000
	62.268	常数 Constant	1.648	0.117

4. 模型检验

利用未用于建模的 2013 年 4 月 12 日与 3 月 28 日数据检验基于 *MSAVI* 油菜白斑病含氮量模型的拟合度（表 7－27）。检验结果表明[2]，d_a 与 d_{ap} 稍大，模型精度不高，基于植被指数的油菜白斑病定量模型有待进一步研究。模型其实测值与模拟值 1∶1 关系见图 7－57。

表 7－27 基于 *MSAVI* 油菜白斑病含氮量模型检验

Table 7－27 Test of the diseases leaf nitrogen content model with MSAVI

模型参数 Parameters	n	d_a（%）	d_{ap}（%）	r	t	显著性 Significance
含氮量 Nitrogen content	10	0.996	24.882	0.556	－2.631	0.027

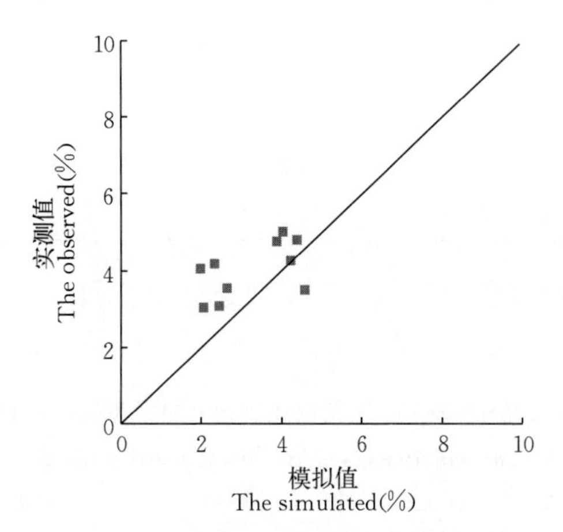

图 7－57 含氮量模拟值与实测值比较

Fig. 7－57 Comparison of observation and simulation in the diseases leaf nitrogen content

四、基于光谱的油菜白斑病定性识别

（一）不同时期油菜白斑病植被指数比较

虽然油菜病害与健康间的原始光谱已有区别，但田间由于群体背景、土壤和大气等环境因子对反射率产生影响，会干扰探索病害光谱数据中的相关规律，为了突出植被信息，寻找数据间的相关性，将原始光谱数据以植被指数形式进行分析。

考虑到离体叶片在可见光波段病害与健康样本间有明显区别，且在近红外波段群体背景及离体情况下，两者之间有同样的区别，因此，以 810～1 320 nm和可见光波段 460～760 nm 的原始光谱为基础，对 2013 年数据进行分析，筛选了 3 种常见指数：比值指数、差值指数和归一化指数，将病害叶片的植被指数与对照进行比较，筛选出两者间距离较大的波段（表 7－28 和表 7－29）。结果表明[2]，距离＞0.5 的比值指数分别为 R_{870}/R_{650}、$R_{1\,080}/R_{650}$、$R_{1\,280}/R_{460}$、R_{870}/R_{460} 和 $R_{1\,080}-R_{710}$。

表 7－28　入选的比值指数

Table 7－28　The chosen RVI

样本数 Sample (*n*)	入选比值指数 RVI	距离 Distance	入选比值指数 RVI	距离 Distance
40	$R_{1\,280}/R_{650}$	＞0.45	R_{870}/R_{650}	＞0.56
40	$R_{1\,200}/R_{460}$	＞0.28	$R_{1\,080}/R_{650}$	＞0.64
40	$R_{1\,320}/R_{650}$	＞0.36	$R_{1\,280}/R_{460}$	＞0.61
40	$R_{1\,200}/R_{650}$	＞0.27	R_{870}/R_{460}	＞0.51
40	$R_{1\,320}/R_{460}$	＞0.47	R_{810}/R_{460}	＞0.45
40	R_{810}/R_{710}	＞0.21	$R_{1\,200}/R_{710}$	＞0.20
40	R_{810}/R_{650}	＞0.38	$R_{1\,080}/R_{460}$	＞0.41

表 7－29　入选的差值指数和归一化指数

Table 7－29　The Chosen DVI and NDVI

样本数 Sample (*n*)	入选差值指数 DVI	距离 Distance	入选归一化指数 NDVI	距离 Distance
40	$R_{810}-R_{650}$	＞0.25	$(R_{810}-R_{710})/(R_{810}+R_{710})$	＞0.01
40	$R_{1\,080}-R_{710}$	＞0.69	$(R_{1\,200}-R_{710})/(R_{1\,200}+R_{710})$	＞0.01
40	$R_{1\,320}-R_{870}$	＞0.28	$(R_{1\,280}-R_{710})/(R_{1\,280}+R_{710})$	＞0.01
40	$R_{810}-R_{460}$	＞0.31	$(R_{1\,320}-R_{710})/(R_{1\,320}+R_{710})$	＞0.01
40	$R_{870}-R_{460}$	＞0.40		
40	$R_{1\,080}-R_{550}$	＞0.37		
40	$R_{1\,280}-R_{550}$	＞0.47		
40	$R_{1\,320}-R_{550}$	＞0.19		

（二）聚类分析方法比较

聚类就是按照一定要求和规律对目标事物进行分类的过程[5]。

作为聚类中的一种，分层聚类就是通过对样本或变量的观测，找出比较接近的个体归为一类，之后再将剩下较为接近合并成新的类，逐层进行合并直到最终合并成一类[5]。分层聚类有 2 种类型："Q 聚类"，也称为样本聚类，通过这种聚类将在聚类过程中发现具有共同属性的样本。"R 聚类"，也称为变量聚类，通过这种聚类可以在某些变量中选择出具有代表性的变量。

由于对病害与健康样本间的植被指数进行分类，故这里采用 Q 型聚类，通过 SPSSv19.0 进行分层聚类，采用欧式距离，按观测量对样本进行分层聚类，聚类数目为 2。

K-Means 分类是选择多个数值型变量进行聚类分析，最后聚成 K 个类别。首先 K 可由系统选择，也可指定。然后，按照到这些类中心的距离最小原则，把所有样品分配到各类中心所在类别区中去。这样每类中可能含有多个样品，计算各类中每个样品的均值，以此作为第二次迭代中心，然后根据上述分类原则重复执行分类，直到中心的迭代标准达到要求，完成聚类。

本文首先选择一组病害与健康间差异较大的数据（2014 年 4 月 9 日）进行各种方式的聚类，筛选出适合的聚类方法。

1. K-Means 分类

选择距离最大的植被指数 R_{1080}/R_{650}，样本数为 20。采用 K-Means 分类结果见表 7-30。经样本方差分析[94]，其均方根误差 2.773，F 值为 53.848，$P<0.001$，达极显著水平，奇数为病叶，偶数为健康叶（下同）。经过 18 次迭代，聚类中心收敛。最终，1 类（病害）中有 12 个样品，2 类（健康）有 8 个，无缺失，病害叶识别正确率 100%，健康叶有 2 片分到了病害类，总体正确率 90%，分类效果理想。

表 7-30 K-Means 分类

Table 7-30 The K-Means cluster

案例号 Case	聚类 Cluster	距离 Distance	迭代次数 Iteration	中心位置变化 1 Change 1	中心位置变化 2 Change 2
1	1	2.679	1	3.105	3.642
2	2	4.097	2	0.239	0.405
3	1	2.359	3	0.018	0.045
4	2	0.900	4	0.001	0.005
5	1	1.539	5	0.000	0.001
6	2	2.792	6	8.361E-6	6.168E-5
7	1	0.663	7	6.432E-7	6.853E-6
8	1	4.213	8	4.948E-8	7.614E-7
9	1	2.795	9	3.806E-9	8.460E-8

（续）

案例号 Case	聚类 Cluster	距离 Distance	迭代次数 Iteration	中心位置变化 1 Change 1	中心位置变化 2 Change 2
10	2	2.951	10	2.928E-10	9.400E-9
11	1	1.571	11	2.252E-11	1.044E-9
12	2	2.079	12	1.732E-12	1.161E-10
13	1	3.071	13	1.332E-13	1.290E-11
14	2	2.206	14	1.066E-14	1.428E-12
15	1	0.454	15	3.553E-15	1.634E-13
16	2	1.182	16	0.000	1.776E-14
17	1	1.431	17	0.000	3.553E-15
18	1	3.227	18	0.000	0.000
19	1	3.363			
20	2	4.093			

2. 分层分类

（1）组间联接

组间联接原理：合并两类后使所有对应两项之间的平均欧氏距离最小。

从图 7-58 可以看出[2]，1 类（病害）中有 13 个样品，2 类（健康）有 7 个，无缺失。病害叶识别正确率达 100%，健康叶有 3 片分到了病害类，总体正确率达 85%，分类效果较理想。

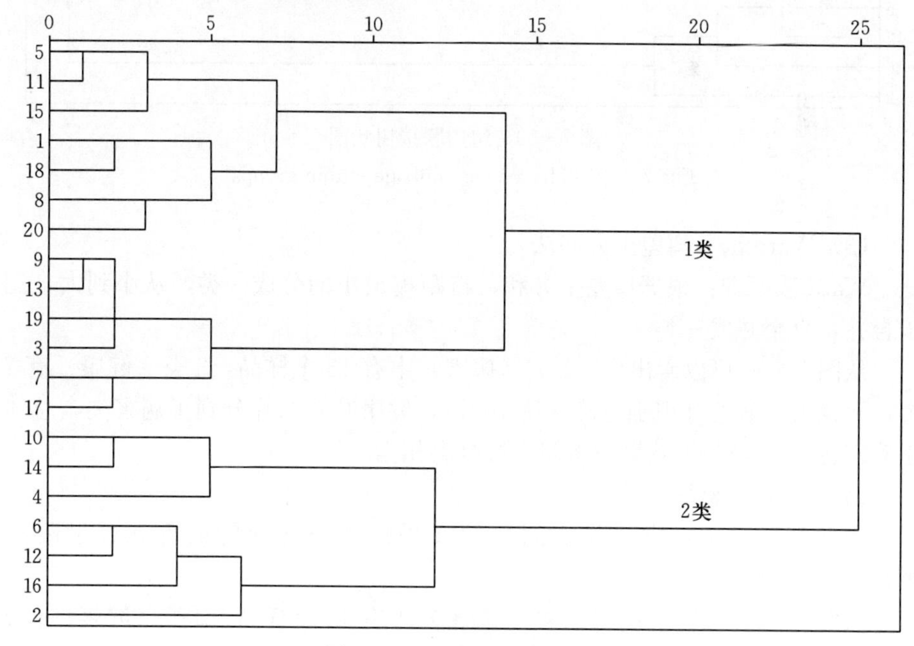

图 7-58　组间联接树状图

Fig. 7-58　The average linkage between groups

(2) 组内联接

组内联接原理：合并后使类中所有项之间的平均距离（平方）最小。

从图 7-59 可以看出[2]，1 类（病害）中有 16 个样品，2 类（健康）有 4 个，无缺失。病害叶识别正确率达 100%，健康叶有 6 片分到了病害类，总体准确率 70%，分类效果差于组间联接分类。

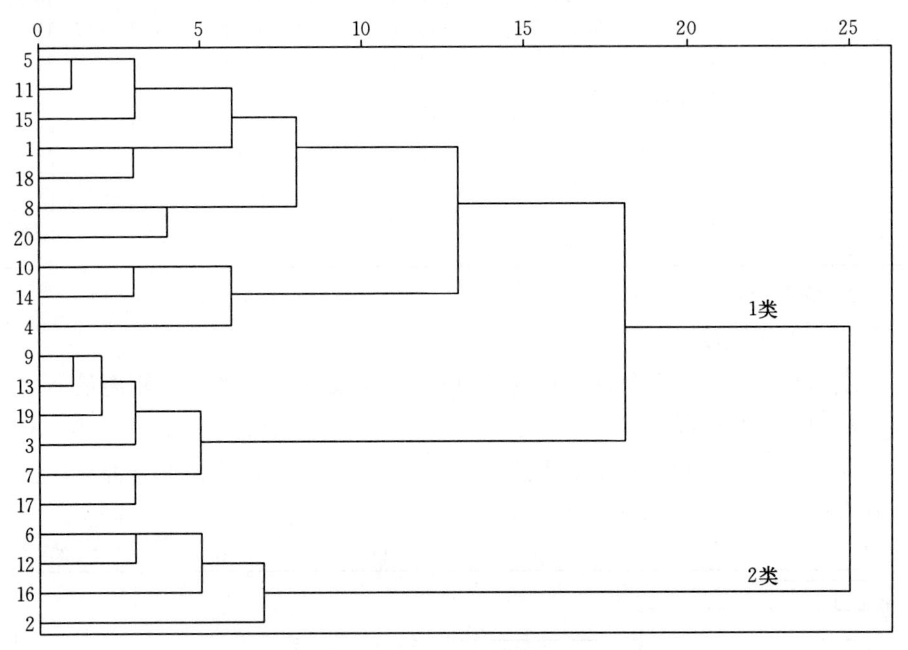

图 7-59 组内联接树状图

Fig. 7-59 The average linkage within groups

(3) Ward 法（离差平方和法）

Ward 法原理：根据离差平方和，将距离最小的分成一类，从小到大，逐步合并，直至并成一类。

从图 7-60 可以看出[2]，1 类（病害）中有 13 个样品，2 类（健康）有 7 个，无缺失。病害叶识别正确率达 100%，健康叶有 3 片分到了病害类，总体正确率达 85%，分类效果与组间联接分类相当。

(4) 中间距离法

中间距法原理：类与类之间的距离采用两类之间的最近和最远距离中值。

从图 7-61 可以看出[2]，1 类（病害）中有 13 个样品，2 类（健康）有 7 个，无缺失。病害叶识别正确率达 100%，健康叶有 3 片分到了病害类，总体正确率达 85%，最终分类结果同于 ward 法。

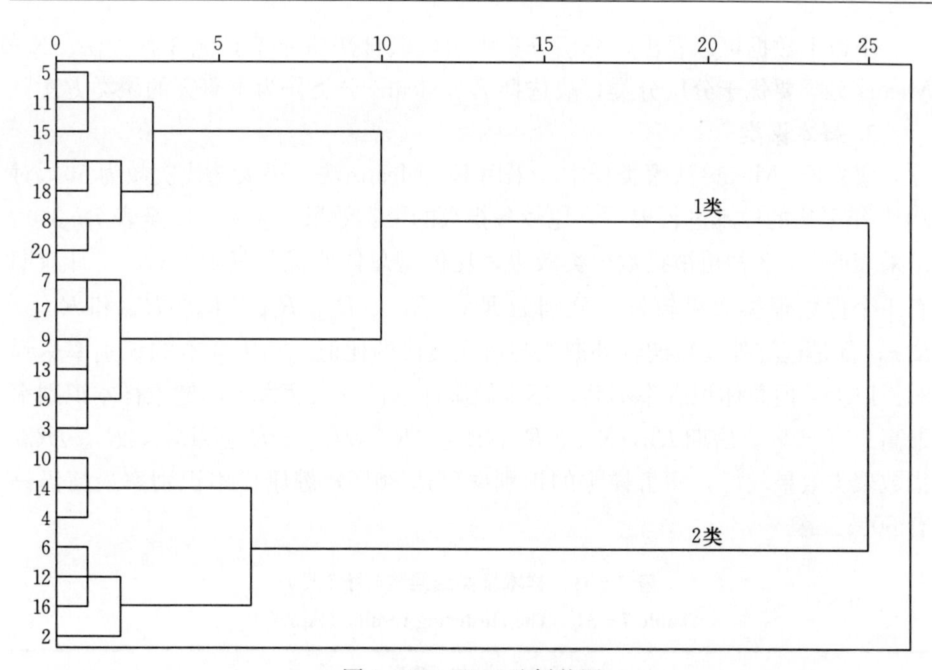

图 7-60　Ward 法树状图

Fig. 7-60　The Ward’s method

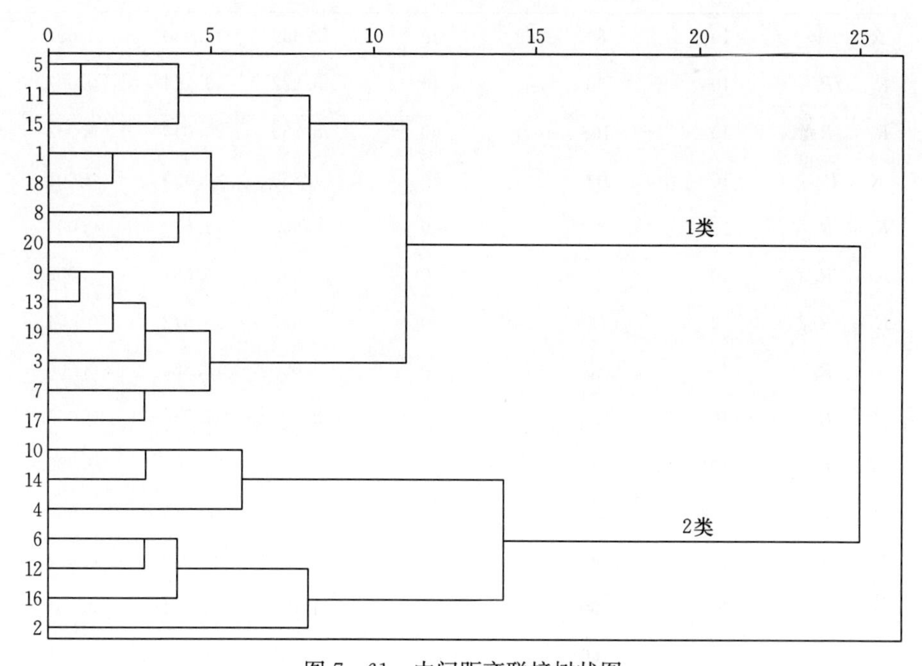

图 7-61　中间距离联接树状图

Fig. 7-61　The Median cluster

由以上数据可以看出，分层分类中组内联接法略差于其他 3 种方法。K - Means 分类要优于分层分类，故选择 K - Means 分类作为本研究的聚类方法。

3. 样本聚类

（1）K - Means 法聚类样本　采用 K - Means 法，最大迭代次数为 50，对 2013 年采集的样本进行聚类，比较各指数的聚类效果（表 7 - 31 至表 7 - 34）。结果表明[2]，3 种植被指数聚类效果，比值型总体要优于其他 2 种。4 月前期有 4 个指数聚类效果较好，分别为 $R_{1\,200}/R_{460}$、R_{870}/R_{460}、R_{810}/R_{460} 和 $R_{1\,080}/R_{460}$，都是近红外及短波红外波段与蓝光波段的比值。病害样本的识别率达到 80%以上，但总体识别率不高，不少健康样本被分入病害类，健康样本识别率最高只有 60%。后期 R_{810}/R_{650}、R_{870}/R_{650}、$R_{1\,080}/R_{650}$、$R_{1\,200}/R_{650}$、$R_{1\,280}/R_{460}$ 指数聚类效果较好，病害样本的识别率可达 80%，健康样本识别率最高仍只有 60%。

表 7 - 31　样本聚类结果（4 月 2 日）

Table 7 - 31　The clustering results（Apr. 2）

指数 Index	n	病叶正确率 Disease precision（%）	总体正确率 Total precision（%）	均方误差 *MSE*	F	显著性 Significance
R_{870}/R_{650}	10	80	40	2.659	12.940	0.007
$R_{1\,080}/R_{650}$	10	80	40	3.222	13.104	0.007
$R_{1\,280}/R_{460}$	10	100	60	5.360	20.040	0.002
R_{870}/R_{460}	10	100	60	4.850	23.425	0.001
$R_{1\,280}/R_{650}$	10	80	40	2.655	14.673	0.005
$R_{1\,200}/R_{460}$	10	100	60	4.059	19.661	0.002
$R_{1\,320}/R_{650}$	10	80	40	2.607	15.372	0.004
$R_{1\,200}/R_{650}$	10	80	40	2.090	13.866	0.006
$R_{1\,320}/R_{460}$	10	100	60	5.495	17.778	0.003
R_{810}/R_{710}	10	80	60	0.073	33.205	0.000
R_{810}/R_{650}	10	80	50	2.275	13.380	0.006
$R_{1\,200}/R_{710}$	10	80	60	0.090	25.922	0.001
R_{810}/R_{460}	10	100	60	4.150	23.434	0.001
$R_{1\,080}/R_{460}$	10	100	60	6.059	24.201	0.001
$R_{810}-R_{650}$	10	60	60	1.648	18.477	0.003

（续）

指数 Index	n	病叶正确率 Disease precision（%）	总体正确率 Total precision（%）	均方误差 *MSE*	F	显著性 Significance
$R_{1080}-R_{710}$	10	80	60	1.099	40.940	0.000
$R_{1320}-R_{870}$	10	60	60	0.986	21.659	0.002
$R_{810}-R_{460}$	10	100	60	1.764	10.312	0.012
$R_{870}-R_{460}$	10	100	60	2.107	7.886	0.023
$(R_{810}-R_{710})/(R_{810}+R_{710})$	10	80	50	0.001	129.337	0.000
$(R_{1200}-R_{710})/(R_{1200}+R_{710})$	10	80	50	0.001	141.711	0.000
$(R_{1280}-R_{710})/(R_{1280}+R_{710})$	10	80	50	0.001	144.174	0.000
$(R_{1320}-R_{710})/(R_{1320}+R_{710})$	10	80	50	0.001	153.502	0.000

表 7-32　样本聚类结果（4 月 17 日）

Table 7-32　The clustering results（Apr. 17）

指数 Index	n	病叶正确率 Disease precision（%）	总体正确率 Total precision（%）	均方误差 *MSE*	F	显著性 Significance
R_{870}/R_{650}	10	60	50	17.157	24.666	0.001
R_{1080}/R_{650}	10	60	50	18.843	25.010	0.001
R_{1280}/R_{460}	10	80	60	12.281	23.473	0.001
R_{870}/R_{460}	10	80	70	9.307	30.237	0.001
R_{1280}/R_{650}	10	60	50	17.846	25.474	0.001
R_{1200}/R_{460}	10	80	70	9.305	28.163	0.001
R_{1320}/R_{650}	10	60	50	15.704	26.443	0.001
R_{1200}/R_{650}	10	60	50	15.819	24.994	0.001
R_{1320}/R_{460}	10	60	70	6.950	61.430	0.000
R_{810}/R_{710}	10	60	60	1.064	38.143	0.000
R_{810}/R_{650}	10	60	50	16.847	24.429	0.001

（续）

指数 Index	n	病叶正确率 Disease precision（%）	总体正确率 Total precision（%）	均方误差 MSE	F	显著性 Significance
$R_{1\,200}/R_{710}$	10	60	50	1.196	31.783	0.000
R_{810}/R_{460}	10	80	70	9.013	30.439	0.001
$R_{1\,080}/R_{460}$	10	80	70	10.339	30.147	0.001
$R_{810}-R_{650}$	10	60	60	1.648	18.477	0.003
$R_{1\,080}-R_{710}$	10	80	60	1.099	40.940	0.000
$R_{1\,320}-R_{870}$	10	60	60	0.986	21.659	0.002
$R_{810}-R_{460}$	10	100	60	1.764	10.312	0.012
$R_{870}-R_{460}$	10	100	60	2.107	7.886	0.023
$(R_{810}-R_{710})/(R_{810}+R_{710})$	10	60	40	0.001	733.828	0.000
$(R_{1\,200}-R_{710})/(R_{1\,200}+R_{710})$	10	60	40	0.002	386.359	0.000
$(R_{1\,280}-R_{710})/(R_{1\,280}+R_{710})$	10	60	40	0.002	525.518	0.000
$(R_{1\,320}-R_{710})/(R_{1\,320}+R_{710})$	10	60	40	0.002	437.691	0.000

表 7-33　样本聚类结果（4 月 25 日）

Table 7-33　The clustering results（Apr. 25）

指数 Index	n	病叶正确率 Disease precision（%）	总体正确率 Total precision（%）	均方误差 MSE	F	显著性 Significance
R_{870}/R_{650}	10	60	60	19.516	42.798	0.000
$R_{1\,080}/R_{650}$	10	60	60	22.174	43.902	0.000
$R_{1\,280}/R_{460}$	10	60	60	15.011	46.523	0.000
R_{870}/R_{460}	10	60	60	13.014	45.444	0.000
$R_{1\,280}/R_{650}$	10	60	60	12.295	45.523	0.000
$R_{1\,200}/R_{460}$	10	60	60	22.336	44.864	0.000
$R_{1\,320}/R_{650}$	10	60	60	18.247	43.017	0.000

（续）

指数 Index	n	病叶正确率 Disease precision（%）	总体正确率 Total precision（%）	均方误差 MSE	F	显著性 Significance
$R_{1\,200}/R_{650}$	10	60	60	15.238	46.869	0.000
$R_{1\,320}/R_{460}$	10	60	60	15.819	24.994	0.000
R_{810}/R_{710}	10	60	60	1.276	48.301	0.000
R_{810}/R_{650}	10	60	60	18.187	41.639	0.000
$R_{1\,200}/R_{710}$	10	60	60	1.256	52.551	0.000
R_{810}/R_{460}	10	60	60	11.994	44.666	0.000
$R_{1\,080}/R_{460}$	10	60	60	14.996	45.923	0.000
$R_{810}-R_{650}$	10	60	40	1.101	22.922	0.001
$R_{1\,080}-R_{710}$	10	60	40	2.600	20.604	0.002
$R_{1\,320}-R_{870}$	10	60	50	0.805	37.865	0.000
$R_{810}-R_{460}$	10	60	40	0.995	26.479	0.001
$R_{870}-R_{460}$	10	60	40	1.100	28.094	0.001
$(R_{810}-R_{710})/(R_{810}+R_{710})$	10	60	60	0.000	74.067	0.000
$(R_{1\,200}-R_{710})/(R_{1\,200}+R_{710})$	10	60	60	0.000	73.678	0.000
$(R_{1\,280}-R_{710})/(R_{1\,280}+R_{710})$	10	60	60	0.000	74.168	0.000
$(R_{1\,320}-R_{710})/(R_{1\,320}+R_{710})$	10	60	60	0.000	72.420	0.000

表 7-34　样本聚类结果（5 月 3 日）

Table 7-34　The clustering results（May 3）

指数 Index	n	病叶正确率 Disease precision（%）	总体正确率 Total precision（%）	均方误差 MSE	F	显著性 Significance
R_{870}/R_{650}	10	80	60	69.925	18.131	0.003
$R_{1\,080}/R_{650}$	10	80	60	78.334	18.105	0.003
$R_{1\,280}/R_{460}$	10	80	60	97.271	17.789	0.003

（续）

指数 Index	n	病叶正确率 Disease precision（%）	总体正确率 Total precision（%）	均方误差 MSE	F	显著性 Significance
R_{870}/R_{460}	10	80	50	42.517	33.003	0.000
$R_{1\,280}/R_{650}$	10	80	50	39.801	31.643	0.000
$R_{1\,200}/R_{460}$	10	80	50	34.143	33.320	0.000
$R_{1\,320}/R_{650}$	10	80	60	94.760	15.940	0.004
$R_{1\,200}/R_{650}$	10	80	60	72.931	16.460	0.004
$R_{1\,320}/R_{460}$	10	80	50	43.250	33.984	0.000
R_{810}/R_{710}	10	80	50	4.238	21.370	0.002
R_{810}/R_{650}	10	80	60	69.925	18.131	0.003
$R_{1\,200}/R_{710}$	10	80	50	3.957	23.501	0.001
R_{810}/R_{460}	10	80	50	35.649	31.510	0.001
$R_{1\,080}/R_{460}$	10	80	50	48.576	31.989	0.000
$R_{810}-R_{650}$	10	60	40	1.101	22.922	0.001
$R_{1\,080}-R_{710}$	10	60	40	2.600	20.604	0.002
$R_{1\,320}-R_{870}$	10	60	50	0.805	37.865	0.000
$R_{810}-R_{460}$	10	60	40	0.995	26.479	0.001
$R_{870}-R_{460}$	10	60	40	1.100	28.094	0.001
$(R_{810}-R_{710})/(R_{810}+R_{710})$	10	80	50	0.001	129.337	0.000
$(R_{1\,200}-R_{710})/(R_{1\,200}+R_{710})$	10	80	50	0.001	141.711	0.000
$(R_{1\,280}-R_{710})/(R_{1\,280}+R_{710})$	10	80	50	0.001	144.171	0.000
$(R_{1\,320}-R_{710})/(R_{1\,320}+R_{710})$	10	80	50	0.001	153.502	0.000

（2）聚类检验

A. 离体叶片样本检验

使用 2013 年相同病害的样本（时间为 4 月 12 日），以及 2014 年同时期采集的另一种病毒病样本（时间为 4 月 9 日）对聚类效果好的指数进行检验（表

7－35 和表 7－36）。经检验各指数都能较好区分病害与健康样本，其中 R_{810}/R_{650}、R_{870}/R_{650}、R_{1080}/R_{650} 和 R_{1200}/R_{650} 在 2 种病害间的聚类效果均较好，病害样本能被完全识别，可作为识别离体病害叶片的植被指数。R_{1200}/R_{460} 对白斑病的识别率达 100％，对病毒病的识别率只有 70％。因此，R_{1200}/R_{460} 可作为识别离体白斑病叶的植被指数[2]。

表 7－35　白斑病检验样本集聚类（4 月 12 日）

Table 7－35　The test for samples of leukoplakia clustering（Apr. 12）

指数 Index	n	病叶正确率 Disease precision（％）	总体正确率 Total precision（％）	均方误差 *MSE*	F	显著性 Significance
R_{1200}/R_{460}	10	100	60	1.506	27.127	0.001
R_{870}/R_{460}	10	80	60	1.778	25.634	0.001
R_{1280}/R_{460}	10	60	50	2.599	24.643	0.001
R_{1080}/R_{460}	10	80	60	2.783	25.010	0.001
R_{810}/R_{460}	10	60	50	1.416	24.745	0.001
R_{810}/R_{650}	10	100	60	1.218	32.384	0.000
R_{870}/R_{650}	10	100	60	1.392	30.351	0.001
R_{1080}/R_{650}	10	100	60	2.213	22.069	0.002
R_{1200}/R_{650}	10	100	60	1.506	27.127	0.001

表 7－36　病毒病检验样本集聚类（4 月 9 日）

Table 7－36　The test for samples of virus clustering（Apr. 9）

指数 Index	n	病叶正确率 Disease precision（％）	总体正确率 Total precision（％）	均方误差 *MSE*	F	显著性 Significance
R_{1200}/R_{460}	20	70	60	3.507	56.810	0.000
R_{870}/R_{460}	20	80	65	3.077	62.036	0.000
R_{1280}/R_{460}	20	70	60	3.857	57.198	0.000
R_{1080}/R_{460}	20	80	65	3.468	60.824	0.000
R_{810}/R_{460}	20	80	65	2.767	63.591	0.000
R_{810}/R_{650}	20	100	85	7.358	49.640	0.000
R_{870}/R_{650}	20	100	85	7.923	49.432	0.000
R_{1080}/R_{650}	20	100	90	8.845	47.367	0.000
R_{1200}/R_{650}	20	100	75	9.252	35.733	0.000

B. 田间叶片样本检验

使用上述离体叶片田间群体背景下采集的数据对所得到的指数进行检验，验证其实际田间应用能力（表 7 - 37 至表 7 - 38)。使用田间数据进行聚类后，$R_{1\,200}/R_{460}$、$R_{1\,080}/R_{460}$、$R_{1\,280}/R_{460}$ 3 个指数的白斑病识别率达 80%以上，总体识别正确率达 60%。有 4 个比值植被指数（R_{810}/R_{650}、R_{870}/R_{650}、$R_{1\,080}/R_{650}$、$R_{1\,200}/R_{650}$）能完全识别病毒病，总体识别正确率达 85%以上。其中 $R_{1\,200}/R_{650}$ 在田间白斑病的识别率及总体识别率都较差，但能完全识别病毒病，其总体识别率也达 85%。因此，$R_{1\,200}/R_{650}$ 可用于油菜病毒病的田间识别。$R_{1\,200}/R_{460}$、$R_{1\,080}/R_{460}$、$R_{1\,280}/R_{460}$ 在田间白斑病与病毒病的识别率及总体识别率较高，可用于田间识别油菜病害，但不能有效区分病害种类[2]。

表 7 - 37　田间白斑病检验样本集聚类（4 月 12 日）

Table 7 - 37　The test for samples of leukoplakia in the field clustering（Apr. 12）

指数 Index	n	病叶正确率 Disease precision（%）	总体正确率 Total precision（%）	均方误差 MSE	F	显著性 Significance
$R_{1\,200}/R_{460}$	10	80	60	0.227	27.211	0.001
R_{870}/R_{460}	10	80	50	0.588	9.568	0.015
$R_{1\,280}/R_{460}$	10	100	60	0.537	20.420	0.002
$R_{1\,080}/R_{460}$	10	100	60	0.400	29.318	0.001
R_{810}/R_{460}	10	60	60	0.397	17.251	0.003
R_{810}/R_{650}	10	40	70	0.621	13.035	0.007
R_{870}/R_{650}	10	40	60	0.498	14.800	0.005
$R_{1\,080}/R_{650}$	10	60	60	0.288	24.948	0.001
$R_{1\,200}/R_{650}$	10	40	60	0.064	57.978	0.000

表 7 - 38　田间病毒病检验样本集聚类（4 月 9 日）

Table 7 - 38　The test for samples of virus in the field clustering（Apr. 9）

指数 Index	n	病叶正确率 Disease precision（%）	总体正确率 Total precision（%）	均方误差 MSE	F	显著性 Significance
$R_{1\,200}/R_{460}$	20	70	60	3.507	56.810	0.000
R_{870}/R_{460}	20	80	65	3.077	62.036	0.000
$R_{1\,280}/R_{460}$	20	70	60	3.857	57.198	0.000
$R_{1\,080}/R_{460}$	20	80	65	3.468	60.824	0.000
R_{810}/R_{460}	20	80	65	2.767	63.591	0.000
R_{810}/R_{650}	20	100	85	7.358	49.640	0.000

（续）

指数 Index	n	病叶正确率 Disease precision（%）	总体正确率 Total precision（%）	均方误差 MSE	F	显著性 Significance
R_{870}/R_{650}	20	100	85	7.923	49.432	0.000
$R_{1\,080}/R_{650}$	20	100	85	8.845	47.367	0.000
$R_{1\,200}/R_{650}$	20	100	85	7.830	45.491	0.000

五、基于光谱的油菜白斑病定量估测

（一）建立基于光谱的油菜白斑病病情指数定量模型

对病害病情指数与反射率逐步回归得到以 1 540 nm 和 650 nm 反射率为自变量的定量模型：$Y=-0.309+0.007R_{1\,540}+0.027R_{650}$（表 7－39），其决定系数为 0.429，$F$ 值为 7.127，膨胀因子 VIF 值 2.278，各波段自变量可共存。

表 7－39　病情指数逐步回归定量模型系数检验

Table 7－39　The coefficients test for the stepwise regression model of disease index（n=20）

参数 Parameter	未标准化系数 Unstandardized coefficients	对应变量 Corresponding variable	t	显著性 Significance
移情指数 Disease index（DI）	0.007	$R_{1\,540}$	3.718	0.001
	0.027	R_{650}	2.352	0.030
	−0.309	常数	−2.669	0.015

（二）模型检验

同种病害（白斑病）检验集样本采用未用于建模的 2013 年 4 月 12 日与 3 月 28 日部分数据，不同病害（病毒病）检验集样本采用 2014 年 4 月 9 日与 4 月 14 日数据。检验结果表明（表 7－40），同种病害样本检验中，模型的 d_a 与 d_{ap} 值较小，模拟值与实测值相关系数较大，模型拟合度较好。不同病害样本检验中，模型的 d_a 与 d_{ap} 值较大，相关性较低。因此，基于原始反射率的模型可用于定量油菜白斑病病情指数，其实测值与模拟值 1∶1 关系见图 7－62。

表 7－40　油菜白斑病病情指数定量模型检验

Table 7－40　The test for the Leukoplakia DI quantitative model

病害类型 Disease	n	d_a	d_{ap}（%）	r	t	显著性 Significance
白斑病（同种）	5	0.024 9	15.607	0.906	0.387	0.719
病毒病（不同）	21	0.552	75.521	−0.006	−3.869	0.001

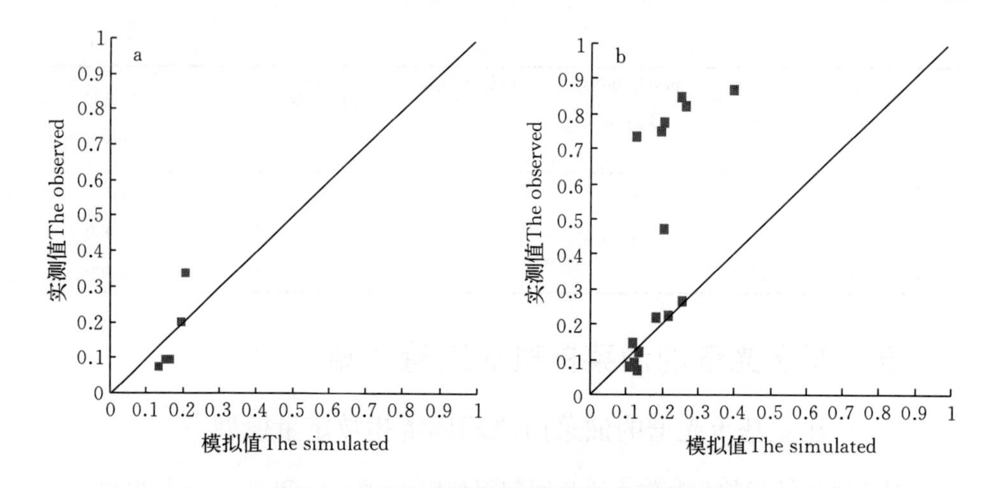

图 7-62 病害病情指数模拟值与实测值比较

Fig. 7-62 The comparison of observation and simulation in DI

a：同种病害；b：不同种病害

a：The same disease；b：The different diseases

第三节 油菜病虫害无人化防控

一、概念设计

先获取油菜作物主要叶部病害叶片标准特征光谱，然后通过无人机载光谱仪获取作物冠层光谱，并无线传回地面分析识别，将基于光谱的作物病虫害识别技术与无人机的施药系统相结合，研制基于查-施一体化的作物病虫害自动智能识别与精确防控系统（图 7-63）[6]。

二、基于无人机的规模种植作物病虫害智能识别与精确防控系统

（一）机载病虫害光谱识别系统

整个系统分为无人机与地面移动监控站两大部分。无人机载有可见-红外波段高光谱遥感成像系统，采用推扫式成像扫描技术对地面农田进行光谱扫面成像，然后将光谱图像通过机载无线收发系统传输给地面移动监控站，监控站实时处理光谱图像并通过与病虫害标准光谱数据库比对确定识别结果，根据识别结果选择对应的农药喷洒方案，并将指令发送给无人机，无人机接到指令后打开对应的农药仓对农田进行喷洒，从而完成一次完整的作业[6]。

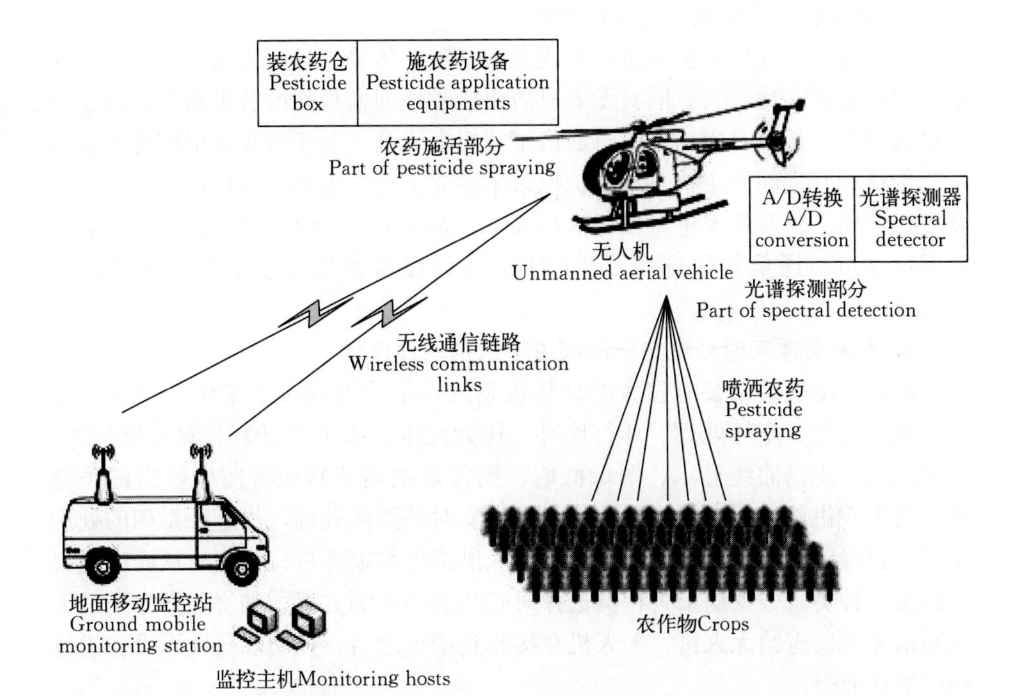

图 7－63　基于查-施一体化的作物病虫害自动智能识别与精确防控系统图

Fig. 7－63　The concept design of the intellectualized identifying and precision control system for horticultural crop diseases based on identifying － pesticide spraying integration

1. 机载光谱探测部分设计

根据健康和受病虫害胁迫的油菜原始光谱、反对数光谱、一阶、二阶微分光谱进行分析，选择扫描光谱范围自可见光至热红外区域为 430～1 030 nm，总共 60 个波段，光谱分辨 10 nm。光电探测器选用的焦平面探测器，在可见与近红外波段为硅线列器件。模块化成像光谱仪系统采用线列探测器-光机扫描型方案。在系统的总体设计中，光谱分辨率、空间分辨率、灵敏度和体积重量之间是相互制约的。从性能指标和实现可能考虑，确定了 200 mm 的大通光口径。光机扫描系统采用斜 45°镜结构，具有通光面积大，转动稳定可靠的特点。仪器的光机扫描头部由成像光学系统、承重平板和光谱仪组件 3 部分组成。机上定位采用 GPS 系统，定位系统的动态精度可达到 m 级。为确保成像光谱仪的图像获取质量，机上引入陀螺稳定平台，以确保仪器的姿态稳定[6]。

为减小整机的体积重量，将光谱图像通过无线传输系统发送给地面监控站，由监控站进行快速实时处理，并对系统的光学结构布局作了精心设计，整机重量不超过 1 kg，体积不超过 10 cm×10 cm×10 cm。

2. 无人机与地面监控站通信设计

无人机在与地面监控站进行无线通信时需要传输大量的光谱图像，所以对通信的带宽要求比较大。同时无人机需要接收地面监控站的各种指令，由于指令格式固定，长度有限，所以对通信带宽要求不高。鉴于避免光谱图像传输与指令传输相互之间的干扰，本系统拟采用独立上行信道和下行信道，不对称带宽进行传输。正常情况下可以提供最高 3.5 Mbps 的上行速度和最高 54 Mbps 的下行速度。通信频段选用 2.4 GHz，通信设备采用自主研发的无线收发系统[6]。

3. 光谱图像实时处理与光谱病虫害识别软件设计

地面移动监控站装有强大的计算机系统，主要处理以下工作：GPS 数据的处理与复合、定标处理、坏行修补、像元配准、直方图计算、对比度拉伸、区域放大、光谱曲线显示、图像截取、图像数据格式转换等图像数据的预处理。对无人机传送回来的光谱图像能进行实时的图像处理，经过一系列的处理步骤，将最终得到的光谱图像与病虫害光谱图像数据库进行比对，从而确定农田病虫害种类。根据病虫害种类选择对应的农药施洒方案，并将该指令通过无线通信系统发送给无人机，无人机在接收到指令之后，控制农药施洒设备进行相应的作业[6]。

4. 无人机喷洒农药系统

无人机（UAV）在喷洒的过程中，影响喷洒效果的因素很多，如喷洒装备设计、目标植株、液滴雾化程度、雾滴流场的输运特性以及雾滴的穿透性等[6]。

（1）无人机（UAV）喷洒装置部件的研发　研究设计自动调节其喷雾量、雾滴直径等，可进行低量喷雾、超低量喷雾以及静电喷洒，研发有利于旋翼高速气流流过喷头时对雾滴实现二次雾化的喷嘴结构[6]。

（2）液滴雾化　喷头雾滴雾化产生的方式主要有 2 种：离心式雾化和液力雾化。为了减轻整个系统的质量，本项目无人机（UAV）喷雾采用离心式雾化喷头，依靠飞机上发电机带动喷头电机，将药液甩出去，形成雾滴。雾滴的大小可以通过调节转速以及喷头转盘结构来实现[6]。

雾滴被甩出去后，还要受到飞机飞行时的气流速度、状态、外界大气影响，为获得无人机喷洒时的最佳粒径和运动状态，对液滴雾化进行研究设计[6]。

（3）沉降过程　在雾滴运输及沉降运动的整个过程中，由于空间流场极为复杂，复杂的流场使雾滴之间相互碰撞、聚合，导致雾滴的运动具有极大的随机性。因此，通过试验来建立雾滴流场的数学模型，从而获得流场中雾滴的综合流动状态[6]。

（4）气候条件对喷洒的影响　合适的喷雾时间是提高雾滴中靶率的重要因

素之一，研究在不同的地域、地形条件下，作业时的温度和风速，气流与作物摩擦产生的涡流等影响雾滴在作物上的分布规律[6]。

（5）雾滴大小及数量对喷洒效果的影响　雾滴的覆盖率与许多因素有关，特别是无人机（UAV）旋翼涡流和雾滴的飞行速度。雾滴的大小取决于所要喷雾的靶标情况。研究雾滴尺寸有效地提高靶标覆盖率，又能有效利用农药的技术[6]。

（6）制定无人机（UAV）喷洒技术操作规程　为了保证飞行的安全性，减少植保作业中对环境、临近作物以及人畜的负面影响，应参照联合国粮农组织（FAO）制定的《飞机施用农药的正确操作准则》制定操作规程，保证喷雾装置稳定、操作人员安全、操作部件操作准确可靠[6]。

5. 地面控制站系统设计

地面控制站设计包含地面移动控制中心载体（汽车）、地面无人机遥控遥测系统、地面喷药控制系统、地面光谱信号接收系统等。遥控遥测地面站主要由工控机、遥控发射机、遥测接收机、遥控器、电源箱等组成[6]。

6. 系统应用测试

2013 年 11 月 30 至 12 月 2 日，课题组成功在江苏省农业科学院院部油菜试验田和桃园利用无人飞艇平台搭载自主研制的作物病虫害光谱识别系统与喷洒农药系统进行了病害光谱识别与喷洒农药测试[6]（图 7－64）。

图 7－64　基于查-施一体化的作物病虫害自动智能识别与精确防控系统田间测试

Fig. 7－64　The field test of the intellectualized identifying and precision control system for horticultural crop diseases based on identifying－pesticide spraying integration

2014 年，与省内农用无人机制造商——苏州绿农航空植保科技有限公司合作，首次成功在苏州吴中区临湖镇农田，利用无人机平台搭载自主研制的作物病虫害光谱识别与喷洒农药系统，在低速行进状态进行了病害光谱识别与喷洒农药测试，机载农药可达 10～20 kg，机载设备在距作物冠层 3 m 左右高度运动态稳定获取了光谱特征信息并触发喷洒农药，达到了预期设计目标，为使已有农用无人机喷药功能向智能识别与精确防控方向延伸提供了理论与技术支撑[6]（图 7－65）。

图 7－65　机载设备搭载

Fig. 7－65　The carrying of the UAV equipment

图 7－66　地面数据处理、识别及农药喷洒触发系统

Fig. 7－66　The system for ground data processing，identification，and pesticide spraying trigger

参考文献

[1] 杨余旺，宗精学，赵炜，等．农用便携式一体化光谱装置．发明专利，授权号：201310580885.2，申请日：2013.11.19.

[2] 傅坤亚．基于光谱的油菜白斑病识别研究．南京：南京农业大学，2014.

[3] 蒋金豹，陈云浩，黄文江．病害胁迫下冬小麦冠层叶片色素含量高光谱遥感估测研究．光谱学与光谱分析，2007，27 (7)：1363-1367.

[4] 易秋香，黄敬峰，王秀珍，等．玉米叶绿素高光谱遥感估算模型研究．科技通报，2007，23 (1)：83-105.

[5] 傅德印．Q型系统聚类分析中的统计检验问题．统计与信息论坛，2007，22 (3)：10-14.

[6] Cao H X，Yang Y W，Pei Z Y，et al. Intellectualized identifying and precision control system for horticultural crop diseases based on small unmanned aerial vehicle. Computer and Computing Technologies in Agriculture V，IFIP Advances in Information and Communication Technology，2013，393：196-202.

第八章　基于模型与感知的油菜栽培模拟优化决策

第一节　基于模型的油菜生产管理决策原理

一、一般原理

（一）以油菜计算机模拟为基础

人们对作物生长发育状况的表达大致采用了 4 种方法，即：（1）定性描述；（2）带有数量指标的经验描述；（3）数学公式；（4）计算机模拟。

（二）油菜栽培模拟优化决策系统（Rape－CSODS）的模拟对象及其综合性

油菜栽培模拟优化决策系统的模拟对象是油菜生产系统，包括四大要素，即，生物要素；环境要素；技术要素（如品种选用，播种期，播量，播种行距，施肥量，水分管理，群体控制和病虫害防治等）；经济要素（包括劳力、种子、化肥、农药、农机等的投入，产量、品质、价格、收益等）。油菜模拟优化决策系统的结构与功能框图见图 8－1。

（三）油菜栽培模拟优化决策系统（Rape－CSODS）的建模目标及其应用性

油菜栽培模拟优化决策系统的最终目的是指导油菜生产，使之实现高产、稳产、优质、节本、高效，既满足社会需求，又能使农业经营者得益。因此，能否有效地促进油菜生产的发展是一个根本性检验标准。

（四）油菜栽培模拟优化决策系统的确定

将油菜生长发育过程的模拟、油菜栽培优化原理与油菜专家知识相结合进行决策。

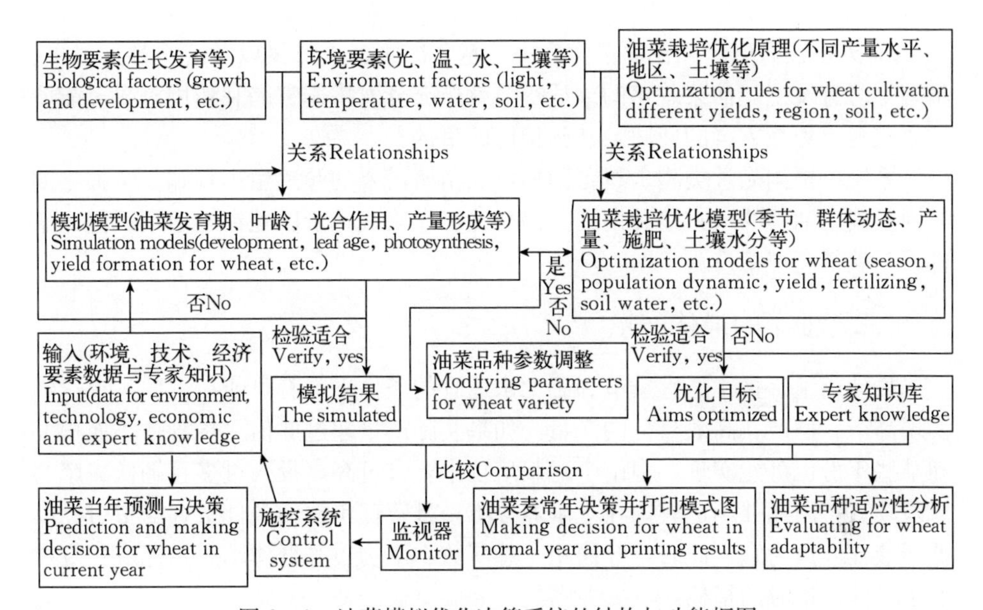

图8-1　油菜模拟优化决策系统的结构与功能框图

Fig. 8-1　Chart of the structure and functions of Rape-CSODS

二、油菜栽培的基本原则

油菜是世界上分布最广的作物之一，要获得其高产、稳产、高效、优质，就必须把品种、生长环境、栽培技术和经济条件等因素充分结合起来，使特定地区、特定油菜品种的发育和产量形成处于最佳季节条件下，实现最适的个体发育和群体生长动态，达到个体发育健壮、群体发展合理的调控目标。这也就是油菜高产、稳产、高效、优质栽培所遵循的基本原则。

（一）油菜栽培的适宜季节

适宜季节是油菜栽培基本原则的具体体现，是实现油菜高产、稳产、高效、优质的气候基础，在确定时需要同时考虑下列几个因素：

1. 茬口适宜　即在多熟制中使油菜播种期与前茬作物的收获期相适应，使其收获期与后茬作物的播种期相适应，以满足当地种植制度的要求。

2. 产量最高或较高　从理论上讲，若使油菜生长发育处于当地适宜的温光条件下，则为油菜获得最高或较高的生物学产量与经济产量提供了可能。但是，在生产实践中，要使这种可能变为现实，还应综合考虑土壤水分、养分等条件，配合一系列有效的调控措施。可见，最适季节下的产量不一定都是最高产量。

3. 灾害轻而稳产 在油菜生产中，越冬冻害、干热风以及流行性病、虫、草害等时有发生。油菜栽培的最适季节就应充分发挥避害趋利作用，尽可能使油菜减轻或免受灾害的威胁，达到稳产的目的。

系统可根据品种类型、越冬前形成壮苗所需要的叶龄生理日和安全抽薹期等因素确定油菜的适宜播种期，并使初花至灌浆成熟阶段处在当地最适温光条件下，获得高产稳产。

（二）油菜的最佳产量

最佳产量是指在适宜季节和肥、水适宜的条件下，有可能在大面积上达到实现高产、稳产、高效目标的产量。如果实际产量超过此值，尽管在小面积上和某些年份也可能实现，但由于对栽培技术要求过高，投入过多且倒伏减产的风险较大，因此并不适宜。在土壤养分不良且管理粗放的条件下，产量目标以低于最佳产量为宜，此时，叶面积、总茎数、干物质等群体动态指标应相应地低于最佳产量时的指标。

（三）油菜适宜的群体发展与个体发育

在适宜季节的前提下实现适宜的群体发展和个体发育，达到使个体健壮、群体合理的目标，是实现油菜高产、稳产、高效、优质，获得最佳产量的生物学基础。

作物群体包括数量和质量 2 个方面。对任何一个作物群体的描述，最终都得通过一定的数量来表述。而群体质量是指各项数量指标中最优化的数值。高产群体质量指标是指能不断优化的群体结构，不断实现高产更高产的各项形态、生理指标。

从源库关系来分析，只有实现群体与个体的协调发展，才能达到油菜光合生产中“源”与“库”的协调发展、植株地上部与地下部的协调发展以及营养生长与生殖生长的协调发展，最终实现高产、稳产、高效、优质的目标。

就油菜群体数量而言，并非愈大愈好，亦并非愈小愈好，不同品种在一定的气候和土壤条件下，不同发育期的群体都有一个最优化的数值或范围，即高质量的群体；同样，对于油菜的个体发育，在不同发育期也都有各自适宜的指标或指标范围。如在油菜分枝期，若分枝过多，无效分枝将会增加，这不仅不利于个体的进一步发展，而且也会使群体过大，群体质量降低，导致成角率下降，每角粒数和千粒重减小，不能达到高产、稳产、高效和优质的目的。相反，如果个体发育较弱，比如分枝期的分枝数不足，则会产生角小，角数、粒数偏少，同样不能达到高产、稳产、高效、优质目的。

总之，个体发育是群体形成和发展的基础，而群体发展反过来又会制约和影响个体发育，可见，适宜的个体发育和群体发展相辅相成，不可分离，是既对立又统一的 2 个方面，需要权衡利弊，恰当把握。

三、油菜不同发育阶段的优化原理

在油菜生长的不同发育阶段，由于生长中心、代谢类型、气象条件等各不相同，因此，应有具体的优化原则。

（一）幼苗阶段（出苗至抽薹始期）

油菜在幼苗阶段生长中心主要是根、茎、叶、枝等营养器官，是为中后期生长奠基的时期，也是决定角数和每角小角数的关键时期。因此，该阶段要求越冬前有适龄的带枝壮苗，以保证早春返青后枝大、角足。本阶段是实现个体与群体协调发展的关键时期，其优化原则如下：

（1）适宜叶龄与播种期　适宜叶龄是与品种类型、幼角分化、安全抽薹及种植制度等有关的一项综合指标。根据不同类型油菜在越冬前达到壮苗的适宜叶龄指标，利用叶龄模型反推不同品种、不同麦区和不同年份的适宜播种期范围和最适播种期。

（2）适宜基本苗　确定适宜基本苗数的原则是保证油菜在有效分枝可靠叶龄期前达到相当于适宜角数的分枝数。适宜基本苗数与品种的总叶片数、伸长节间数、有效分枝可靠叶龄期分枝的叶片数、有效分枝可靠叶龄期理论茎枝数及茎枝发生率等有关。可针对不同品种、不同地区和不同年份的具体情况进行模拟确定。

（3）适宜播种量　在油菜栽培中，确定适宜播种量十分重要。它是根据特定品种在某一地区的最佳基本苗数、种子播种质量（包括千粒重、发芽率等）及成苗率确定的。实际上，初花期最佳叶面积指数和单角平均叶面积之间关系的协调程度制约着基本苗与播种量的关系。

（4）有效分枝可靠叶龄期的适宜总茎数　群体总茎数在该叶龄期应与适宜角数相等或略高，这样才能保证实现适宜角数。若该叶龄期的总茎数过少（即推迟达到适宜角数），虽然部分叶片较少的分枝也能成角，但角数不足；反之，如果总茎数过多（即提前达到适宜角数），必然导致器官形成阶段群体过旺，过早封行，群体内部的通风透光性变差，群体与个体不能协调发展，致使倒伏与病虫害的危险增加，同时也造成化肥、农药等的浪费。

（二）抽薹至初花阶段（中期）

本阶段是生长中心从根、茎、叶等营养器官向蕾、花、角等结实器官转移的关键期。要求控制最高总枝数，提高分枝成角率，达到角足角大、壮秆不倒的调控目标。优化要点是实现适宜的中期叶面积与适宜的最高总茎数。

在油菜一生中，适宜最高总枝数是一个很重要的群体质量指标。从本质上讲，它与中期的适宜叶面积指标有关，而中期叶面积直接影响着该期油菜群体中下部的光照条件。此时，光照和适宜的营养条件是培育油菜壮秆大角的最主要环境因子。在正常条件下，由于不同油菜品种在抽薹期都具有比较稳定的单株叶面积，因此，抽薹期的适宜叶面积决定着适宜的最高总茎数。在高产栽培条件下，必须控制最高总茎数，将抽薹期叶面积指数控制在 4～4.5，从而将油菜封行期控制在抽薹后 10～15 d，使抽薹期群体中下部光强比较适宜。

成角率是指每 666.67 m^2 收获角数与最高总角数的比值。根据油菜高产（每 666.67 m^2 产量 160 kg 以上）经验，应力争使成角率达到 40％以上。较高的成角率是油菜中期阶段群体与个体协调发展的重要标志。成角率高，不仅群体大小适宜、个体健壮、角大，而且可以改善生长后期的灌浆结实条件，保证了较高的结实粒数和粒重，最终获得高产和稳产。

（三）初花至成熟阶段（后期）

本阶段是籽粒形成和灌浆的关键阶段，其基本要求是实现后期适宜叶面积，获得适宜角数，使灌浆后期叶色正常，既不早衰又不贪青晚熟，达到提高结实率增加千粒重的目标。因此本阶段优化要点如下：

（1）初花到灌浆前期的适宜叶面积　初花到灌浆早期是油菜产量形成的最关键时期，油菜产量的 3/4～4/5 来自这个时期的光合作用，包括角和茎等绿色器官的光合作用在内，并且这个时期的光合产物绝大部分向角部转移。因此，要根据实现群体最大光合生产的原则确定该时期的适宜叶面积。

（2）最佳角数　在一定产量水平和正常生产条件下，每个油菜品种在初花期的单株叶面积较为稳定，一旦确定了初花期的适宜叶面积，最佳角数也就相应地被确定。最佳角数是油菜高产栽培中获得最佳产量结构的关键因子之一，也是高产群体的一个重要的质量指标。

（3）成熟期适宜叶片数与绿色叶面积　在油菜成熟期，为了保证灌浆结实的顺利进行，不同品种都需要保持一定的绿色叶片数和绿色叶面积指数。这样，可使发育后期有适宜的光合积累，以保证籽粒灌浆，达到籽粒饱满。研究表明，在籽粒产量形成中，油菜旗叶起着重要作用，而成熟期所保持的绿色叶片数也以旗叶为主。因此，成熟期适宜叶片数与绿色叶面积是油菜个体与群体协调发展的最后一个主要群体质量指标。

总之，在油菜一生中，群体与个体的协调发展和高质量群体的获得，包含着油菜前、中期发育与后期发育在时间上的协调关系。油菜产量形成主要决定于后期，而后期的发育又是以前期和中期为基础。决定油菜产量的关键性指标是初花至灌浆前的适宜叶面积，这是因为此时的适宜叶面积指数决定了最佳角数，而最佳角数又是决定最适基本苗的基本因子。初花期最适叶面积同时还决定了抽薹期的最适叶面积指标。可见，在油菜整个生长发育过程中，决定最佳产量的后期高质量群体指标反馈约束着前期和中期的高质量群体指标，最终通过前期和中期适宜的群体与个体发育的协调来实现。因此，油菜群体的优化控制是通过一种反馈控制原理实现的。

四、油菜栽培优化数学模型中模拟与优化的结合

按照RCSODS[1]中的计算机模拟与栽培优化相结合的原理，在油菜栽培的数学模型中也充分运用了这一原理。主要体现在以下几个方面：

（一）栽培季节与生育进程相结合

首先，利用该地区常年月平均气候资料生成由1月1日至12月31日的常年逐日气候资料。然后，根据适宜播种期的确定原则，将不同类型品种在当地越冬前适宜的主茎叶龄指标作为品种参数。再根据油菜叶龄模拟模型，自越冬期开始向出苗期逆向逐日模拟，当叶龄生理日数累加值达到该品种自出苗到越冬期所需要的叶龄生理日数时，即可得到适宜出苗期。进而利用油菜生育期模拟模型，由出苗期继续逆向逐日模拟，确定适宜播种期。最后从适宜出苗期开始正向（由秋季→冬季→春季→夏季）逐日模拟，依次确定适宜抽薹期、初花期和成熟期。

以上既采用计算机模拟方法，又应用适宜季节的优化原理，最佳季节通过适宜越冬期的温度指标和叶龄指标共同体现，使计算机模拟与油菜栽培优化原理在模型中相结合。

（二）在叶面积动态方面的结合

利用已确定的油菜最适季节，采用逐日模拟方法计算出某品种在当地适宜初花期前后共40 d内的日平均最高、最低气温与日平均辐射量。然后根据初花期最适叶面积的数学模型模拟出在该温光条件下的适宜叶面积指数。再用相应的方法计算越冬期、返青期、抽薹期与成熟期的最适叶面积指数。最后用一定的数学模型（出苗至初花期采用Logistic方程，初花至成熟采用箕舌线

方程），根据常年逐日温度资料模拟出油菜从出苗到成熟的常年最适叶面积动态。

在当年决策中，当年实际叶面积动态是与光合生产模拟相结合加以确定，将其与同年最适叶面积动态相比较，如果当年实际叶面积指数（测定值或模拟值）低于同年适宜叶面积指数，即可通过调控措施予以促进；反之，应予控制。因此，当年适宜叶面积动态是当年实际叶面积的动态目标。

总之，当年优化栽培管理的基本方法是要求随时监测当年实际叶面积动态与同年最适叶面积动态之间的偏差，并采取相应的调控措施加以调整。

（三）在总枝数动态方面的结合

在适宜的生长发育条件下，某一地区某一特定的油菜品种在不同发育期都有比较稳定的单茎（指主茎）或单枝叶面积。因此，通过模拟各主要发育期的适宜叶面积，并与该品种在当地适宜生长发育条件下的单茎（指主茎）或单枝叶面积相结合，即可模拟出该油菜品种对应发育期的适宜茎枝数。

另外，适宜茎枝动态还有其自身的优化原则。比如，油菜的基本苗数受品种的总叶片数、伸长节间数等因素的制约。实际上，适宜总茎数动态与适宜叶面积动态是既相互制约又相互联系的，因此，适宜总茎数动态模拟与适宜叶面积动态模拟结合进行。

在当年决策中，当年实际总茎数动态要根据当年生长期已出现的气象资料、未来 20 d 内的气象预报、未来 20 d 后的常年气象资料、实际播种条件及肥水条件，并与光合生产的模拟相结合而确定。而光合生产模拟中又涉及叶面积动态。同样，油菜当年最适总茎数动态是以总茎数动态为内容的当年决策的动态目标。

（四）在光合生产方面的结合

在常年决策中，在没有养分和水分限制条件下，当确定了油菜适宜季节的适宜叶面积动态后，即可根据油菜光合生产模型模拟光合生产的动态过程、油菜干物重的积累与分配。由于油菜光合生产模型中使用了适宜叶面积动态，又没有养分和水分条件的限制，因此可获得油菜适宜干物质动态。自初花前 20 d 前开始根据逐日温度及油菜灌浆模型，模拟光合产物向籽粒的转移过程，再根据籽粒总干重、最佳角数及结实率和籽粒千粒重参数，计算油菜适宜的每角总粒数和每角实粒数。其中，油菜的结实率和千粒重应按初花到成熟期的常年温光条件做较小幅度调整。这样，可模拟出该品种在当地可能达到的最适产量及相应的最适产量构成（包括每 666.67 m^2 角数、每角粒数、千粒重）。

在当年决策中，油菜的光合生产是按照实际播种、肥水条件及当年气象实况进行模拟，以适宜干物质动态作为目标与模拟或实际干物质动态相比较，以便采取相应调控措施。

（五）土壤养分供应与施肥决策相结合

在油菜施肥决策中，根据当地土壤的有机质含量、全氮含量以及速效磷、速效钾含量和 pH，针对不同油菜品种类型和不同产量水平及其对氮、磷、钾养分的需求量，应用养分平衡模型，确定油菜生产中氮、磷、钾三要素的适宜施用量。

在油菜当年施肥决策和增产增收分析中，根据当地实际施肥量，以适宜施肥量为目标，提出油菜不同发育期的施肥方案。

利用油菜生长期土壤和植株氮素动态模型，对土壤有机质及施入肥料的有效氮含量、植株对氮素的吸收和利用等过程进行模拟，可得到不同土壤和施肥条件下油菜植株实际含氮量的逐日动态变化。同时也可模拟出不同油菜品种在不同发育期植株临界含氮量的逐日动态变化，将其与油菜植株实际含氮量相比较，采用动态氮素因子（NF）表征油菜植株氮素的丰缺状况。此处，氮素因子是油菜氮素模拟与优化相结合的一项重要指标。

（六）在土壤水分方面的结合

在油菜生长期土壤水分动态模拟与水分管理决策中，根据当地土壤容重、质地、凋萎湿度、田间持水量、饱和含水量等土壤物理参数以及 0～40 cm 分层土壤含水量初值、当年实际气象资料、中短期气象预报资料，结合当年油菜群体干物质和叶面积的测报，即可模拟出油菜生长期 0～40 cm 剖面分层土壤含水量和平均含水量，将其与同期相应油菜品种类型和土壤的适宜含水量相比较，采用动态土壤水分因子（WF）表征油菜生长期土壤水分的丰缺状况，以确定相应的土壤水分管理措施。这里，土壤水分因子也是油菜生长期土壤水分模拟与优化相结合的一项重要指标。

五、决策思路

采取将油菜生长模型、栽培优化模型以及专家知识相结合，油菜形态模型、油菜生长及产量渍害影响模型、油菜生长及产量高光谱响应模型、油菜肥、水、病虫管理决策模型、油菜病害光谱智能识别模型与油菜生长模型相结合，田间服务器、田间环境感知技术与基于模型的油菜栽培优化数字决策相结合，试验、示范与推广相结合，科研、教学与生产相结合，由实践（试验）到理论（模型）再到实践（示范与推广）的技术路线（图 8 - 2）。

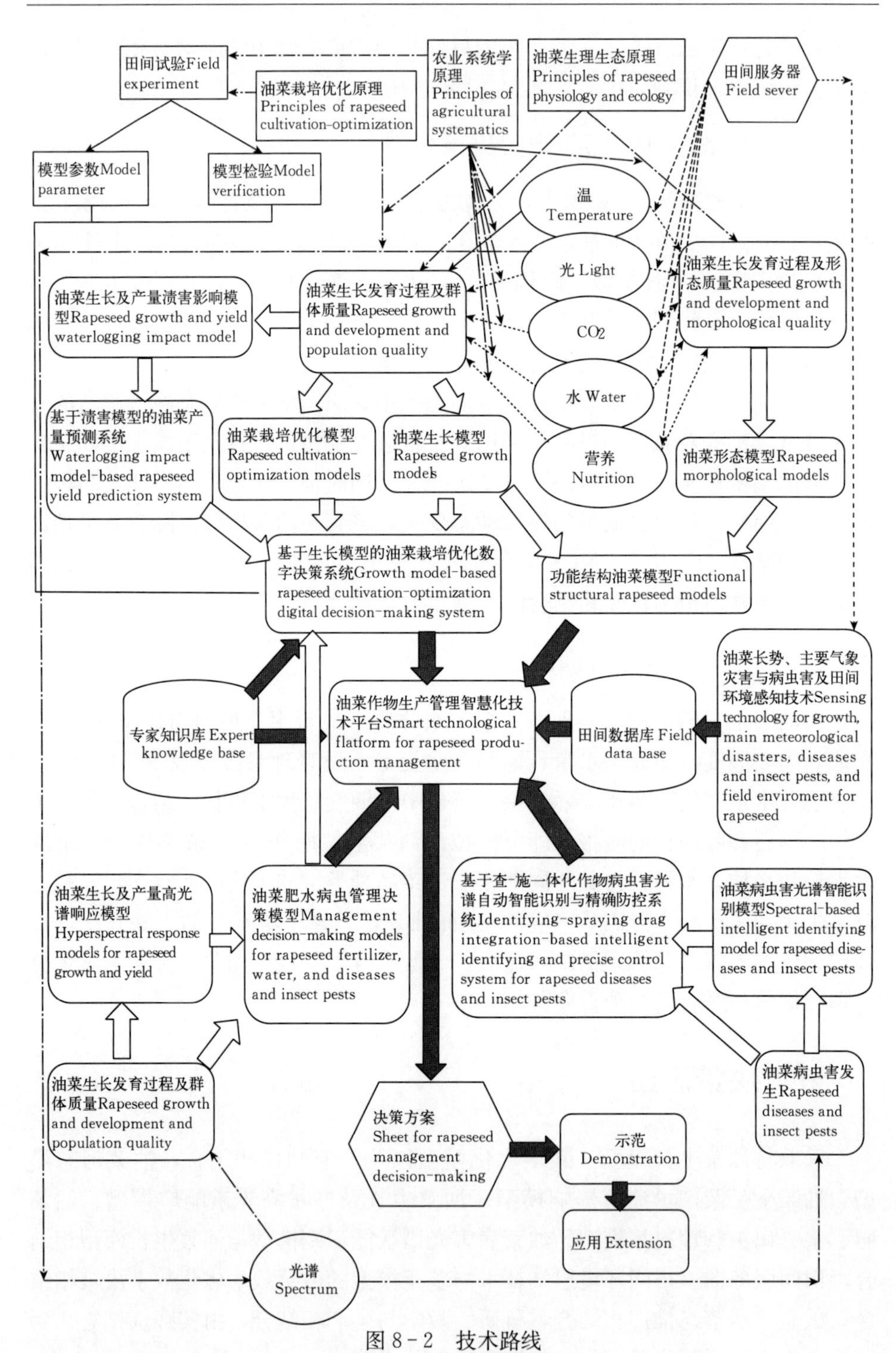

图 8-2　技术路线

Fig. 8-2　The technical route

第二节　基于模型的常年决策

油菜栽培决策的主导思想应是以常年决策为基础，辅之以当年决策并进行适当调整。作物栽培学本身就是以常年决策为主，如用3～5年栽培试验所得出的结果或结论，去指导生产往往滞后，缺乏动态性。

常年决策是利用当地常年气象资料，运行油菜栽培优化数学模型后做出的决策，可分为最佳季节和实际季节的常年决策。

一、需要输入的资料

（1）当地1～12月常年月平均气温、月平均最高和最低气温以及月日照时数总量；（2）当地海拔高度和纬度；（3）品种参数；（4）油菜品种类型；（5）油菜生态区域；（6）当地土壤参数；（7）其他，如种子发芽率、油菜田间出苗率等。

二、在油菜常年决策中需要考虑的不同条件

（一）品种

不同品种主要用品种参数来反映。针对某地某一油菜品种，首先按照品种参数调整的原理和方法调整并确定品种参数，将调整后的品种参数引入油菜栽培优化数学模型。

（二）地点

不同地点的常年决策有2种情况，即当地决策和大范围决策。前者是对某一油菜品种在特定土壤、产量水平和种植制度下所作的常年决策，属于本节讨论的内容范畴。

（三）产量水平

产量水平不同，常年决策结果不同。由于某一特定油菜品种在不同地点种植时，会遇到各种各样的生产条件。一般，某一特定油菜品种的产量水平可以考虑以下几种情况，即最佳产量（YO）、超高产量（1.1YO）、较高产量（0.8YO）和中等产量（0.7YO）。

(四) 土壤

不同土壤可由当地土壤类型及其主要的理化性状参数来反映。

(五) 前作

某个地点的种植制度包括种植方式和轮作方式等，是多种多样的，即使油菜在同一地点种植也会遇到不同的前作及茬口。

三、油菜常年决策基本功能

油菜在适宜季节下的常年决策应具有以下方面的功能：

(1) 确定最佳季节与实际季节　确定特定油菜品种在当地种植时的适宜播种期、出苗期、抽薹期、初花期与成熟期是常年决策的首要功能。在生产中，因种种原因往往不能恰好在最佳播种期播种，因此，不同地点油菜栽培的实际季节可根据当地的实际情况予以确定。

(2) 确定最佳叶龄与器官建成动态　分别利用油菜叶龄模型、总叶龄模型以及叶龄发育与同伸关系，确定油菜适宜播种期和实际季节下的叶龄、总叶龄及器官建成动态。

(3) 确定最佳叶面积动态　利用适宜叶面积模型，模拟油菜不同发育阶段的适宜叶面积动态。

(4) 确定最佳总茎数动态　利用已调试确定的不同发育期单株叶面积参数，即可求得各主要发育期的适宜茎枝动态；再根据模拟的最佳角数、单株可靠成角数、有效分枝可靠叶龄期的单株理论茎枝数以及品种分枝实际发生率确定最佳基本苗；最后，根据最佳基本苗、品种适宜千粒重、种子发芽率及田间出苗率计算出该品种的适宜播种量。

(5) 确定最佳光合生产和干物重动态　按照油菜最佳净光合生产的理论模型加以确定。其中，最佳光合时间在1 d内为日长，在整个生长季内指最佳季节中的适宜出苗期至适宜成熟期的天数；最佳光合强度是适宜叶面积动态和最佳生长季内逐日自然光强的函数，并受到温度因子的订正和若干参数的制约；油菜日呼吸消耗是日光合总量的函数，受温度及呼吸参数的制约；最后，将最佳季节下的逐日净光合量在油菜全生育期内累加，即可确定油菜最佳生物量或干物质产量。

(6) 确定最佳产量及产量结构　由油菜全生育期总干重乘以该品种适宜经济系数得到最佳产量；油菜最佳角数可由初花期最佳叶面积和单枝叶面积确定；每角粒数可由油菜最佳产量、最佳角数以及适宜千粒重确定，适宜千粒重为品种参数，可按气候、季节在一定幅度内调整。

（7）确定最佳施肥量及施肥运筹　根据土壤养分平衡理论及报酬递减原理确定不同品种、不同产量水平下氮、磷、钾肥及微肥的最佳用量与经济用量。

（8）确定适宜土壤湿度　可分别利用油菜光合强度、灌浆速度、生长率、成角率、角粒数、水分利用效率及产量等与土壤湿度之间的关系，采用最优分割聚类法结合专家经验确定油菜抽薹至初花以及初花至成熟阶段的适宜土壤水分指标。

（9）灵活地给出不同品种、地区、季节、土壤、产量水平、气象等条件下的油菜栽培模式图。如利用山东省青州市的气象、土壤、品种及专家知识等得到的常年决策模式，对不同茬口、土壤、产量水平等即可给出相应的决策结果，与传统种植相比，它目标明确，可操作性强，精确、优化，且可用当年决策进行动态微调。

上述各项常年决策功能通常作为目标，与其他非最优化或当年条件下的模拟结果相比较，即可为当地的优化决策提供依据。

第三节　基于模型与感知的当年决策

在油菜栽培管理中，苗情分析是苗期决策的主要依据。广大农户在长期生产实践中总结出了各种形象化的苗情标准，区分弱苗、壮苗和旺苗，并采取相应的管理措施；农业技术人员则在油菜苗期阶段的关键时期通过田间实际苗情分析，掌握油菜苗情动态，进而作出相应的苗期田间管理决策。无论是形象化的苗情标准，还是较为科学的田间苗情跟踪调查分析，都对油菜苗期田间管理决策具有一定指导作用。同时也说明，按照大田苗情采取管理措施的重要性和科学性。但是，形象化苗情标准和田间苗情跟踪调查分析，都没有摆脱决策滞后的局面。只有根据当年未来气象条件的变化趋势对油菜的苗情作出预测，并与当年优化苗情标准相比较，进而及时调整栽培措施，才能使油菜的栽培决策更科学、合理、有意义。这正是油菜栽培当年决策所要解决的主要问题。

一、油菜栽培当年决策的基本原理

根据控制论中优化控制原理，可将油菜群体的生长发育和产量形成过程看作一个动态的反馈控制系统。系统的输入分为可控因子（如播种期、播种量、基本苗、肥水管理等栽培技术措施等）和不可控因子（如光照、温度、降水等气象条件）；系统输出主要是油菜群体的生长发育和产量形成动态（如干物质积累、叶面积、总茎数动态等）；系统的预期目标是获得实现高产、稳产的最优群体动态，实现高产稳产。经过系统输入（油菜不同发育阶段的天气、土壤、施肥量、苗情等）和模拟得到系统输出结果，将输出结果与当年最优群体动态进行比较，并将比较结果通过监测器反馈给施控系统，施控系统即可根据反馈信息及决策调控模型对栽培措施进行相应地“调整”，不断使系统输出结果逼近系统目标（图 8－3）。

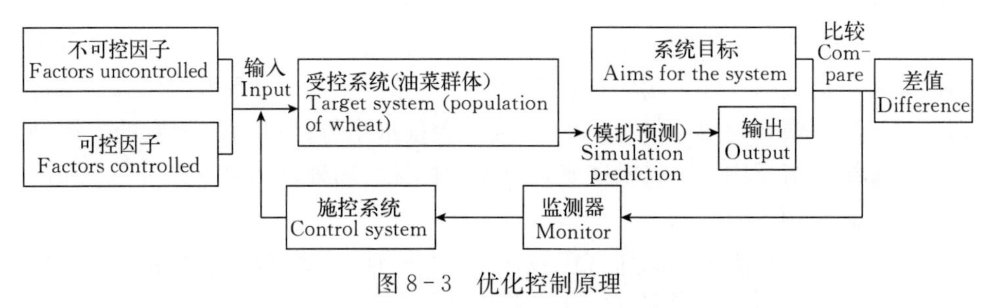

图 8－3　优化控制原理

Fig. 8－3　The optimal control principle

二、油菜栽培当年决策的功能

1. 利用油菜发育期模型，输入逐日温光资料，预测当年油菜的出苗期、抽薹期、初花期及成熟期；初花期适宜叶面积指数和有效角数，并与常年最佳状况进行比较。

2. 根据土壤养分状况（土壤有机质、全氮、速效磷、速效钾含量，pH 等）、油菜产量目标，利用养分平衡模型，确定油菜不同发育阶段的需肥量，同时给光合生产模型提供肥料影响函数。

3. 根据决策之前已出现的气象实况、未来 20 d 的气象预报以及此后的常年气候资料、决策前已实施的施肥量和已出现的大田苗情，逐日模拟油菜群体光合作用、呼吸消耗、干物质积累、产量形成、叶面积动态、总茎数动态和叶龄动态等。同时，根据油菜主要病虫害［冬前蚜虫（连续 7 d 日平均气温高于 10 ℃且无降雨量）、蕾薹菌核病预测（连续 7 d 日平均气温高于 18 ℃且有降雨量）］与主要气象灾害［蕾薹前后冻害（连续 3 d 日平均最低气温低于 3 ℃）、冬前渍害与干旱（连续 4 d 日降雨量大于 10 mm；连续 7 d 无日降雨量）、花后渍害与干旱（连续 3 d 日降雨量大于 15 mm；连续 3 d 无日降雨量）］发生规律预测其发生期。

4. 根据油菜最佳角数、实际分枝发生率、有效分枝可靠叶龄期单株理论茎枝数，确定最佳基本苗；再按照油菜品种类型、种子千粒重、发芽率、田间出苗率、最佳基本苗、土壤肥力状况等确定播种量。

5. 根据油菜播种期已实施的栽培措施，决策时的田间总枝数、苗情（弱、壮、旺）分为苗期阶段（出苗-抽薹）的前、中、后期预测群体动态，并将预测结果与常年最佳值进行比较，以确定油菜苗期的管理决策，预测苗期阶段以后的决策要点。

6. 根据油菜苗期阶段已实施的栽培措施、决策时的田间总枝数和苗情将油菜中期阶段（抽薹-初花）分为前、后两期预测未来群体动态，经过与当年最佳值比较，确定油菜中期阶段的管理决策，预测中期阶段以后的决策要点。

7. 根据油菜苗期、中期阶段已实施的栽培措施，预测后期（初花-成熟）的群体动态，确定油菜后期阶段的管理决策，预测成熟状况。

三、基于油菜生长与环境感知的肥、水、病虫管理决策

基于感知和大数据技术研究了不同气象、土壤、品种、种植方式及产量水平油菜作物不同生育阶段冠层氮素及水分状况与肥水需求及管理措施间关系、油菜生长与渍害间关系、病虫害发生与气象因子间关系，建立肥、水、病虫管理决策模型。

（一）基于感知与生长模型融合的油菜作物长势、主要气象灾害与病虫害预测预警技术

将油菜作物长势、主要气象灾害实时感知数据与油菜生长模型融合，预测油菜作物长势和主要气象灾害影响；将田间环境实时感知数据与病虫害发生模型融合，预测油菜作物病虫害发生概率；油菜作物长势、主要气象灾害与病虫害预警。

通过田间环境感知数据转换系统（田间环境记录仪数据转 CCSODS 数据库格式软件（ECOAC）V1.0）将田间环境记录仪数据转 Rape - CSODS 数据库格式（图 8 - 4），在当年决策中作为当年实时数据（图 8 - 5），再与当年未来一定时段天气预报相结合，形成预测数据序列，进而利用油菜作物长势、主要气象灾害与病虫害预测模型，即可进行油菜作物长势、主要气象灾害与病虫害预测预警（图 8 - 6）。

（二）油菜生长氮素诊断与调控

油菜生长动态包括干物质、叶面积、茎枝数和叶氮含量，通过油菜主要发育期实际生长动态与适宜生长指标比较，进行氮素诊断与调控。

田间环境记录仪数据转CCSODS数据库格式软件 v1.0

打开ECOA数据文件(O) 日设置照时数阈值(I) 保存CCSODS数据文件(S) 退出(Q)

ECOA原始数据

行号	时间	环境温度	环境湿度	地温
1	2016/7/...	27.7	98	26.9
2	2016/7/...	25.5	98	26.6
3	2016/7/...	24.6	98	25.8
4	2016/7/...	24	98	25.5
5	2016/7/...	23.7	98	25.1
6	2016/7/...	23.5	98	24.9
7	2016/7/...	23.1	98	24.2
8	2016/7/...	22.7	98	23.7
9	2016/7/...	22.6	98	23.6
10	2016/7/...	22.7	98	23.3
11	2016/7/...	22.7	98	23.2
12	2016/7/...	23	98	23.2
13	2016/7/...	22.9	98	23.2
14	2016/7/...	23	98	23.2
15	2016/7/...	23.2	98	23.2
16	2016/7/...	23.4	98	23.8
17	2016/7/...	23.9	98	23.8
18	2016/7/...	24.3	98	24
19	2016/7/...	24.3	98	24.3
20	2016/7/...	25.2	98	24.3
21	2016/7/...	25.7	98	25.9
22	2016/7/...	32.3	66.7	19.9
23	2016/7/...	29.7	71.4	14
24	2016/7/...	31.1	68	10.1
25	2016/7/...	32.2	66.4	14.7
26	2016/7/...	34	62.7	12.7
27	2016/7/...	30.9	70.4	13.1
28	2016/7/...	30.3	72.3	8.1
29	2016/7/...	30	72.9	8.1
30	2016/7/...	29.1	74	8.1

CCSODS格式数据

编号	日期	最高温度 ℃	平均温度 ℃	最低温度 ℃	日照时数 h	降水 mm
1	2016/7/4	27.7	24	22.6	3	0
2	2016/7/5	25.7	23.8	22.7	4	0
3	2016/7/9	34	29.8	26.7	8	0
4	2016/7/10	30.2	27.3	24.7	12	0
5	2016/7/11	32.7	27.4	25.5	11	0
6	2016/7/12	37.8	29.8	25.4	11	0
7	2016/7/13	36.7	29.9	26	11	3.6
8	2016/7/14	27.5	26.6	25.5	5	9.6
9	2016/7/15	33.8	27.3	22.9	11	9.6
10	2016/7/16	30	25.4	21.4	12	9.6
11	2016/7/17	35.3	27.9	21.7	10	7.6
12	2016/7/18	36.5	29.3	25.1	11	0
13	2016/7/19	34.7	29.7	25.5	12	0
14	2016/7/20	36.3	32.3	28	12	0
15	2016/7/21	37.8	31.9	25.9	13	0
16	2016/7/22	39.1	32.8	26.5	11	0
17	2016/7/23	39.8	33	26.7	11	0
18	2016/7/24	40.6	33.7	27.4	11	0
19	2016/7/25	41.7	33.8	27.8	11	0
20	2016/7/26	41.3	33.9	27.4	11	0
21	2016/7/27	40.7	35.2	28.7	16	0
22	2016/7/28	37.3	36.6	31.2	19	0

日志记录

原始数据第241行与上一行时间间隔120分钟，疑有缺失！
2016/7/18,转换后第12行，仅用23个数据计算。请注意！
原始数据第433行与上一行时间间隔72分钟，疑有缺失！
原始数据第434行与上一行时间间隔72分钟，疑有缺失！
原始数据第435行与上一行时间间隔72分钟，疑有缺失！
2016/7/26,转换后第20行，仅用23个数据计算。请注意！
原始数据第506行与上一行时间间隔63分钟，疑有缺失！
转换完毕!转换用时: 0.469秒

图 8-4 田间环境感知数据转换系统

Fig. 8-4 The field environment sensing data conversion system

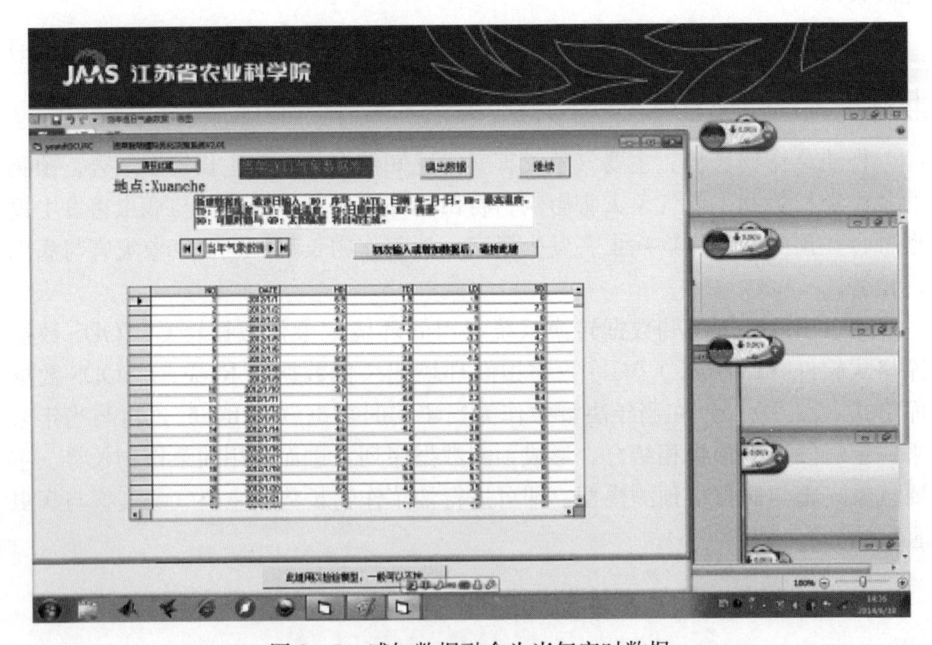

图 8-5 感知数据融合为当年实时数据

Fig. 8-5 The perceived data is fused into real-time data of the current year

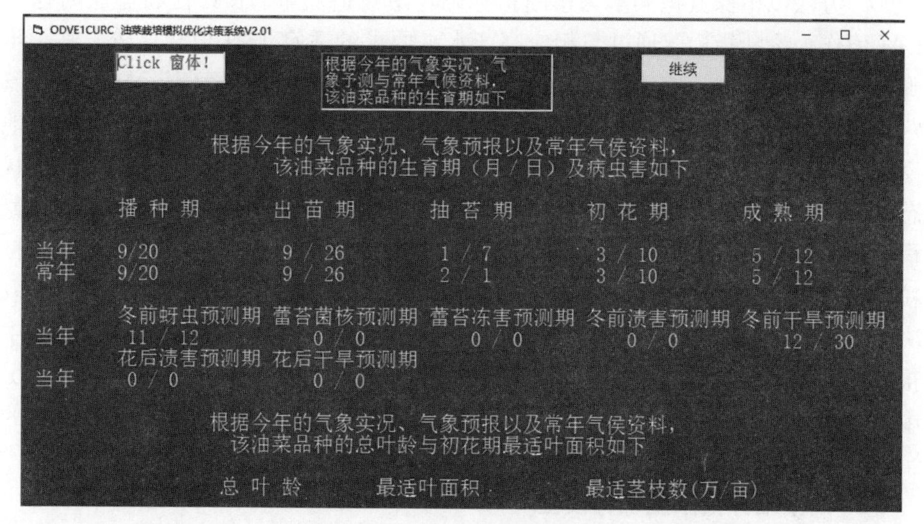

图 8-6　油菜作物长势、主要气象灾害与病虫害预测预警

Fig. 8-6　The forecast and Warning for the crop growth status, the major meteorological disasters, and diseases and insect pest of rapeseed

1. 临界氮浓度与氮素营养指数

临界氮浓度：Lemaire 等[2]根据这种现象提出了临界氮浓度的概念，定义为作物达到最大生长量所需要的最低氮浓度，地上部氮含量与地上部总干物质间可用幂函数方程 $N=aDM^{-b}$ 来表示。Greenwood 等[3]基于这一原理，提出了关于 C3、C4 作物临界氮浓度与地上部干物质的通用定量模型，但所建模型是在作物不受氮素制约的试验条件下确定的，而真正的临界氮稀释模型应该考虑氮肥不充足的情况。Lemaire 等[4]在大量研究基础上，修正了 Greenwood 的模型参数，提出了 2 个新模型（C3：$N=4.8DM^{-0.34}$；C4：$N=3.6DM^{-0.34}$）。然而，不同植物由于其植株生长形态、生长发育期和生长所需外界条件各不相同，氮稀释模型应有所差别，这些模型参数在不同环境和品种之间存在一定稳定性。临界氮浓度的存在和稳定性使对作物需氮量的预测和氮营养状况的诊断成为可能。

氮营养指数（nitrogen nutrient index，NNI）[2]诊断：生产上现有作物氮肥诊断与调控一般是凭当地农学专家的经验确定，易受地域性和经验性限制。近年来，作物氮素营养的诊断与调控技术快速发展，以实地氮肥管理技术[5]（site-specific nutrient management，SSNM）、氮肥优化算法（nitrogen fertilization optimization algorithm，NFOA）、叶面积指数法（LAI）以及氮素营养指数法（nitrogen nutrient index，NNI）等为典型代表，所用的诊断指标也各不相同。SSNM 技术是根据中后期作物叶片 SPAD 阈值或叶色等级确定中后期氮肥施用量。

NFOA 方法以植株氮积累量为诊断指标确定最终追氮量。LAI 法将施肥时作物 LAI 值作为诊断指标，通过与相应高产水平要求的适宜 LAI 值相比较，进一步确定追氮用量。Lemaire 等[2]用氮营养指数（NNI）诊断植株氮素亏缺状况。氮营养指数是建立在临界氮浓度基础之上，具有合理的生物学意义，可以定量地反映作物体内氮营养状况，当 NNI=1，表明作物体内氮素营养水平处于最佳状态；高于 1 为氮素营养过剩；低于 1 则氮营养不足。无论是 SPAD 值、植株氮积累量、LAI 值、叶片氮浓度等参数均能指示作物氮素营养状况，反映了向籽粒库转移氮素的源强，是目前人们通常采用的参数指标。但作物长势的好坏取决于作物个体和群体的综合特征，大量研究表明，NNI 在作物氮素营养诊断中很好地利用了群体参数指标生物量和个体指标氮浓度在指示作物氮素营养状况中的不同作用，其能很好克服物候期、播种密度等外界因素对氮素营养诊断的影响，在指示作物氮素营养状况上比其他参数指标具有明显优势。

2. 油菜临界氮浓度稀释模型

（1）对比分析不同氮素水平试验下每次取样的地上部干物质，基于方差分析法对油菜生长是否受氮素水平限制进行分类；

（2）对于施氮量不能满足油菜最大生长需求的试验监测资料，其地上干物质与氮浓度值的关系进行线性拟合；

（3）对于油菜生长不受氮素影响的施氮水平，用其地上部干物质的平均值代表最大干物质；

（4）每次取样日的理论临界氮浓度由上述线性曲线与以最大干物质为横坐标的垂线相交，其交点的纵坐标决定。油菜临界氮浓度稀释模型为：

$$NC=a\times DM^{-b} \tag{8.3-1}$$

式中，NC 为油菜植株或穗部的临界氮浓度值（%）；DM 为油菜植株或穗部干物质积累量（t/hm^2），a、b 为参数，a 为地上干物质为 1 t/hm^2 时的临界氮浓度值，b 为控制此模型斜率的统计参数。

3. 油菜氮营养指数（NNI） 开花前，构建油菜植株氮营养指数；开花后，构建油菜穗部氮营养指数。

$$NNI=Na/Nc \tag{8.3-2}$$

其中 NNI 为植株或穗部氮营养指数，Na 为油菜植株或穗部氮浓度的实测值，Nc 为根据临界氮浓度稀释模型求得的临界氮浓度值。

4. 冠层光谱指数与实际氮浓度的定量模型 实现实际氮浓度的遥感反演，由于可用于估测氮素营养状况的光谱指数数量众多，因此本研究参考相关文献，选出物理意义明确、认可度较高的 7 个光谱指数进行比较分析。

$$Na=68.853\ SAVI\ (870,\ 710\ \text{nm})^2-85.253\ SAVI\ (870,\ 710\ \text{nm})+27.034 \tag{8.3-3}$$

（三）油菜作物生产管理智慧化技术集成平台

以本项目组已有油菜栽培模拟优化决策系统为基础，通过与油菜作物长势、主要气象灾害及病虫害与田间环境（土壤、气象）感知技术融合与集成，研发油菜作物生产管理智慧化技术平台（单机、网络、移动）（图 8-7～图 8-11）。

江苏省农科院油菜生产智慧化决策支持系统
江苏省农科院
油菜生产智慧化决策支持系统
用户名
请输入登录账号
密　码
请输入登录密码
验证码
请输入验证码
A5C8
刷新
自动登录
立即登录

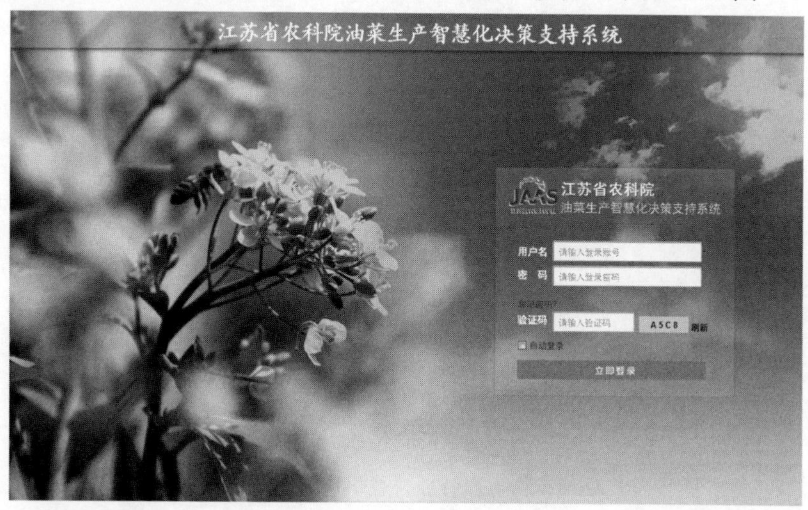

图 8-7　油菜作物生产管理智慧化技术平台——登录界面

Fig. 8-7　The smart technology platform for rapeseed crop production management - login interface

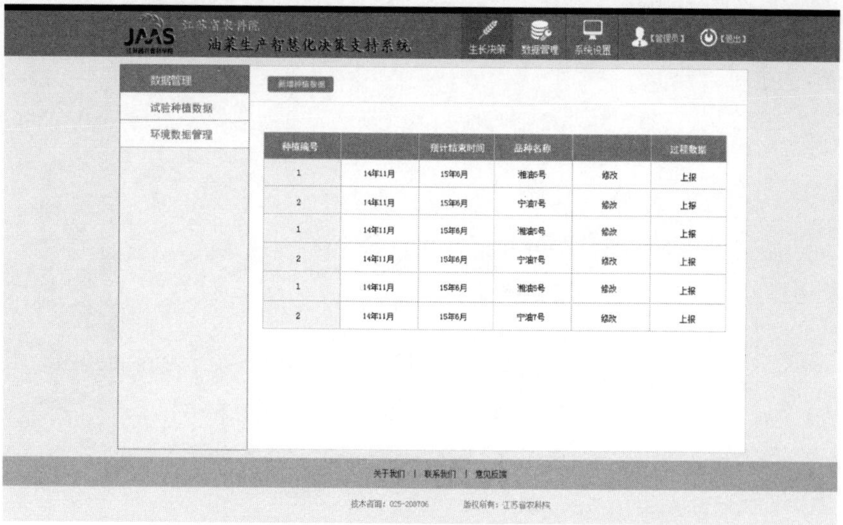
JAAS
油菜生产智慧化决策支持系统
生长决策
数据管理
系统设置
【管理员】
【退出】
数据管理
试验种植数据
环境数据管理
种植编号
预计结束时间
品种名称
过程数据
1　14年11月　15年6月　湘油5号　修改　上报
2　14年11月　15年6月　宁油7号　修改　上报
1　14年11月　15年6月　湘油5号　修改　上报
2　14年11月　15年6月　宁油7号　修改　上报
1　14年11月　15年6月　湘油5号　修改　上报
2　14年11月　15年6月　宁油7号　修改　上报
关于我们　|　联系我们　|　意见反馈

图 8-8　油菜作物生产管理智慧化技术平台——品种管理

Fig. 8-8　The smart technology platform for rapeseed crop production management—cultivar management

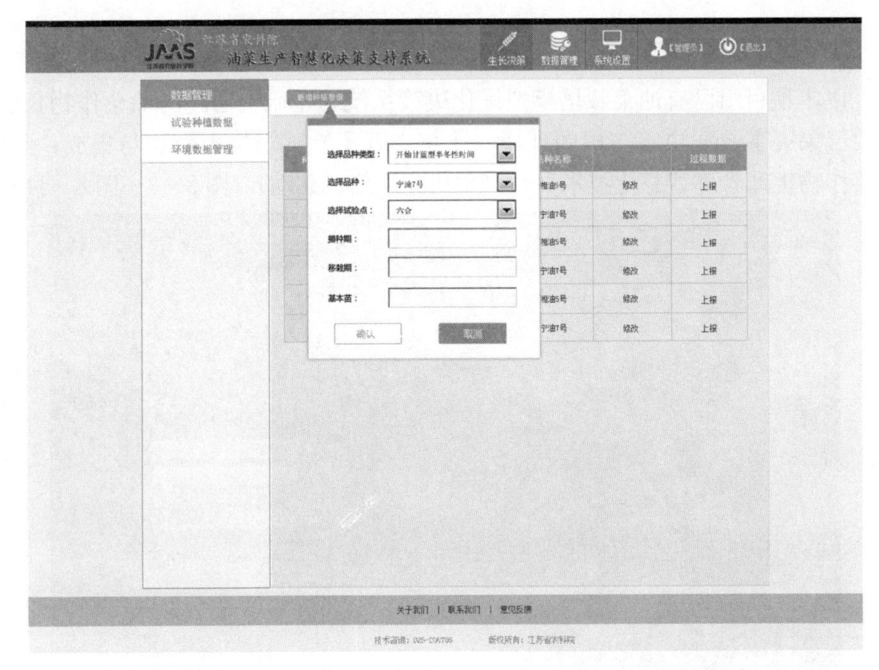

图 8－9　油菜作物生产管理智慧化技术平台——地点管理

Fig. 8－9　The smart technology platform for rapeseed crop production management—site management

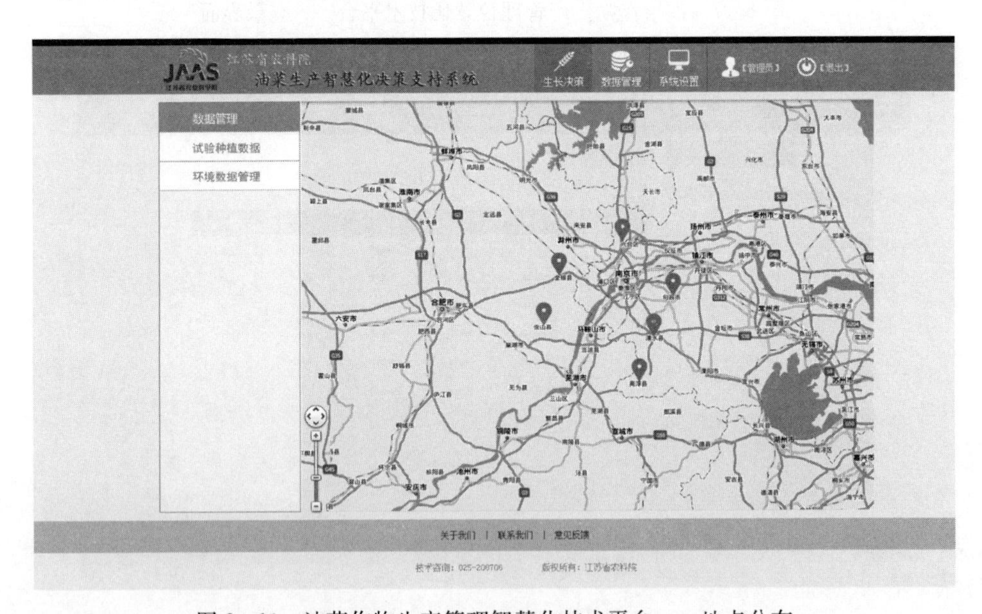

图 8－10　油菜作物生产管理智慧化技术平台——地点分布

Fig. 8－10　The smart technology platform for rapeseed crop production management—location distribution

图 8-11　油菜作物生产田间环境感知

Fig. 8-11　The field environmental perception of rapeseed crop production

第四节　基于模型的品种适应性分析

随着作物研究水平的不断提高和研究手段的不断发展，新品种的选育速度大大加快，使大面积推广品种的更新周期大为缩短，因此，大量培育成功的新品系在确定推广之前的一系列适应性试验（包括区域性品种比较试验、良种示范试验等）任务繁重，同样受到试验周期长、工作量大以及因种种原因没有结果等的影响。而若使用常年决策方法先对新品系或新品种进行气候适应性试验，经初步分析选出少数几个较好品种，再进行田间品种区域试验，这样，可使 2 种试验手段相互补充，进一步提高决策水平和效率。

油菜新品种的气候适应性分析属于一种宏观的、区域性分析，对各地土壤的差异不宜做过细考虑，如需了解其在不同土壤条件下的生长发育与产量形成动态，以作出相应的决策，可通过常年决策去完成。

油菜新品种气候适应性分析的目标是确定某个新品系在不同生态区代表性地点以及在不同种植制度下能否种植。另外，还可进行气候变化对油菜影响的分析，油菜产量及产量结构预测等。

参考文献

[1] 高亮之，金之庆，黄耀，等．水稻栽培计算机模拟优化决策系统．北京：中国农业科学技术出版社，1992：21－40.

[2] Lemaire G，Gastal F. N uptake and distribution in plant canopies//Lemaire G. Diagnosis of the Nitrogen Status in Crops. Berlin：Springer－Verlag，Heidelberg，1997：3－43.

[3] Greenwood D J，Lemaire G. Decline in percentage N of C3 and C4 crops with increasing plant mass. Annals of Botany，1990，66（4）：425－436.

[4] Lemaire G，Gastal F. Relationships between plant－N，plant mass and relative growth rate for C3 and C4 crops. Proceedings first ESA Congress，Paris，1990.

[5] 钟旭华，黄农荣，欧杰文，等．实地养分管理技术（SSNM）在华南双季晚稻上的应用效果．中国稻米，2006（6）：34－36.

应 用 篇

Yingyongpian

第九章　油菜生产信息化技术应用

第一节　气象、土壤、品种资料收集

与中国农业科学院油料作物研究所、江苏省作物栽培技术指导站、芜湖良金高效农业研究所、绵阳市农业科学研究所、南通市作物栽培技术指导站、盐城市作物栽培技术指导站、南京市作物栽培技术指导站、兴化市作物栽培技术指导站、泰州市姜堰区农业技术推广中心、湖北省武穴市农业局、湖北省江陵县农业局合作，收集绵阳、武汉、武穴、荆州、芜湖、宣城、聊城、南京、通州、海门、兴化、姜堰、东台、射阳、高淳常年气象资料（表9-1至表9-6）、示范地土壤养分普查资料（表9-7）以及品种参数资料等。

收集的品种资料主要包括品种类型、主要生育期（播种、出苗、抽薹、初花、成熟）、基本苗、总叶龄、丰产田产量、产量结构。品种（系）主要有中双9号、中油杂2号、绵油11号、秦油2号、豫油4号、宁油16、宁油18、秦优10号、沣油737、宁杂19、浙平4号、史力佳、秦油7号、秦油10号、浙油50等。

第二节　系统调试与决策方案

（一）品种数据库的建立

利用Visual FoxPro 6.0建立品种数据库，主要字段有品种、品种类型、播种期、出苗期、抽薹期、初花期、成熟期、基本苗、总叶龄、丰产田产量、666.67 m^2角数、角粒数、千粒重、特征特性（限80汉字）、栽培要点（限80汉字）等。

（二）品种参数调试

利用系统中的品种参数调整功能及已有的品种类型参数初值，调整得到特定品种在特定气象条件下的参数值，包括：生育期、叶龄、叶面积与光合生产、角粒结构、分枝率、单株叶面积参数。

表 9-1 主要示范地常年气象资料 1

Table 9-1 The perennial meteorological data in the main demonstration site（1）

月份 Month	月平均最高气温 Mean monthly maximum temperature（℃）			月平均气温 Mean monthly temperature（℃）			月平均最低气温 Mean monthly minimum temperature（℃）			月平均日照时数 Mean monthly sunshine hours（h）			月平均降雨量 Mean monthly precipitation（mm）			月平均雨日 Mean monthly rainy days（d）		
	绵阳 Mianyang	武汉 Wuhan	芜湖 Wuhu	绵阳 Mianyang	武汉 Wuhan	芜湖 Wuhu	绵阳 Mianyang	武汉 Wuhan	芜湖 Wuhu	绵阳 Mianyang	武汉 Wuhan	芜湖 Wuhu	绵阳 Mianyang	武汉 Wuhan	芜湖 Wuhu	绵阳 Mianyang	武汉 Wuhan	芜湖 Wuhu
1	9.7	7.8	7.2	5.2	3.0	3.1	1.5	−0.9	0.2	79.2	124.6	119.7	6.5	34.9	53.7	3.9	8.1	10.4
2	11.8	9.7	9.2	7.3	5.0	4.9	3.7	1.3	1.8	69.3	111.7	118.5	10.7	59.1	55.0	6.4	10.2	10.1
3	17.1	14.6	13.3	12.1	10.0	9.0	8.1	6.2	5.7	94.6	121.5	124.1	20.1	103.3	123.5	10.0	13.3	15.5
4	22.5	20.8	20.5	17.2	16.1	15.6	12.9	12.1	11.6	118.4	146.8	153.7	52.2	140.0	114.0	11.8	14.4	12.2
5	26.2	25.8	26.0	21.3	21.3	21.0	17.3	17.5	16.9	131.2	174.8	185.7	77.6	161.9	131.1	14.7	14.1	11.4
6	28.8	30.1	28.9	24.2	25.7	24.6	20.5	22.0	21.2	139.0	204.5	169.8	139.7	209.5	232.3	14.3	12.3	13.2
7	30.5	33.0	32.4	26.0	28.8	28.0	22.6	25.4	24.6	169.4	256.5	215.0	238.5	156.2	175.6	15.8	9.7	13.0
8	30.6	32.9	32.1	25.5	28.3	27.6	21.8	24.7	24.3	180.9	264.5	216.4	208.3	119.4	138.4	16.1	8.1	11.7
9	25.7	28.2	27.4	21.5	23.3	23.0	18.6	19.5	19.7	91.1	192.5	168.8	143.0	76.2	91.2	15.2	8.6	9.2
10	20.9	22.9	22.5	16.9	17.5	17.5	14.1	13.3	13.9	75.5	175.1	169.9	41.9	62.9	73.0	14.0	8.9	9.9
11	15.8	16.4	16.0	11.7	11.1	11.1	8.6	7.1	7.4	74.0	148.9	150.6	19.2	50.5	62.6	7.8	9.3	8.7
12	11.4	10.5	10.3	7.0	5.4	5.4	3.5	1.4	1.9	76.0	137.1	148.9	54.0	30.7	32.3	4.3	7.8	7.1

纬度：绵阳 31°02′N；武汉 30°38′N；芜湖 31°09′N。

表 9-2 主要示范地常年气象资料 2

Table 9-2 The perennial meteorological data in the main demonstration site (2)

月份 Month	月平均最高气温 Mean monthly maximum temperature (℃)			月平均气温 Mean monthly temperature (℃)			月平均最低气温 Mean monthly minimum temperature (℃)			月平均日照时数 Mean monthly sunshine hours (h)			月平均降雨量 Mean monthly precipitation (mm)			月平均雨日 Mean monthly rainy days (d)		
	武穴 Wuxue	聊城 Liaocheng	宣城 Xuancheng	武穴 Wuxue	聊城 Liaocheng	宣城 Xuancheng	武穴 Wuxue	聊城 Liaocheng	宣城 Xuancheng	武穴 Wuxue	聊城 Liaocheng	宣城 Xuancheng	武穴 Wuxue	聊城 Liaocheng	宣城 Xuancheng	武穴 Wuxue	聊城 Liaocheng	宣城 Xuancheng
1	7.9	3.4	7.5	4.4	−2.0	3.1	1.7	−6.6	−0.1	99.6	162.0	116.2	59.2	4.3	56.1	11.2	2.5	11.0
2	9.7	6.1	9.1	6.1	0.9	4.9	3.3	−4.2	1.5	94.2	161.0	114.0	80.8	7.1	69.7	11.8	2.8	11.0
3	13.9	13.1	13.7	10.2	7.1	9.1	7.2	1.6	5.6	97.7	198.0	124.5	137.2	14.6	123.3	17.1	4.3	16.0
4	20.8	20.5	20.9	16.7	14.6	15.8	13.1	8.5	11.5	127.3	231.0	155	170.9	23.8	121.1	15.8	5.7	13.0
5	26.1	26.7	26	21.9	20.0	20.9	17.1	14.4	16.8	163.4	263.0	180.9	187.1	45.8	143	15.2	5.4	13.0
6	29.4	31.7	28.8	25.5	25.2	24.5	22.3	19.5	20.8	159.9	246.0	170.6	249.1	69.3	250	14.7	7.8	14.0
7	32.8	31.4	32.7	28.8	26.7	28.1	25.3	22.5	24.4	225.0	204.0	218.2	176.3	185.5	157.5	13.3	12.7	14.0
8	32.3	30.3	32.2	28.3	25.4	27.6	25.0	21.5	24.0	229.8	216.0	222.1	135.7	123.3	140.3	11.5	10.5	12.0
9	27.9	26.2	27.3	23.8	20.6	22.8	20.1	15.7	19.4	171.9	214.0	168.5	101.8	55.2	99.0	10.6	6.8	11.0
10	22.1	20.6	22.4	18.4	14.4	17.4	14.9	9.5	13.4	156.9	200.0	167.8	89.0	36.7	83.8	10.2	5.1	10.0
11	16.6	12.4	16.3	12.2	6.6	11	8.8	2.0	6.9	142.6	170.0	153.2	63.3	13.4	60.5	9.3	5.2	9.0
12	11.0	5.2	10.5	6.8	0.2	5.3	3.4	−4.2	1.3	139.7	157.0	147.8	38.8	6.1	37.4	8.2	2.4	8.0

纬度：武穴 31°04′N；聊城 36°02′N；宣城 30°56′N。

表 9-3　主要示范地常年气象资料 3

Table 9-3　The perennial meteorological data in the main demonstration site (3)

月份 Month	月平均最高气温 Mean monthly maximum temperature (℃)		月平均气温 Mean monthly temperature (℃)		月平均最低气温 Mean monthly minimum temperature (℃)		月平均日照时数 Mean monthly sunshine hours (h)		月平均降雨量 Mean monthly precipitation (mm)		月平均雨日 Mean monthly rainy days (d)	
	荆州 Jingzhou	合肥 Hefei	荆州 Jingzhou	合肥 Hefei	荆州 Jingzhou	合肥 Hefei	荆州 Jingzhou	合肥 Hefei	荆州 Jingzhou	合肥 Hefei	荆州 Jingzhou	合肥 Hefei
1	8.0	6.8	3.4	2.2	−0.2	−1.6	110.7	147.8	27.0	30.9	6.1	7.7
2	10.8	8.6	5.4	3.8	1.8	0.1	104.0	132.5	41.5	50.1	9.4	9.6
3	14.7	13.4	10.1	8.4	6.3	4.4	117.6	151.7	78.6	72.7	9.9	10.8
4	20.5	20	15.9	14.8	12.1	10.4	139.7	170.6	123.8	93.7	10.4	12
5	25.3	25	20.8	19.9	17.2	15.6	159.9	195.1	159.3	100.2	12.0	11.2
6	29.7	29.2	25.3	24.5	21.7	20.5	193.3	201.3	167.6	167.4	12.5	11
7	32.3	32.2	28.1	28	24.7	24.7	247.7	227.5	148.1	183.6	11.9	12.4
8	32.0	32.4	27.6	27.8	24	24.3	247.8	243.2	127.3	113.3	11.1	11.2
9	27.7	27.3	22.7	22.7	19	19.1	185.0	175.9	85.3	95.9	10.1	10.3
10	22.5	22.3	17.2	16.9	13.1	12.5	163.8	193.1	77.7	46.1	9.5	7.7
11	16.2	15.9	11.2	10.5	7.3	6.3	130.8	159.3	49.9	48	9.3	8.2
12	10.2	9.7	5.6	4.4	2.0	0.4	112.3	157.0	28.5	29.4	6.2	6.8

纬度：荆州 30°55′N；合肥 32°00′N。

表 9-4　主要示范地常年气象资料 4

Table 9-4　The perennial meteorological data in the main demonstration site (4)

月份 Month	月平均最高气温 Mean monthly maximum temperature (℃)			月平均气温 Mean monthly temperature (℃)			月平均最低气温 Mean monthly minimum temperature (℃)			月平均日照时数 Mean monthly sunshine hours (h)			月平均降雨量 Mean monthly precipitation (mm)			月平均雨日 Mean monthly rainy days (d)		
	海门 Hai men	南京 Nan jing	通州 Tong zhou	海门 Hai men	南京 Nan jing	通州 Tong zhou	海门 Hai men	南京 Nan jing	通州 Tong zhou	海门 Hai men	南京 Nan jing	通州 Tong zhou	海门 Hai men	南京 Nan jing	通州 Tong zhou	海门 Hai men	南京 Nan jing	通州 Tong zhou
1	7.3	6.8	7.3	3.2	2.2	3.3	0	−1.4	0.3	137	148.8	127	53.6	30.7	65.1	9.2	7.7	9.6
2	8.9	8.6	9.6	4.7	3.8	5.2	1.4	0.1	1.9	127.8	132.5	129	51.5	50.1	46.9	9.9	9.6	9.1
3	13	13.4	13.5	8.4	8.4	8.9	4.8	4.4	5.4	149	151.7	145.1	79.1	72.7	84	12	10.8	11.6
4	18.9	20	19.6	13.9	14.8	14.6	9.6	10.4	10.4	168.3	170.6	165.2	68.5	93.7	64.1	11.3	12	10.6
5	24.5	25	25.1	19.5	19.9	20	15.2	15.6	15.9	193.9	195.1	183.2	84.7	100.2	78.5	11	11.2	11
6	27.6	29.2	28.2	23.5	24.5	24	20.1	20.5	20.7	153.9	201.3	137.4	178.4	167.4	189.1	12.7	11	12.3
7	31.3	32.2	31.9	27.5	28	27.9	24.4	24.7	24.8	204.3	227.5	178.4	170.4	183.6	176.9	13.1	12.4	12.6
8	31	32.4	31.3	27.1	27.8	27.5	24.1	24.3	24.6	218.1	243.2	191.2	159.2	113.3	156.9	12.4	11.2	11.9
9	27.4	27.3	27.8	23.1	22.7	23.7	19.7	19.1	20.3	181.6	175.9	173.5	87.9	95.9	90	9.6	10.3	9
10	22.6	22.3	22.8	17.8	16.9	18.2	13.8	12.5	14.3	176	193.1	170.8	52.5	46.1	48.9	8	7.7	7.1
11	16.6	15.9	16.7	11.8	10.5	12.1	7.9	6.3	8.3	152.9	159.3	141.2	49.7	48	49.7	8.2	8.2	7.8
12	10.2	9.7	10.3	5.6	4.4	6	2	0.4	2.5	151.6	157	138.9	32	29.4	36.8	6.8	6.8	7.2

纬度：海门 31°53′N；南京 32°03′N；通州 32°05′N。

表 9-5　主要示范地常年气象资料 5

Table 9-5　The perennial meteorological data in the main demonstration site（5）

月份 Month	月平均最高气温 Mean monthly maximum temperature（℃）			月平均气温 Mean monthly temperature（℃）			月平均最低气温 Mean monthly minimum temperature（℃）			月平均日照时数 Mean monthly sunshine hours（h）			月平均降雨量 Mean monthly precipitation（mm）			月平均雨日 Mean monthly rainy days（d）		
	兴化 Xinghua	姜堰 Jiangyan	东台 Dongtai	兴化 Xinghua	姜堰 Jiangyan	东台 Dongtai	兴化 Xinghua	姜堰 Jiangyan	东台 Dongtai	兴化 Xinghua	姜堰 Jiangyan	东台 Dongtai	兴化 Xinghua	姜堰 Jiangyan	东台 Dongtai	兴化 Xinghua	姜堰 Jiangyan	东台 Dongtai
1	6.2	6.3	7.3	2.1	2.2	3.3	−0.5	−0.6	0.3	151.4	129.9	127	40.8	43.7	65.1	7.5	8.3	9.6
2	9	9.4	9.6	4.6	5	5.2	1.4	1.6	1.9	150.1	124.5	129	40.2	48.7	46.9	7.9	9.5	9.1
3	13.4	14	13.5	8.8	8.8	8.9	5	4.6	5.4	206.9	166.4	145.1	70.3	60.1	84	9.3	9.3	11.6
4	19.8	20.3	19.6	14.6	14.7	14.6	10.4	10.5	10.4	197.2	190.1	165.2	65.8	77.5	64.1	7.5	9.1	10.6
5	25.4	26	25.1	20.2	19.7	20	16	15.8	15.9	212.3	197	183.2	81.7	69.5	78.5	9.8	8.5	11
6	30.3	29.6	28.2	24.6	24.8	24	21	21	20.7	182.5	144.3	137.4	174.3	136.4	189.1	9.4	10	12.3
7	31.6	31.8	31.9	27.8	27.8	27.9	24.9	24.7	24.8	205.6	150.8	178.4	224.6	269.5	176.9	11.9	14.2	12.6
8	30.8	31.4	31.3	27	27.3	27.5	24.4	24.5	24.6	207.7	172	191.2	161.5	150.9	156.9	11.8	14.1	11.9
9	27.3	27.1	27.8	23.3	23.3	23.7	20.2	20.2	20.3	189.7	154.9	173.5	75	79.8	90	7.3	8.7	9
10	22.4	22.4	22.8	17.9	18	18.2	14.3	14.3	14.3	192.5	158.7	170.8	44.1	29.1	48.9	6.4	5.9	7.1
11	16	15.8	16.7	11.2	11.9	12.1	7.6	8	8.3	169.2	137.2	141.2	51.4	49.8	49.7	6.4	6.9	7.8
12	9.3	9.3	10.3	4.9	4.9	6	1.8	1.7	2.5	161.3	148.2	138.9	30.6	29.9	36.8	6	6.1	7.2

纬度：兴化 32°55′N；姜堰 32°30′N；东台 32°52′N。

表 9-6　主要示范地常年气象资料 6

Table 9-6　The perennial meteorological data in the main demonstration site（6）

月份 Month	月平均最高气温 Mean monthly maximum temperature（℃）		月平均气温 Mean monthly temperature（℃）		月平均最低气温 Mean monthly minimum temperature（℃）		月平均日照时数 Mean monthly sunshine hours（h）		月平均降雨量 Mean monthly precipitation（mm）		月平均雨日 Mean monthly rainy days（d）	
	射阳 Sheyang	高淳 Gaochun	射阳 Sheyang	高淳 Gaochun	射阳 Sheyang	高淳 Gaochun	射阳 Sheyang	高淳 Gaochun	射阳 Sheyang	高淳 Gaochun	射阳 Sheyang	高淳 Gaochun
1	5.5	7.4	1.1	3.4	−2.3	0.4	149.3	123.7	27.8	61.7	5.6	10.3
2	7.0	9.7	2.5	5.6	1.0	2.4	150.3	116.0	36.1	67.3	6.7	10.8
3	11.4	14.3	6.6	9.8	2.8	6.2	172.2	137.9	51.6	105.5	8.7	13.8
4	18.4	20.8	12.9	16.0	8.3	11.9	200.4	162.5	55.5	101.5	7.8	12.5
5	23.9	26.5	18.5	21.5	13.8	17.4	222.1	194.1	71.7	118.2	9.1	12.0
6	27.3	29.3	22.8	25.1	19.0	21.6	192.3	171.9	131.6	209.9	10.8	12.6
7	30.2	32.8	26.5	28.7	23.4	25.4	194.9	220.8	239.4	197.9	13.5	12.8
8	30.2	32.2	26.3	27.9	23.2	24.8	216.6	217.3	180.5	139.6	12.2	11.8
9	26.2	27.9	21.9	23.6	18.3	20.3	187.5	176.8	100.0	88.0	8.2	8.9
10	21.4	22.8	16.3	18.1	12.0	14.5	189.4	169.4	48.8	63.6	7.8	9.1
11	14.8	16.5	9.6	11.8	5.4	8.1	165.1	149.9	44.0	63.3	6.4	8.5
12	8.4	10.2	3.3	5.7	−0.6	2.4	162.6	143.6	19.1	36.7	4.7	7.3

纬度：射阳 32°78′N；高淳 32°03′N。

表 9-7 部分示范地土壤养分资料

Table 9-7 The soil nutrition data in the part of demonstration site

地点 Site	土壤类型 Soil types	质地 Soil texture	有机质 Organic matter (g/kg)	全氮 Total nitrogen (g/kg)	碱解 N Alkeline-N (mg/kg)	速效磷 Rapidly available phosphorus (mg/kg)	速效钾 Rapidly available potassium (mg/kg)	pH
绵阳 1 Mianyang1		中壤偏重 Middle earths emphasis	24.6	0.892	56.5	15.7	98.2	4.56
绵阳 2 Mianyang2			33.5	1.68	56.7	24.1	147.2	6.05
武穴 Wuxue			23.8	0.402	40	17.3	88.6	5.89
芜湖 Wuhu			25.7	0.45	89.2	17.2	100.1	6.62
武汉 Wuhan		中壤偏重 Middle earths emphasis	20.2	0.224	51.5	11.0	58.9	7.63
兴化 1 Xinghua1	勤黏土 Clay soils	黏土 Clay soils	18.76	1.5	—	16.87	101	7.28
兴化 2 Xinghua2	小粉浆 Little slurry	黏土 Clay soils	10.09	1.05	—	3.69	114	7.05
兴化 3 Xinghua3	黑黏土 Black tery		26.08	0.77	—	16.12	110	6.59
兴化 4 Xinghua4	灰黏土 Gley clay		18.43	1.78	—	16.62	93	7.17

（续）

地点 Site	土壤类型 Soil types	质地 Soil texture	有机质 Organic matter (g/kg)	全氮 Total nitrogen (g/kg)	碱解 N Alkeline - N (mg/kg)	速效磷 Rapidly available phosphorus (mg/kg)	速效钾 Rapidly available potassium (mg/kg)	pH
姜堰 1 Jiangyan1	勤泥土 Mud soils		19.26	1.24	—	10.47	106.45	8.06
姜堰 2 Jiangyan2	勤泥土 Mud soils		22.59	1.69	—	10.84	127.49	7.29
姜堰 3 Jiangyan3	腰黑勤泥土 Black mud soils		22.87	1.41	—	19.16	77.83	7.28
海门 Haimen	黄泥土 Yellow mud soils		14.00	1.1	—	12.22	90.09	7.98
通州 1 Tongzhou1	潮土 Fluvo - aquic soils		20.77	1.17		12.06	82.2	8.14
通州 2 Tongzhou2	潮土 Fluvo - aquic soils		20.80	1.40		5.25	45.2	8.19
通州 3 Tongzhou3	潮土 Fluvo - aquic soils		14.38	1.27		11.45	48.5	8.07
盐城 1 Yancheng1	沙性脱盐土 Sandy desalination soils		19.2	1.17		13.8	86	8.3
盐城 2 Yancheng2	红沙土 Arenosols		21	1.1		33.3	188	7.8
高淳 1 Gaochun1			22.9	1.377		11.2	62	5.6
高淳 2 Gaochun2			2.27	0.1368		10.8	62	5.6

（三）以模式图方式给出决策方案

利用示范地气象、土壤、品种及专家知识等得到常年决策模式，并快速以模式图方式表达（举例附后）。对不同茬口、土壤、产量水平等给出相应的决策结果，与传统种植相比，它目标明确，可操作性强，精确、优化，且可用当年决策进行动态微调。

第三节　示范与应用

2011—2012年在江苏省兴化市进行，品种为秦优7号，建立移栽油菜示范田1.4 hm^2，对照田块1.33 hm^2；直播油菜示范田0.18 hm^2，对照0.053 hm^2，共涉及农户53个。

（一）基本情况

移栽油菜示范田落实在兴化市临城镇开发区，直播油菜示范田落实在戴窑镇叶堡村。示范田块按照基于模型与感知的油菜生产信息化技术提供的优化方案及具体要求进行实施：移栽油菜9月20日播种，10月28日移栽，直播油菜10月2日播种，10月8～11日间苗、定苗。示范田及对照田块，种植品种统一使用秦优7号。示范田在栽培管理上贯彻“高产、稳产、优质、高效、灵活”的优化栽培原则。移栽油菜每666.67 m^2 栽8 600株，直播油菜（散直播）每666.67 m^2 栽2.13万株，育苗期用甲维盐和阿维菌素等防治油菜菜青虫、斜纹夜蛾共3次。10月9日苗床追施5 kg尿素为壮苗肥，10月25日追施尿素3 kg为起身肥。10月25日移栽大田进行整地，晒垡。10月27日，移栽油菜示范田按照模式图上的要求（基肥：每666.67 m^2 施纯N 10.9 kg、P_2O_5 13.6 kg、K_2O 8.9 kg），每666.67 m^2 施45%复合肥60 kg、硼肥1 kg，折合基肥每666.67 m^2 施纯N9 kg、P_2O_5 9 kg、K_2O 9 kg，氮、磷不足部分另外加施。直播油菜10月1日结合整地，按要求（每666.67 m^2 施纯N 9.8 kg、P_2O_5 11.6 kg、K_2O 7.7 kg）每666.67 m^2 撒施45%复合肥50 kg，折合每666.67 m^2 纯N 7.5 kg、P_2O_5 7.5 kg、K_2O 7.5 kg，氮、磷不足部分另外加施。移栽油菜11月17日每666.67 m^2 施苗肥14 kg，直播油菜施11 kg，3月10日移栽油菜、直播油菜田每666.67 m^2 分别施薹肥10 kg。11月13日用乙草胺加精喹封杀田间杂草；4月3日、4月10日分别用多菌灵加硼肥防治油菜菌核病2次，5月27～29日割倒，6月1～5日脱粒。

（二）生育进程及成熟期农艺性状

示范田生育进程及成熟期农艺性状见表9-3和表9-4。

表 9-3　生育进程（月-日）

Table 9-3　The development progress（Month-Day）

种植方式 Plant partern		播种期 Sowing date	移栽期 Transplant date	抽薹期 Enlongation date	初花期 Early anthesis date	成熟期 Mature date
移栽 Transplant	示范区 Demonstration area	9-20	10-28	3-15	4-6	5-29
	对照 CK	9-20	10-28	3-13	4-4	5-26
直播 Direct seeding	示范田 Demonstration area	10-2		3-10	4-3	5-26
	对照 CK	10-2		3-7	4-1	5-24

表 9-4　成熟期农艺性状

Table 9-4　The agronomic characteristics at mature period

种植方式 Plant partern		密度 Density (plant/ 666.67m²)	株高 Plant height (cm)	根茎粗 Rhizome diameter (cm)	单株一次分枝数 Primary branch number per plant	单株角果数 Pod number per plant	每角粒数 Grain number per pod	千粒重 1 000-grains weight (g)	理论产量 Theoretical yield (kg/666.67 m²)
移栽 Transplant	示范田 Demonstration area	8 600	187.2	2.21	8.4	384.7	21.8	3.4	245.2
	对照 CK	8 600	179.1	2.03	7.2	350.2	21.4	3.4	219.1
直播 Direct seeding	示范田 Demonstration area	2.13	159.6	1.41	4.2	173	18.4	3.31	236.6
	对照 CK	2.13	157.2	1.30	3.4	158.6	18.2	3.31	203.5

（三）产量表现

2012 年夏收，与上年度相比，全市油菜籽产量普遍增产，而示范田增产幅度更大。移栽油菜示范田每 666.67 m² 产量 219.5 kg，比对照（196.2 kg）增产 23.3 kg，增幅 11.9%。直播油菜每 666.67 m² 产量 200.8 kg，比对照

(182.1 kg) 增产 18.7 kg，增幅 10.3%。

(四) 创新与应用效果

1. 阐明油菜生长与环境条件及栽培措施等定量与预测规律

揭示油菜生长与环境条件及栽培措施等定量规律是基于：①油菜群体发育速度由品种遗传特性与环境因素决定。在环境因子中，影响油菜群体发育进程主要因子是温度和光照，且不同阶段其作用各异；油菜群体动态定量本质是群体干物质分配与积累，油菜产量是源、库产量协调结果。②不同品种、产量水平与土壤类型及种植制度表现不同适宜种植季节、适宜群体干物质、叶面积、分枝数、适宜播种量、适宜施肥量、适宜土壤水分等。③油菜植株器官形态（长、宽、角度等）生长速率也由品种遗传特性与环境因素决定，其定量本质是植株器官干物质分配与积累。

油菜生长与环境条件及栽培措施等定量与预测规律在于：①油菜群体发育速度定量预测模型 $dP_j/dt=f(D_{Sj})\cdot f(E_j)$，是肥、水、病虫精确调控指标；油菜群体叶片生长速率定量预测模型 $dL_j/dt=D_{Loj}\cdot(T_t/T_o)^{La/Lb}$；油菜群体动态定量预测模型 $W(t)=W(t-1)+\triangle W(t)$、$L_{AI}(t)=L_{AI}(t-1)+\Delta L_{AI}(t)$、$T_{ILN}(t)=T_{ILN}(t-1)+\triangle T_{ILN}(t)$。②油菜种植季节、叶龄、叶面积、分枝数、播种量、施肥量、土壤水分优化定量预测模型是栽培调控定量目标。③油菜植株器官形态（长、宽、角度等）生长速率定量预测模型 $dO_j/dt=f(GDD_{Sj})\cdot f(E_j)$；$dO_j/dt=f(DW_{Sj})$ 是株型选择与栽培调控定量新指标。(4) 油菜生长及产量渍害影响定量预测模型 $DWWL=DW(1-FDW)$、$YWL=Y(1-FY)$、$PNWL=PN(1-FPN)$、$GNWL=GN(1-FGN)$、$TWWL=TW(1+FTW)$。首次阐明：①油菜群体发育速度定量预测存在发育生理日数恒定原理，并分生长阶段、冬春性，提高了预测准确性；②油菜群体动态定量预测及优化模型考虑绿色角果及茎光合；③提出油菜比叶长重（*RLW*）、干重分配系数（*CPLB*）、比叶切角（*RTW*）和比叶弦角（*RBW*）4 个油菜形态结构特征参数。

2. 探明油菜生长与病害无损快速感知机理，创新其监测、预测与调控技术

明确油菜生长、叶氮及生理指标、油菜白斑病冠层高光谱反射率与图像特征、敏感波段及高相关植被指数。揭示油菜生长与病害无损快速感知机理。建立基于植被指数、颜色指数监测模型。首次应用监测结果于油菜生长预测与调控，研发无人机平台机载装备。

3. 创建应用基于模型与感知油菜生产管理决策系统

包括不同气象、土壤和品种播前精确优化目标快速制定、当年实时精确调控、油菜新品种气候适应性分析等油菜生长、肥、水、病虫监测预测信息互通

和互动预警，基于单机、互联网、移动终端，面向农业技术人员、农户提供决策咨询。

4. 集成应用油菜生产信息化技术

在江苏省油菜主产市（县），示范以当地主栽品种播前精确优化目标方案为基础，结合当年实时精确调控，提供精确、量化油菜生长、肥、水、病虫信息化管理技术体系。近三年累计推广应用 37 万 hm^2，平均节本增效 1 081.5元/hm^2，培训农民 10 982 人/次，发放培训资料 105 121 份。在长江流域累计应用推广 68.5 万 hm^2。为油菜生产良种良法配套发挥重要作用。

图书在版编目（CIP）数据

基于模型与感知的油菜生产信息化技术研究与应用 / 曹宏鑫主编 . —北京：中国农业出版社，2020.4
ISBN 978-7-109-26047-4

Ⅰ. ①基… Ⅱ. ①曹… Ⅲ. ①信息技术—应用—油菜—蔬菜园艺—研究 Ⅳ. ①S634.3-39

中国版本图书馆 CIP 数据核字（2019）第 246490 号

基于模型与感知的油菜生产信息化技术研究与应用
JIYU MOXING YU GANZHI DE YOUCAI SHENGCHAN XINXIHUA JISHU YANJIU YU YINGYONG

中国农业出版社出版
地址：北京市朝阳区麦子店街 18 号楼
邮编：100125
责任编辑：郭银巧　　文字编辑：李　莉
版式设计：杜　然　　责任校对：刘丽香
印刷：北京中兴印刷有限公司
版次：2021 年 4 月第 1 版
印次：2020 年 4 月北京第 1 次印刷
发行：新华书店北京发行所
开本：700mm×1000mm　1/16
印张：20
字数：500 千字
定价：158.00 元